普通高等教育系列教材

试验设计与分析

易泰河　编著

机 械 工 业 出 版 社

本书介绍了几类重要试验设计以及其对应数据分析的基本思想和方法，共包括6章，分别为概述、方差分析、因子试验设计、数据的回归分析、回归试验设计和计算机试验设计。在内容安排上，基本按照试验设计的发展历史展开，同时考虑了仿真工程、管理科学与工程、应用统计等普通高等院校多个专业的需求，以及试验评估技术等军事院校相关专业的需求。

本书可作为高等院校设有试验设计课程的理工科专业的本科生教材，也可供从事质量管理、试验评估工作的工业部门、试验训练基地的相关技术人员参考。

教师可登录机械工业出版社教育服务网（www. cmpedu. com）下载 ppt 课件等教学资源。

图书在版编目（CIP）数据

试验设计与分析/易泰河编著. —北京：机械工业出版社，2022. 4（2024. 1 重印）
普通高等教育系列教材
ISBN 978-7-111-70465-2

Ⅰ. ①试…　Ⅱ. ①易…　Ⅲ. ①试验设计 - 高等学校 - 教材　Ⅳ. ①TB21

中国版本图书馆 CIP 数据核字（2022）第 053674 号

机械工业出版社（北京市百万庄大街 22 号　邮政编码 100037）
策划编辑：裴　泱　　责任编辑：裴　泱　刘鑫佳　李　乐
责任校对：潘　蕊　王　延　封面设计：鞠　杨
责任印制：张　博
北京雁林吉兆印刷有限公司印刷
2024 年 1 月第 1 版第 3 次印刷
184mm×260mm · 14. 5 印张 · 357 千字
标准书号：ISBN 978-7-111-70465-2
定价：59. 00 元

电话服务　　网络服务
客服电话：010-88361066　　机　工　官　网：www. cmpbook. com
010-88379833　　机　工　官　博：weibo. com/cmp1952
010-68326294　　金　书　网：www. golden-book. com
封底无防伪标均为盗版　　机工教育服务网：www. cmpedu. com

前　言

国内不同领域的学者对“design of experiments”的翻译略有差别，统计学科一般译为“试验设计”，而其他学科（如医学、仿真等学科）则有译为“实验设计”的。在《现代汉语词典》中，**实验**是用来检验某种科学理论或假设而进行的操作或从事的某种活动，**试验**是为了解某事的结果或某物的性能而进行的尝试性活动。文献［1］认为“Each experimental run is a test. An experiment is a test or series of runs.”当然，这两个汉语词汇与英语词汇“experiment”和“test”之间并没有严格的对应关系。下面列举三段新闻材料，读者可从中体会它们在语言使用习惯上的区别。

自从中国空间站计划开始实施以来，“我们去空间站干什么”就一直是大众关心的问题。其实，“**做实验**”就是一项重要的任务——空间站将支撑大量科学研究和实验。

之前，来自17个国家的9个项目成为中国空间站科学实验首批国际合作项目。现在，中国空间站面向国内公开征集空间**科学实验**和**技术试验**项目活动已开始正式申报。

——http://www.chinanews.com/gn/2019/07-06/8885777.shtml

上汽大众、通用泛亚等车企相继在吐鲁番投资建设**试验**项目。上汽大众投资8.5亿元在建的新疆（吐鲁番）**试验**中心项目，拥有高速环道、操纵稳定性道路、异响**试验**道路、热带地区耐久**试验**道路、石击**试验**道路、大气曝晒**试验场**等先进设施。项目建成后，将成为继南非、阿曼、美国专业场地之后，大众汽车集团在全球范围内又一符合夏季试车标准的专业场地。

——http://www.xinhuanet.com/local/2019-07/05/c_1124715776.htm

2021年2月4日，中国在境内进行了一次陆基中段反导拦截**技术试验**，**试验**达到了预期目的。这一**试验**是防御性的，不针对任何国家。

——http://www.mod.gov.cn/topnews/2021-02/04/content_4878555.htm

从以上材料中归纳出“试验”与“实验”的主要区别如下：

- 对象不同，“实验”的对象通常是抽象的理论或假设，而“试验”的对象则是产品等客观存在的物品；
- “实验”科学味道浓，如科学实验、实验室等词汇；“试验”技术味道更浓，带有检验、验证的意思，如耐压试验、环境适应性试验、技术试验等词汇。

在编写本书的过程中，作者感到严格区分“试验”和“实验”十分困难。考虑到不论是实验还是试验，都需要科学的设计和分析方法，纠结于这两个词汇的区别对于学习和研究方法而言意义并不大。因此，本书除了语义明显的情形（如明显为科学实验的）外，一律使用“试验”一词。

试验设计与分析是统计学的一个分支，主要研究如何设计试验方案，以及如何对试验获得的数据进行统计分析。它是一门应用学科，起源于著名统计学家 A. R. Fisher 20 世纪初在英国洛桑农业试验站的工作，随后逐步应用于工业、医学、经济、军事等各种学科中，并在解决具体问题的过程中产生了各种不同的设计方法，如部分因子设计、响应曲面法、稳健参数设计、混料设计、空间填充设计等。在学习不同的试验设计方法时，应结合其产生的背景，理解其背后的思想。

作者从 2018 年起承担国防科技大学仿真工程、大数据工程、管理科学与工程四个本科专业以及试验评估技术首次任职专业实验设计与分析课程的建设。前期调研中发现国内虽然已有不少试验设计的教材，但都不能完全覆盖我们的课程大纲。为更好地适应国防科技大学的课程大纲，便开始了课程讲义的编写，历时两年、在三个班次的教学中试用后，形成本书。本书共分 6 章，内容基本上按照试验设计发展历史来安排。

第 1 章为概述，首先从因果关系、科学研究以及试验设计的历史三个角度阐述试验和试验设计的重要意义，然后介绍美军的科学试验与分析技术，以便读者能够从宏观上把握科学试验方法，最后结合案例介绍 Fisher 的试验设计三原则，以便读者对试验设计的基本思想形成感性认识。

第 2 章为方差分析法，主要有三个目的：一是回顾数理统计中关于参数估计、假设检验、多元正态分布、χ^2分布、t 分布以及 F 分布等基本概念，二是介绍“对照”“效应”等在试验设计发展史上有着重要地位的概念，三是介绍方差分析的基本思想和理论。本章内容比较多，且要求熟悉矩阵运算和表示，对于高年级本科生来说可能有一定的困难，但它是本书中所有数据分析方法的基础，也是本书设置的第一个难点阶梯。

第 3 章为因子试验设计，主要介绍在农业试验时代发展起来的因子设计，主要包括2^k因子试验及其部分实施、3^k因子试验及其部分实施以及正交表的使用。这一章的难点在于理解部分实施中效应混杂与别名、定义关系与定义关系子群、字长型和分辨度等概念，这些概念背后有着深刻的统计思想。

第 4 章为数据的回归分析，主要介绍线性模型的参数估计和假设检验理论。虽然高年级的本科生在前序课程中或多或少地接触过回归分析，但从随机向量的角度来理解回归分析背后的理论还是有一定的难度，这是本书的第二个难点阶梯。读者在阅读本章时要体会它在本书中的承上启下作用，既能够利用这些理论来解释前两章的知识，又能够基于这些理论来理解回归设计的思想。

第 5 章为回归试验设计，主要介绍工业试验时代的最优回归设计、响应曲面法和稳健参数设计三大代表性试验设计方法，5.1 节正交回归设计可以当作回归分析方法的一个简单应用。最优回归设计在理论上比较完美，但其求解一般需要借助计算机。响应曲面法和稳健参数设计在方法上并无多大难处，关键是理解其设计思想。

第 6 章为计算机试验设计，主要包括计算机试验与物理试验的差异、Kriging 模型以及空间填充设计。Kriging 模型的参数估计与预测涉及高斯随机过程的概念，初学起来可能会觉得比较难，这是本书的第三个难点阶梯，一旦熟悉这一概念就能够理解 Kriging 模型的优美之处了。本章的内容是试验设计领域较新的知识，期望通过本章的知识以及文末的参考文献，读者可以一窥试验设计领域的前沿。

总的来看，本书基本覆盖了试验设计的主要方法。在编写本书的过程中，作者深深地感受到试验设计这门学科的博大精深，一本书、一门课以及一个人远无法刻画其全貌。由于作者水平的不足，本书还有很多的缺陷，例如在案例上就还有较大差距。欢迎读者来信交流和批评指正！另外，作者编有本书的习题答案，欢迎感兴趣的读者来信交流（yitaihe@nudt. edu. cn）。

本书编写过程中，参考了一些国内经典教材[2,3]和国外相关著作[1,4,5]，在此特向这些文献的作者们致以特别的敬意。感谢自然科学基金项目“武器装备试验鉴定的半参数贝叶斯方法（61803376）”和国防科技大学“双重”建设项目“装备建模与仿真系列课程建设与教学改革”的支持；感谢王正明教授、潘正强副教授、陈璇讲师、刘天宇讲师、陈凯讲师和范俊讲师的宝贵意见；特别感谢2018级仿真工程和管理科学与工程两个本科专业学员对本书提出的建设性建议，李炳毅、李正、郭润康、谭立君、包亦正、陈德俊、张海栋等同学为书稿的校正发挥了重要作用；同时感谢国防科技大学系统工程学院提供了良好的工作环境和氛围。

易泰河

目 录

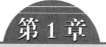

第1章 概 述

本章共包括3节。1.1节从因果关系、科学研究范式以及试验设计发展历史的角度来介绍试验的意义，目的在于激发读者阅读本书兴趣的同时引入试验设计领域的基本概念；1.2节介绍试验的基本流程，以便从事或将要从事试验相关工作的读者能够把握科学试验的方法；1.3节从一些经典的农业试验出发，介绍试验设计的基本原则。

1.1 试验的意义

试验在科技发展和人类文明进程中的历史意义都是不言而喻的。本节从因果性的角度来论证试验的理论意义；从科学研究的范式来论证试验在科学研究中的作用；通过回顾试验设计学科的发展历程，来例证试验设计在农业、工业和经济社会发展中的意义。

1.1.1 试验与因果关系

统计学是一门围绕如何**收集**、**组织**、**分析**、**解释**和**展示**数据而展开研究的学科，如图1-1所示。

收集数据的主要手段包括**抽样**、**观察**和**试验**。抽样通常用于研究具体而有限的总体的性质，而不希望或无法调查总体中的每一个个体。例如，研究我国的人均寿命以及人均受教育程度，总体是全国的人口，虽然数量庞大但终究是具体而有限的，可按照某种方式从中抽取部分个体来调查。观察和试验通常用于研究两个或多个变量之间的关系，这时的总体是概念性的。例如研究温室气体排放量与温度之间的关系，不存在一个具体的有限总体可供抽样，但可以通过无限次的观察或试验获得任意多组数据，以尽可能地逼近真实情况。

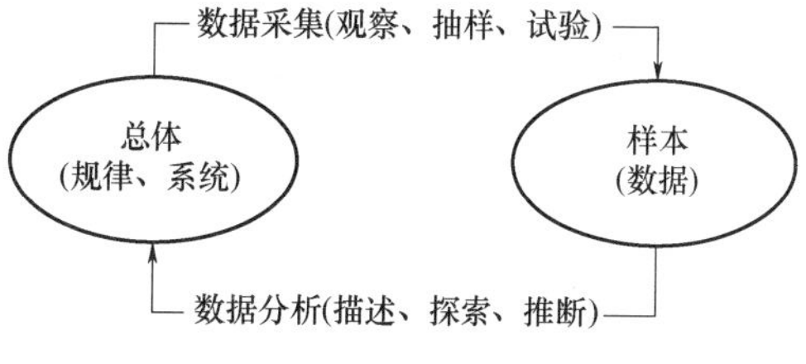

图1-1 统计学的研究内容

统计学的意义体现在提供支撑决策的推断和预测，这使得统计学天然地与**因果性**（causation）和**因果关系**联系在一起。正如陈希儒老先生在他的通俗读本《数理统计学简史》中所指出的：“正概率”是由原因推结果，是概率论；“逆概率”是由结果推原因，是数理统计。

那么，什么是因果关系呢？在定量的科学研究中，称可能引起另一变量发生变化的原因为**解释变量**（explanatory variable），称假定的效应或结果为**响应变量**（response variable），响应变量受一个或多个解释变量的影响。一般来说，变量之间的因果关系是不能通过逻辑推理得到的，只能通过数据归纳得到。确定解释变量 A 引起响应变量 B 的变化的合理性时，下列条件必须同时成立：

1）相关条件。即变量 A 和变量 B 必须是关联的或是相关的。

2）时序条件。即变量 A 的变化发生在变量 B 的变化之前。

3）不可替代性。即变量 A 与变量 B 之间的关系不存在其他合理的替代性解释。

相关关系是一种统计上的数量关系，它是因果关系的必要条件，相关不一定有因果，而有因果一定相关；忽略时序性，仅从数据出发可能造成因果倒置；归纳因果关系时必须注意**潜在变量**（lurking variable，extraneous variable）的影响，如图 1-2 所示，解释变量与响应变量之间没有因果关系，但存在一个与解释变量强相关的潜在变量与响应变量之间有因果关系，此时解释变量与响应变量之间将满足相关条件和时序条件。一般来说，相关条件可直接通过数据计算来验证；时序条件也很容易验证；不可替代性是最难保证的，需要排除一切可能的潜在变量的影响。

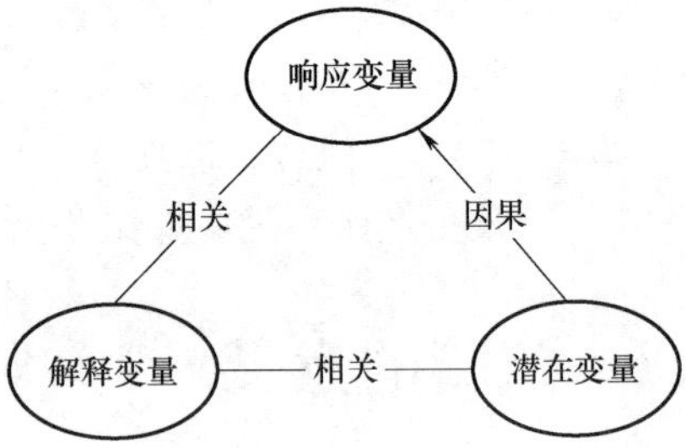

图 1-2　解释变量、潜在变量与响应变量

例1.1

研究发现，喝咖啡和心脏病发作之间存在相关关系：即咖啡喝得越多，心脏病发作率就越高；而咖啡喝得越少，心脏病发作率越低。这不是一种因果关系，真正的原因是潜在变量——吸烟。喝咖啡多的人往往更可能吸烟，是吸烟导致了心脏病而不是大量饮用咖啡导致了心脏病。可见变量之间相关但不一定有因果关系。

经统计发现，警察数量越多的地区，犯罪事件数量也越多。仔细研究就会发现，警察增加并不是导致犯罪次数增加的原因，相反，犯罪次数多才是增加警力的原因。可见忽略时序性可能导致因果倒置。

放射性物质对人体的健康有很大的伤害，但是铀矿工人的平均寿命却不比常人短。这是由于矿工通常都是身强力壮的人，分析放射性物质与人的寿命之间的因果关系时，不能忽略体质这个潜在变量的影响。

以上三个条件能够确定两个变量之间的因果关系，而实际情况中一个响应变量往往受到多个解释变量的影响。传统的控制变量方法是对解释变量逐个进行分析，这种方法一方面无法获得全面的科学规律，另一方面不够经济，需要的数据比较多。我们需要一种能够同时分析多个变量之间因果关系的研究方法。

观察研究（observational studies）和**试验研究**（experimental studies）是两类常用的科学研究方法。观察研究是一种被动的数据搜集方式，研究人员只观察、记录或者度量，但不进行干预，由此产生的数据称为**观察数据**。而试验研究则是一种主动产生数据的方式，研究者会把某种处理方式加诸试验对象，并观察被试对象的变化，由此产生的数据称为**试验数据**。

观察数据和试验数据都是统计学研究的对象，它们之间有如下区别：

➢ 由于数据采集、传输和存储技术的发展，观察数据往往是海量的，因此数据分析方法无须过多考虑样本量的限制，甚至有的学者鼓吹大数据时代不是样本而是总体。而受成本的约束，试验数据始终是有限的，分析试验数据时，始终要考虑有限样本这一前提。当今大数据、机器学习等热门领域研究的数据基本上都是观测数据。要强调的是，由于大数据问题总是伴随着高维度出现，因此大数据并不等同于大样本，很多大数据问题依然具有小样本问题的特点。

➢ 虽然所有的试验研究和很多观察研究，都是为了研究一个变量会对另一个变量产生什么影响，但观察研究一般只能确立变量之间的相关关系，而试验研究由于采用了控制，可以确立变量之间的因果关系。著名统计学家 Fisher（费希尔）指出，**只要遵守良好的试验设计原则，就可以根据特定的研究得出一般性的结论**。

那么，什么样的试验设计才能得出因果关系呢？显然，对于只需分析两个变量之间关系的试验来说，**成功的试验设计应该能够甄别因果关系的三个条件是否成立**。下面从案例出发来回答这一问题。

例1.2

克罗恩病是一种慢性肠炎，有研究称含有猪鞭虫卵的饮料可以有效缓解克罗恩病引发的腹部疼痛、出血和腹泻等症状。为了确认猪鞭虫疗法是否有效，需要开展一项临床试验。令克罗恩病患者服用含有猪鞭虫卵的饮料并测试反应。如果结果表明症状确实减轻了，能否明确猪鞭虫疗法确实有效呢？

该试验只采用了一种疗法，即服用含有猪鞭虫卵的饮料，它不能说明猪鞭虫疗法有效，因为这可能只是一种安慰剂效应。安慰剂是一种假的治疗方式，其效果源于患者对医生的信任和对治疗的期望的心理作用。为此，需要设计更加严谨的试验。将患者随机分为两组，一组接受含有猪鞭虫卵的饮料治疗，另一组则接受安慰剂治疗。两组试验的对象都不知道自己接受的疗法是什么，负责记录患者反应的医生也不知道患者接受哪种治疗，所以他们的诊断也不会受到影响。称这种患者和负责记录症状的医生都不知道详情的试验为**双盲试验**（double-blind experiment），它能够保证因果关系成立的三个条件。

随机双盲试验（randomized double-blind trial）是临床试验中的重要概念，它能够帮助我们归纳出明确的因果关系，它的基本逻辑如下：

➢ 用随机抽样的方法对试验对象进行分组。

➢ 用比较环节来确保除了给不同组施加的处理不同外，不存在其他潜在变量的影响。

➢ 不同组之间响应变量的差异是处理的效应所致。

用随机抽样的方法分组，是为了避免未被意识到的潜在变量带来系统性偏差。但随机抽样服从“机会法则”（law of chance），存在组间差异很大的极端情况。当试验对象较多，组间的**机会变异性**（chance variation）就比较小，即重复多次试验能够降低机会变异。

例1.3

20 世纪以前，肺癌是一种很罕见的疾病。直到 1900 年，肺癌公开的医学记录总共才 140 份。可是第一次世界大战结束后，患肺癌的人突然变多了：

- 1878 年，在德国德累斯顿大学病理系的穿刺样本中，肺癌只占 1%。
- 1883 年，美国人改进了卷烟机，生产效率提高了 40 ~ 50 倍，香烟产量大幅提升。
- 1914 年，第一次世界大战爆发，由于战争漫长而残酷，香烟成为士兵的刚需。
- 1915 年，仅英国陆军和海军就消耗掉 1000t 香烟和 700t 烟丝。
- 1918 年，在德国德累斯顿大学病理系的穿刺样本中，肺癌占 10%。
- 1920 年，女权主义兴起，香烟被当作女性独立自主的象征，大量女性开始吸烟。
- 1927 年，在德国德累斯顿大学病理系的穿刺样本中，肺癌占 14%。

显然，吸烟人数与肺癌患者数量呈现正相关关系，那么吸烟是造成肺癌的原因吗？为了回答这一问题，科学家们开展了大量的观察研究：

- 1939 年，德国医生穆勒发表了一个对照研究。他找来 86 名肺癌患者，又找来几十个没有肺癌的人。结果发现，肺癌组吸烟的比率更高。由此他得出一个结论：肺癌和吸烟有很大关系。
- 从 1948 年开始，英国科学家多尔和希尔，开展了一场规模可观的回顾性研究，肺癌组和对照组各有 709 人。他们询问调查对象是否吸烟以及烟瘾有多重，结果发现了剂量反应，即肺癌病人的烟瘾更重。这项研究只证明了吸烟和肺癌的相关性，未能证明吸烟和肺癌的因果性，所以研究的成果也未能被普遍接受。
- 从 1951 年开始，多尔和希尔开展了一场规模更大、时间更长的前瞻性研究。由于当时没有电子档案，医生的资料更容易获取，因此这一次他们调查的是英国的医生们。调查覆盖了 40000 名医生，到 1956 年时，已经有 1714 位医生因病去世。数据表明，吸烟组得肺癌的多，1714 位去世的医生中吸烟组因肺癌而死的人也多，吸烟会导致死于肺癌的概率增加约 40 倍。在排除了各种干扰因素之后，多尔和希尔证明了吸烟引发肺癌是统计显著的，其 p 值小于 0.01！

前瞻性研究是一种试验研究，有明确的研究目的和周密的研究计划，一般遵循随机、对照、重复三原则；而**回顾性研究**是一种观察研究，从以往积累的临床资料中选择某一时期同类临床资料进行整理、分析，从中总结经验和规律。

尽管如此，著名统计学家 Fisher 终其一生都不同意这一观点，这可能与他自己烟瘾较大有关。他提出一种解释：假设某种基因（潜在变量）能够同时决定人们吸烟的概率和肺癌发病的概率，那么吸烟与肺癌仅仅是相关关系。Fisher 认为，为了确定吸烟与肺癌之间存在因果关系，必须开展严格的随机比较试验：挑选一定数量的同卵双胞胎，从中随机挑选一个接受吸烟这一处理，另一个作为对照组，通过比较这两组中患肺癌的比例来确定吸烟与肺癌之间的因果关系。但这一方面需要大量时间，另一方面不符合研究伦理。Fisher 殁于 1962 年 7 月 29 日，他的死因不是肺癌。

上述案例中提到统计显著和 p 值的概念。在假设检验问题中，称结果在原假设成立的条件下发生的概率为原假设的 **p 值**（p-value），如果 p 值小于某给定的阈值 α，就称此结果是统计显著的。α 称为**显著性水平**（significance level），通常采纳 Fisher 的建议取 0.05。临床试验中的原假设通常都是新的治疗方式没有效果，如果效果好到一定程度，在原假设下该结果出现的概率小于 α，那么就是统计显著的，应该拒绝原假设。

以上几个案例提示我们，良好的试验设计原则应包括：要有对比，要有一定数量的重复，试验对象的分配要随机化。1.3 节将以试验设计的术语来详细介绍试验设计的原则。

总而言之，试验的基本逻辑是：**控制和策略性地改变某些变量，并观测由此带来的影响，进而归纳出变量之间的因果关系**。在试验设计中，

- 称衡量试验结果的量为**响应变量**，简称**响应**（response）。根据响应变量的数目，可把试验分为**单响应试验**和**多响应试验**。称响应的测量值与真值之间的偏差为**误差**（error）。由于造成误差的原因有很多，使得误差不可避免，它或大或小，或正或负，呈现随机性，这就是前面提到的机会变异。
- 凡对响应可能产生影响的原因都称为**因素**或**因子**（factor）。只考虑一个因子的试验称为**单因子试验**，同时考虑多个因子的试验称为**多因子试验**。因子在试验中所处的不同状态或不同取值，称为**水平**（level）。因子的水平组合称为**处理组合**，简称**处理**（treatment）。例 1.2 只有一个因子，即治疗方式，它可取两个水平：含有猪鞭虫的饮料治疗和安慰剂治疗，单因子试验中因子的一个水平就是一个处理。
- **试验单元**（experiment unit）是试验载体的通用术语，是一个需要结合具体问题来理解的概念，泛指一次试验中诸如试验对象、试验人员、工具以及试验时间等基本单元。在试验中，不同的处理可能施加在不同的试验单元上，试验单元之间的差异可能是造成响应波动的变量之一。

例1.4

根据经验，反应温度 A、反应时间 B 和催化剂占比 C 会影响某产品的产量。为提高该产品的产量，将产量作为试验的响应变量，将反应温度、反应时间和催化剂占比作为试验因子，因子和响应都是定量的。各因子的取值范围如下：A：80 ~90℃，B：90 ~150min，C：5% ~7%。每个因子选 3 个水平，组成表 1-1 所示的因子水平表，一共可构成 $3^3=27$ 个处理。

表 1-1 因子水平表

因子	1	2	3
A	80℃	85℃	90℃
B	90min	120min	150min
C	5%	6%	7%

有了因子与响应的概念，便可利用它们之间的变化规律来定量地描述因果关系：称因子与响应之间的函数关系为**响应函数**（response function）。我们假定存在一个未知的真实响应函数。可以说，试验的终极目的就是探究响应函数，响应函数的复杂程度从本质上决定了试验的难度。称响应函数的数学模型为**响应模型**（response model）。除试验误差外，利用简单

的响应模型去近似响应函数，也会带来误差。**试验单元、因子和响应共同构成试验的三要素**，如图 1-3 所示。

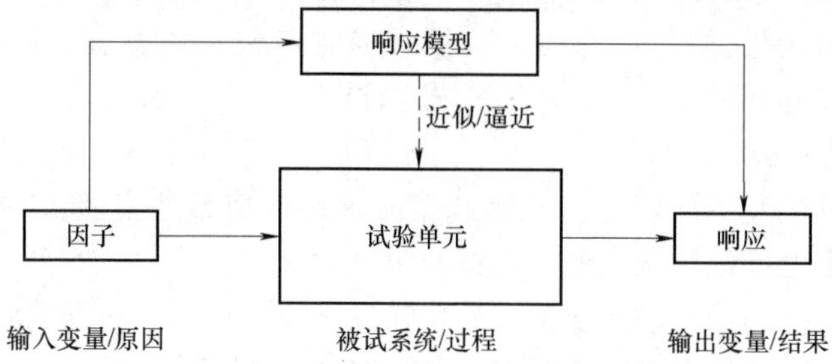

图 1-3　因子、响应以及试验单元之间的关系

1.1.2　试验与科学研究

2007 年 1 月 11 日，图灵奖得主 Jim Gray（吉姆·格雷）在美国国家科学研究委员会-计算机科学与电信委员会（National Research Council - Computer Science and Telecommunications Board）大会上发表了题为“科学方法的革命”的演讲，提出将科学研究划为四类范式：**经验**（empirical）、**理论**（theoretical）、**计算**（computational）和**数据密集型科学发现**（data exploration）。

几千年以前，人类的科学研究主要以记录和描述自然现象为主，称为经验科学。从原始的钻木取火，发展到后来以伽利略为代表的文艺复兴时期的科学发展初级阶段，开启了现代科学之门。但没有数学理论和可控试验的支撑，单纯的观察研究无法发现自然现象背后的因果规律，不能给出更精确的理解。英国学者李约瑟（Joseph Needham，1900—1995）在其编著的 15 卷《中国科学技术史》中提出：“尽管中国古代对人类科技发展做出了很多重要贡献，但为什么科学和工业革命没有在近代的中国发生?”美国经济学家 Kenneth Boulding（肯尼思·博尔丁）称之为李约瑟难题。李约瑟难题的实质内容是，中国古代的经验科学很发达，但为何没有产生近代实验科学，是关于两种科学研究范式的起源问题。

几百年前，科学家们开始尝试尽量简化模型，只留下关键因素，然后通过演绎推理得到理论，再设计试验验证理论，这就是第二范式。牛顿三大定律和麦克斯韦理论的提出都属于这一范式，它们完美地解释了经典力学和电磁学。但之后量子力学和相对论的出现，验证理论的难度和经济投入越来越高，理论模式开始显得力不从心。

20 世纪中叶，Von Neumann（冯·诺依曼）提出了现代电子计算机架构，利用电子计算机对复杂系统进行模拟仿真得到迅速普及。通过模拟仿真，人们推演出越来越多的复杂现象，如模拟核试验、天气预报等。计算机仿真逐渐成为科学研究的常规方法，即第三范式。

随着数据的爆炸性增长，计算机不仅能做模拟仿真，还能利用数据中呈现的相关性给出相当可靠的预测。数据密集范式从第三范式中逐渐分离出来成为独特的第四范式。这一范式是先有了大量的数据，再从数据中总结规律。它能够成功的根本原因在于，没有因果关系而只有相关关系，并不妨碍人们利用这种关系来进行推断。例如，虽然公鸡打鸣不是太阳升起的原因，但可以利用公鸡打鸣来预报太阳升起。

正是由于数据密集型科学发现应用的广泛性，业界甚至学术界，产生了一些极端的声音。Viktor Mayer-Schonberger（维克托·迈尔-舍恩伯格）和 Kenneth Cukier（肯尼斯·库克耶）撰写的《大数据时代：生活、工作与思维的大变革》（*Big Data: A Revolution That Will Transform How We Live, Work, and Think*）中指出：大数据时代最大的转变，就是放弃对因果关系的渴求，取而代之关注相关关系。也就是说，只要知道“是什么”，而不需要知道“为什么”。前面提到，试验的基本逻辑就是控制和改变变量，通过观察结果来归纳因果关系，如果因果关系在大数据时代真的不再重要，试验的意义似乎也显得不那么重要了。以下案例，足以用来批驳这种极端的观点。

例1.5

中医中有服用“童便”治疗顽固性腹泻的方法，临床观察很有效。这究竟是什么原因，让人很难理解。研究表明，顽固性腹泻破坏了肠道的正常菌群，服用“童便”可补充“双歧杆菌”这一类肠道益菌群，从而治愈顽固性腹泻。制成补充双歧杆菌的制剂后，就不会有人再去服用“童便”了。

无论什么时代，能得到因果关系当然比简单的相关关系要好。科学研究止步于相关关系是一种不负责任的态度，是严谨的学者所不能容忍的，必须对发现的现象进行因果解读。任何一项新技术、新算法、新产品以及新药物，不经过试验评估，如何确保它达到了各项设计指标？人们绝不允许把自己的生命暴露在机理不清的技术和产品前。大数据时代带来了很多新的问题，如算法的试验评估、无人系统的试验评估等，实质上是给试验设计与分析带来新的挑战。

总而言之，从过去的历史来看，定量的试验科学在科学研究中发挥了重要的作用；面向未来，大数据时代定量的试验科学并不是不重要了，它的思想能够与所谓的大数据思维（全样、相关、容错）形成互补，例如，建立在大数据基础之上的机器学习领域中“主动学习”的概念就借鉴了试验设计的思想和方法。最后，需要强调的是，四种科学研究范式出现的先后次序不同，并不意味着它们有先后更替的关系。如今，经验、理论、计算和数据密集型科学发现是并存的，各自在科学研究中发挥着不同的作用。

1.1.3 试验设计的发展历史

试验设计是使用频率最高的统计方法之一，著名统计学家 G. P. Box 说过，**假如有10%的工程师使用试验设计方法，产品的质量和数量都会得到很大提高。**质量工程创始人田口玄一（Genichi Taguchi）博士说过，**不懂试验设计的工程师只能算半个工程师。**

试验设计学科的发展历史大致可以划分为三个阶段：起源时期的农业试验、发展时期的工业试验和现代时期的计算机试验。

1. 起源时期：农业试验

20 世纪二三十年代 Fisher 在英国洛桑试验站（Rothamsted Experimental Station）的工作被广泛认为是试验设计的起源。洛桑试验站最早的田间试验始于 1843 年，最初的目的是比较不同肥料对不同品种作物产量的效应。当时认为植物的氮素来自空气，洛桑试验站的创始人 Lawes 对此有异议，他认为植物的氮素源自于土壤，于是设立了一系列田间试验加以验证。Lawes 是牛津大学化学系的学生，他发明了用骨灰和硫酸生产硫酸钙的专利，并进行工厂化生产，用所得利润设置了 Lawes 农业公益基金，为洛桑长期农业试验能够坚持下来奠定了经济基础。

1919 年 10 月，Fisher 在洛桑试验站获得了其第一份稳定工作。洛桑试验站积累了自成立以来的周降雨量、周温度、不同肥料、不同施肥量等因素作用下不同作物品种的年收成等数据。时任试验站主任的 John Russell 爵士希望寻找一位能够分析他们的数据，从中获得他们所错过的信息的年轻数学家。从此，Fisher 开启了他在试验站长达 14 年的他自称为"耙粪堆（raking over the muck heap）"的工作。

农业试验的特点是周期长，干扰因素多。自 1921 年起，Fisher 连续发表了六篇题为 *Studies in crop variation* 的论文，创立了方差分析法，并利用方差分析法分析引起作物收成变动的因素。Fisher 意识到生成数据的试验过程的缺陷会影响数据的分析，试验设计的思想也开始萌芽。通过与许多领域的科学家和研究者交流讨论，他提出了试验设计的三大原则：重复、区组和随机化，并与 Frank Yates、Finney 等统计学家共同提出正交设计、拉丁方、因子设计、混杂等概念，建立了试验设计这一新的学科。方差分析法和试验设计被认为是 20 世纪上半叶最重要的科学发展之一。

2. 发展时期：工业试验

第二次世界大战后，由于大规模工业化的需要，Fisher 在试验设计领域的工作在工业领域中得到广泛的应用。农业试验周期长，需要精心的设计，受到田间很多无法控制的变化的影响；而工业试验可以在实验室或工厂车间里进行，不可控的干扰少，所需的时间较短，且考虑的因子一般更多，因而因子设计得到广泛的推广。

统计学家 G. P. Box 意识到，与农业试验相比，工业试验具有**及时性**和**序贯性**的特点：响应变量几乎可以被立即观测到；试验者可以很快从一小组试验中得到用于规划下一组试验的重要信息。基于这两点认识，他于 1951 年提出响应曲面法[6]，该方法利用简单的一次或二次曲面对响应与试验因子之间的关系建模，通过试验设计来寻找因子的最佳组合，即响应函数的极值点。在接下来的 30 年中，响应曲面法和其他设计技术在化工领域和流程工业（process industries）中得到广泛的应用，开启了试验设计的第一次应用浪潮。

Keifer 从提高参数估计精度的角度，建立了最优回归设计的理论[7-8]。与此前的设计方法不同，最优回归设计对响应模型和试验空间的形式要求都大大降低，因而其适用性大大提高。然而，受计算能力的限制，最优回归设计在当时没有得到广泛的应用，直到算法和计算能力得到充分发展，其应用才逐渐广泛起来。

试验设计在制造业中的广泛应用催生了第二次世界大战后的另一个主要发展，即日本工程师田口玄一基于工程概念和多年的工作经验创立的稳健参数设计。稳健参数设计是一种新的范式，其目的是找到使得产品质量最稳定的一组可控因子的组合。该方法对提高产品质量和生产力的实践产生了较大的影响，也导致了 1985 年至 2000 年间试验设计与分析研究的复兴。

3. 现代时期：计算机试验

由于复杂的数学建模和信息技术的发展，计算机上的虚拟试验，或称为计算机试验，在工程和科学研究中流行起来。计算机模拟比进行物理试验要快得多，也便宜得多。此外，有些物理试验还难以执行（如爆炸材料的起爆试验）或无法执行（如核爆试验，以及山体滑坡或飓风等罕见的自然灾害）。在过去的30余年中，试验设计领域的兴趣和焦点逐渐从实物试验转移到计算机试验上。

虽然经典试验设计法已经在文献中得到了很好的研究，但是由于计算机试验和实物试验的根本区别，将它们直接应用到计算机试验中是不合适的。

➢ 实物试验在本质上是随机的，各种未知和不受控制的变量导致随机误差不可避免，而涉及确定性模型的计算机试验则不存在随机性，导致基于控制误差的而产生的经典试验设计原则（重复、区组和随机化）不再适用。

➢ 经典的试验设计方法通常假定系统的响应模型可用一阶或二阶模型来逼近，这种情况下试验点取在试验空间的边界是最好的（参见第5章）。而计算机试验的响应模型往往十分复杂，最好的试验点分布在试验空间内部（参考第6章）。换句话说，**空间填充**（space-filling）成了计算机试验设计考虑的重点。

当然，除了农业试验、工业试验和计算机试验这三个催生试验设计方法的主要领域外，试验设计还可应用于其他领域，也产生了一些其他的设计方法，如临床医学中的自适应试验设计、微生物领域中的微阵列试验、市场研究中的陈述性偏好试验方法等。值得注意的是，1978年，为解决飞航导弹研制中的实际问题，我国统计学家方开泰和王元创立了均匀设计，现已发展成为计算机试验设计的主要方法之一。

1.2 试验的基本流程

科学试验与分析技术（Scientific Test and Analysis Techniques，STAT）是由装备试验鉴定驱动产生的、支撑装备采购决策的一整套规范方法与流程。美军科学试验与分析技术卓越中心（Scientific Test & Analysis Techniques Center of Excellence）对此做了充分的研究，形成了规范的教程。本节简要阐述科学试验与分析技术的基本内涵，内容主要来自网站：

➢ https://testscience.org/

➢ https://www.afit.edu/STAT/

以及文献[9-12]，感兴趣的读者可通过查阅这些资料了解更多信息。

完成一项复杂试验任务的流程可划分为**试验规划**（pre-plan）、**试验设计**（design）、**试验实施**（execute）和**数据分析**（analyze）四个阶段，如图1-4所示。本书重点考虑图1-4中的试验设计和数据分析，本节对流程中的每一步略做介绍。读者应意识到，结论的科学性是由试验规划、设计、实施和数据分析全流程共同决定的。

1.2.1 试验规划

试验规划需要科研团队、工程团队和统计学家共同完成，它决定了试验任务能否成功完成。试验规划可进一步划分为确定试验目标、选择响应变量、确定试验空间和建立响应模型四步，如图1-5所示。

第Ⅲ类错误（Type Ⅲ Error）是指以正确的手段解决了一个错误构建的问题。如果问题构建本身有错误，则解答得再完美也是徒劳的。图1-5中的第Ⅲ类错误，包括未能正确确定试验目标、响应变量选择错误、试验因子选择错误、因子水平选择错误、响应模型构建错误

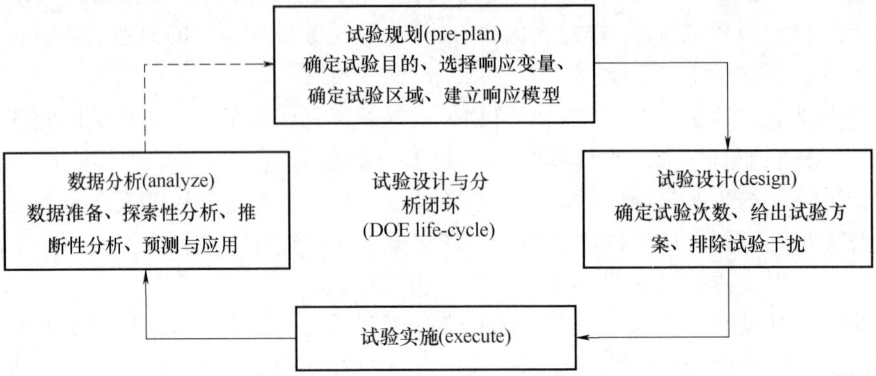

图 1-4　试验设计与分析闭环

等。例如，如果因子与响应之间的关系非线性很强，却以简单的线性模型来建模，则根据最优设计理论得到的试验方案并不是最优的。

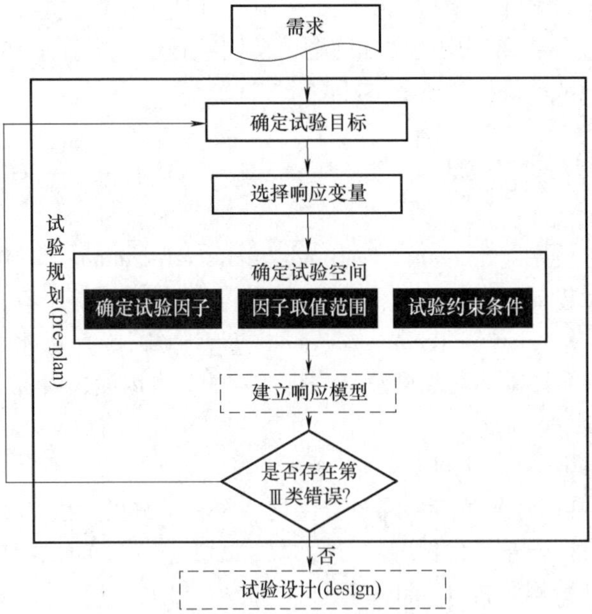

图 1-5　试验规划

1. 确定试验目标

需求是指对被试系统（或过程）能力的要求，它驱动着试验的全流程。对于复杂系统的试验评估，通常需要首先对系统的使命任务进行分解，将使命分解为多项任务、根据任务进一步明确系统应该具备的各项功能；然后对系统的组成进行分解，将系统分解为子系统、子系统分解为部件；再将功能与承载功能的子系统（或部件）对应起来，由此形成评估系统的一套指标体系，得出评估系统的数据需求；最终根据需求和系统分解的结果，确定针对各子系统或部件的试验目标。由此便可把一个复杂的试验问题分解为一系列简单的试验问题。

从统计分析的角度来看，可以把常见的试验目标归纳为以下五类。

1）处理比较。比较不同处理下响应值的差异是否统计显著。

2）因子筛选。对不同因子的重要程度排序，确定引起响应变化的主要因子。

3）系统辨识。辨识响应与因子之间的关系，获得响应模型，以预测未试验的处理处的响应值。

4）系统优化。找到使响应达到某特定值且受噪声因子影响较小的处理，或找到使响应值达到最大（或最小）的处理。

5）问题发现。哪些处理导致系统失效？要达到这一类试验目标往往存在危险性，通常需要借助计算机试验来进行。

当然，一次试验可能包含几个目标。例如，明确了影响产品质量的因子后，进一步期望优化因子组合以提高产品质量。这五个试验目标之间存在某种序贯关系：如先筛选出重要因子，再辨识响应模型，最后实现系统优化和发现问题。

2. 选择响应变量

不同响应变量和不同的测量技术导致响应变量数据类型不同。以下是四种常见的数据类型。

1）计量数据。如导弹的射程、潜艇的下潜深度、飞机的最大飞行高度、车辆的最大转弯速度等。这些数据的取值可以是某一区间内的任意实数。

2）计数数据。如某一部队的人员数量、各型装备的数量、某次战斗歼敌数量、某一时间内接听电话的次数等。这些数据在整数范围内取值，而且绝大多数还只能在非负整数范围内取值。

3）属性数据。如出动战机的类型、某次战斗中所使用的战术等。在属性数据分析中，通常用数量来表示分类，如用“1”“2”“3”“4”分别表示四个季节。这些数只是一个符号，没有大小关系，也不能进行运算。

4）有序数据。如人的文化程度由低到高可分为文盲、小学、初中、高中、中专、大专、本科、硕士、博士等，又如美军把无人集群系统的自主性由低到高划分为十个等级。这些等级也可以用自然数来表示，但这些数仅有序的关系，而没有量的概念，不能进行运算。

通常把计量数据和计数数据统称为**定量数据**（quantitative data），而把属性数据和有序数据统称为**定性数据**（qualitative data）或**分类数据**（categorical data）。表1-2列出了一些常见军事装备试验中响应变量的案例，它们都是连续的计量数据。

表1-2 响应变量示例

被试装备	响应变量
导弹，炸弹，子弹	径向命中偏差
运输机	空投：空投距离误差 着陆：卸载时间；掉头时间
跟踪系统	跟踪精度，跟踪时效
探测系统	发现时间，探测距离
干扰机	干扰时间

响应变量应由试验人员、领域专家和统计学家依据试验目标共同商量确定。选择响应变

量的原则包括：

1）可测性。可利用有限的消耗、在不影响试验结果的前提下得到响应变量的（较高精度的）观测值。

2）有效性。响应变量应直接与试验目的有关。注意，便于收集的数据并不一定直接与试验目的有关。

3）信息量。尽量选择信息量丰富的量，以节约试验资源。连续的定量响应所含的信息最丰富，定性响应包含的信息最少。仅取两个值的响应变量提供的信息量最少。例如，如果试验关心的是导弹为什么脱靶，仅提供是否命中的数据往往无法找到与制导精度有关的因子。

有些试验中响应变量不可直接测量得到，需要采用评估的方法才能得到。例如，产品的用户体验。又如，武器毁伤效能试验中，以毁伤效果作为响应是不可直接测量的。事实上，装备试验鉴定中提到的作战效能和适用性都是不可直接测量的。对于这些响应变量，必须在试验前明确其测评方法。

3. 确定试验空间

试验空间是指试验因子及其水平划分，或试验因子及其取值范围，需要请有经验的专家根据试验目标和工程背景来确定。

一次试验中影响响应变量的因素的数量往往是很多的，既包括定性的又包括定量的，既包括可控的又包括不可控的，既包括随机的又包括非随机的。从研究的目的出发，我们人为地把因子分为以下两类：

- **试验因子**（experimental factor），指研究者感兴趣的、可控的因子，在试验中可以控制和改变它们的水平。按照数据类型的不同，可把试验因子分为定性因子、定量因子和函数型因子。函数型因子在试验中随着时间或者空间的变化而变化，如器件加速寿命试验中模拟极端环境的温度变化。本书不讨论函数型因子，感兴趣的读者可参考文献［13，14］。
- **干扰因子**（nuisance factor），除试验因子外的所有因子。可从多个角度对干扰因子分类：例如，随机和非随机的、可控和不可控的、可测量和不可测量的、已知和未知的等。不同类型的干扰因子在试验中的处理方式是不同的，如可控的干扰因子可以控制在某一典型值上，不可控但可测的干扰因子在每次试验中均应测量其取值，等等。

1.1.1 节提到的解释变量属于试验因子，而潜在变量属于干扰因子。

可按照如下步骤确定试验空间。

步骤 1. 列出所有可能的因子，可采用鱼骨图（Fishbone Diagram）等工具。

步骤 2. 挑选重要的、感兴趣的、可控的因子作为试验因子，主要有以下两点考虑：

- 数量恰当。选得太多可能会造成主次不分，选得太少可能会因遗漏重要因子而归纳出错误的结论。
- 实际可操作性。例如，如果试飞试验中将“白天/夜晚”作为一个二水平因子，则必须考虑试飞员夜间飞行的安全。如果将“山林/荒漠/城市”作为一个三水平因子，则必须考虑将试验移至荒漠是否可行。

步骤 3. 根据约束条件确定试验因子的水平或取值范围。定量因子的水平可以取具体值，而定性因子的水平则只能取某一等级或某个模糊概念。确定因子水平时，应考虑以下几条原则：

➢ 根据影响机理来选择。对响应影响规律复杂的试验因子要多选一些水平，而影响规律简单的试验因子可少选一些水平。
➢ 确保工程可实现。例如，若某试验中温度的控制只能实现 ±3℃，则控制在 85℃时的实际温度将会在 85℃ ±3℃波动，3 个水平（80℃，85℃，90℃）之间间隔太小了，可适当加大水平之间的间隔，例如（80℃，90℃，100℃）。又如，导弹抗干扰试验中，角反射器的尺寸是影响导弹命中概率的一个因子，尺寸虽然是一个连续变化的量，但考虑到现有角反射器实际产品的规格只有几种，这个因子的水平就不能任意取。如果连续变化的因子的所有取值都是工程可实现的，则可在试验设计阶段再确定其具体的取值。

试验约束条件直接影响试验设计方法和数据分析方法的选择，明确试验约束对于确保试验设计方案的可操作性十分重要。我们把试验约束概括为以下三类。

➢ **资源约束**，包括时间和预算的约束，它限制了试验的次数。一种可选的方式是，首先给出一个理想的试验方案，在此基础上根据资源约束从中挑选出实际的试验方案，并评估由于试验次数不够而带来的风险。
➢ **条件约束**，受条件限制，部分处理可能无法实施。例如，两个因子（如压强与温度）中有一个取高水平的试验可以实现，而两个因子同时取高水平的试验则可能无法实现。又如，导引头挂飞试验的飞行速度往往达不到导弹的真实飞行速度。因子间的交互作用、安全因素、某些处理可能发生不希望的结果以及已知的科学原理都有可能导致某些处理无法或不需要实施。在试验规划阶段明确无法实施或无须实施的处理可确保后续设计的方案的效率和可执行性。
➢ **随机化约束**。随机化是试验设计的三大原则之一，试验次序和试验单元都应当随机化。随机化不够可能无法辨别响应的波动是试验因子的效应还是干扰因子的效应。随机化受到以下约束：
  ■ 一是改变因子水平的难易程度和代价。水平不易改变或改变代价大的因子的水平在试验中应尽少地改变。例如，假设某一试验中有两个因子 A 和 B，分别有 a 和 b 个水平，每一处理重复 n 次试验。完全随机化设计中，abn 次试验的次序是完全随机的。如果因子 A 的某一水平和因子 B 的某一水平难以改变，那么这一处理下的 n 次试验就应当连续地进行，这给随机化带来了约束。
  ■ 另一影响随机化的约束是区组。1. 3. 3 节将对存在区组因子时如何进行随机化做简要介绍。

形式上我们可以用 p 维向量 $\boldsymbol{x}$ 来表示 p 个试验因子。条件约束限制了 $\boldsymbol{x}$ 的取值范围，一般表现为 $\boldsymbol{x} \in \mathcal{X}$，$\mathcal{X}$ 就是试验空间。对于某些特定的试验来说，有时还可根据工程经验进一步确定不同处理的权重，即试验空间上 $\mathcal{X}$ 的一个概率分布，它表明了领域专家更希望在哪些处理上做试验。这一概率分布可以作为后续试验设计的依据。

4. 建立响应模型

响应建模是指根据领域知识、历史数据和专家经验建立因子与响应之间的响应模型的过程，它涉及专门的领域知识。本书主要考虑三类响应模型：固定效应模型、线性回归模型和 Kriging 模型。图 1-3 所示的**输入-系统-输出图**（input-process-output diagram）是帮助理解因子如何影响响应、辅助建立响应模型的有力工具。当然，在实际问题中可采用鱼骨图等工具来展现出关于系统结构的更多细节。

一般的参考书上均不把建立响应模型作为试验前的任务，而把它归为数据分析阶段的任务。我们认为在试验前分析响应模型的可能形式，能够有效提高试验的效率。下面看一个例子。

例1.6

以两个均匀球体之间的万有引力为例。响应变量为引力 F，试验因子包括两个球体的质量m_1、m_2，以及它们之间的距离 r。如果已知引力公式

$$F = G\frac{m_1 m_2}{r^2}$$

则只需三个因子各取一个水平，重复几次试验就能测准 G，就可以用来预测其他物体之间的引力了。由此可见，响应模型的意义在于把测量不同处理下响应值转化为测量响应模型中的参数。如果模型中的参数的个数远小于处理的个数，就能够大大降低试验次数。

1.2.2 试验设计

明确了响应变量、试验因子及其取值范围、建立了响应模型后，试验任务就从一项实际工作转变成统计问题了。不同类型的因子在试验中的处理方式是不同的，可归纳为以下几种处理方式：

1）策略性地改变。有目的地改变因子的取值能够提供最大的信息，试验因子应该采取这种方式。第 3 章、第 5 章和第 6 章都将围绕如何安排试验因子而展开。

2）保持常量。例如，如果试验无法在晚上进行，则该因子固定在“白天”这一水平上。固定因子的水平使得试验者无法给出关于这一因子的相关结论，无法保证被试系统/过程在该因子的其余水平上表现相似，推广到其他水平需要考虑新的不确定性。

3）记录。对于既不能保持常量又不能消除，但能够测量的干扰因子，应该记录其在每次试验中的取值，实现统计意义上的“控制”。例如，尽管有的试飞试验中不能控制飞机的飞行高度，记录飞行高度仍有望通过统计建模的方式分析出飞行高度对试验结果的影响。但仅仅记录不能保证因子能够遍历所有水平，这可能造成类似的“幸存者偏差”，从而影响试验目的的达成。

4）其他干扰因子可根据其性质采用随机化、重复、区组的方式处理，参考 1.3 节。

“试验设计”一词既可作为动词，也可作为名词。作为动词的试验设计本质上是一个优化过程，即依据某一准则，从试验空间 $\mathcal{X}$ 中挑选出部分处理组成试验方案。一般地，包含确定试验样本量、确定设计矩阵和给出误差控制方案三部分内容。

1）依据试验资源约束确定试验样本量（sample size determination）。试验样本量与所获信息构成一对均衡关系，与假设检验理论类似，有两种均衡的思路：①控制资源消耗使所获信息尽可能多，或控制所获信息使资源消耗尽可能少；②定义损失函数，使损失尽可能小，例如“1 单位信息 = 1000 单位资源”。现有样本量确定的方法均可归入以上两种思路中的一种，可参考文献［15-21］。

2）选择试验设计的准则，并依据该准则从 $\mathcal{X}$ 中选取试验点集 $\{\boldsymbol{x}_1,\boldsymbol{x}_2,\cdots,\boldsymbol{x}_n\}$ 组成试验方案。

3）控制误差，排除或降低干扰因子的影响，这将在 1.3 节中详细介绍。

这三部分内容一般可以分步实施，但如果不同处理中试验所消耗的资源不同，所得数据的精度也不同，则上述三部分内容不能拆开，只能通过求解一个大的优化问题来解决。

作为名词的试验设计指试验方案，是一个由试验点组成的集合 $\xi_n \overset{\text{def}}{=\!=} \{\boldsymbol{x}_1,\boldsymbol{x}_2,\cdots,\boldsymbol{x}_n\}$。可以用一个矩阵

$$\boldsymbol{D}_{\xi_n} = \begin{pmatrix} x_{11} & x_{12} & \cdots & x_{1p} \\ x_{21} & x_{22} & \cdots & x_{2p} \\ \vdots & \vdots & & \vdots \\ x_{n1} & x_{n2} & \cdots & x_{np} \end{pmatrix}$$

表示一个设计，它的每一行表示一个试验点；也可以用一个离散概率分布

$$\xi_k = \begin{Bmatrix} \boldsymbol{x}_1 & \boldsymbol{x}_2 & \cdots & \boldsymbol{x}_k \\ \dfrac{n_1}{n} & \dfrac{n_2}{n} & \cdots & \dfrac{n_k}{n} \end{Bmatrix}$$

表示一个设计，其中 n_i 表示在点 $\boldsymbol{x}_i$ 处的重复次数，$n_1+n_2+\cdots+n_k=n$。进一步，可以用 $\mathcal{X}$ 上任意一个分布来表示一个设计，待样本量 n 给定后，从该分布中抽取 n 个点作为试验点，从而避开样本量的问题。为了区分，称可用矩阵表示的设计为**精确设计**（exact design）；称只能用离散概率分布表示的设计为**离散设计**（discrete design）；称只能用连续概率分布来表示的设计为**逼近设计**（approximate design）。有的文献中也把精确设计称为**确定性设计**，而把离散设计和逼近设计统称为**近似设计**。

1.2.3 试验实施

试验结果的质量不仅与试验方案有关，还与试验方案的严格执行有关。复杂多变的现实世界中，精心设计的试验方案可能因为一些突发事件而失败。以下列举一些避免试验实施阶段产生不可预料风险的措施以供参考。

1）在实施之前充分考虑实施过程中可能出现的突发和极端情况，并给出相应的应对预案。可尝试回答以下几个问题：操作人员失误会产生什么后果？试验的哪些部分可能会失败，如何应对？环境状况与试验方案预想的状况不同如何处理？

2）制定详细而清晰的试验章程，确保试验按设计的流程来实施。明确哪些人负责测量和存储数据，谁来操作系统，试验人员是否知道试验的次序。

3）确保相关人员得到充分的培训，降低因业务不熟带来的不可预见风险。培训时，要考虑本次试验中与以往工作惯例之间相符和冲突的地方，特别注意与此前条令和管理冲突的地方。

4）充分考虑相关人员对试验结果可能产生的影响，避免人员因素造成的效应混杂。同一操作人员连续操作某系统时，一方面学习效应使得被试系统性能发挥得更好，另一方面疲劳效应影响被试系统性能的发挥；不同的操作人员操作不同的系统也可能会导致混杂效应的发生。

5）科学地收集与管理试验数据，在实施前就明确数据需求，长远来看有助于提高效率。明确测量、记录和存储哪些变量，以及如何测量、记录和存储这些变量。

试验过程中的数据丢失或试验失败都会导致样本量的降低。在数据分析时需要明确数据缺失的模式，如果是非随机的缺失，可能造成系统偏差。此外，如果数据缺失过多，则需要重新设计试验并收集数据。

1.2.4 数据分析

按照规划和设计的试验方案实施试验后，将会得到能够回答试验目标的试验数据。然而，有效的信息隐藏在试验数据中，而原始试验数据往往是令人迷惑的。科学的数据分析方法能够发现数据的模式，从数据中提取出科学的、可靠的信息。以下分析清单列举了数据分析可能用到的步骤，试验团队应根据问题的特点对其做一定的调整。

步骤 1. **数据准备**（pre-analysis）

➢ 建立数据集，将原始数据按照一定的格式存储到指定的地方，给出数据的描述文档，并与数据分析师交流确定分析目标。

➢ 数据清洗：检验数据的一致性，即检验数据是否合理，查看是否存在缺失值、异常值、重复值，并确定处理方法。

步骤 2. **探索性数据分析**（exploratory-data analysis）

➢ 单变量探索分析：对于定量变量，计算样本均值、中位数、众数、方差、标准差、极差、峰度、偏度等描述统计量，绘制直方图、箱线图、Q-Q 图等查看数据的分布情况；对于定性变量，计算频数，绘制频数分布表、柱形图、条形图、茎叶图、饼图等查看数据分布情况。

➢ 多元数据探索分析：探索多元数据之间可能存在的关系或模式。对于多个连续变量之间的关系，可利用散点图、相关系数等工具；对于多个离散变量之间的关系，可以通过交叉分组表、复合柱形图、堆积柱形图、饼图等进行查看。

步骤 3. **推断性分析**（inferential analysis，confirmatory analysis）：根据探索性数据分析的提示，利用一个统计模型拟合数据，并检验模型的显著性。包括参数估计、假设检验等统计学的经典内容。

步骤 4. **预测与应用**（prediction，explanatory & application）

➢ 结果的可视化（visualize & report results）：与决策者交流结果。

➢ 评估系统的性能与质量，给出系统的使用手册。

如果在试验阶段建立了响应模型，则不需要进行探索性数据分析，准备好数据后即可直接进入推断性分析阶段。数据分析时可借助一些常见的统计分析软件，包括 Minitab，R，JMP，SAS，SPSS，Matlab 等。

1.3 试验设计的基本原则

1843 年起，为研究一些无机化合物及其组合对农作物的影响，Lawes 和 Gilbert 在英国洛桑试验站做了 9 个长期农业试验，其中 7 个保持至今。这些试验为农学、土壤学、植物营养学、生态学和环境科学，以及统计学和试验设计的发展都做出了重要贡献，被视作试验设计领域的“经典试验”。这 9 个试验中以 Broadbalk 小麦试验和 Hoosfield 大麦试验最为著名，网址

➢ http://www. era. rothamsted. ac. uk/Broadbalk

➢ http://www. era. rothamsted. ac. uk/Hoosfield

记录了这两个试验的详细电子资料，下面简单介绍它们。

例1.7

Broadbalk 小麦试验始于 1843 年，目的是比较提供氮（N）、磷（P）、钾（K）、钠（Na）和镁（Mg）元素的无机肥料与有机肥料对作物产量的效应。肥料分配方案见表 1-3，Yates 用 0、$\frac{1}{2}$、1、1$\frac{1}{2}$以及 2 表示氮肥的不同量。从表 1-3 中可以看出，大部分肥料的效应可根据其中某两对试验的差异来估计，氮肥量增加的效应也可以从使用不同氮肥的试验中估计出来。1968 年对该试验做了修正，一是引入了短杆小麦，二是为比较连续种植与两年间歇后轮作种植的产量而对某些地块进行细分。

表 1-3 Broadbalk 小麦试验中肥料的分配[22]

试验号	处理				
2.2	有机堆肥				
3-4	无有机肥				
5	—	P	K	Na	Mg
6	$\frac{1}{2}$N	P	K	Na	Mg
7	N	P	K	Na	Mg
8	1$\frac{1}{2}$N	P	K	Na	Mg
16	2N	P	K	Na	Mg
10	N	—	—	—	—
11	N	P	—	—	—
13	N	P	K	—	—
12	N	P	—	3$\frac{2}{3}$Na	—
14	N	P	—	—	2$\frac{3}{4}$Mg
2.1	—	—	K	Na	Mg

Broadbalk 小麦试验是世界种植条件的缩影，未施用化肥和农药的地块代表非常贫困的地区，获得最佳植物、肥料、农药和最佳农艺技术的地块代表世界发达的地区。试验结果为不断增加的世界人口的粮食生产问题提供了重要信息。

例1.8

Hoosfield 大麦试验始于 1852 年，中途略有修改。用 Yates 的话来说，这一试验由于使用了析因结构（factorial structure）因而是一个复杂的试验[22]。它的设计与 Broadbalk 小麦试验截然不同：纵向四块使用四种化肥（无化肥、含磷化肥 P、含钾化肥 K-Mg-Na 以及含磷和钾的化肥 P-K-Mg-Na），每块分别与四种氮肥组合（无氮肥、硫酸铵［N_1］、硝酸钠［N_2］以及菜籽饼［N_3］），如图 1-6 所示。按照现代试验设计的术语，这是一个 $2\times2\times4$ 的因子试验无重复安排在一个裂区设计中，加上两个分别施用农家肥和不施肥的额外地块。该设计的一个严重的缺陷是没有考虑沿着田地长度方向可能存在的土壤肥力的变化。如果最北端的土壤肥力最高，那么菜籽饼（N_3）的影响可能会被误判为显著。

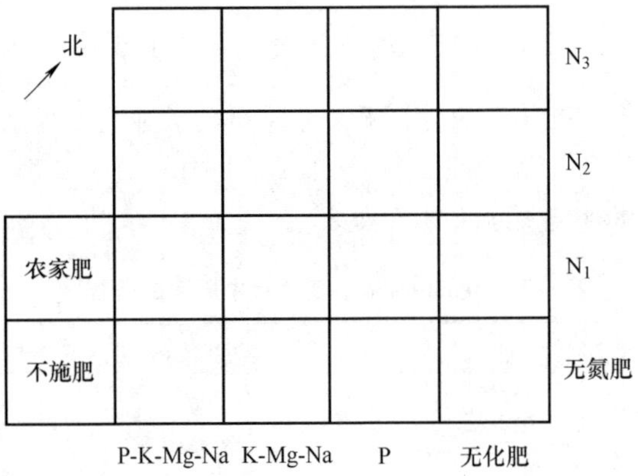

图 1-6 Hoosfield 春大麦试验安排

Fisher 进入洛桑试验站后，从统计学的角度分析试验站积累的数据，发现了原始设计的一些缺陷，并为此提出了试验设计的**重复**（replication）、**随机化**（randomization）和**区组**（blocking）三大原则。这些原则确保了试验误差估计的有效性，提供了减少试验误差的方法，是试验设计的基础。

1.3.1 重复

农业试验中，土壤肥力的变化为比较不同处理之间的差异带来了困难。克服这种困难的一种方法是引入**均匀性试验**（uniformity trials），即在开展试验之前进行没有任何处理的试验。这能够在一定程度上测量试验误差，但由于需要额外的试验，在实践中往往不是一种可行的方法。由此产生了重复的思想：或在不同地块重复试验同一处理，或在同一地块重复试验所有处理。

以当前的统计学理论来看，假设同一处理下重复试验 m 次，其试验结果分别为 y_1，y_2，…，y_m。假定

$$y_i=\mu+\varepsilon_i, i=1,2,\cdots,m$$

这里 μ 表示该处理下响应的真值。根据中心极限定理，只要每个干扰因子都在一定的范围内，无特殊波动出现，一般可以假设 $\varepsilon_i \sim_{\text{i.i.d.}} N(0,\sigma^2)$。重复有三个作用：

1）提供响应 μ 的更为精确的估计：

$$\hat{\mu}=\bar{y}=\frac{1}{m}\sum_{i=1}^{m} y_i \sim N\left(\mu,\frac{\sigma^2}{m}\right)$$

样本均值$\bar{y}$的方差是原来方差的 $1/m$。因而重复次数越多，所得结论越可信。

2）提供误差方差σ^2的估计：

$$\hat{\sigma}^2 = \frac{1}{m-1}\sum_{i=1}^{m}(y_i - \bar{y})^2 \tag{1.1}$$

3）使得比较不同处理之间的差异成为可能。当不同处理的效应之间的差异超过干扰因子带来的波动时，才能对不同处理做出比较和选择。而干扰因子带来的波动随着重复的次数增加而降低，因此在比较不同的处理时，每一处理均需要有一定的重复次数。

1.3.2　随机化

Fisher 进一步提出利用式（1.1）估计误差的有效性问题，提出在当时具有革命性意义的思想，即随机化[23]他在文献［23］的第 506～507 页提到："确保获得误差的有效估计的一种方法是有意地随机安排试验，以确保处理相同的成对地块和处理不同的成对地块之间没有差异；在这种情况下，可以采用通常的方式从处理相同的地块的变化得到误差的估计，以用于检验处理不同的地块观测到的均值之间差异的显著性。误差的估计是有效的，因为如果以随机安排的形式获得了大量不同的结果，则利用每一种安排得到的真实误差与估计误差之比将会服从某一理论分布，其结果的显著性能够通过检验。这里的理论分布指的是正态分布，即 Fisher 认为随机化后的试验结果服从独立的正态分布，能够保证利用式（1.1）估计误差的有效性。"

确切地说，随机化指试验单元和试验次序的分配都要随机确定。随机化可使各次试验结果互相独立，便于采用各种统计方法分析试验数据；并能够避免未意识到的干扰因子带来系统性偏差，提高对试验误差估计的准确度。

1.3.3　区组

在考虑处理的各种形式的重复时，Fisher 还考虑了试验误差的不同组成部分[23]，试验条件不同导致的误差应通过精心地安排来控制。Fisher 利用被他称之为最灵活、最有用的随机区组设计来说明这一点。一般地，把条件接近的一组试验单元放在一起，称为一个**区组**，不同区组之间的试验条件允许有较大的差异。下面通过几个案例来解释区组和区组设计的含义。

例1.9

比较 3 个品种水稻的单位面积产量是否存在区别。现取 5 个不同土壤条件的地区，每个地区各选 3 块面积和形状都非常接近的试验田，如图 1-7 所示。若每块试验田安排三个品种中的一个品种，应该如何安排这 15 个试验？

可按如下方案安排试验：把每个地区的三个试验单元作为一个区组，规定在每个区组内，三个品种各占一块地。至于同一区组内部哪个品种占哪块地，则由随机的方式决定。这种试验安排称为**完全随机区组设计**（randomized complete block design，RCBD）。

一般地，单因子试验中，若因子有 q 个水平，完全随机区组设计要求每个区组恰好包含 q 个试验单元，而全部 n 个试验单元能分解为 r 个区组。每个水平在每个区组内恰好占一个试验单元；而区组内用随机化的方法确定哪一个试验单元分配哪个水平。

除完全随机区组设计外，Fisher 还引入了**双向区组**的思想。他指出，对于品种试验（variety trials）和简单肥力试验（simple manurial trials）而言，“设计经济有效的田间试验的问题归结为两个主要原则：①依据使用的农业机械的类型将试验田划分成尽可能小的小块，并采取预防边缘效应的适当措施；②使用的设计可以最大限度地消除土壤异质性，但仍可有效估计残留误差。根据对均匀性试验数据的判断，到目前为止在这些安排中最有效的是**拉丁方**（latin square）。”

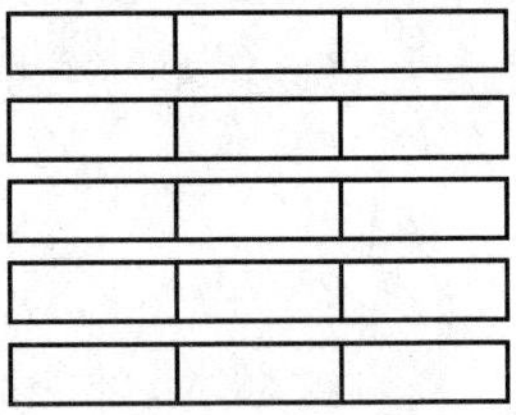

图 1-7　完全随机区组设计示意图

例1.10

在一块长方形的试验田上比较 5 个玉米品种，土壤肥力在横向和纵向上都有差异，将其按横向和纵向各 5 等分，共分为 25 个长方块，如图 1-8 所示。每个品种占 5 块，如何安排这 25 个试验？

此时我们需要双向区组设计，即希望在每一横向的 5 块试验田中每个品种都占一块，且在每一纵向的 5 块试验田中每个品种也都占一块，从而使任意品种在任意方向上都不占优势。解决这一问题可以采用拉丁方设计。**一个 n 阶的拉丁方设计为一个由 n 个不同的符号组成的 $n \times n$ 方阵，每个符号在每行只出现一次，在每列也只出现一次。**表 1-4 给出的两个 5 阶拉丁方设计可以处理本例中的问题。如果条件允许，这种安排应该重复几次。

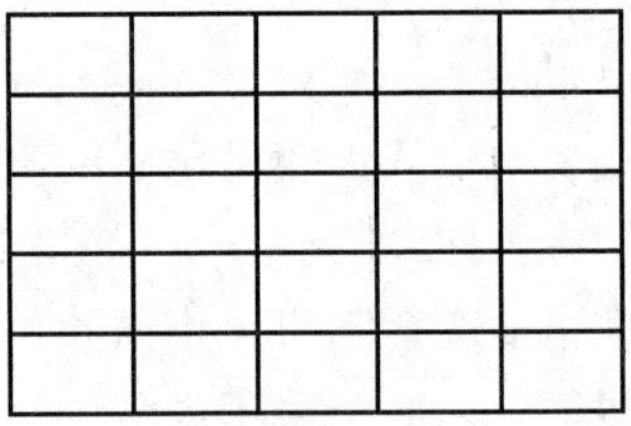

图 1-8　双向区组设计示意图

表 1-4　两个 5 阶拉丁方

(a)						(b)					
	A	*B*	*C*	*D*	*E*		*A*	*B*	*C*	*D*	*E*
	E	*A*	*B*	*C*	*D*		*D*	*E*	*A*	*B*	*C*
	D	*E*	*A*	*B*	*C*		*B*	*C*	*D*	*E*	*A*
	C	*D*	*E*	*A*	*B*		*E*	*A*	*B*	*C*	*D*
	B	*C*	*D*	*E*	*A*		*C*	*D*	*E*	*A*	*B*

由表 1-4 可知，n 阶拉丁方设计不唯一。一个 n 阶拉丁方称为**右循环拉丁方**，若其第 $i+1$ 行 $\boldsymbol{x}_{i+1}$ 可由第 i 行 $\boldsymbol{x}_i$ 通过一个右移算子 L 得到，即

$$\boldsymbol{x}_{i+1} = L\boldsymbol{x}_i, i = 1, 2, \cdots, n-1$$

其中 $L(a_1, a_2, \cdots, a_n) = (a_n, a_1, \cdots, a_{n-2}, a_{n-1})$。因此，只要设计的第一行是（1，2，…，$n$）的一个置换，就可以得到一个右循环拉丁方，表 1-4（a）就是一个右循环拉丁方。类似地，可以定义**左循环拉丁方**。循环拉丁方的一个缺陷是品种沿着对角线分布，这可能模仿了土壤的一种肥沃趋势。为了解决这一问题，可采用表 1-4（b）中的拉丁方设计，它通过每行右移两个位置得到。这使得品种在田间的分布更加均匀。

Fisher 指出，简单地采用拉丁方来安排试验对误差的估计不是有效的，因此他称之为有偏设计（biased design）[24]。为了解决这一问题，Fisher 坚持认为“拉丁方设计”一词应局限于“从所有可能的拉丁方中随机选择一个”的随机化过程。为此，他列出了从使用的角度来看最重要的所有 4×4、5×5 以及 6×6 阶拉丁方。Fisher 与 Yates 在他们 1938 年出版的《Statistical Tables For Biological，Agricultural and Medical Research》中描述了各种尺寸的拉丁方设计的更实用的随机化方法。

例1.11

由于动物之间的变异性通常很大，在饲养试验中使用动物也给研究人员带来了类似的问题。通常的做法中一般不是将一个动物视作一个试验单元，而是视作一个区组，在数个不同的时期内随机地分配不同的处理。称这种设计为**转换设计**（switchover designs，change- over designs）或**交叉设计**（crossover designs）。但对于研究不同饲料对奶牛产奶量影响的试验来说，由于泌乳期结束时产奶量的下降，随机分配饲料没有考虑这一趋势。为此，应使用拉丁方设计，行安排泌乳周期的不同时期，列安排不同的奶牛。爱荷华农业试验站的 Cochran 等采用表 1-5（a）中的拉丁方安排了 s 组、每组三头奶牛、三种不同的饲料的产奶量试验[25]。

表 1-5　拉丁方转换设计

(a)	奶牛			(b)	奶牛		
时期	1	2	3	时期	1	2	3
1	A	B	C	1	B	A	C
2	B	C	A	2	A	C	B
3	C	A	B	3	C	B	A

如果在不同饲料的连续分配之间有足够长的休息时间，从一个处理到下一个处理之间就不会存在延滞效应。而对于短期的转换试验，必须考虑前一时期饲料对总产奶量的延滞效应。这种情形下表 1-5（a）给出的拉丁方设计有缺陷，饲料 A 前面只有饲料 C，饲料 B 前面只有饲料 A，而饲料 C 前面只有饲料 B。Cochran 等推荐一半的试验使用表 1-5（a）中的拉丁方，而另一半的试验使用表 1-5（b）中的拉丁方，他们称这两个拉丁方互补。此时每种饲料在另一种饲料前面的次数都相等（均为 2），因此这个设计对于延滞效应是平衡的。

构造任意处理数 t 的平衡拉丁方的方法由 Williams 给出[26]。他指出当 t 为偶数时，使用一个拉丁方就可以达到平衡，而当 t 为奇数时需要两个互补的拉丁方。以 0，1，2，…，$t-1$ 表示 t 个处理，

➢ 当 t 为偶数时，首先按照

$$\left[0 \quad t-1 \quad 1 \quad t-2 \quad 2 \quad t-3 \quad \cdots \quad \frac{t}{2} \quad \frac{t}{2}+1\right]^{\mathrm{T}}$$

的排列方式得到第一列，然后每个元素加上 1 再模 t 依次得到后面的列。通常称这种设计为 Williams 方。

➢ 当 t 为奇数时，第一个拉丁方与 t 为偶数时的构造方法一致，第二个拉丁方的第一列

由第一个拉丁方的最后一列反转得到，后面的列每个元素加上1再模 t 依次得到。

表1-6（a）给出的是 $t=6$ 的一个例子，表1-6（b）给出的是 $t=5$ 的一个例子，列表示不同的对象，行表示不同的时期。

表1-6　转换设计

(a)	0	1	2	3	4	5	(b)	0	1	2	3	4	1	2	3	4	0
	5	0	1	2	3	4		4	0	1	2	3	2	3	4	0	1
	1	2	3	4	5	0		1	2	3	4	0	0	1	2	3	4
	4	5	0	1	2	3		3	4	0	1	2	3	4	0	1	2
	2	3	4	5	0	1		2	3	4	0	1	4	0	1	2	3
	3	4	5	0	1	2											

在农业试验中，通常可以使用足够大的区组来容纳RCBD或拉丁方设计中的所有处理。但由于土壤肥力的变化可能很大，大的区组给试验带来较大的误差，进而影响估计的精度。在有些试验中，最有效的区组的数量肯定会受到限制。作为例子，Yates提到单卵双胞胎猪的数量以及植物上叶子的数量[27]。由此引入了**不完全区组**（incomplete block）的概念，即区组所含的试验单元数少于处理数。此时需要在区组不完全的条件下，设法达到某种程度的均衡。Yates为这种情况推荐使用一种特殊的设计，该设计特点如下：“每一区组中试验单元的数量是固定的，少于处理的数量，将处理分配给各区组，确保任意两对处理在同一区组中出现的次数相同.”Yates称这种设计为**对称不完全随机区组设计**（symmetrical incomplete randomized block arrangement）[27]，现在称作**平衡不完全区组设计**（balanced incomplete block design，BIBD）。

例1.12

比较 $t=6$ 种不同的化肥处理对玉米产量的影响。现取10个不同土壤条件的地区各选3块面积和水土条件都非常接近的试验田，每一块试验田安排一个化肥，如图1-9所示。如何安排这30个试验？

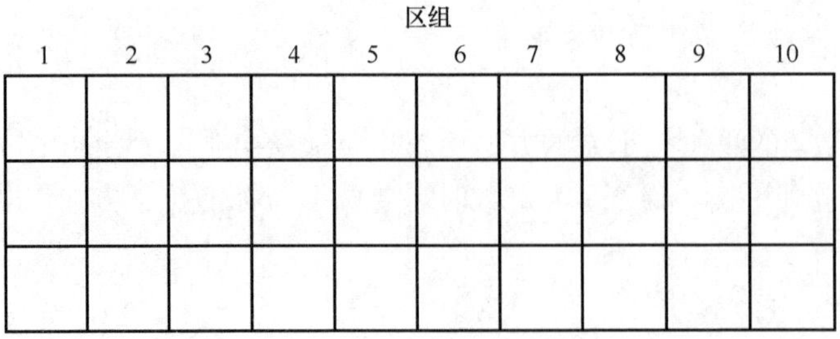

图1-9　不完全区组示意图

将这10个地区作为10个大小为3的区组。6种化肥作为一个6水平的因子，则一个处理就是因子的一个水平。Yates给出的（非随机）方案如图1-10所示[27]。

	区组 1	2	3	4	5	6	7	8	9	10
处理	1	1	1	1	1	2	2	2	3	3
	2	2	3	4	5	3	4	5	4	4
	3	4	5	6	6	6	5	6	5	6

图1-10 平衡不完全区组设计示意图

该设计具有以下几个性质：

➢ 每个区组中都含3个不同的水平。

➢ 每个水平都在5个区组中出现。

➢ 任一对水平在同一区组内同时出现的次数都是 $\lambda=2$。

一般地，在BIBD中有5个参数 (t, k, b, r, λ)，其中 t 为处理数，k 为每区组所含的试验单元数，b 为区组数目，r 为每个处理的试验次数，λ 为任一对处理在同一区组内出现的次数。在例1.12中，$t=6$，$k=3$，$b=10$，$r=5$，$\lambda=2$。如果 $t=b$，则称区组设计为**对称的**，否则称为**非对称的**。Fisher给出了BIBD存在的必要条件

$$\begin{cases} tr=bk \\ \lambda(t-1)=r(k-1) \\ b \geqslant t \end{cases} \tag{1.2}$$

式中，$tr=bk$ 是两种计算试验次数的方法。一方面，存在处理1的区组个数为 r，这 r 个区组中其他处理的试验总数为 $r(k-1)$；另一方面，处理1与其他 $t-1$ 个处理组成的处理对的数目为 $t-1$，而每个处理对在BIBD中出现 λ 次，则包含处理1的处理对共有 $\lambda(t-1)$，因此 $r(k-1)=\lambda(t-1)$。$b \geqslant t$ 是由Fisher给出的，证明比较复杂，可以参考文献［3］，这里略过。

经由Yates引入后，人们发现了很多平衡不完全区组设计，可参考文献［28］。其中区组大小为2的BIBD，只需简单地取所有大小为2的可能组合即可。Yates指出，这些设计比以前使用的设计更有效，通过使用一种处理作为控制组并将其他处理与该处理进行比较。区组大小为2的BIBD已在生物学、遗传学、心理学和医学中得到广泛的应用。

意识到实际上有用的BIBD仅针对少量参数组 (t, b, k, r) 存在，Bose引入了一类相对丰富的不完全区组设计，称之为**部分平衡不完全区组设计**（partially balanced incomplete block designs）和不完全拉丁方设计（或称Youden方设计）。受篇幅限制，这里就不做详细介绍，感兴趣的读者可参考文献［28-29］。

习 题

一、选择题

1. 以下四种数据类型中，包含信息量最多的数据类型是______。

A. 计量数据　B. 计数数据　C. 有序数据　D. 属性数据

2. 下列研究方法中，得到因果关系最有效的方法是______。

A. 观察研究　B. 试验研究　C. 逻辑推理　D. 抽样方法

3. 研究不同类型干扰对导弹命中概率的影响，干扰类型是______。

A. 定性因子　B. 定量因子　C. 随机因子　D. 区组

4. 下列不属于试验规划阶段的任务的是______。

A. 确定试验目标　B. 选择响应变量

C. 确定试验空间　D. 确定试验次数

5. 下列不属于试验设计阶段的任务的是______。

A. 确定样本量　B. 确定设计矩阵

C. 设计误差控制方案　D. 建立响应模型

6. 下列属于随机化的意义的是______。

A. 降低系统偏差　B. 使误差方差可估计

C. 提高参数估计精度　D. 避免效应混杂

7. 下列不属于应对干扰因子的手段的是______。

A. 重复　B. 区组

C. 随机化　D. 策略性改变因子的取值

8. 下列论述错误的是______。

A. 属性数据没有大小关系，也不能进行运算

B. 有序数据只有序的关系，没有量的概念

C. n 阶拉丁方设计是唯一的

D. 区组不是试验因子，但在试验设计和数据分析时，可以把它当作一个试验因子

二、填空题

1. 收集数据的主要手段包括__________，__________和__________。

2. 计量数据和计数数据统称为__________，而属性数据和有序数据统称为__________。

3. 确定解释变量与响应变量之间的因果关系时，需保证__________、__________和不可替代性三个条件同时成立。

4. 科学研究的四类范式是指：__________、__________、__________和数据密集型科学发现。

5. 称衡量试验结果的量为__________。

6. 在实物试验中，为了研究的方便而人为地把因子划分为__________和__________两类。

7. 称试验因子的水平组合为__________。

8. 完成一项试验任务的过程可划分为__________、__________、__________和__________四个阶段。

9. 常见的试验目标包括__________、__________、__________、__________和__________五大类。

10. 选择响应变量的原则包括：__________、__________和__________。

11. 明确试验约束对于确保试验方案的可操作性十分重要，试验约束可概况为三类：__________、__________和__________。

12. 称可用矩阵表示的设计为__________，称只能用离散概率分布表示的设计为__________，称只能用连续概率分布表示的设计为__________。

13. 把条件接近的一组试验单元放在一起，称为一个__________。

14. 试验设计的三原则是指__________、__________和__________。

15. 如果一个四阶拉丁方设计的前三行分别为 4213、2134 和 1342，则它的第四行为__________，它是一个__________拉丁方；如果一个四阶拉丁方设计的前三行分别为 4213、3421 和 1342，则它的第四行为__________，它是一个__________拉丁方。

三、简答题

1. 如何确定两个变量之间是否有相关关系？如何确定两个变量之间是否有因果关系？
2. 简述试验的基本逻辑。
3. 查阅资料，了解抽样与试验设计的联系和区别。
4. 设计试验研究跑步与能量消耗之间的因果关系，完成试验设计与分析的闭环中的试验规划步骤。
5. 本章提到了一些为试验设计的发展做出杰出贡献的统计学家，从其中挑选一位，介绍其生平和主要贡献。

第2章 方差分析

试验中，干扰因子和试验因子的改变都会引起响应值的波动，判断试验因子与响应之间是否存在因果关系就是要判断试验因子的改变是否是造成响应改变的原因之一。

方差分析（analysis of variance，ANOVA）的基本思想是：**假定不同处理下的响应值来自方差相同的正态总体；若不同处理下正态总体的均值相同，则响应值的波动由干扰因子引起；如果不同处理下正态总体的均值不全相等，则响应值的波动还包含试验因子的效应。**为此，需要构造统计量来刻画响应值的波动，并将这个统计量分解为与不同因子效应对应的部分，然后利用假设检验的理论来判断试验因子的效应是否显著。由此可见，方差分析法的基本假设是：**不同处理下的响应值来自方差相同的正态总体，且每次试验结果都互相独立。**

本章首先介绍方差分析所需的线性代数、概率论与数理统计基本知识，这些知识在后续章节中将反复用到，给出的结论基本都没有证明，感兴趣的读者可查阅相关的文献。2.2节以单因子试验为例介绍方差分析法，其中的主要结论都利用2.1节的知识予以了详细证明。2.3节介绍多重比较与对照，是对假设检验等知识的巩固和提升。2.4节介绍双因子试验与交互效应，在巩固方差分析法的同时，重点阐述交互效应和自由度这两个重要概念。在学习本章的过程中，既要掌握方差分析的理论与方法，又要理解对照、主效应、交互效应、自由度等试验设计中的重要概念。

2.1 正态总体及其抽样分布

为了叙述的简便和逻辑的清晰，本书采用多元正态分布作为理论基础，为此首先介绍所需的一些线性代数知识。本书中的向量均指列向量，以粗体小写字母表示向量，如 $\boldsymbol{a}$、$\boldsymbol{b}$、$\boldsymbol{x}$、$\boldsymbol{y}$，等等；以粗体大写字母表示矩阵，如 $\boldsymbol{A}$、$\boldsymbol{B}$、$\boldsymbol{P}$、$\boldsymbol{X}$，等等。

称 $n\times n$ 阶方阵 $\boldsymbol{P}$ 为**幂等矩阵**（idempotent matrix），如果 $\boldsymbol{P}^2=\boldsymbol{P}\times\boldsymbol{P}=\boldsymbol{P}$。如果 $\boldsymbol{P}$ 为 $n\times n$ 阶幂等矩阵，则：

1）$\boldsymbol{P}^{\mathrm{T}}$、$\boldsymbol{I}-\boldsymbol{P}$、$\boldsymbol{T}^{-1}\boldsymbol{PT}$ 均为幂等矩阵，这里 $\boldsymbol{I}$ 表示 $n\times n$ 阶单位矩阵，$\boldsymbol{T}$ 表示 $n\times n$ 阶可逆矩阵。

2）**$\boldsymbol{P}$ 的特征值只可能是0和1，特别地，$\mathrm{tr}(\boldsymbol{P})=\mathrm{rank}(\boldsymbol{P})$，即它的秩等于它的迹。**

3）如果 $\boldsymbol{P}$ 还是对称矩阵，则对任意几维列向量 $\boldsymbol{y}\in\mathbb{R}^n$，向量 $\boldsymbol{Py}$ 与向量 $(\boldsymbol{I}-\boldsymbol{P})\boldsymbol{y}$ 互相垂直，且

$$\|\boldsymbol{Py}\|^2+\|(\boldsymbol{I}-\boldsymbol{P})\boldsymbol{y}\|^2=\|\boldsymbol{y}\|^2$$

因此，对称幂等矩阵也称为**投影矩阵**（projection matrix）。

下面介绍向量变元的实值函数 $f(\boldsymbol{x})$，$\boldsymbol{x}=[x_1\quad x_2\quad\cdots\quad x_p]^{\mathrm{T}}\in\mathbb{R}^p$ 的梯度

$$\frac{\partial f(\boldsymbol{x})}{\partial \boldsymbol{x}}=\left[\frac{\partial f(\boldsymbol{x})}{\partial x_1} \quad \frac{\partial f(\boldsymbol{x})}{\partial x_2} \quad \cdots \quad \frac{\partial f(\boldsymbol{x})}{\partial x_p}\right]^{\mathrm{T}}$$

的几条基本运算法则。首先，与一元函数相似，常数的梯度向量为零向量，即$\partial c/\partial \boldsymbol{x}=\boldsymbol{0}$；其次，与求导的线性法则相同，梯度运算是线性运算，即

$$\frac{\partial[c_1 f_1(\boldsymbol{x})+c_2 f_2(\boldsymbol{x})]}{\partial \boldsymbol{x}}=c_1\frac{\partial f_1(\boldsymbol{x})}{\partial \boldsymbol{x}}+c_2\frac{\partial f_2(\boldsymbol{x})}{\partial \boldsymbol{x}}$$

其中，c_1和c_2为常数。第三，两个函数乘积的梯度运算法则与一元函数求导乘积法则相同，即

$$\frac{\partial[f(\boldsymbol{x})g(\boldsymbol{x})]}{\partial \boldsymbol{x}}=\frac{\partial f(\boldsymbol{x})}{\partial \boldsymbol{x}}g(\boldsymbol{x})+\frac{\partial g(\boldsymbol{x})}{\partial \boldsymbol{x}}f(\boldsymbol{x})$$

第四，两个函数之商的求导法则与一元函数求导商法则相同，即

$$\frac{\partial\left[\frac{f(\boldsymbol{x})}{g(\boldsymbol{x})}\right]}{\partial \boldsymbol{x}}=\frac{1}{g^2(\boldsymbol{x})}\left[\frac{\partial f(\boldsymbol{x})}{\partial \boldsymbol{x}}g(\boldsymbol{x})-\frac{\partial g(\boldsymbol{x})}{\partial \boldsymbol{x}}f(\boldsymbol{x})\right]$$

其中，$g(\boldsymbol{x})\neq 0$。以上四条法则均可根据梯度的定义和偏导数运算法则验证。

特别地，对于一次型 $\boldsymbol{a}^{\mathrm{T}}\boldsymbol{x}$ 与二次型 $\boldsymbol{x}^{\mathrm{T}}\boldsymbol{A}\boldsymbol{x}$，有

$$\frac{\partial \boldsymbol{a}^{\mathrm{T}}\boldsymbol{x}}{\partial \boldsymbol{x}}=\frac{\partial \boldsymbol{x}^{\mathrm{T}}\boldsymbol{a}}{\partial \boldsymbol{x}}=\boldsymbol{a} \tag{2.1}$$

$$\frac{\partial \boldsymbol{x}^{\mathrm{T}}\boldsymbol{A}\boldsymbol{x}}{\partial \boldsymbol{x}}=\boldsymbol{A}\boldsymbol{x}+\boldsymbol{A}^{\mathrm{T}}\boldsymbol{x} \tag{2.2}$$

其中 $\boldsymbol{a}$ 为 p 维向量，$\boldsymbol{A}$ 为 $p\times p$ 阶矩阵。作为示范，下面证明式（2.1）。根据梯度的定义

$$\frac{\partial \boldsymbol{x}^{\mathrm{T}}\boldsymbol{a}}{\partial \boldsymbol{x}}=\begin{bmatrix}\frac{\partial \boldsymbol{x}^{\mathrm{T}}\boldsymbol{a}}{\partial x_1}\\ \frac{\partial \boldsymbol{x}^{T}\boldsymbol{a}}{\partial x_2}\\ \vdots\\ \frac{\partial \boldsymbol{x}^{T}\boldsymbol{a}}{\partial x_p}\end{bmatrix}=\begin{bmatrix}a_1\\ a_2\\ \vdots\\ a_p\end{bmatrix}=\boldsymbol{a}$$

式（2.2）的证明留作习题。

称 n 阶实对称矩阵 $\boldsymbol{A}$ 为**正定的**（positive definite），如果对任意 $\boldsymbol{x}\in\mathbb{R}^n$，都有 $\boldsymbol{x}^{\mathrm{T}}\boldsymbol{A}\boldsymbol{x}>0$。类似地，如果对任意 $\boldsymbol{x}\in\mathbb{R}^n$，都有 $\boldsymbol{x}^{\mathrm{T}}\boldsymbol{A}\boldsymbol{x}<0$，则称矩阵 $\boldsymbol{A}$ 为**负定的**（negative definite）；如果对任意 $\boldsymbol{x}\in\mathbb{R}^n$，都有 $\boldsymbol{x}^{\mathrm{T}}\boldsymbol{A}\boldsymbol{x}\geqslant 0$，则称矩阵 $\boldsymbol{A}$ 为**非负定的**（non-negative definite）。矩阵 $\boldsymbol{A}$ 正定，当且仅当 $\boldsymbol{A}$ 的所有特征值均为正数，当且仅当存在 n 阶可逆矩阵 $\boldsymbol{C}$ 使得 $\boldsymbol{A}=\boldsymbol{C}^{\mathrm{T}}\boldsymbol{C}$，当且仅当 $\boldsymbol{A}$ 的所有顺序主子式大于零。由于正定矩阵 $\boldsymbol{A}$ 可表示为 $\boldsymbol{A}=\boldsymbol{C}^{\mathrm{T}}\boldsymbol{C}$ 的形式，因此有时将 $\boldsymbol{C}$ 记作 $\boldsymbol{A}^{\frac{1}{2}}$。

设 $\boldsymbol{A}$ 为 n 阶对称矩阵，考虑二次型 $f(\boldsymbol{x})=\boldsymbol{x}^{\mathrm{T}}\boldsymbol{A}\boldsymbol{x}$。根据式（2.2），$\partial^2 f(\boldsymbol{x})/\partial\boldsymbol{x}\partial\boldsymbol{x}^{\mathrm{T}}=2\boldsymbol{A}$，因此，

1）如果 $\boldsymbol{A}$ 的特征值都非负，即 $\boldsymbol{A}$ 为非负定矩阵，则 $\boldsymbol{0}$ 是 $f(\boldsymbol{x})$ 的极小点。

2）如果 $\boldsymbol{A}$ 的特征值都非正，即 $\boldsymbol{A}$ 为非正定矩阵，则 $\boldsymbol{0}$ 是 $f(\boldsymbol{x})$ 的极大点。

3）如果 $\boldsymbol{A}$ 的特征值有正有负，即 $\boldsymbol{A}$ 为不定矩阵，则 $\boldsymbol{0}$ 是 $f(\boldsymbol{x})$ 的鞍点。

2.1.1 多元正态分布

称由随机变量组成的向量为随机向量。设$\varepsilon_1,\varepsilon_2,\cdots,\varepsilon_n\sim_{\text{i.i.d.}}N(0,1)$为独立同分布的

标准正态随机变量，称随机向量 $[\varepsilon_1,\varepsilon_2,\cdots,\varepsilon_n]^{\mathrm{T}}$ 为 n **维标准高斯随机向量**，称它的分布为 n **维标准正态分布**。由于

$$E(\boldsymbol{\varepsilon})=[E(\varepsilon_1),E(\varepsilon_2),\cdots,E(\varepsilon_n)]^{\mathrm{T}}=\boldsymbol{0}_{n\times 1}$$

$$\mathrm{Cov}(\boldsymbol{\varepsilon},\boldsymbol{\varepsilon})=E[(\boldsymbol{\varepsilon}-E(\boldsymbol{\varepsilon}))(\boldsymbol{\varepsilon}-E(\boldsymbol{\varepsilon}))^{\mathrm{T}}]=\boldsymbol{I}_{n\times n}$$

因此将 n 维标准正态分布记作 $N(\boldsymbol{0}_{n\times 1},\boldsymbol{I}_{n\times n})$。根据独立性，它的概率密度函数为

$$p(\boldsymbol{x})=p(x_1,x_2,\cdots,x_n)=\prod_{i=1}^{n}\frac{1}{\sqrt{2\pi}}\exp\left\{-\frac{x_i^2}{2}\right\}=\frac{1}{(2\pi)^{\frac{n}{2}}}\exp\left\{-\frac{1}{2}\boldsymbol{x}^{\mathrm{T}}\boldsymbol{x}\right\}$$

定义 2.1 设 $\boldsymbol{\varepsilon}\sim N(\boldsymbol{0}_{n\times 1},\ \boldsymbol{I}_{n\times n})$。给定 $n\times n$ 阶可逆矩阵 $\boldsymbol{A}$ 和 n 维数值向量 $\boldsymbol{\mu}$，称 $\boldsymbol{\xi}\overset{\mathrm{def}}{=}\boldsymbol{A\varepsilon}+\boldsymbol{\mu}$ 为均值向量为 $\boldsymbol{\mu}$、协方差矩阵为 $\boldsymbol{C}\overset{\mathrm{def}}{=}\boldsymbol{AA}^{\mathrm{T}}$ 的 n 维高斯随机向量，称它的分布为 n 维正态分布，记作 $\boldsymbol{\xi}\sim N(\boldsymbol{\mu},\boldsymbol{C})$。

根据期望运算的性质，容易验证

$$E(\boldsymbol{\xi})=\boldsymbol{A}E(\boldsymbol{\varepsilon})+\boldsymbol{\mu}=\boldsymbol{\mu}$$

$$\mathrm{Cov}(\boldsymbol{\xi},\boldsymbol{\xi})=E[(\boldsymbol{\xi}-\boldsymbol{\mu})(\boldsymbol{\xi}-\boldsymbol{\mu})^{\mathrm{T}}]=\boldsymbol{C}$$

根据定义，协方差矩阵 $\boldsymbol{C}$ 是正定对称矩阵。当 $\boldsymbol{C}$ 为退化矩阵，即 $\det(\boldsymbol{C})=0$ 时，称正态分布为退化的。退化正态分布可通过特征函数来定义，一般不需要关注退化的情况，本书总假定 $\det(\boldsymbol{C})\neq 0$。

可以证明，$N(\boldsymbol{\mu},\boldsymbol{C})$ 的概率密度函数为

$$p(\boldsymbol{x})=\frac{1}{\sqrt{(2\pi)^n\det(\boldsymbol{C})}}\exp\left\{-\frac{1}{2}(\boldsymbol{x}-\boldsymbol{\mu})^{\mathrm{T}}\boldsymbol{C}^{-1}(\boldsymbol{x}-\boldsymbol{\mu})\right\}$$

可见，多元正态分布由其均值向量和协方差矩阵唯一确定。

高斯随机向量有很多优良的性质，以下引理列举了一些本书中会用到的性质。

引理 2.1 设 n 维随机向量 $\boldsymbol{\xi}=[\xi_1,\xi_2,\cdots,\xi_n]^{\mathrm{T}}$ 服从均值向量为 $\boldsymbol{\mu}$、协方差矩阵为

$$\boldsymbol{C}\overset{\mathrm{def}}{=}\begin{bmatrix}\sigma_1^2 & \sigma_{12} & \cdots & \sigma_{1n}\\ \sigma_{21} & \sigma_2^2 & \cdots & \sigma_{2n}\\ \vdots & \vdots & & \vdots\\ \sigma_{n1} & \sigma_{n2} & \cdots & \sigma_n^2\end{bmatrix}$$

的多元正态分布，则

1）如果 $\boldsymbol{C}$ 为对角矩阵，则随机变量族 $\{\xi_1,\xi_2,\cdots,\xi_n\}$ 互相独立，且 $\xi_i\sim N(\mu_i,\sigma_i^2)$。

2）如果 $\boldsymbol{A}$ 为 $m\times n$ 阶行满秩矩阵，则 $\boldsymbol{A\xi}\sim N(\boldsymbol{A\mu},\boldsymbol{ACA}^{\mathrm{T}})$，即高斯随机向量的线性变换仍为高斯随机向量。

3）设

$$\boldsymbol{\xi}=[\boldsymbol{\xi}_1\quad \boldsymbol{\xi}_2]\sim N\left([\boldsymbol{\mu}_1\quad \boldsymbol{\mu}_2],\begin{bmatrix}\boldsymbol{C}_{11} & \boldsymbol{C}_{12}\\ \boldsymbol{C}_{21} & \boldsymbol{C}_{22}\end{bmatrix}\right)$$

则 $\boldsymbol{\xi}_1\mid\boldsymbol{\xi}_2\sim N(\boldsymbol{\mu}_1+\boldsymbol{C}_{12}\boldsymbol{C}_{22}^{-1}(\boldsymbol{\xi}_2-\boldsymbol{\mu}_2),\boldsymbol{C}_{11}-\boldsymbol{C}_{12}\boldsymbol{C}_{22}^{-1}\boldsymbol{C}_{21})$，即高斯随机向量的条件分布仍然为高斯分布。

由上述引理的 2）可知，对任意 $\boldsymbol{a}\in\mathbb{R}^n$，都有 $\boldsymbol{a}^{\mathrm{T}}\boldsymbol{\xi}\sim N(\boldsymbol{a}^{\mathrm{T}}\boldsymbol{\mu},\boldsymbol{a}^{\mathrm{T}}\boldsymbol{Ca})$。事实上，高斯随机向量还有一个等价的定义：**称 n 维随机向量 $\boldsymbol{\xi}$ 为均值为 $\boldsymbol{\mu}$、协方差矩阵为 $\boldsymbol{C}$ 的高斯随机向**

量，如果对任意向量 $\boldsymbol{a}\in\mathbb{R}^n$，都有 $\boldsymbol{a}^{\mathrm{T}}\boldsymbol{\xi}\sim N(\boldsymbol{a}^{\mathrm{T}}\boldsymbol{\mu},\boldsymbol{a}^{\mathrm{T}}\boldsymbol{C}\boldsymbol{a})$。

利用高斯随机向量可以定义数理统计中应用广泛的χ^2分布、t 分布和 F 分布。

定义 2.2 称 k 维高斯随机向量 $\boldsymbol{\xi}\sim N(\boldsymbol{\mu}_{k\times1},\boldsymbol{I}_{k\times k})$ 的二次型

$$\eta\overset{\text{def}}{=\!=}\boldsymbol{\xi}^{\mathrm{T}}\boldsymbol{\xi}=\sum_{i=1}^{k}\xi_i^2$$

的分布为自由度为 k、非中心参数为 $\lambda=\boldsymbol{\mu}^{\mathrm{T}}\boldsymbol{\mu}$ 的χ^2分布，记作 $\eta\sim\chi^2(k,\lambda)$。当 $\lambda=0$ 时，称 η 的分布为自由度为 k 的中心化χ^2分布，记作 $\eta\sim\chi^2(k)$。

中心化的$\chi^2(k)$ 分布的均值为 k，方差为 $2k$，概率密度函数为

$$f_{\chi^2(k)}(x)=\begin{cases}\dfrac{1}{2^{\frac{k}{2}}\Gamma\left(\dfrac{k}{2}\right)}x^{\frac{k}{2}-1}\mathrm{e}^{-\frac{x}{2}}, & x>0\\ 0, & x\leqslant 0\end{cases}$$

其中 $\Gamma(\cdot)$表示 Gamma 函数。图 2-1 所示为几个中心化χ^2分布的概率密度函数。当满足独立性条件时，χ^2分布对加法运算具有封闭性。

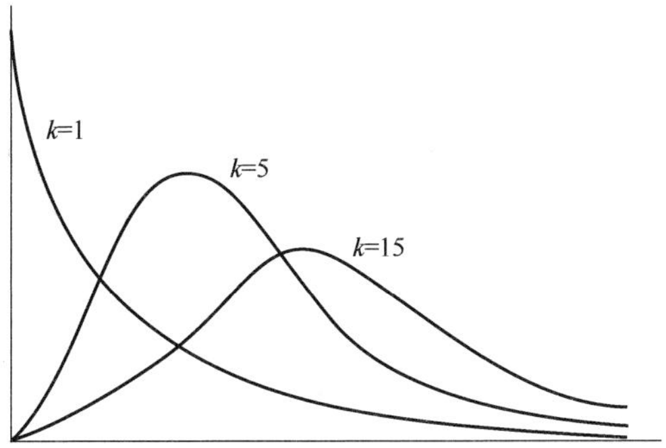

图 2-1 几个中心化χ^2分布的概率密度函数

引理 2.2 若随机变量 $\{\eta_1,\eta_2,\cdots,\eta_m\}$ 互相独立，且 $\eta_i\sim\chi^2(k_i,\lambda_i)$，则 $\eta_1+\eta_2+\cdots+\eta_m\sim\chi^2(k_1+k_2+\cdots+k_m,\lambda_1+\lambda_2+\cdots+\lambda_m)$。特别地，如果随机变量 ξ_1，ξ_2，…，ξ_k互相独立且 $\xi_i\sim N(\mu_i,\sigma_i^2)$，则

$$\sum_{i=1}^{k}\frac{\xi_i^2}{\sigma_i^2}\sim\chi^2\left(k,\sum_{i=1}^{k}\frac{\mu_i^2}{\sigma_i^2}\right)$$

定义 2.2 给出的是正态随机向量关于单位矩阵 $\boldsymbol{I}$ 的二次型的分布，以下引理给出了一般的二次型 $\boldsymbol{\xi}^{\mathrm{T}}\boldsymbol{A}\boldsymbol{\xi}$ 的分布为χ^2分布的条件。

引理 2.3 设 $\boldsymbol{\xi}\sim N(\boldsymbol{\mu}_{n\times1},\boldsymbol{I}_{n\times n})$，$\boldsymbol{A}$ 为 $n\times n$ 阶对称矩阵。

1）$\boldsymbol{\xi}^{\mathrm{T}}\boldsymbol{A}\boldsymbol{\xi}\sim\chi^2(\mathrm{rank}(\boldsymbol{A}),\boldsymbol{\mu}^{\mathrm{T}}\boldsymbol{A}\boldsymbol{\mu})$ 当且仅当 $\boldsymbol{A}$ 为幂等矩阵，即 $\boldsymbol{A}^2=\boldsymbol{A}$。

2）设 $\boldsymbol{A}_1$和 $\boldsymbol{A}_2$均为对称幂等矩阵，则 $\boldsymbol{\xi}^{\mathrm{T}}\boldsymbol{A}_1\boldsymbol{\xi}$ 和 $\boldsymbol{\xi}^{\mathrm{T}}\boldsymbol{A}_2\boldsymbol{\xi}$ 互相独立当且仅当 $\boldsymbol{A}_1\boldsymbol{A}_2=\boldsymbol{O}$。

3）如果 $\boldsymbol{A}$ 可分解为 k 个对称矩阵 $\boldsymbol{A}_1$，$\boldsymbol{A}_2$，…，$\boldsymbol{A}_k$的和，则以下两个条件等价：

① $\boldsymbol{A}$ 为幂等矩阵，且 $\mathrm{rank}(\boldsymbol{A})=\mathrm{rank}(\boldsymbol{A}_1)+\mathrm{rank}(\boldsymbol{A}_2)\cdots+\mathrm{rank}(\boldsymbol{A}_k)$。

② $\boldsymbol{\xi}^{\mathrm{T}}\boldsymbol{A}_1\boldsymbol{\xi}$，$\boldsymbol{\xi}^{\mathrm{T}}\boldsymbol{A}_2\boldsymbol{\xi}$，…，$\boldsymbol{\xi}^{\mathrm{T}}\boldsymbol{A}_k\boldsymbol{\xi}$ 互相独立且 $\boldsymbol{\xi}^{\mathrm{T}}\boldsymbol{A}_i\boldsymbol{\xi}\sim\chi^2(\mathrm{rank}(\boldsymbol{A}_i),\boldsymbol{\mu}^{\mathrm{T}}\boldsymbol{A}_i\boldsymbol{\mu})$。

4）设 $\boldsymbol{B}$ 为 $m\times n$ 阶矩阵，$\boldsymbol{BA}=\boldsymbol{O}$，则 $\boldsymbol{B\xi}$ 与 $\boldsymbol{\xi}^{\mathrm{T}}\boldsymbol{A\xi}$ 互相独立。

上述引理中，$\boldsymbol{A}^2=\boldsymbol{A}$ 保证了 $\boldsymbol{A}$ 的特征值均为 1，利用正态随机向量的正交变换可得到 1）；2）同样可以利用对称幂等矩阵的正交变换得到；3）可由 1）和 2）推得。

分析试验数据时，通常假定多次试验的误差向量 $\boldsymbol{\varepsilon}$ 服从标准正态分布，即 $\boldsymbol{\varepsilon}\sim N(\boldsymbol{0},\boldsymbol{I})$，这里略去了向量和矩阵的维数记号，请读者根据上下文理解。利用引理 2.3，可知：

1）$\boldsymbol{\varepsilon}^{\mathrm{T}}\boldsymbol{A\varepsilon}\sim\chi^2(\mathrm{rank}(\boldsymbol{A}))$ 当且仅当 $\boldsymbol{A}$ 为对称幂等矩阵。

2）如果对称矩阵 $\boldsymbol{A}$ 可分解为 k 个对称矩阵 $\boldsymbol{A}_1$，$\boldsymbol{A}_2$，…，$\boldsymbol{A}_k$的和，则以下两条件等价：

① $\boldsymbol{A}$ 为幂等矩阵且 $\mathrm{rank}(\boldsymbol{A})=\mathrm{rank}(\boldsymbol{A}_1)+\mathrm{rank}(\boldsymbol{A}_2)+\cdots+\mathrm{rank}(\boldsymbol{A}_k)$。

② $\boldsymbol{\varepsilon}^{\mathrm{T}}\boldsymbol{A}_1\boldsymbol{\varepsilon}$，$\boldsymbol{\varepsilon}^{\mathrm{T}}\boldsymbol{A}_2\boldsymbol{\varepsilon}$，…，$\boldsymbol{\varepsilon}^{\mathrm{T}}\boldsymbol{A}_k\boldsymbol{\varepsilon}$ 互相独立且 $\boldsymbol{\varepsilon}^{\mathrm{T}}\boldsymbol{A}_i\boldsymbol{\varepsilon}\sim\chi^2(\mathrm{rank}(\boldsymbol{A}_i))$。

由于幂等矩阵的秩与迹相等，因而上述 $\mathrm{rank}(\boldsymbol{A})$ 均可替换为 $\mathrm{tr}(\boldsymbol{A})$。

定义 2.3 设随机变量 $\xi\sim N(0,1)$ 与 $\eta\sim\chi^2(k)$ 互相独立，称随机变量

$$T\overset{\text{def}}{=\!=}\frac{\xi}{\sqrt{\eta/k}}$$

的分布为自由度为 k 的 t 分布，记作 $T\sim t(k)$。设随机变量 $\xi\sim\chi^2(u)$ 与 $\eta\sim\chi^2(v)$ 互相独立，称随机变量

$$F\overset{\text{def}}{=\!=}\frac{\xi/u}{\eta/v}$$

的分布为自由度为 u 和 v 的 F 分布，记作 $F\sim F(u,v)$。

自由度为 k 的 t 分布的概率密度函数为

$$f_{t_k}(x)=\frac{\Gamma\left(\frac{k+1}{2}\right)}{\sqrt{k\pi}\,\Gamma\left(\frac{k}{2}\right)}\left(1+\frac{x^2}{k}\right)^{-\frac{k+1}{2}}$$

它是一个偶函数，当 $k>1$ 时它的均值为 0，当 $k>2$ 时它的方差为 $k/(k-2)$。t 分布的图像与标准正态分布相似，但它的尾部要“重”，因此也称为重尾分布。当 $k\to\infty$时，t 分布收敛到标准正态分布。图 2-2 给出的是几个 t 分布的概率密度函数图。

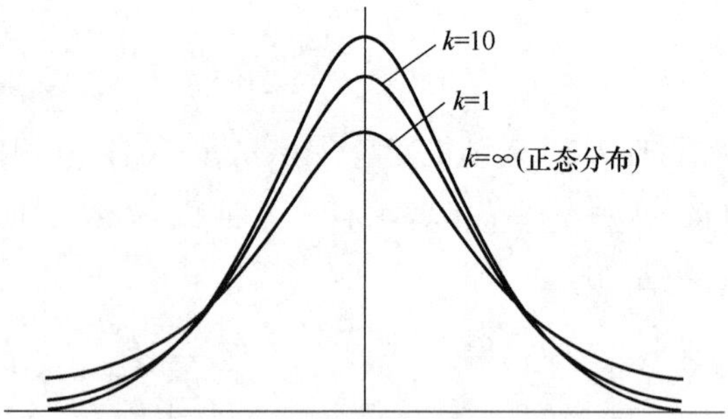

图 2-2　几个 t 分布的概率密度函数

F 分布是由 Fisher 提出的，因此以他名字的首字母命名。自由度为（u，v）的 F 分布的概率密度函数为

$$f_{F_{u,v}}(x)=\frac{\Gamma\left(\frac{u+v}{2}\right)\left(\frac{u}{v}\right)^{u/2}x^{u/2-1}}{\Gamma\left(\frac{u}{2}\right)\Gamma\left(\frac{v}{2}\right)\left(1+\frac{u}{v}x\right)^{(u+v)/2}}1_{(0,\infty)}(x)$$

其中，$1_{(0,\infty)}(x)$ 表示区间（0，∞）的示性函数，即当 $x\in(0,\infty)$ 时 $1_{(0,\infty)}(x)=1$，当 $x\notin(0,\infty)$ 时 $1_{(0,\infty)}(x)=0$。当 $v>2$ 时它的期望为 $v/(v-2)$，当 $v>4$ 时它的方差为 $2v^2(v+u-2)/[u(v-2)^2(v-4)]$。图 2-3 给出的是几个 F 分布的概率密度函数图。

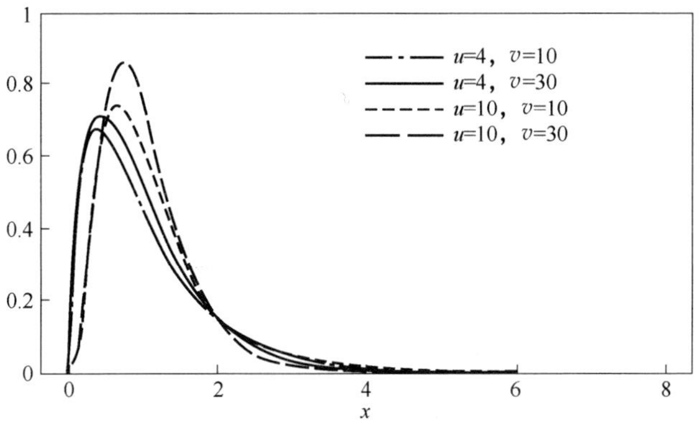

图 2-3　几个 F 分布的概率密度函数

2.1.2　统计推断与统计模型

统计推断从统计模型和样本出发，获取关于总体的知识，样本和统计模型是推断的依据。样本的表现形式有两种：

➢ 只有结果 $\{y_1, y_2, \cdots, y_n\}$；

➢ 有条件和结果 $\{(\boldsymbol{x}_i, y_i): i=1,2,\cdots,n\}$。

为了符号上的简单起见，我们有时会以 $\mathcal{D}_n$ 表示上述两种数据形式中的某一种数据。

统计模型就是样本 $\mathcal{D}_n$ 的联合分布，通常记为 $\{P_\theta^{(n)}: \theta \in \Theta\}$，其中 θ 表示未知的参数，它可能是标量，可能是向量，也可能是无穷维的数列或者函数。统计建模就是要综合利用各种信息，给出数据的联合分布 $P_\theta^{(n)}$，并给出参数 θ 的取值范围 Θ。根据参数 θ 的形式，可将统计模型分为**参数模型**（parametric model）和**非参数模型**（nonparametric model）。参数模型是指 θ 为有限维向量，即 Θ 为某欧氏空间的子集；而非参数模型则指 θ 为无穷维的，如数列、函数或者测度，有时也把非参数模型记为

$$\{P^{(n)}: P^{(n)} \text{为满足某些性质的概率分布}\}$$

因而非参数模型并非没有参数，而是参数有无限多个。

例2.1

为研究某火箭炮的命中精度，进行打靶试验。数据的一种形式是仅记录 n 次打靶的脱靶距离 $\mathcal{D}_n = \{y_1, y_2, \cdots, y_n\}$：

➢ 如果假定命中点坐标服从均值向量为靶心（x_0，y_0）、协方差矩阵为

$$\boldsymbol{C} = \begin{bmatrix} \sigma_1^2 & 0 \\ 0 & \sigma_2^2 \end{bmatrix}$$

的二元正态分布，则可以得到脱靶距离的参数模型，其参数为 $\boldsymbol{\theta} = [\sigma_1^2, \sigma_2^2]^{\mathrm{T}}$。

➢ 如果无法给出命中点坐标分布的形式，就只能采用非参数模型，即假定概率密度函数属于一个由满足某些性质的函数组成的集合。

经分析发现，脱靶距离与打靶海拔、气压、风速、射程等因素有一定的关系。因此一种

更详细的数据形式是同时记录 n 次打靶时的海拔、气压、风速和射程，$\mathcal{D}_n=\{(\boldsymbol{x}_i,y_i):i=1,2,\cdots,n\}$，其中，$\boldsymbol{x}_i$表示第 i 次打靶的射程、海拔、气压、风速等组成的向量，y_i表示脱靶距离。通过建立回归模型 $y_i=f(\boldsymbol{x}_i)+\varepsilon_i$来分析脱靶距离的规律，其中随机变量 $\varepsilon_i\sim N(0,\sigma^2)$ 用于对误差进行建模。如果 f 的形式已知，那么是参数模型；如果形式未知，就是非参数模型。

样本中包含总体的信息，但较为分散，一般不宜直接用于统计推断。**统计量**（statistic）是样本的函数，是对样本的加工，是从样本中提取信息的工具。称统计量的分布为**抽样分布**（sampling distribution），它在研究统计量的性质和评价统计推断的优良性等方面十分重要。尽管统计量不依赖统计模型，完全可以由给定的样本计算出它的取值，但抽样分布却往往与统计模型（特别地，模型中的参数）有关，正是这种相关性使得我们能够从统计量中得到模型的信息。费希尔曾把抽样分布、参数估计和假设检验列为统计推断的三个核心内容。抽样分布往往极难得到，但当样本$y_1,y_2,\cdots,y_n\sim_{\text{i.i.d.}}N(\mu,\sigma^2)$ 时，常见的统计量如样本均值

$$\bar{y}.\overset{\text{def}}{=}\frac{1}{n}\sum_{i=1}^{n}y_i$$

和样本方差

$$S_n^2\overset{\text{def}}{=}\frac{1}{n-1}\sum_{i=1}^{n}(y_i-\bar{y}.)^2$$

的抽样分布是已知的。

有了统计模型 $\{P_\theta^{(n)}:\theta\in\Theta\}$ 后，可将常见的统计推断划分为参数估计和假设检验两大类，下面分别介绍其基本概念。

1. 参数估计的基本概念

参数估计包括点估计和区间估计，下面以一维参数为例介绍参数估计的基本概念，这些概念不难推广到多维参数的情形。

点估计（point estimation）就是找到一个统计量 $\hat{\theta}_n$作为 θ 的估计，它是由样本到参数空间 Θ 的映射。假定参数真值θ_0为一个未知的常数，衡量估计量好坏的标准包括：

1）无偏性：估计量的均值 $E(\hat{\theta}_n)$ 与参数真值θ_0之间的偏差是否为0。

2）均方误差：估计量与参数真值之间的平方损失 $E\|\hat{\theta}_n-\theta_0\|^2$。

3）相合性：当样本量 $n\to\infty$时，$\hat{\theta}_n$是否在某种意义下收敛于真值θ_0。

4）渐近正态性：存在 $\sigma_n(\theta_0)>0$，当 $n\to\infty$时随机变量$(\hat{\theta}_n-\theta_0)/\sigma_n(\theta_0)$ 的分布收敛到标准正态分布 $N(0,1)$。

5）收敛速度：刻画上述各种收敛的收敛速度的量。

常见的估计方法包括矩法、极大似然法和最小二乘法。这些估计方法在概率论与数理统计课程中已经学过了，在后续学习中我们会陆续用到它们。

区间估计（interval estimation）就是要找到两个统计量 $\hat{\theta}_L$和 $\hat{\theta}_U$，使得随机区间［$\hat{\theta}_L$，$\hat{\theta}_U$］包含真值θ_0的概率不低于 $1-\alpha$，也称［$\hat{\theta}_L$，$\hat{\theta}_U$］为参数 θ 的 $1-\alpha$ **置信区间**（confidence interval）。一般来说，对于给定的 α，区间估计越窄越好，Neyman 建议在使得置信系数达到一定要求的前提下，寻找区间平均长度尽可能短的区间估计。随着样本量的增大，区间估计的长度应当以一定的速度收敛于0，这一收敛速度也可用于衡量区间估计的好坏．由于参数的置信区间与假设检验有着某种对偶关系，因此本书不对置信区间做过多的讨论，大家只需理

解它的概念即可。

2. 假设检验的基本概念

设统计模型为 $\{P_\theta^{(n)}: \theta\in\Theta\}$，样本为 $\mathcal{D}_n$，即 $\mathcal{D}_n \sim P_\theta^{(n)}$。设 Θ_0为 Θ 的真子集，考虑检验问题

$$H_0:\theta\in\Theta_0,H_1:\theta\notin\Theta_0$$

H_0称为**原假设或零假设**（null hypothesis），H_1称为**备择假设**（alternative hypothesis）。检验的基本方法是：

- 构造一个**枢轴量**（pivot quantity）$T_\theta(\cdot)$作为**检验统计量**，枢轴量是经典假设检验理论中的重要概念，它们的值与参数有关，而分布与参数无关，因而严格意义上来说它不是统计量。
- 利用$T_\theta(\cdot)$确定一个**拒绝域**（rejection region）R，当数据 $\mathcal{D}_n$属于 R 时，拒绝原假设 H_0，否则不能拒绝原假设。

于是会出现表 2-1 所列的四种情况。

表 2-1　假设检验的两类错误

	拒绝H_0	不拒绝H_0
H_0为真	第Ⅰ类错误（假阳性）	正确（真阴性）
H_0为假	正确（真阳性）	第Ⅱ类错误（假阴性）

犯第Ⅰ类错误的概率为

$$\alpha \overset{\text{def}}{=} P(\text{拒绝 } H_0 \mid H_0\text{为真}) = P(\mathcal{D}_n\in R \mid \theta\in\Theta_0)$$

犯第Ⅱ类错误的概率为

$$\beta \overset{\text{def}}{=} P(\text{不拒绝 } H_0 \mid H_0\text{为假}) = P(\mathcal{D}_n\notin R \mid \theta\notin\Theta_0)$$

从 α 和β 的定义可以看出，降低α 意味着缩小拒绝域R，而缩小 R 导致β 变大。即给定数据 $\mathcal{D}_n$，α 与β 不能同时降低，它们构成了一对矛盾。选择合适的拒绝域就是要在这一对矛盾中实现**均衡**（trade-off）。统计学采用以下两种方式实现均衡。

- 控制犯一类错误的概率，使犯另一类错误的概率最小。例如，经典的 Neyman-Pearson 假设检验理论认为，在满足

$$\max_{\theta\in\Theta_0} P(\mathcal{D}_n\in R \mid \theta)\leqslant\alpha$$

的约束下，使得当$\theta\notin\Theta_0$时，$1-\beta=P(\mathcal{D}_n\in R\mid\theta)$ 越大越好，称 α 为**显著性水平**（significance level），称 $1-\beta$ 为检验的**势**（power）。

- 定义某种损失函数，即价值观，将两类错误综合成风险，使风险最小。

为什么称第Ⅰ类错误为假阳性而称第Ⅱ类错误为假阴性呢？这是由于在科学研究中，原假设总是某种新的理论不成立，如果数据能够拒绝原假设，就认为获得了理论成立的证据。在医学中，检测是否患有某种疾病，原假设通常为没有病，犯第Ⅰ类错误是原假设为真时拒绝原假设，即没有病而被误认为有病，因此是假阳性。

以下引理解决了给定来自正态总体 $N(\mu,\sigma^2)$ 的样本，参数μ 和σ^2的统计推断问题。

引理 2.4　设 $\{y_1,y_2,\cdots,y_n\}\sim_{\text{i.i.d.}} N(\mu,\sigma^2)$，以

$$\bar{y}_{\cdot} \stackrel{\text{def}}{=} \frac{1}{n}\sum_{i=1}^{n} y_i,\quad S_n^2 \stackrel{\text{def}}{=} \frac{1}{n-1}\sum_{i=1}^{n}(y_i-\bar{y}_{\cdot})^2$$

分别表示样本均值和样本方差，则$\bar{y}_{\cdot}$与S_n^2互相独立，且$\bar{y}_{\cdot} \sim N(\mu,\sigma^2/n)$，故有

$$\frac{n-1}{\sigma^2}S_n^2 \sim \chi^2(n-1), \tag{2.3}$$

$$\frac{\sqrt{n}(\bar{y}_{\cdot}-\mu)}{S_n} \sim t(n-1). \tag{2.4}$$

证明： 令$\boldsymbol{y}=[y_1\ \ y_2\ \ \cdots\ \ y_n]^{\mathrm{T}}$，$\boldsymbol{\mu}_{n\times 1}=[\mu\ \ \mu\ \ \cdots\ \ \mu]^{\mathrm{T}}$，$\boldsymbol{b}_{n\times 1}=\left[\frac{1}{n}\ \ \frac{1}{n}\ \ \cdots\ \ \frac{1}{n}\right]^{\mathrm{T}}=\frac{1}{n}\mathbf{1}_n$

这里$\mathbf{1}_n$表示全部由 1 组成的 n 维列向量。根据引理 2.1，$\bar{y}_{\cdot}=\boldsymbol{b}^{\mathrm{T}}\boldsymbol{y}\sim N(\boldsymbol{b}^{\mathrm{T}}\boldsymbol{\mu},\sigma^2\boldsymbol{b}^{\mathrm{T}}\boldsymbol{b})=N(\mu,\sigma^2/n)$。

令

$$\boldsymbol{A}=\frac{1}{n-1}\begin{bmatrix} 1-\frac{1}{n} & -\frac{1}{n} & \cdots & -\frac{1}{n} \\ -\frac{1}{n} & 1-\frac{1}{n} & \cdots & -\frac{1}{n} \\ \vdots & \vdots & & \vdots \\ -\frac{1}{n} & -\frac{1}{n} & \cdots & 1-\frac{1}{n} \end{bmatrix}=\frac{1}{n-1}\left(\boldsymbol{I}_{n\times n}-\frac{1}{n}\mathbf{1}_n\mathbf{1}_n^{\mathrm{T}}\right)$$

注意到$(n-1)S_n^2=(n-1)\boldsymbol{y}^{\mathrm{T}}\boldsymbol{A}\boldsymbol{y}$，$\boldsymbol{\mu}^{\mathrm{T}}\boldsymbol{A}\boldsymbol{\mu}=0$，而

$$[(n-1)\boldsymbol{A}]^2=\left(\boldsymbol{I}_{n\times n}-\frac{1}{n}\mathbf{1}_n\mathbf{1}_n^{\mathrm{T}}\right)^2=\left(\boldsymbol{I}_{n\times n}-\frac{1}{n}\mathbf{1}_n\mathbf{1}_n^{\mathrm{T}}\right)=(n-1)\boldsymbol{A}$$

$(n-1)\boldsymbol{A}$ 为对称幂等矩阵，故 $\mathrm{rank}((n-1)\boldsymbol{A})=\mathrm{tr}((n-1)\boldsymbol{A})=n-1$，根据引理 2.3，式（2.3）成立。由于

$$\boldsymbol{b}^{\mathrm{T}}\boldsymbol{A}=\frac{1}{n}\mathbf{1}_n^{\mathrm{T}}\frac{1}{n-1}\left(\boldsymbol{I}_{n\times n}-\frac{1}{n}\mathbf{1}_n\mathbf{1}_n^{\mathrm{T}}\right)=\frac{1}{n(n-1)}\left(\mathbf{1}_n^{\mathrm{T}}-\frac{1}{n}\mathbf{1}_n^{\mathrm{T}}\mathbf{1}_n\mathbf{1}_n^{\mathrm{T}}\right)=\mathbf{0}$$

根据引理 2.3，$\bar{y}_{\cdot}$与S_n^2互相独立，结合 t 分布定义可知，式（2.4）成立。

由此可见，对于正态总体而言，均值参数 μ 的无偏估计为样本均值$\bar{y}_{\cdot}$，方差参数σ^2的无偏估计为样本方差S_n^2。对于 μ 的区间估计，

➢ 当σ^2已知时，$\bar{y}_{\cdot}\sim N(\mu,\sigma^2/n)$，

$$P\left(-z_{1-\alpha/2}\leqslant\frac{\bar{y}_{\cdot}-\mu}{\sigma/\sqrt{n}}\leqslant z_{1-\alpha/2}\right)=1-\alpha$$

其中$z_{1-\alpha/2}$表示标准正态分布的 $1-\alpha/2$ 分位数，因此 μ 的 $1-\alpha$ 置信区间为

$$\left[\bar{y}_{\cdot}-\frac{\sigma}{\sqrt{n}}z_{1-\alpha/2},\bar{y}_{\cdot}+\frac{\sigma}{\sqrt{n}}z_{1-\alpha/2}\right]$$

➢ 当σ^2未知时，由于

$$P\left(-t_{1-\alpha/2}(n-1)\leqslant\frac{\sqrt{n}(\bar{y}_{\cdot}-\mu)}{S_n}\leqslant t_{1-\alpha/2}(n-1)\right)=1-\alpha$$

其中$t_{1-\alpha/2}(n-1)$ 表示自由度为 $n-1$ 的 t 分布的 $1-\alpha/2$ 分位数，因此 μ 的 $1-\alpha$ 置信区间为

$$\left[\bar{y}. - \frac{S_n}{\sqrt{n}} t_{1-\alpha/2}(n-1), \bar{y}. + \frac{S_n}{\sqrt{n}} t_{1-\alpha/2}(n-1)\right].$$

$\frac{n-1}{\sigma^2}S_n^2$和$\frac{\sqrt{n}(\bar{y}. - \mu)}{S_n}$的值均与参数有关，而它们的分布却与参数无关，因此它们都是枢轴量，可用作假设检验。对于检验问题

$$H_0: \mu = \mu_0, H_1: \mu \neq \mu_0.$$

当原假设成立时，

$$t_n \xlongequal{\text{def}} \frac{\sqrt{n}(\bar{y}. - \mu_0)}{S_n} \sim t(n-1),$$

因此如果$|t_n| \geqslant t_{1-\alpha/2}(n-1)$时，应拒绝原假设。

2.1.3 简单比较试验

本小节考虑简单比较试验：对于单因子试验，简单比较试验就是比较因子的两个水平之间的差异；对于多因子试验，则是比较两个处理之间的差异。简单比较试验在实际问题中是很常见的，例如医学中比较一种新的药物与安慰剂之间的差异、工业中比较改进后的工艺与改进前的工艺之间的差别、军事中比较两支部队战斗力的差异，等等。简单比较试验是正态总体及其抽样分布的简单应用，学习它有助于我们加深对参数估计和假设检验中的一些基本概念的理解。

一般地，假定在处理$\boldsymbol{x}_1$处做了n_1次试验，测得数据$\{y_{1i}: i=1,2,\cdots,n_1\}$；在处理$\boldsymbol{x}_2$处做了$n_2$次试验，测得数据$\{y_{2i}: i=1,2,\cdots,n_2\}$。数据分析的一般步骤如下：

1）首先对数据进行探索性分析：通过计算两组样本的样本均值、样本方差、分位数等统计量，以及绘制两组样本的箱线图、直方图，了解数据的基本形态，提出数据的分布假设。

2）然后对数据进行推断性分析，包括估计假设分布中的参数、检验估计分布的拟合优度、检验两组样本是否同分布等。

为了简化起见，我们假定数据的分布形式已知：

$$y_{11}, y_{12}, \cdots, y_{1n_1} \sim_{\text{i.i.d.}} N(\mu_1, \sigma^2)$$
$$y_{21}, y_{22}, \cdots, y_{2n_2} \sim_{\text{i.i.d.}} N(\mu_2, \sigma^2)$$

从而只需对数据进行推断性分析。引理2.4已经给出了μ_1，μ_2和σ^2的估计方法，本小节主要考虑两组样本均值的比较问题，即比较μ_1和μ_2之间的大小关系。

引理2.5 给定两组互相独立、均值不同、方差相同的正态样本$y_{11}, y_{12}, \cdots, y_{1n_1} \sim_{\text{i.i.d.}} N(\mu_1, \sigma^2)$和$y_{21}, y_{22}, \cdots, y_{2n_2} \sim_{\text{i.i.d.}} N(\mu_2, \sigma^2)$，以

$$\bar{y}_{1.} \xlongequal{\text{def}} \frac{1}{n_1}\sum_{i=1}^{n_1} y_{1i}, S_1^2 \xlongequal{\text{def}} \frac{1}{n_1 - 1}\sum_{i=1}^{n_1}(y_{1i} - \bar{y}_{1.})^2$$

和

$$\bar{y}_{2.} \xlongequal{\text{def}} \frac{1}{n_2}\sum_{i=1}^{n_2} y_{2i}, S_2^2 \xlongequal{\text{def}} \frac{1}{n_2 - 1}\sum_{i=1}^{n_2}(y_{2i} - \bar{y}_{2.})^2$$

分别表示它们的样本均值和样本方差，则

$$\frac{S_1^2}{S_2^2} \sim F(n_1-1, n_2-1) \tag{2.5}$$

$$\sqrt{\frac{n_1 n_2 (n_1+n_2-2)}{n_1+n_2}} \frac{(\bar{y}_{1\cdot}-\mu_1)-(\bar{y}_{2\cdot}-\mu_2)}{\sqrt{(n_1-1)S_1^2+(n_2-1)S_2^2}} \sim t(n_1+n_2-2) \tag{2.6}$$

证明：根据引理 2.4，结合 F 分布的定义，得到式（2.5）。由于 $\bar{y}_{1\cdot}-\mu_1 \sim N(0,\sigma^2/n_1)$，而 $\bar{y}_{2\cdot}-\mu_2 \sim N(0,\sigma^2/n_2)$，利用独立性可知

$$(\bar{y}_{1\cdot}-\mu_1)-(\bar{y}_{2\cdot}-\mu_2) \sim N\left(0,\frac{\sigma^2}{n_1}+\frac{\sigma^2}{n_2}\right)$$

综合引理 2.2 和引理 2.4 可知

$$\frac{(n_1-1)S_1^2+(n_2-1)S_2^2}{\sigma^2} \sim \chi^2(n_1+n_2-2)$$

由 t 分布的定义，即可得到式（2.6）。

式（2.5）可用于检验两个正态总体之间的方差是否相等。由于我们假设方差相等，因此只考虑均值的对比：

$$H_0:\mu_1=\mu_2, H_1:\mu_1 \neq \mu_2$$

式（2.6）给出了用于上述检验的统计量：

$$T_{n_1+n_2-2}=\sqrt{\frac{n_1 n_2 (n_1+n_2-2)}{n_1+n_2}} \frac{\bar{y}_{1\cdot}-\bar{y}_{2\cdot}}{\sqrt{(n_1-1)S_1^2+(n_2-1)S_2^2}}$$

如果原假设成立，则 $T_{n_1+n_2-2} \sim t(n_1+n_2-2)$。故拒绝域为 $|T_{n_1+n_2-2}| \geqslant t_{1-\alpha/2}(n_1+n_2-2)$。$p$ 值（p-value）定义为当原假设成立时，出现当前的结果或更极端的结果的概率，即

$$p=P_{t(n_1+n_2-2)}(|t| \geqslant |T_{n_1+n_2-2}|)$$

例2.2

有两条生产线可生产相同口径的子弹，所产子弹口径服从正态分布。质检部门对它们生产的一批子弹进行抽检，得到数据如表 2-2 所示。

表 2-2　子弹生产线数据

生产线一		生产线二		口径之差	
6.03	6.01	6.02	6.03	0.01	-0.02
6.04	5.96	5.97	6.04	0.07	-0.08
6.05	5.98	5.96	6.02	0.09	-0.04
6.05	6.02	6.01	6.01	0.04	0.01
6.02	5.99	5.99	6.00	0.03	-0.01

1）如果两条生产线所产子弹口径的标准差分别为 $\sigma_1=0.015$ 和 $\sigma_2=0.018$，判断它们所产子弹口径是否相等。

2）如果两条生产线所产子弹口径标准差相等，判断它们所产子弹口径是否相等。

3）如果两条生产线所产子弹口径标准差相等，判断它们表中口径之差是否为0。

本例第1）问中两个总体分别服从$N(\mu_1,\sigma_1^2)$和$N(\mu_2,\sigma_2^2)$的正态分布，显然假定它们互相独立是合理的。针对质检部门的疑虑，构造原假设如下：

$$H_0:\mu_1=\mu_2,H_1:\mu_1\neq\mu_2$$

由于σ_1和σ_2均已知且不相等，不能直接应用引理2.5的结论。注意到

$$\bar{y}_{1\cdot}-\mu_1\sim N\left(0,\frac{\sigma_1^2}{n_1}\right),\bar{y}_{2\cdot}-\mu_2\sim N\left(0,\frac{\sigma_2^2}{n_2}\right)$$

因而

$$(\bar{y}_{1\cdot}-\mu_1)-(\bar{y}_{2\cdot}-\mu_2)\sim N\left(0,\frac{\sigma_1^2}{n_1}+\frac{\sigma_2^2}{n_2}\right)$$

故当原假设成立时，

$$\frac{\bar{y}_{1\cdot}-\bar{y}_{2\cdot}}{\sqrt{\dfrac{\sigma_1^2}{n_1}+\dfrac{\sigma_2^2}{n_2}}}\sim N(0,1)$$

给定检验水平α，当

$$\left|\frac{\bar{y}_{1\cdot}-\bar{y}_{2\cdot}}{\sqrt{\dfrac{\sigma_1^2}{n_1}+\dfrac{\sigma_2^2}{n_2}}}\right|\geqslant z_{1-\alpha/2}$$

时应拒绝原假设，认为两套设备之间有差异。

取$\alpha=0.05$，利用统计软件R中正态分布的分位数函数qnorm( )查得$z_{0.975}=1.959964$。将数据代入，得到

$$\left|\frac{\bar{y}_{1\cdot}-\bar{y}_{2\cdot}}{\sqrt{\dfrac{\sigma_1^2}{n_1}+\dfrac{\sigma_2^2}{n_2}}}\right|=\left|\frac{0.015-0.005}{\sqrt{\dfrac{0.015^2}{10}+\dfrac{0.018^2}{10}}}\right|=1.349627<1.959964$$

因而不能拒绝原假设，即没有证据表明两条生产线之间有差异。根据p值的定义，此时p值为$2(1-\Phi(1.349627))=0.1771357$，这里$\Phi$表示标准正态分布的分布函数，其值可利用R中函数pnorm( )查得。可见即便在显著性水平$\alpha=0.1$时，原假设也不应该被拒绝。

本例第2）问中两个总体分别服从$N(\mu_1,\sigma^2)$和$N(\mu_2,\sigma^2)$的正态分布，假定它们互相独立。构造原假设如下：

$$H_0:\mu_1=\mu_2,H_1:\mu_1\neq\mu_2$$

直接应用引理2.5。由于$n_1=n_2=10$，故t检验统计量的值为

$$T_{18}=\sqrt{\frac{10\times10\times(10+10-2)}{10+10}}\times\frac{\bar{y}_{1\cdot}-\bar{y}_{2\cdot}}{\sqrt{(10-1)S_1^2+(10-1)S_2^2}}$$

$$=\sqrt{10}\times\frac{0.015-0.005}{\sqrt{0.00092+0.00065}}=0.79894$$

由于$t_{0.975}(18)=2.100922$，因此当取显著性水平$\alpha=0.05$时，不能拒绝原假设，没有证据表明两条生产线生产的子弹口径不相等。此时，p值为$2(1-F_{t(18)}(0.79894))\approx0.4347$，这里$F_{t(18)}$表示自由度为18的$t$分布的分布函数。可见在原假设成立的情况下，出现表2-2中的数据是很正常的。

下面考虑本例的第3）问，假定两条生产线生产子弹的口径之差服从 $N(\mu,\sigma^2)$ 的正态分布，构造假设问题如下：

$$H_0:\mu=0,H_1:\mu\neq0$$

根据引理，当原假设成立时

$$t_9=\frac{\sqrt{10}\times\bar{y}.}{S_{10}}$$

服从自由度为9的 t 分布。将 $\bar{y}.=0.01$ 和 $S_{10}=0.05077182$ 代入上式，得到 $t_9=0.62284$。此时 p 值为 $2(1-F_{t(9)}(0.62284))\approx0.549$，即在原假设成立的情况下，出现比表2-2中更极端结果的概率为0.549，概率值较大，不能拒绝原假设。

以上案例的第2）问采用的对比方法为两样本 t 检验，第3）问的方法称为两样本配对 t 检验，这两种方法在R语言中均可利用函数 t. test( )来实现。对比第2）问和第3）问的结果可知，如果两个正态总体的样本数量相等，则采用两样本 t 检验得到的 p 值是与采用配对 t 检验得到的 p 值不同的。将两组样本配对做差运算后，损失了部分数据信息，导致结果发生了变化。可见即便是相同的数据集，采用不同的统计方法可能会得到不同的结论。

受篇幅所限，本节仅介绍了方差相同时的两样本 t 检验，方差不等时也可以采用两样本 t 检验，感兴趣的读者可自行查阅文献。R语言中的函数 t. test( )也可实现方差不等时的两样本 t 检验。

2.2 单因子试验

记单因子试验中的因子为 A，设它共有 a 个不同的水平：A_1，A_2，…，A_a。试验的目的是研究 A 的变动是否会带来响应的波动，并进一步比较 A 的水平之间的优劣。如果试验误差极小，则在每个水平下做一次试验即可。但实际中误差的大小往往无从知晓，需要通过重复试验获得误差的估计，再比较各个水平。

设在水平 A_i 下做 m_i 次重复试验，总共做了 $n=\sum_{i=1}^{a}m_i$ 次试验。n 次试验的数据如表2-3所示，其中 y_{ij} 表示第 i 个水平的第 j 次试验的观察值。

表2-3 单因子试验数据表

水　平	观察值			
A_1	y_{11}	y_{12}	…	y_{1m_1}
A_2	y_{21}	y_{22}	…	y_{2m_2}
⋮	⋮	⋮		⋮
A_a	y_{a1}	y_{a2}	…	y_{am_a}

2.2.1 单因子试验固定效应模型

假设响应值 y_{ij} 由两部分组成，水平 A_i 下的均值 μ_i 和服从正态分布 $N(0,\sigma^2)$ 的随机误差 ε_{ij}，这里 σ 是一个未知参数。综合起来得到模型

$$\begin{cases} y_{ij} = \mu_i + \varepsilon_{ij}, \varepsilon_{ij} \sim_{\text{i.i.d.}} N(0, \sigma^2) \\ i = 1, 2, \cdots, a; j = 1, 2, \cdots, m_i \end{cases} \tag{2.7}$$

称

$$\mu \stackrel{\text{def}}{=} \frac{1}{n} \sum_{i=1}^{a} m_i \mu_i$$

为**一般平均**（overall mean）或**总平均**（grand mean），表示因子 A 以外其他试验条件的总效应；称$\tau_i \stackrel{\text{def}}{=} \mu_i - \mu$ 为水平A_i的**效应**，表示与A_i对应的第 i 个总体的均值与一般平均的差异。从因果关系的角度来看，A_i是原因，τ_i是结果。

注意到

$$\mu = \frac{1}{n} \sum_{i=1}^{a} m_i \mu_i = \frac{1}{n} \sum_{i=1}^{a} m_i (\mu + \tau_i) = \mu + \frac{1}{n} \sum_{i=1}^{a} m_i \tau_i$$

故τ_1，τ_2，…，τ_a满足约束条件 $\sum_{i=1}^{a} m_i \tau_i = 0$，模型（2.7）可改写成

$$\begin{cases} y_{ij} = \mu + \tau_i + \varepsilon_{ij}, \varepsilon_{ij} \sim_{\text{i.i.d.}} N(0, \sigma^2) \\ i = 1, 2, \cdots, a, j = 1, 2, \cdots, m_i, \sum_{i=1}^{a} m_i \tau_i = 0 \end{cases} \tag{2.8}$$

由于模型（2.8）中假定诸效应τ_i为常量，因此称它为单因子试验的**固定效应模型**（fixed effect model）；又因为参数 μ 和τ_i都是一次的，因此也称它为单因子试验的**线性可加模型**（linear additive model）。显然，模型（2.8）是满足本章开头提到的方差分析的基本假设的。

2.2.2 方差分析

方差分析的目的是比较 a 个效应τ_1，τ_2，…，τ_a之间的大小关系，这是一个检验问题。一个可供选择的办法是对任意 $i \neq j$，检验$H_0^{ij}: \tau_i = \tau_j$，一共检验 C_a^2个不同的假设。如果检验其中一个犯第 I 类错误的概率是 0.05，则正确地接受这个假设的概率是 0.95。如果 $a = 5$，则共需检验 $C_a^2 = 10$ 个假设，这 10 个假设都被正确地接受的概率是$0.95^{10} \approx 0.60$，即错误地拒绝这 10 个假设中至少一个的概率约为 0.40，这大大增加了犯第 I 类错误的概率。

为控制犯第 I 类错误的概率，方差分析首先考虑如下假设检验问题：

$$H_0: (\tau_1, \tau_2, \cdots, \tau_a) = \mathbf{0}, H_1: (\tau_1, \tau_2, \cdots, \tau_a) \neq \mathbf{0} \tag{2.9}$$

如果原假设被拒绝了，再具体判断哪些τ_i不为零。就像机场入口检查爆炸品，一次性检查几十个，既降低了犯第 I 类错误的概率又提高了检验的效率。

为构造检验统计量，引入记号

$$y_{\cdot\cdot} \stackrel{\text{def}}{=} \sum_{i=1}^{a} \sum_{j=1}^{m_i} y_{ij}, \bar{y}_{\cdot\cdot} \stackrel{\text{def}}{=} \frac{y_{\cdot\cdot}}{n}, y_{i\cdot} \stackrel{\text{def}}{=} \sum_{j=1}^{m_i} y_{ij}, \bar{y}_{i\cdot} \stackrel{\text{def}}{=} \frac{y_{i\cdot}}{m_i}$$

即下标“·”表示对相应的下标求和，而上横线“—”表示求平均。类似地，

$$\varepsilon_{\cdot\cdot} \stackrel{\text{def}}{=} \sum_{i=1}^{a} \sum_{j=1}^{m_i} \varepsilon_{ij}, \bar{\varepsilon}_{\cdot\cdot} \stackrel{\text{def}}{=} \frac{\varepsilon_{\cdot\cdot}}{n}, \varepsilon_{i\cdot} \stackrel{\text{def}}{=} \sum_{j=1}^{m_i} \varepsilon_{ij}, \bar{\varepsilon}_{i\cdot} \stackrel{\text{def}}{=} \frac{\varepsilon_{i\cdot}}{m_i}$$

响应值的总波动可用**总偏差平方和**

$$SS_T \stackrel{\text{def}}{=} \sum_{i=1}^{a} \sum_{j=1}^{m_i} (y_{ij} - \bar{y}_{\cdot\cdot})^2 = \sum_{i=1}^{a} \sum_{j=1}^{m_i} y_{ij}^2 - \frac{y_{\cdot\cdot}^2}{n} \tag{2.10}$$

来度量。因子水平的变动和试验误差共同引起响应值的波动，为了分辨这两个原因的影响，将 SS_T 分解

$$SS_T = \sum_{i=1}^{a}\sum_{j=1}^{m_i}[(y_{ij}-\bar{y}_{i\cdot})+(\bar{y}_{i\cdot}-\bar{y}_{\cdot\cdot})]^2$$
$$=\sum_{i=1}^{a}\sum_{j=1}^{m_i}(y_{ij}-\bar{y}_{i\cdot})^2+2\sum_{i=1}^{a}\sum_{j=1}^{m_i}(y_{ij}-\bar{y}_{i\cdot})(\bar{y}_{i\cdot}-\bar{y}_{\cdot\cdot})+\sum_{i=1}^{a}m_i(\bar{y}_{i\cdot}-\bar{y}_{\cdot\cdot})^2$$

因 $\sum_{j=1}^{m_i}(y_{ij}-\bar{y}_{i\cdot})=0$，故

$$SS_T = \sum_{i=1}^{a}\sum_{j=1}^{m_i}(y_{ij}-\bar{y}_{i\cdot})^2+\sum_{i=1}^{a}m_i(\bar{y}_{i\cdot}-\bar{y}_{\cdot\cdot})^2 \tag{2.11}$$

把模型（2.8）代入式（2.11）右边第一项，可得到

$$\sum_{i=1}^{a}\sum_{j=1}^{m_i}(y_{ij}-\bar{y}_{i\cdot})^2=\sum_{i=1}^{a}\sum_{j=1}^{m_i}(\varepsilon_{ij}-\bar{\varepsilon}_{i\cdot})^2$$

它只与随机误差有关，因此称它为**误差平方和**，记作 SS_E。把模型（2.8）代入式（2.11）右边的第二项，得到

$$\sum_{i=1}^{a}m_i(\bar{y}_{i\cdot}-\bar{y}_{\cdot\cdot})^2=\sum_{i=1}^{a}m_i(\tau_i+\bar{\varepsilon}_{i\cdot}-\bar{\varepsilon}_{\cdot\cdot})^2$$

其中，随机误差都是平均过的，方差变小了。当 H_0 不成立时，$\sum_{i=1}^{a}m_i(\bar{y}_{i\cdot}-\bar{y}_{\cdot\cdot})^2$ 主要是由于因子 A 的水平变动造成的，故称之为**因子 A 的偏差平方和**，记作 SS_A，即

$$SS_A=\sum_{i=1}^{a}m_i(\bar{y}_{i\cdot}-\bar{y}_{\cdot\cdot})^2=\sum_{i=1}^{a}\frac{y_{i\cdot}^2}{m_i}-\frac{y_{\cdot\cdot}^2}{n} \tag{2.12}$$

于是，偏差平方和分解公式又可写作 $SS_T=SS_A+SS_E$。

为了看出如何选择检验式（2.9）中假设 H_0 的统计量，先计算 SS_A 和 SS_E 的期望。根据模型（2.8）可得

$$E(SS_E)=E\left[\sum_{i=1}^{a}\sum_{j=1}^{m_i}\left(\varepsilon_{ij}-\frac{1}{m_i}\sum_{j=1}^{m_i}\varepsilon_{ij}\right)^2\right]$$
$$=\sum_{i=1}^{a}\sum_{j=1}^{m_i}E(\varepsilon_{ij}^2)-2\sum_{i=1}^{a}\sum_{j=1}^{m_i}E\left(\frac{\varepsilon_{ij}}{m_i}\sum_{j=1}^{m_i}\varepsilon_{ij}\right)+\sum_{i=1}^{a}\sum_{j=1}^{m_i}E\left(\frac{1}{m_i}\sum_{j=1}^{m_i}\varepsilon_{ij}\right)^2$$
$$=n\sigma^2-2\sum_{i=1}^{a}\sum_{j=1}^{m_i}\frac{1}{m_i}E(\varepsilon_{ij}^2)+\sum_{i=1}^{a}\sum_{j=1}^{m_i}\frac{1}{m_i^2}E\left(\sum_{j=1}^{m_i}\varepsilon_{ij}^2\right)=(n-a)\sigma^2$$

以及

$$E(SS_A)=E\left[\sum_{i=1}^{a}m_i\left(\frac{1}{m_i}\sum_{j=1}^{m_i}y_{ij}-\frac{1}{n}\sum_{i=1}^{a}\sum_{j=1}^{m_i}y_{ij}\right)^2\right]$$
$$=E\left[\sum_{i=1}^{a}m_i\left(\tau_i+\frac{1}{m_i}\sum_{j=1}^{m_i}\varepsilon_{ij}-\frac{1}{n}\sum_{i=1}^{a}\sum_{j=1}^{m_i}\varepsilon_{ij}\right)^2\right]$$
$$=\sum_{i=1}^{a}\left[m_i\tau_i^2+\sigma^2+\frac{m_i}{n^2}E\left(\sum_{i=1}^{a}\sum_{j=1}^{m_i}\varepsilon_{ij}\right)^2-\frac{2}{n}E\left(\sum_{j=1}^{m_i}\varepsilon_{ij}\sum_{i=1}^{a}\sum_{j=1}^{m_i}\varepsilon_{ij}\right)\right]$$

$$= \sum_{i=1}^{a}\left(m_i\tau_i^2 + \sigma^2 - \frac{m_i}{n}\sigma^2\right) = \sum_{i=1}^{a} m_i\tau_i^2 + (a-1)\sigma^2$$

称$\frac{SS_A}{a-1}$为**因子 A 的均方和**，记作 MS_A；称$\frac{SS_E}{n-a}$为**误差均方和**，记作 MS_E。

MS_E是σ^2的无偏估计，而当原假设H_0成立时，MS_A也是σ^2的无偏估计。当H_0成立时，这两个估计应当差不多，否则相差很大，故可构造统计量

$$F \stackrel{\text{def}}{=\!=} \frac{MS_A}{MS_E} = \frac{SS_A/(a-1)}{SS_E/(n-a)} \tag{2.13}$$

来检验原假设。问题转化为求统计量 F 的分布。从 SS_E和 SS_A的定义可看出，它们都是高斯随机向量（y_{ij}）的二次型，根据引理2.3，它们可能服从χ^2分布，故统计量 F 可能服从 F 分布。

定理 2.1 在模型（2.8）中，如果原假设 $H_0:(\tau_1,\tau_2,\cdots,\tau_a)=\mathbf{0}$ 成立，则由式（2.13）构造的 F 统计量的分布为 $F(a-1,n-a)$。

证明：根据 F 分布的定义，只需证明：$SS_E/\sigma^2 \sim \chi^2(n-a)$，且当 H_0成立时，$SS_A/\sigma^2 \sim \chi^2(a-1)$ 且与 SS_E独立即可。这可通过把它们分别表示成高斯随机向量的二次型，再利用引理 2.3 得到。

事实上，令

$$\boldsymbol{y} = \frac{1}{\sigma}[y_{11},\cdots,y_{1m_1},y_{21},\cdots,y_{2m_2},\cdots,y_{a1},\cdots,y_{am_a}]^{\mathrm{T}}$$

则 $\boldsymbol{y} \sim N(\boldsymbol{\mu},\boldsymbol{I}_{n\times n})$ 为高斯随机向量，其中

$$\boldsymbol{\mu} = \frac{1}{\sigma}[\mu+\tau_1,\cdots,\mu+\tau_1,\mu+\tau_2,\cdots,\mu+\tau_2,\cdots,\mu+\tau_a,\cdots,\mu+\tau_a]^{\mathrm{T}}$$

令 $\mathbf{1}_{m_i\times m_i}$表示全部元素都是 1 的$m_i\times m_i$阶矩阵，$\boldsymbol{I}_{m_i}$表示$m_i\times m_i$阶单位矩阵，

$$\boldsymbol{P}_1 = \begin{bmatrix} \boldsymbol{I}_{m_1} - \frac{1}{m_1}\mathbf{1}_{m_1\times m_1} & & & \\ & \boldsymbol{I}_{m_2} - \frac{1}{m_2}\mathbf{1}_{m_2\times m_2} & & \\ & & \ddots & \\ & & & \boldsymbol{I}_{m_a} - \frac{1}{m_a}\mathbf{1}_{m_a\times m_a} \end{bmatrix}$$

则$\boldsymbol{\mu}^{\mathrm{T}}\boldsymbol{P}_1\boldsymbol{\mu}=0$，$\boldsymbol{P}_1$为对称幂等矩阵，

$$\operatorname{rank}(\boldsymbol{P}_1) = \operatorname{tr}(\boldsymbol{P}_1) = \sum_{i=1}^{a} m_i\left(1-\frac{1}{m_i}\right) = n-a$$

且 $SS_E/\sigma^2 = \boldsymbol{y}^{\mathrm{T}}\boldsymbol{P}_1\boldsymbol{y}$，故 $SS_E/\sigma^2 \sim \chi^2(n-a)$。

令

$$\boldsymbol{P}_2 = \begin{bmatrix} \frac{1}{m_1}\mathbf{1}_{m_1\times m_1} & & & \\ & \frac{1}{m_2}\mathbf{1}_{m_2\times m_2} & & \\ & & \ddots & \\ & & & \frac{1}{m_a}\mathbf{1}_{m_a\times m_a} \end{bmatrix} - \frac{1}{n}\mathbf{1}_{n\times n}$$

则 $\boldsymbol{P}_2$ 为对称幂等矩阵,

$$\text{rank}(\boldsymbol{P}_2) = \text{tr}(\boldsymbol{P}_2) = \sum_{i=1}^{a} m_i\left(\frac{1}{m_i} - \frac{1}{n}\right) = a - 1$$

且 $SS_A/\sigma^2 = \boldsymbol{y}^{\mathrm{T}}\boldsymbol{P}_2\boldsymbol{y}$,故当 H_0 成立时,$SS_A/\sigma^2 \sim \chi^2(a-1)$。由于 $\boldsymbol{P}_1\boldsymbol{P}_2 = \boldsymbol{O}$,故 SS_E 和 SS_A 互相独立。

从以上证明可以看出,如果令 $\boldsymbol{P} = \boldsymbol{P}_1 + \boldsymbol{P}_2 = \boldsymbol{I}_n - \frac{1}{n}\boldsymbol{1}_{n\times n}$,则 $\boldsymbol{P}$ 为对称幂等矩阵,$\text{rank}(\boldsymbol{P}) = \text{tr}(\boldsymbol{P}) = n-1$,$SS_T/\sigma^2 = \boldsymbol{y}^{\mathrm{T}}\boldsymbol{P}\boldsymbol{y}$,且当 H_0 成立时,$\boldsymbol{\mu}^{\mathrm{T}}\boldsymbol{P}\boldsymbol{\mu} = 0$,故 $SS_T/\sigma^2 \sim \chi^2(n-1)$。

单因子试验的方差分析归纳在表 2-4 中。其中,f_E 表示误差平方和对应的 χ^2 分布的自由度,我们简称它为误差自由度;f_A 表示因子 A 的偏差平方和对应的 χ^2 分布的自由度,我们称它为因子 A 的自由度;f_T 表示总的偏差平方和对应的 χ^2 分布的自由度,我们简称它为总自由度。注意:$f_T = f_A + f_E$,且 f_A 恰为效应参数中独立的个数。

表 2-4　单因子试验方差分析表

来　源	平 方 和	自 由 度	均 方 和	F 值
因子 A	$SS_A = \sum_{i=1}^{a} \frac{y_{i\cdot}^2}{m_i} - \frac{y_{\cdot\cdot}^2}{n}$	$f_A = a-1$	$MS_A = \frac{SS_A}{f_A}$	$F = \frac{MS_A}{MS_E}$
误差	$SS_E = SS_T - SS_A$	$f_E = n-a$	$MS_E = \frac{SS_E}{f_E}$	
总	$SS_T = \sum_{i=1}^{a}\sum_{j=1}^{m_i} y_{ij}^2 - \frac{y_{\cdot\cdot}^2}{n}$	$f_T = n-1$		

2.2.3　参数的点估计

当诸 ε_{ij} 互相独立,且满足 $E(\varepsilon_{ij}) = 0$ 时,前面的分析已经指出

$$\widehat{\sigma^2} = \frac{SS_E}{n-a}$$

是 σ^2 的无偏估计。下面讨论 μ 和诸 τ_i 的估计,分别用 $\hat{\mu}$ 和 $\hat{\tau}_i$ 表示它们的估计,用 $\hat{y}_{ij} = \hat{\mu} + \hat{\tau}_i$ 表示 y_{ij} 的估计。常用的估计方法包括**最小二乘估计和极大似然估计**。

所谓最小二乘估计,就是使得目标函数

$$Q(\mu, \tau_1, \cdots, \tau_a) \stackrel{\text{def}}{=} \sum_{i=1}^{a}\sum_{j=1}^{m_i}(y_{ij} - \mu - \tau_i)^2$$

达到最小的 $\hat{\mu}$ 与 $\hat{\tau}_i$。对参数求导,并令导数为 0,得到方程组

$$\begin{cases} \sum_{i=1}^{a}\sum_{j=1}^{m_i}(y_{ij} - \hat{\mu} - \hat{\tau}_i) = 0 \\ \sum_{j=1}^{m_1}(y_{1j} - \hat{\mu} - \hat{\tau}_1) = 0 \\ \qquad\vdots \\ \sum_{j=1}^{m_a}(y_{aj} - \hat{\mu} - \hat{\tau}_a) = 0 \end{cases}$$

注意到第一个方程是后面 a 个方程的和，因此上述方程组实际上只有 a 个独立的方程，还需要引入约束条件 $\sum_{i=1}^{a} m_i\hat{\tau}_i = 0$ 才能求得 $a+1$ 个参数的解。整理简化得到

$$\begin{cases} n\hat{\mu} & & & & = y_{..} \\ m_1\hat{\mu} & + m_1\hat{\tau}_1 & & & = y_{1.} \\ m_2\hat{\mu} & & + m_2\hat{\tau}_2 & & = y_{2.} \\ & & \vdots & & \\ m_a\hat{\mu} & & & + m_a\hat{\tau}_a & = y_{a.} \end{cases}$$

除 $\hat{\mu}$ 外，上述每个方程中仅包含一个参数和与该参数有关的数据，即数据得到了充分而恰当的应用。求解上述方程组得到参数的最小二乘估计：

$$\begin{cases} \hat{\mu} = \bar{y}_{..} \\ \hat{\tau}_1 = \bar{y}_{1.} - \bar{y}_{..} \\ \quad\vdots \\ \hat{\tau}_a = \bar{y}_{a.} - \bar{y}_{..} \end{cases}$$

一般平均的估计恰为所有观测值的平均，任一水平的效应的估计恰为该水平下观察值的平均与总平均的差。由于估计量都是数据的线性函数，且

$$E(\hat{\mu}) = \mu,\quad E(\hat{\tau}_i) = \tau_i, i = 1,2,\cdots,a$$

因而称它们为参数的**线性无偏估计**（linear unbiased estimator）。

当假设 $\varepsilon_{ij} \sim_{\text{i.i.d.}} N(0,\sigma^2)$ 成立时，还可以求得诸参数的极大似然估计。此时，似然函数为

$$\begin{aligned} L(\mu_1,\cdots,\mu_a,\sigma^2) &= \prod_{i=1}^{a}\prod_{j=1}^{m_i}\left\{\frac{1}{\sqrt{2\pi}\sigma}\exp\left[-\frac{1}{2\sigma^2}(y_{ij}-\mu_i)^2\right]\right\} \\ &= (\sqrt{2\pi}\sigma)^{-n}\exp\left\{-\frac{1}{2\sigma^2}\sum_{i=1}^{a}\sum_{j=1}^{m_i}(y_{ij}-\mu_i)^2\right\} \end{aligned}$$

两边同时取对数得到

$$\ell(\mu_1,\cdots,\mu_a,\sigma^2) \overset{\text{def}}{=\!=} -\ln L(\mu_1,\cdots,\mu_a,\sigma^2) = \frac{n}{2}\ln(2\pi) + \frac{n}{2}\ln(\sigma^2) + \frac{1}{2\sigma^2}\sum_{i=1}^{a}\sum_{j=1}^{m_i}(y_{ij}-\mu_i)^2$$

分别对参数 μ_1，…，μ_a，σ^2 求导，并令其导数为零可得

$$\begin{cases} \dfrac{\partial\ell(\mu_1,\cdots,\mu_a,\sigma^2)}{\partial\mu_i} = -\dfrac{1}{\sigma^2}\sum_{j=1}^{m_i}(y_{ij}-\mu_i) = 0, i = 1,2,\cdots,a \\ \dfrac{\partial\ell(\mu_1,\cdots,\mu_a,\sigma^2)}{\partial\sigma^2} = \dfrac{n}{2\sigma^2} - \dfrac{1}{2\sigma^4}\sum_{i=1}^{a}\sum_{j=1}^{m_i}(y_{ij}-\mu_i)^2 = 0 \end{cases}$$

由此可求得 μ_i 和 σ^2 的极大似然估计为

$$\begin{cases} \hat{\mu}_i = \bar{y}_{i.}, i = 1,2,\cdots,a \\ \hat{\sigma}^2 = \dfrac{1}{n}\sum_{i=1}^{a}\sum_{j=1}^{m_i}(y_{ij}-\bar{y}_{i.})^2 \end{cases} \tag{2.14}$$

特别指出，σ^2 的极大似然估计不是无偏估计。

最小二乘估计与极大似然估计存在以下几点区别：

- 最小二乘不需要知道随机误差的分布，只需假定诸ε_{ij}独立同分布，均值为0，方差有限即可。而极大似然估计需要知道误差的具体分布。
- 设$\hat{\boldsymbol{\theta}}$是参数$\boldsymbol{\theta}$的极大似然估计，$f(\boldsymbol{\theta})$ 是$\boldsymbol{\theta}$的连续函数，则$f(\hat{\boldsymbol{\theta}})$ 是$f(\boldsymbol{\theta})$ 的极大似然估计。根据这一性质，可得到总体均值μ和效应τ_i的极大似然估计分别为

$$\hat{\mu}=\bar{y}_{..},\quad \hat{\tau}_i=\bar{y}_{i.}-\bar{y}_{..},i=1,2,\cdots,a$$

  不能如此方便地得到参数的函数的最小二乘估计。
- 极大似然估计同时给出所有参数的估计，而最小二乘估计对效应参数τ_i和σ^2是分别处理的。

例2.3

制造某新型手枪共有A_1、A_2、A_3、A_4四种不同工艺。为研究四种工艺之间的差异，命a、b、c、d、e五个战士打靶，命中频数数据如表2-5所示。

表2-5　新型手枪打靶试验数据

	A_1	A_2	A_3	A_4
a	0.60	0.59	0.71	0.72
b	0.80	0.81	0.88	0.86
c	0.68	0.64	0.80	0.79
d	0.68	0.70	0.81	0.82
e	0.59	0.60	0.73	0.72
$y_{i.}$	3.35	3.34	3.93	3.91
$\bar{y}_{i.}$	0.670	0.668	0.786	0.782

这一试验的试验因子是工艺，共4个水平，响应就是命中频数。一个处理就是试验因子的一个水平组合，这里只有4个处理。

- 这里用到了重复，每一处理都重复了5次试验。
- 这里用到了区组，一个战士就是一个区组，以消除不同战士射击水平这个干扰因子带来的系统偏差。
- 这里也应当用到随机化，每个战士使用四种不同工艺生产出来手枪的次序应该随机确定，以消除同一战士熟练程度和心理等因素造成的影响。

本例的固定效应模型是

$$\begin{cases}y_{ij}=\mu+\tau_i+\varepsilon_{ij},\varepsilon_{ij}\sim_{\text{i.i.d.}}N(0,\sigma^2),i=1,2,\cdots,4;j=1,2,\cdots,5\\ \tau_1+\tau_2+\tau_3+\tau_4=0\end{cases}$$

计算偏差平方和：

$$SS_T=\sum_{i=1}^{a}\sum_{j=1}^{m_i}y_{ij}^2-\frac{y_{..}^2}{n}=0.16106$$

$$SS_A=\sum_{i=1}^{a}\frac{y_{i.}^2}{m_i}-\frac{y_{..}^2}{n}=0.06618$$

$$F=\frac{SS_A/(4-1)}{(SS_T-SS_A)/(20-4)}=3.72>F_{0.95}(3,16)=3.24$$

在显著性水平 $\alpha=0.05$ 下，应拒绝原假设，即认为这四种工艺之间存在差异。

诸参数的估计为

$$\begin{cases}\hat{\mu}=\bar{y}_{..}=0.7265\\ \hat{\tau}_1=\bar{y}_{1.}-\bar{y}_{..}=-0.0565\\ \hat{\tau}_2=\bar{y}_{2.}-\bar{y}_{..}=-0.0585\\ \hat{\tau}_3=\bar{y}_{3.}-\bar{y}_{..}=0.0595\\ \hat{\tau}_4=\bar{y}_{4.}-\bar{y}_{..}=0.0555\\ \widehat{\sigma^2}=MS_E=0.00593\end{cases}$$

2.3 多重比较与对照

方差分析时，如果拒绝原假设，表明因子水平的改变对响应有显著影响。进一步会问，不同水平下的响应有无显著的差别?

2.3.1 多重比较的 Bonferroni 法

仍考虑单因子试验，试验数据如表2-3所示。为了检验第 i 个水平和第 j 个水平的效应是否有显著的差别，可利用2.1.3小节中简单比较试验的知识。注意到

$$\bar{y}_{i.}-\bar{y}_{j.}\sim N\left(\mu_i-\mu_j,\frac{\sigma^2}{m_i}+\frac{\sigma^2}{m_j}\right),\frac{SS_E}{\sigma^2}\sim\chi^2(n-a)$$

且它们互相独立。根据 t 分布的定义，当原假设H_0^{ij}：$\mu_i=\mu_j$成立时，

$$t_{ij}=\frac{\bar{y}_{j.}-\bar{y}_{i.}}{\sqrt{MS_E\left(\frac{1}{m_i}+\frac{1}{m_j}\right)}}\sim t(n-a) \tag{2.15}$$

给定检验水平 α，如果$|t_{ij}|>t_{1-\alpha/2}(n-a)$，则认为第 i 个水平和第 j 个水平的效应有显著区别。需要指出的是，式（2.15）与式（2.6）给出的两样本 t 检验略有不同：式（2.15）分母中σ^2的估计用到了全部数据，而不只是需要比较的两个样本的数据，这有助于提高检验的势。

尽管 t 检验可以对比任意两个水平之间的效应是否有显著差异，但前面已经指出，当原假设为

$$H_0^{ij}:\mu_i=\mu_j,1\leqslant i<j\leqslant a$$

时，一共包含 C_a^2个检验，逐个检验的方法犯第Ⅰ类错误的概率随着检验个数的增加而增加。一种直观的方法是，通过降低单个检验的水平使整体上达到 α 的检验水平：当

$$|t_{ij}|>t_{1-\alpha/(2m)}(n-a) \tag{2.16}$$

时，判定第 i 个水平和第 j 个水平的效应有显著差别，其中 $m=C_a^2$为检验的个数。记由式（2.16）确定的拒绝域为A_{ij}，则

$$P(A_{ij} \mid \mu_i = \mu_j) = \frac{\alpha}{m}$$

由于

$$P(\cup_{i<j} A_{ij} \mid H_0) < \sum_{i<j} P(A_{ij} \mid \mu_i = \mu_j) = \sum_{i<j} \frac{\alpha}{m} = \alpha \tag{2.17}$$

因此，这种方法可以把多重检验的显著性水平控制在 α 以下。称上述不等式为 Bonferroni 不等式，称这种检验方法为多重比较的 Bonferroni 法。

2.3.2 对照及其显著性检验

检验两个水平A_i与A_j之间是否有差异，可将原假设$\mu_i = \mu_j$改写成$\mu_i - \mu_j = 0$。一般地，有如下定义。

定义 2.4 设c_1，c_2，…，c_a为 a 个不全为零的常数，满足$c_1 + c_2 + \cdots + c_a = 0$，$\mu_i$为响应 y 在第 i 个水平A_i下的均值。称线性组合

$$c = \sum_{i=1}^{a} c_i \mu_i$$

为一个**对照或对比**（contrast）。

由于$\tau_i = \mu_i - \mu$，对照又可以写作 $\sum_{i=1}^{a} c_i \tau_i$。以下几个都是对照：

$$\mu_i - \mu_j, 2\mu_i - \mu_j - \mu_k, \frac{1}{2}(\mu_k - \mu_i + \mu_l - \mu_j)$$

由于对照与满足约束条件$c_1 + c_2 + \cdots + c_a = 0$ 的向量 $\boldsymbol{c} = [c_1, c_2, \cdots, c_a]^{\mathrm{T}}$一一对应，因而**一切对照构成 $a-1$ 维线性空间**。

检验不同水平对应的响应的均值有无显著的差别，可统一为如下统计检验：

$$H_0: \sum_{i=1}^{a} c_i \mu_i = 0, H_1: \sum_{i=1}^{a} c_i \mu_i \neq 0 \tag{2.18}$$

根据高斯随机变量的性质，得

$$\bar{y}_{i\cdot} = \frac{1}{m_i} \sum_{j=1}^{m_i} y_{ij} \sim N\left(\mu_i, \frac{\sigma^2}{m_i}\right)$$

所以

$$\sum_{i=1}^{a} c_i \bar{y}_{i\cdot} \sim N\left(\sum_{i=1}^{a} c_i \mu_i, \sum_{i=1}^{a} \frac{c_i^2}{m_i} \sigma^2 \right)$$

是对照 $\sum_{i=1}^{a} c_i \mu_i$ 的无偏估计，因此有时也称 $\sum_{i=1}^{a} c_i \bar{y}_{i\cdot}$ 为对照。定义对照的平方和为

$$SS_c \stackrel{\text{def}}{=} \frac{\left(\sum_{i=1}^{a} c_i \bar{y}_{i\cdot} \right)^2}{\sum_{i=1}^{a} \frac{c_i^2}{m_i}} \tag{2.19}$$

根据 t 分布和 F 分布的定义，可以得到检验假设（2.18）的统计量。

定理 2.2 单因子试验中，令$f_E = n - a$ 为误差平方和的自由度，当式（2.18）中的原假设成立时，

1） $\sum_{i=1}^{a} c_i \bar{y}_{i\cdot} \sim N\left(0, \sum_{i=1}^{a} \frac{c_i^2}{m_i}\sigma^2\right), \frac{\sum_{i=1}^{a} c_i \bar{y}_{i\cdot}}{\sqrt{MS_E \sum_{i=1}^{a} \frac{c_i^2}{m_i}}} \sim t(f_E)$

2） $\frac{SS_c}{\sigma^2} \sim \chi^2(1)$，$\frac{SS_c}{MS_E} \sim F(1, f_E)$

证明：1）可直接由 t 分布的定义得到。2）的思路是构造幂等矩阵 $\boldsymbol{B}$，使得对照的平方和可表示为 $\boldsymbol{y}$ 的二次型 $\boldsymbol{y}^{\mathrm{T}}\boldsymbol{B}\boldsymbol{y}$。然后利用引理 2.3，证明 $\boldsymbol{B}\boldsymbol{P}_1 = \boldsymbol{O}$ 即可，其中 $\boldsymbol{P}_1$ 的定义在定理 2.1 的证明中。详细证明作为练习。

有意思的是，定理 2.2 中的 t 检验统计量的平方就是 F 检验统计量。这揭示了 t 检验和 F 检验之间的关系：凡可用 t 检验的地方，把 t 检验统计量平方后就可用 F 检验。这一关系是由 t 分布和 F 分布的定义决定的，上述定理的 2）也可直接由 1）平方得到。

2.3.3 正交对照

为了简单起见，以下仅考虑每个处理重复次数均相等的情形，即 $m_i \equiv m$。此时，对照的平方和简化为

$$SS_c = \frac{\left(\sum_{i=1}^{a} c_i y_{i\cdot}\right)^2}{m\sum_{i=1}^{a} c_i^2}$$

等重复情形中，称两个对照互相正交，如果它们对应的系数向量互相正交。

由 2.2.2 小节的知识可知，总平方和 SS_T 可分解为因子平方和 SS_A 与误差平方和 SS_E。因子平方和的自由度为 $a-1$，一个对照平方和的自由度为 1，一共有 $a-1$ 个互相正交的对照，那么处理平方和是否可分解为 $a-1$ 个互相正交的对照的平方和呢？

定理 2.3 如果每个处理重复试验次数相等，则处理的平方和可分解为任意 $a-1$ 个互相正交的对照的平方和。

证明：设

$$\begin{cases} c_1 = c_{11}\mu_1 + c_{12}\mu_2 + \cdots + c_{1a}\mu_a \\ c_2 = c_{21}\mu_1 + c_{22}\mu_2 + \cdots + c_{2a}\mu_a \\ \vdots \\ c_{a-1} = c_{(a-1)1}\mu_1 + c_{(a-1)2}\mu_2 + \cdots + c_{(a-1)a}\mu_a \end{cases}$$

为 $a-1$ 个互相正交的对照。将这 $a-1$ 个对照的估计排列如下：

$$\begin{cases} \hat{c}_1 = c_{11}\bar{y}_{1\cdot} + c_{12}\bar{y}_{2\cdot} + \cdots + c_{1a}\bar{y}_{a\cdot} \\ \hat{c}_2 = c_{21}\bar{y}_{1\cdot} + c_{22}\bar{y}_{2\cdot} + \cdots + c_{2a}\bar{y}_{a\cdot} \\ \vdots \\ \hat{c}_{a-1} = c_{(a-1)1}\bar{y}_{1\cdot} + c_{(a-1)2}\bar{y}_{2\cdot} + \cdots + c_{(a-1)a}\bar{y}_{a\cdot} \end{cases}$$

令 $\hat{c}_a = c_{a1}\bar{y}_{1\cdot} + c_{a2}\bar{y}_{2\cdot} + \cdots + c_{aa}\bar{y}_{a\cdot}$，其中

$$c_{a1}=c_{a2}=\cdots=c_{aa}=\frac{1}{\sqrt{a}}$$

则 $\hat{c}_a$ 不是对照，但它与其余对照均正交。将上述各式右边系数向量归一化，并写成矩阵形式，得到

$$\begin{bmatrix} \dfrac{\hat{c}_1}{\sqrt{\sum\limits_{i=1}^{a} c_{1i}^2}} \\ \dfrac{\hat{c}_2}{\sqrt{\sum\limits_{i=1}^{a} c_{2i}^2}} \\ \vdots \\ \dfrac{\hat{c}_a}{\sqrt{\sum\limits_{i=1}^{a} c_{ai}^2}} \end{bmatrix} = \begin{bmatrix} \dfrac{c_{11}}{\sqrt{\sum\limits_{i=1}^{a} c_{1i}^2}} & \dfrac{c_{12}}{\sqrt{\sum\limits_{i=1}^{a} c_{1i}^2}} & \cdots & \dfrac{c_{1a}}{\sqrt{\sum\limits_{i=1}^{a} c_{1i}^2}} \\ \dfrac{c_{21}}{\sqrt{\sum\limits_{i=1}^{a} c_{2i}^2}} & \dfrac{c_{22}}{\sqrt{\sum\limits_{i=1}^{a} c_{2i}^2}} & \cdots & \dfrac{c_{2a}}{\sqrt{\sum\limits_{i=1}^{a} c_{2i}^2}} \\ \vdots & \vdots & & \vdots \\ \dfrac{c_{a1}}{\sqrt{\sum\limits_{i=1}^{a} c_{ai}^2}} & \dfrac{c_{a2}}{\sqrt{\sum\limits_{i=1}^{a} c_{ai}^2}} & \cdots & \dfrac{c_{aa}}{\sqrt{\sum\limits_{i=1}^{a} c_{ai}^2}} \end{bmatrix} \begin{bmatrix} y_{1\cdot} \\ y_{2\cdot} \\ \vdots \\ y_{a\cdot} \end{bmatrix}$$

根据对照互相正交的定义，上述系数矩阵为正交矩阵，于是左右两侧向量的长度相等。即

$$\sum_{j=1}^{a-1}\frac{\hat{c}_j^2}{\sum\limits_{i=1}^{a} c_{1i}^2}+\frac{\hat{c}_a^2}{\sum\limits_{i=1}^{a} c_{ai}^2}=\sum_{i=1}^{a} y_{i\cdot}^2$$

将左侧第二项移到右侧，两边同时除以重复次数 m，得到

$$\sum_{j=1}^{a-1} SS_{c_j} = SS_A$$

定理得证。

定理的证明中用到了各处理重复次数相等这一条件。对于重复次数不相等的情形，需要修改对照正交的定义。

例2.4

回到例 2.3，从数据中感觉到，A_1 与 A_2 两种工艺之间没有差异，A_3 与 A_4 两种工艺之间也没有差异；而如果将 A_1 和 A_2 看作一组，将 A_3 和 A_4 看作一组，则这两组之间则应该存在差异。为此，构造三个互相正交的对照

$$c_1=\tau_1-\tau_2,c_2=\tau_3-\tau_4,c_3=\tau_1+\tau_2-\tau_3-\tau_4$$

来检验这四组工艺之间是否存在差异。

根据对照平方和的计算式（2.19）：

$$SS_{c_1}=\frac{(3.35-3.34)^2}{5\times(1+1)}=0.00001$$

$$SS_{c_2}=\frac{(3.93-3.91)^2}{5\times(1+1)}=0.00004$$

$$SS_{c_3}=\frac{(3.35+3.34-3.93-3.91)^2}{5\times(1+1+1+1)}=0.06613$$

可以验证，$SS_{c_1}+SS_{c_2}+SS_{c_3}=0.06618$ 恰为因子 A 的平方和。利用例2.3的计算结果，$MS_E=0.00593$，于是诸对照的 F 统计量为

$$F_{c_1}=\frac{SS_{c_1}}{MS_E}=\frac{0.00001}{0.00593}=0.00169<F_{0.95}(1,16)=4.494$$

$$F_{c_2}=\frac{SS_{c_2}}{MS_E}=\frac{0.00004}{0.00593}=0.00675<F_{0.95}(1,16)=4.494$$

$$F_{c_3}=\frac{SS_{c_2}}{MS_E}=\frac{0.06613}{0.00593}=11.152>F_{0.95}(1,16)=4.494$$

可见在显著性水平0.05下，只有第三个对照是显著的。即确实可以把A_1和A_2作为一组，把A_3和A_4作为一组，这两组之间有显著的差异。

2.4 双因子试验与交互效应

设双因子试验中，试验因子 A 有 a 个水平A_1，A_2，…，A_a，因子 B 有 b 个水平B_1，B_2，…，B_b。与单因子试验相比，双因子试验要复杂一些，表现为：

- 因子的种类。A 和 B 可能都是定量的，也可能都是定性的，或一个是定量的一个是定性的。如果用回归模型来建模，不同情形的建模方法是不同的。
- 因子之间的关系。因子 A 和 B 可能是平等的，即 A 和 B 可以自由地选择各自的水平，然后考虑所有的处理（A_i，B_j）（$i=1$，2，…，a；$j=1$，2，…，b）来安排试验。因子 A 和 B 也可能是不平等的，例如 A 是前一道工序的因子，而 B 是后一道工序的因子。这一种试验的设计称为**套设计**。鉴于篇幅，我们仅考虑 A 和 B 平等时的试验设计。
- 因子之间有无交互效应。在双因子试验中，不仅仅需要考虑估计每个因子的主效应，还要考虑因子之间的交互效应，后者用 $A\times B$ 表示。显然，交互效应会增加双因子试验的难度。

2.4.1 双因子试验固定效应模型

考虑等重复的情形，双因子试验的固定效应模型为

$$\begin{cases}y_{ijl}=\mu+\tau_i+\beta_j+(\tau\beta)_{ij}+\varepsilon_{ijl},\varepsilon_{ijl}\sim_{\text{i.i.d.}}N(0,\sigma^2)\\ i=1,2,\cdots,a;j=1,2,\cdots,b;l=1,2,\cdots,m\end{cases}\tag{2.20}$$

这里，y_{ijl}是处理（A_i，B_j）的第 l 次试验的响应值，m 表示重复次数。ε_{ijl}表示试验的随机误差。试验总次数 $n=abm$。

定义 2.5 称τ_i为因子 A 的水平A_i的**主效应**（main effect），所有τ_i共同表示因子 A 的主效应；β_j为因子 B 取水平B_j的**主效应**，所有β_j共同表示因子 B 的**主效应**；$(\tau\beta)_{ij}$表示处理（A_i，B_j）的**交互效应**或**交互作用**（interact effect），所有$(\tau\beta)_{ij}$共同表示因子 A 和因子 B 的**交互效应**。

若将y_{ijl}做如下分解：

$$y_{ijl}=\bar{y}_{\cdots}+(\bar{y}_{i\cdot\cdot}-\bar{y}_{\cdots})+(\bar{y}_{\cdot j\cdot}-\bar{y}_{\cdots})+(\bar{y}_{ij\cdot}-\bar{y}_{i\cdot\cdot}-\bar{y}_{\cdot j\cdot}+\bar{y}_{\cdots})+(y_{ijl}-\bar{y}_{ij\cdot})$$

将上式与模型（2.20）对比，猜测应有如下估计：

$$
\begin{cases}
\hat{\mu}=\bar{y}_{\cdots}\\
\hat{\tau}_i=\bar{y}_{i\cdot\cdot}-\bar{y}_{\cdots}\\
\hat{\beta}_j=\bar{y}_{\cdot j\cdot}-\bar{y}_{\cdots}\\
\widehat{(\tau\beta)}_{ij}=\bar{y}_{ij\cdot}-\bar{y}_{i\cdot\cdot}-\bar{y}_{\cdot j\cdot}+\bar{y}_{\cdots}\\
\hat{\varepsilon}_{ijl}=y_{ijl}-\bar{y}_{ij\cdot}
\end{cases}
\tag{2.21}
$$

并且发现

$$\sum_{i=1}^{a}\hat{\tau}_i=0,\ \sum_{j=1}^{b}\hat{\beta}_j=0$$

$$\sum_{i=1}^{a}\widehat{(\tau\beta)}_{ij}=0, j=1,2,\cdots,b$$

$$\sum_{j=1}^{b}\widehat{(\tau\beta)}_{ij}=0, i=1,2,\cdots,a$$

这提示我们对模型（2.20）中的参数τ_i、β_j及（$\tau\beta$）$_{ij}$提出如下约束条件：

$$
\begin{cases}
\sum_{i=1}^{a}\tau_i=0,\ \sum_{j=1}^{b}\beta_j=0\\
\sum_{i=1}^{a}(\tau\beta)_{ij}=0, j=1,2,\cdots,b\\
\sum_{j=1}^{b}(\tau\beta)_{ij}=0, i=1,2,\cdots,a
\end{cases}
\tag{2.22}
$$

故双因子试验的固定效应模型为式（2.20）并加上约束条件式（2.22）。

注意：双因子试验的固定效应模型中，有$a-1$个独立的τ_i，$b-1$个独立的β_j，以及$(a-1)(b-1)$个独立的（$\tau\beta$）$_{ij}$；关于交互效应（$\tau\beta$）$_{ij}$的$a+b$个等式约束中，独立的只有$a+b-1$个。

2.4.2 二因子交互效应

交互效应是指因子间的联合搭配对响应的影响，在试验中可能大量存在。为了加深对交互效应的直观理解，先看一个简单的例子。

例2.5

设有两个二水平因子A和B，它们的两个水平分别为A_1、A_2和B_1、B_2。共有4个处理，每个处理试验一次。两种可能的试验结果分别列于图2-4a、b中。

图2-4a中的结果为$y_{11}=10$，$y_{12}=20$，$y_{21}=30$，$y_{22}=40$。平均响应值分别为

$$\bar{y}_{1\cdot}=\frac{1}{2}(10+20)=15, \bar{y}_{2\cdot}=\frac{1}{2}(30+40)=35$$

$$\bar{y}_{\cdot 1}=\frac{1}{2}(10+30)=20, \bar{y}_{\cdot 2}=\frac{1}{2}(20+40)=30$$

$$\bar{y}_{\cdot\cdot}=\frac{1}{4}(10+20+30+40)=25$$

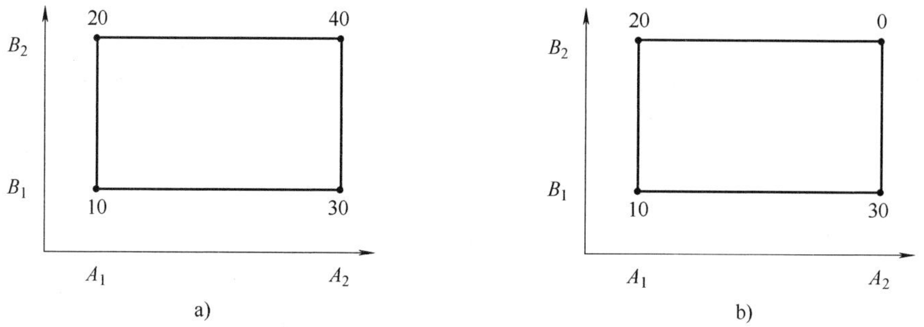

图2-4 两个二水平因子试验结果

主效应的估计值分别为

$$\hat{\tau}_1=\bar{y}_{1.}-\bar{y}_{..}=15-25=-10$$
$$\hat{\tau}_2=\bar{y}_{2.}-\bar{y}_{..}=35-25=+10$$
$$\hat{\beta}_1=\bar{y}_{.1}-\bar{y}_{..}=20-25=-5$$
$$\hat{\beta}_2=\bar{y}_{.2}-\bar{y}_{..}=30-25=+5$$

交互效应的估计为

$$\widehat{(\tau\beta)}_{11}=y_{11}-\bar{y}_{1.}-\bar{y}_{.1}+\bar{y}_{..}=10-15-20+25=0$$

类似地，可以得到$\widehat{(\tau\beta)}_{12}=\widehat{(\tau\beta)}_{21}=\widehat{(\tau\beta)}_{22}=0$，即因子$A$与$B$之间没有交互效应。

图2-4b中的试验结果为$y_{11}=10$，$y_{12}=20$，$y_{21}=30$，$y_{22}=0$。平均响应值分别为

$$\bar{y}_{1.}=\frac{1}{2}(10+20)=15,\bar{y}_{2.}=\frac{1}{2}(30+0)=15$$

$$\bar{y}_{.1}=\frac{1}{2}(10+30)=20,\bar{y}_{.2}=\frac{1}{2}(20+0)=10$$

$$\bar{y}_{..}=\frac{1}{4}(10+20+30+0)=15$$

主效应的估计值分别为

$$\hat{\tau}_1=\bar{y}_{1.}-\bar{y}_{..}=15-15=0$$
$$\hat{\tau}_2=\bar{y}_{2.}-\bar{y}_{..}=15-15=0$$
$$\hat{\beta}_1=\bar{y}_{.1}-\bar{y}_{..}=20-15=5$$
$$\hat{\beta}_2=\bar{y}_{.2}-\bar{y}_{..}=10-15=-5$$

交互效应的估计为

$$\widehat{(\tau\beta)}_{11}=y_{11}-\bar{y}_{1.}-\bar{y}_{.1}+\bar{y}_{..}=10-15-20+15=-10$$

$$\widehat{(\tau\beta)}_{12}=y_{12}-\bar{y}_{1.}-\bar{y}_{.2}+\bar{y}_{..}=20-15-10+15=10$$

$$\widehat{(\tau\beta)}_{21}=y_{21}-\bar{y}_{2.}-\bar{y}_{.1}+\bar{y}_{..}=30-15-20+15=10$$

$$\widehat{(\tau\beta)}_{22}=y_{22}-\bar{y}_{2.}-\bar{y}_{.2}+\bar{y}_{..}=0-15-10+15=-10$$

可见，因子A与B之间有交互效应。

可用作图的方法来看待因子之间的交互效应，如图2-5所示。从图2-5a可以看到，当

因子 B 取水平B_1时，A_1变到A_2使 y 增加 $30-10=20$；当 $B=B_2$时，A_1变到A_2使 y 也增加 $40-20=20$。这就是说，A 对 y 的影响与 B 取什么水平无关。类似地，图 2-5b 中当 B 从B_1变到B_2时，y 增加 $20-10=10$ 或 $40-30=10$，与 A 取的水平无关。这时称 A 和 B 之间没有交互效应。

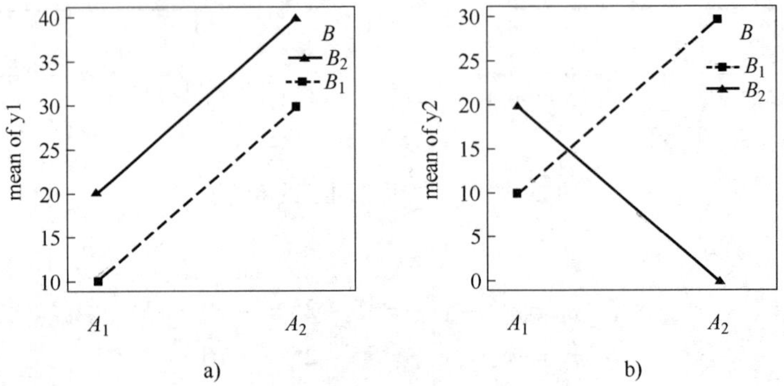

图 2-5　交互效应示意图

判断两因子之间是否存在交互效应，选用图 2-5 所示的作图方法更为直观。当图中的两条线平行或接近平行时，可认为 A 和 B 之间没有交互效应。统计分析语言 R 提供了多种方式展示两因子之间的交互效应，图 2-5 所示是利用函数 interaction. plot( ) 绘制的，函数 plotmeans( ) 以及添加包 HH 中的 interaction2wt( ) 也可展示交互效应。感兴趣的读者可自行尝试。

2.4.3　双因子试验方差分析

通过计算交互效应的估计值和画图来判断交互效应是否存在，虽然直观，但不够准确。方差分析可用于检验两个因子的主效应和它们之间的交互效应是否对响应有显著影响。其思路和单因子试验的方差分析一样，将响应的总偏差平方和 SS_T进行分解：

$$SS_T = \sum_{i=1}^{a}\sum_{j=1}^{b}\sum_{l=1}^{m}(y_{ijl}-\bar{y}_{\cdots})^2 = SS_A + SS_B + SS_{A\times B} + SS_E \tag{2.23}$$

其中

$$SS_A = mb\sum_{i=1}^{a}(\bar{y}_{i\cdot\cdot}-\bar{y}_{\cdots})^2 = \sum_{i=1}^{a}\frac{y_{i\cdot\cdot}^2}{bm}-\frac{y_{\cdots}^2}{abm}$$

表示因子 A 的偏差平方和，

$$SS_B = ma\sum_{j=1}^{b}(\bar{y}_{\cdot j\cdot}-\bar{y}_{\cdots})^2 = \sum_{j=1}^{b}\frac{y_{\cdot j\cdot}^2}{am}-\frac{y_{\cdots}^2}{abm}$$

表示因子 B 的偏差平方和，

$$SS_{A\times B} = m\sum_{i=1}^{a}\sum_{j=1}^{b}(\bar{y}_{ij\cdot}-\bar{y}_{i\cdot\cdot}-\bar{y}_{\cdot j\cdot}+\bar{y}_{\cdots})^2 = \sum_{i=1}^{a}\sum_{j=1}^{b}\frac{y_{ij\cdot}^2}{m}-\frac{y_{\cdots}^2}{abm}-SS_A-SS_B$$

表示交互效应 $A\times B$ 的偏差平方和，

$$SS_E = \sum_{i=1}^{a}\sum_{j=1}^{b}\sum_{l=1}^{m}(y_{ijl}-\bar{y}_{ij\cdot})^2$$

表示误差平方和。由 2.1.2 小节的引理 2.3 可知：$SS_E \sim \chi^2(ab(m-1))$；当检验问题

$$H_0^A:\tau_1=\tau_2=\cdots=\tau_a=0, H_1^A:\text{至少有一个}\tau_i\neq 0$$

的原假设成立时，$SS_A\sim\chi^2(a-1)$，自由度恰为诸τ_i中独立参数的个数；当检验问题

$$H_0^B:\beta_1=\beta_2=\cdots=\beta_b=0, H_1^B:\text{至少有一个}\beta_j\neq 0$$

的原假设成立时，$SS_B\sim\chi^2(b-1)$，自由度恰为诸β_j中独立参数的个数；当检验问题

$$H_0^{A\times B}:(\tau\beta)_{ij}=0, i=1,2,\cdots,a, j=1,2,\cdots,b, H_1^{A\times B}:\text{至少有一个}(\tau\beta)_{ij}\neq 0$$

的原假设成立时，$SS_{A\times B}\sim\chi^2((a-1)(b-1))$，自由度恰为诸$(\tau\beta)_{ij}$中独立参数的个数。

双因子试验的方差分析表列于表2-6，其中诸平方和的均方为

$$MS_A=SS_A/(a-1)$$

$$MS_B=SS_B/(b-1)$$

$$MS_{A\times B}=SS_{A\times B}/[(a-1)(b-1)]$$

$$MS_E=SS_E/[ab(m-1)]$$

表2-6　双因子试验方差分析表

方差来源	自由度	平方和	均方	F值
A	$a-1$	SS_A	MS_A	MS_A/MS_E
B	$b-1$	SS_B	MS_B	MS_B/MS_E
$A\times B$	$(a-1)(b-1)$	$SS_{A\times B}$	$MS_{A\times B}$	$MS_{A\times B}/MS_E$
误差	$ab(m-1)$	SS_E	MS_E	
总和	$n-1$	SS_T		

例2.6

某火箭的射程受燃料推进剂的影响，现有四种不同的燃料A_1、A_2、A_3、A_4和三种不同的推进剂B_1、B_2、B_3。每种燃料和推进剂的每一组合各发射两枚火箭，得到试验数据如表2-7所示，试问燃料之间、推进剂之间有无显著差异，燃料和推进剂之间是否有交互效应？

表2-7　火箭射程试验数据

		推进剂			$y_{i\cdot\cdot}$
		B_1	B_2	B_3	
燃料	A_1	58.2　52.6 (110.8)	56.2　41.2 (97.4)	65.3　60.8 (126.2)	334.4
	A_2	49.1　42.8 (91.9)	54.1　50.5 (104.6)	51.6　48.4 (100.0)	296.5
	A_3	60.1　58.3 (118.4)	70.9　73.2 (144.1)	39.2　40.7 (79.9)	342.4
	A_4	75.8　71.5 (147.3)	58.2　51.0 (109.2)	48.7　41.4 (90.1)	346.6
$y_{\cdot j\cdot}$		468.4	455.3	396.2	$y_{\cdots}=1319.9$

根据各平方和的计算公式：

$$SS_T = \sum_{i=1}^{4}\sum_{j=1}^{3}\sum_{k=1}^{2} y_{ijk}^2 - \frac{y_{\cdots}^2}{4\times 3\times 2} = 2627.3$$

$$SS_A = \sum_{i=1}^{4}\frac{y_{i\cdot\cdot}^2}{3\times 2} - \frac{y_{\cdots}^2}{4\times 3\times 2} = 250.7$$

$$SS_B = \sum_{j=1}^{3}\frac{y_{\cdot j\cdot}^2}{4\times 2} - \frac{y_{\cdots}^2}{4\times 3\times 2} = 369.9$$

$$SS_{A\times B} = \sum_{i=1}^{4}\sum_{j=1}^{3}\frac{y_{ij\cdot}^2}{2} - \frac{y_{\cdots}^2}{4\times 3\times 2} - SS_A - SS_B = 1782.4$$

$$SS_E = SS_T - SS_A - SS_B - SS_{A\times B} = 224.3$$

方差分析表见表2-8。由于$F_{0.95}(3,12)=3.49$，$F_{0.95}(2,12)=3.39$，$F_{0.95}(6,12)=2.99$，所以因子A、因子B和交互效应$A\times B$当$\alpha=0.05$时都是显著的。

表 2-8　火箭射程试验方差分析表

方差来源	自由度	平方和	均　方	F值
A	3	250.7	83.57	4.47
B	2	369.9	184.95	9.90
$A\times B$	6	1782.4	297.07	15.89
误差	12	224.3	18.69	
总和	23	2627.3		

例2.7

回顾完全随机区组设计中，每个处理在每个区组中均恰好出现一次，为了研究处理和区组的效应是否显著，考虑完全随机区组设计的方差分析。由于区组刻画的是试验单元的差异，假定其与处理没有交互效应有一定的合理性。Fisher 基于线性模型

观测 = 均值 + 区组效应 + 处理效应 + 误差

给出了完全随机区组设计的方差分析法：将总变异分解为三个部分，分别表示区组间的差异、处理的差异以及试验误差，表2-9给出的是t个处理和b个区组的完全随机区组设计的方差分析表，表明变异的三个来源以及如何检验处理的效应之间的差异。

表 2-9　RCBD的方差分析表

来　源	自由度	平方和	均方和
区组	$b-1$	SS_{Block}	MS_{Block}
处理	$t-1$	$SS_{\text{Treatment}}$	$MS_{\text{Treatment}}$
误差	$(b-1)(t-1)$	SS_{Error}	MS_{Error}
总	$bt-1$	SS_{Total}	

如果处理是由多个因子组成的，则处理的平方和还可以进一步分解为因子的平方和与交互效

应的平方和。

例2.8

Fisher 还将方差分析用于估计拉丁方设计的试验误差，以便在处理之间进行比较。$s \times s$ 阶拉丁方设计的s^2-1 个自由度的分配如表 2-10 所示[24]。行和列的 $2(s-1)$ 个自由度归因于土壤肥力的异质性。

表 2-10　$s \times s$ 阶拉丁方自由度的分配

行	$s-1$
列	$s-1$
处理	$s-1$
误差	$(s-1)(s-2)$
总	s^2-1

2.4.4　关于自由度的说明

本书中关于自由度的定义最早出现在χ^2分布中，表示构成χ^2分布的独立正态随机变量的个数。t 分布和 F 分布的自由度是它们中包含χ^2分布的自由度。

在仅包含响应变量的单总体正态分布 $\{y_1, y_2, \cdots, y_n\}$ 中，样本方差S_n^2的自由度为$n-1$。可以认为，n 个独立正态随机变量中 $n-1$ 个自由度用于估计σ^2，还有一个自由度用于估计样本均值μ，这可以在引理 2.4 的证明过程中得到印证。

在单因子试验中，$n = \sum_{i=1}^{a} m_i$ 次试验共得到 n 个独立的正态随机向量，将它们做线性变换后，其中 1 个用于估计总均值μ，$a-1$ 个用于估计 $a-1$ 个独立的主效应τ_i，剩余的 $n-a$ 个用于估计σ^2。因此单因子方差分析中，因子 A 的平方和的自由度为 $a-1$，而误差平方和的自由度为 $n-a$。这可在固定效应模型中诸参数估计的表达式，以及定理 2.1 的证明过程中两个幂等矩阵 $\boldsymbol{P}_1$和 $\boldsymbol{P}_2$的构造得到印证。

类似地，在双因子试验中，n 次试验得到的 n 个独立的正态分布样本，经过一定的线性变换后得到 n 个新的独立的正态分布样本中，

- ➢ $a-1$ 个用于估计因子 A 的 $a-1$ 个独立的主效应，因子 A 的平方和的自由度也为 $a-1$。
- ➢ $b-1$ 个用于估计因子 B 的 $b-1$ 个独立的主效应，因子 B 的平方和的自由度也为 $b-1$。
- ➢ $(a-1)(b-1)$ 个用于估计 $(a-1)(b-1)$ 个独立的交互效应，交互效应平方和的自由度也为 $(a-1)(b-1)$。
- ➢ 剩下的 1 个用于估计总均值μ。

如果把双因子试验看作单因子试验，即把每一个处理都当作某个抽象的因子 C 的一个水平，则 C 一共有 ab 个水平，自由度为 $ab-1$，恰为 A、B 和 $A \times B$ 的自由度之和。从独立参数的个数来看，两个因子主效应独立参数的个数分别为 $a-1$ 和 $b-1$，二因子交互效应中独立参数的个数为 $ab-a-b+1$，其和 $ab-1$ 恰为处理效应独立参数的个数。

可以验证，平方和之间也存在如下关系：

$$SS_C = SS_A + SS_B + SS_{A\times B}.$$

由于两因子试验有 ab 个处理，因此互相正交的对照最多有 $ab-1$ 个，也恰为处理平方和的自由度。**将多因子试验看作单因子试验，实质上是对效应做了可逆的线性变换，不会改变模型的自由度。**区别在于：

- 如果视作单因子试验，方差分析时将所有效应一起检验，而双因子方差分析则将两个主效应和一个交互效应分开检验，因而结论要相对精确一些。
- 视作单因子试验，参数为 $\tau_i(i=1,2,\cdots,ab)$ 分别为 ab 个处理的效应，而双因子试验固定效应模型中的参数包括因子主效应和二因子交互效应，诸参数的物理意义更明确一些。

将多因子试验看作单因子试验，可以得到多因子试验固定效应模型的不同参数化表示。事实上，响应函数建模时**参数化**（parametrize）是一种十分重要的思想。它把测量各种处理下的响应值转化为测量响应模型中参数的值。

类似地，利用固定效应模型可以导出三因子试验的方差分析法。三因子试验包括三个主效应、三个二因子交互效应和一个三因子交互效应。主效应的自由度为其水平数减一，交互效应的自由度为相应因子自由度的乘积。这里不再详述，后面将会陆续涉及多因子试验。

习　题

一、选择题

1. 如果 $\boldsymbol{A}$ 是可逆对称幂等矩阵，则 $\mathbf{0}$ 是二次型 $\boldsymbol{x}^{\mathrm{T}}\boldsymbol{A}\boldsymbol{x}$ 的______。

A. 极小值点　　B. 极大值点　　C. 鞍点　　D. 不能确定

2. 设 $y_1,y_2,\cdots,y_n \sim_{\text{i.i.d.}} N(\mu,\sigma^2)$，$\bar{y}=\frac{1}{n}\sum_{i=1}^{n} y_i$，$S^2=\frac{1}{n-1}\sum_{i=1}^{n}(y_i-\bar{y})^2$，则下列论述中错误的是______。

A. $\bar{y}$是μ的无偏估计　　B. S^2是σ^2的极大似然估计

C. S^2是σ^2的无偏估计　　D. $\bar{y}$与S^2互相独立

3. 设一个双因子试验中，因子 A 的水平数为 3，因子 B 的水平数为 4，那么交互效应 $A\times B$ 的自由度为______。

A. 3　　B. 4　　C. 6　　D. 12

4. 单因子试验中，设因子 A 有 4 个水平，下列不属于对照的是______。

A. $\mu_1+\mu_2-\mu_3-\mu_4$　　B. $\mu_1-\mu_2+\mu_3-\mu_4$

C. $\mu_1+\mu_2+\mu_3-3\mu_4$　　D. $\mu_1-\mu_2-\mu_3-\mu_4$

5. 单因子试验中，设因子 A 有 4 个水平，每个水平重复相同的次数，下列选项中与对照$\mu_1+\mu_2-\mu_3-\mu_4$互相正交的对照是______。

A. $\mu_1+\mu_2-\mu_3+3\mu_4$　　B. $2\mu_1-\mu_3-\mu_4$

C. $3\mu_1-\mu_2-\mu_3-\mu_4$　　D. $\mu_1-\mu_2+\mu_3-\mu_4$

6. 关于方差分析的目的，以下说法中______更合理。

A. 分析各组总体均值是否有显著差异

B. 分析各组总体标准差是否有显著差异

C. 分析各组总体方差是否有显著差异

D. 分析各组总体中位数是否有显著差异

7. 在一个单因子试验中，因子 A 有 4 个水平，每个水平的重复次数分别为 5，7，6，8。那么误差平方和的自由度为______。

A. 25　　B. 22　　C. 21　　D. 23

8. 设双因子试验中，A 有 3 个水平，B 有 4 个水平，每个处理重复 10 次。$SS_A=2000$，$SS_B=3000$，$SS_{A\times B}=1500$，$SS_E=2160$。则 F_A、F_B、$F_{A\times B}$ 的值分别为______。

A. 50，100，12.5　　B. 100，50，25　　C. 100，100，25　　D. 50，50，12.5

9. 双因子试验中，A 有 3 个水平，B 有 4 个水平，则互相正交的对照最多有______个。

A. 6　　B. 12　　C. 5　　D. 11

二、判断题

1. 非参数模型中不包含参数。（　）
2. 高斯随机向量的二次型服从 χ^2 分布。（　）
3. 两个高斯随机变量的乘积仍然为高斯随机变量，高斯随机向量的线性变换仍然为正态随机向量。（　）
4. 如果 $\xi_1\sim\chi^2(n)$，$\xi_2\sim\chi^2(n+k)$，则 $\xi_2-\xi_1\sim\chi^2(k)$。（　）
5. 如果 $\xi_1\sim N(0,1)$，$\xi_2\sim\chi^2(n)$，则 $\xi_1/\sqrt{\xi_2/n}\sim t(n)$。（　）
6. 假设检验中，p 值越小说明拒绝原假设所犯的第Ⅰ类错误越小。（　）
7. 假设检验中，样本给定时，犯第Ⅰ类错误和第Ⅱ类错误的概率不能同时降低。（　）
8. t 检验统计量的平方服从 F 分布。（　）
9. 交互效应的存在，会使得响应值变小。（　）
10. 将多因子试验看作单因子试验会改变模型的自由度。（　）

三、简答题

1. 验证二次型的求导公式（2.2）。

2. 正态总体均值 μ 未知，方差 $\sigma^2=9$。确定样本量，使之能够构成 μ 的一个总长度为 1.0 的 95% 置信区间。

3. 简单比较试验中，σ_1 和 σ_2 已知，要检验

$$H_0:\mu_1=\mu_2,H_1:\mu_1\neq\mu_2$$

因试验资源有限，总试验次数 $n_1+n_2\leqslant N$。为了得到最大势的检验，应该如何在两个处理中分配试验？

4. 单因子固定效应模型中，如果将一般均值定义为

$$\mu\overset{\text{def}}{=\!=}\frac{1}{a}\sum_{i=1}^{a}\mu_i$$

会产生什么后果？

5. 例 2.3 中，判断 A_2 与 A_3 之间差异的显著性，并判断对照 $2\mu_1-\mu_2-\mu_3$ 的显著性。

6. 定理 2.3 要求各处理的重复次数相等才成立。对于重复次数不等的单因子试验，应该如何修改正交对照的定义，才能使得定理 2.3 的结论依然成立。

7. 利用最小二乘法获得双因子固定效应模型中参数的估计式（2.21），并证明双因子试验的偏差平方和分解式（2.23）。

四、综合题

1. 比较两种止痛药的人体吸收速度。根据经验，药片 1 的吸收速度大约是药片 2 的两倍。考虑检验

$$H_0:\mu_1=2\mu_2,H_1:\mu_1\neq2\mu_2$$

1）设 σ_1 和 σ_2 已知，导出检验统计量。

2）设 $\sigma_1=\sigma_2$ 未知，导出检验统计量。

2. 维修某电子设备的时间（h）是一个服从正态分布的随机变量。现有 16 个样本：159，280，101，

212，224，379，179，264，222，362，168，250，149，260，485，170。

1）判断平均维修时间是否超过225h，应该提出什么原假设？

2）在显著性水平 $\alpha=0.05$ 下，检验1）中的原假设。

3）计算该检验的 p 值。

4）构造平均维修时间的95%置信区间。

5）本题中，如果数据不服从正态分布，则犯了第Ⅲ类错误。你能否判断数据是否真的服从正态分布？

3. 现有两把卡尺，为比较它们之间的差异，由12名试验人员利用它们测量一颗滚珠轴承的直径，得到数据如表2-11所示。假设两组样本均服从正态分布，均值分别为 μ_1 和 μ_2，方差均为 σ^2。

1）在显著性水平 $\alpha=0.05$ 下，判断 μ_1 和 μ_2 是否有显著性差异，并计算 p 值。

2）在显著性水平 $\alpha=0.05$ 下，判断测量差的均值是否为0，并计算 p 值。

3）第1）问和第2）问中的结果是否相同，并解释你结论的理由。

4）构造 $\mu_1-\mu_2$ 的95%置信区间。

表2-11　卡尺测量滚珠轴承直径数据

试验员	卡尺一	卡尺二	测量差
1	0.265	0.264	0.001
2	0.265	0.265	0.000
3	0.266	0.264	0.002
4	0.267	0.266	0.001
5	0.267	0.267	0.000
6	0.265	0.268	-0.003
7	0.267	0.264	0.003
8	0.267	0.265	0.002
9	0.265	0.265	0.000
10	0.268	0.267	0.001
11	0.268	0.268	0.000
12	0.265	0.269	-0.004

4. 设四个方差相同的正态总体的均值分别为 $\mu_1=50$，$\mu_2=60$，$\mu_3=50$，$\mu_4=60$。给定显著性水平 $\alpha=0.05$，考虑方差分析的原假设 $\mu_1=\mu_2=\mu_3=\mu_4$。

1）若 $\sigma^2=25$，为使拒绝原假设的概率不低于90%，每个总体的样本量应不少于多少？

2）若 $\sigma^2=36$，为使拒绝原假设的概率不低于90%，每个总体的样本量应不少于多少？

3）若 $\sigma^2=49$，为使拒绝原假设的概率不低于90%，每个总体的样本量应不少于多少？

4）在本题的场景中，你能发现所需的样本量与方差之间有什么规律？

5）根据本题的结论，你能否给出一般的试验问题中样本量确定的建议？

5. 一名学员为研究温度对5km长跑成绩的影响，取除温度外其余条件大致相同的长跑成绩进行研究，试验数据如表2-12所示。假设数据服从方差相同的正态分布。

1）写出本例的固定效应模型，给出诸效应的无偏估计，并判断温度对长跑成绩的影响是否显著。

2）从数据来看，35℃以下的成绩似乎差不多，而35℃时成绩有所下降，构造一组正交对照，检验这一结论是否正确。

表 2-12 长跑试验数据

温度/℃	20	25	30	35
成绩/min	21.2	20.9	21.0	22.8
	20.6	21.3	20.9	22.4
	21.4	20.8	21.2	23.0

6. 制造衬衫的混纺纤维的抗张强度受到纤维中棉花百分比的影响。现以棉花百分比为试验因子，取5个不同的水平，每个水平重复5次试验，试验数据见表2-13。

1）写出试验的固定效应模型，并估计模型中的参数。

2）检验棉花百分比对混纺纤维的扩张强度是否有显著影响（$\alpha=0.05$）。

3）检验棉花百分比为15%和35%时，混纺纤维的扩张强度是否有显著差异（$\alpha=0.05$）。

4）求出棉花百分比为30%时混纺纤维扩张强度的95%置信区间。

5）根据你对数据的直观印象，构造一组正交对照，并检验它们的显著性。

表 2-13 混纺纤维强度试验数据

棉花百分比	抗张强度/(10^{-2}N/mm^2)				
15%	7	7	15	11	9
20%	12	17	12	18	18
25%	19	25	22	19	19
30%	19	25	22	19	23
35%	9	10	11	15	11

7. 考察材质和淬火温度对某种钢材淬火后弯曲变形的影响。对4种不同的材质分别用5种不同的淬火温度进行试验，测得试件淬火后的延伸率数据如表2-14所示。

表 2-14 钢材弯曲变形试验数据

温度/℃	材质			
	甲	乙	丙	丁
800	4.4	5.2	4.3	4.9
820	5.3	5.0	5.1	4.7
840	5.8	5.5	4.8	4.9
860	6.6	6.9	6.6	7.3
880	8.4	8.3	8.5	7.9

1）写出试验的统计模型，并估计模型中的参数。

2）不同材质对延伸率有影响吗？

3）不同温度对延伸率有影响吗？

第3章 因子试验设计

因子设计（factorial design）也称**析因设计**，它同时考虑多个试验因子，每个因子设定为若干个水平，以全部或部分处理作为试验点，比较各处理之间的差异，分析造成响应波动的原因，并筛选出重要因子。它既适用于定量因子，也适用于定性因子，还可以处理同时包含定性因子和定量因子的试验。

因子设计主要是由 Fisher、Yates 和 Finney 三位统计学家建立的。Fisher 在文献［23］中论述了采用因子设计而不是当时常用的单问题方法的理由，他和 Yates 当时称之为复杂试验。Fisher 认为，精心设计的多因子试验能够比单问题法获得更多的信息。他借助一次冬季燕麦试验对此进行了说明。该试验有三个因子：氮肥的类型（M，S）、施肥量（0，1，2）和施肥时机（E，L）。表面上看，这是一个 $2\times3\times2$ 的因子试验，但所有施肥量为 0 的试验都是无法区分的，本质上可作为控制组 C。因此这一试验只有由一个 2^3 因子试验和一个控制试验组成的 9 个不同处理。该试验在 8 个大小为 12 的区组上实施，试验方案如表 3-1 所示。

表 3-1　冬燕麦试验

C	$2ME$	$2SL$	C	$2SL$	C	C	$1SE$
$1SE$	$1ME$	$1ML$	$1SL$	$2ME$	$2ML$	$1ME$	$1ML$
C	$2ML$	C	$2SE$	C	$1SL$	C	$2SE$
$2SE$	$2ME$	C	$1ML$	C	$2SE$	$2SL$	$2ML$
C	$1SL$	$1SE$	$1ME$	$1ML$	C	C	$1SL$
$2ML$	C	$2SL$	C	$2ME$	C	$1ME$	$1SE$
$2SE$	$2ML$	$1SE$	$2ME$	$2SL$	$2SE$	$2ME$	C
C	C	$1ML$	C	$1ME$	$2ML$	C	$1ML$
$2SL$	$1ME$	C	$1SL$	C	C	$1SE$	$1SL$
$2ME$	$1ME$	$2ML$	$2SL$	$1SE$	C	C	$1SL$
$1SL$	C	C	$1ML$	$1ME$	$2SE$	$2ML$	C
$1SE$	C	$2SE$	C	C	$2ME$	$2SL$	$1ML$

Fisher 指出，“比较氮肥类型 M 与 S 之间的差异、早期施肥和晚期施肥的差异以及施肥量的差异可归结为 32 个对照，这些对照仅受同一区组中不同地块土壤异质性的影响。采用单问题方法获得这些对照相同精度的估计，需要 224 块土地，而这里只用了 96 块。”其原因是因子试验中的每个观测都用于多个对照的估计。例如，假设两个设计中误差的方差都为 σ^2，为评估 M 相对于 S 的效应，考虑每个区组中处理（x，M，y）和（x，S，y）的观测的对照，这里（x，y）表示施肥量和施肥时机的一种水平组合。因此，八个区组中的每一个均有四个对照。这 32 个对照的平均表示 M 相对于 S 的效应的估计，这一估计的方差为 $2\sigma^2/32$。而在单问题方法中，通过比较除氮肥类型外其他因子水平均相同的处理对应的观测的均值来估计 M 相对于 S 的效应，例如（1，M，E）与（1，S，E）。类似地，增加处理（2，S，E）

可以估计施肥量1相对于施肥量2的效应，增加处理（2，S，L）可以估计施肥时机的效应。为了使这些估计的方差达到$\sigma^2/16$，这四个处理每个都需要重复32次，加上32块控制组试验，单问题方法至少需要160块试验田。

Fisher称这种现象为因子试验有更高的效率：以相同的精度进行比较，则只有一部分观测是必需的[24]。此外，除了各个因子之间的比较，因子试验还能够研究两个或多个因子之间的交互效应，他称其为更高的全面性。采用传统的单问题方法无法得到交互效应信息，或仅能在相当长的一段时间以及在理想条件下以相当大的代价获得。Fisher指出，同时考虑更多的因子可提供更广泛的归纳推理。

Yates与Fisher联合提出了有力的论据，令人信服地提出了在多个应用领域使用因子试验的观点[22,24,30]，但他们遭遇到强烈的抵抗和批评。文献［22］的讨论记录了这些批评中的一部分。著名统计学家Neyman在讨论中指出："……我倾向于认为，在如同Yates先生和其他发言人那样完全信任复杂试验之前，希望就其有效性提出进一步的证据。"他批评了将主效应（通过比较一个因子的两个不同水平的效应相对于其他因子的所有水平组合的平均值来表示）与简单效应（simple effects，通过比较一个因子的两个不同水平的效应相对于其他因子的特定水平组合的平均值来表示，为单问题方法所采用）相比，以及重复数不够带来的主效应和交互效应难以获得的问题。他以Wishart的批评作为他观点的总结（文献［22］的第241页）："……如果试验者倾向于相信没有麻烦的交互效应，从而相信复杂试验方法的优越性，我认为他有必要意识到这种方法是建立在信念的基础上的。此外，他应该意识到如果重复数太小，且大自然表现得轻浮而不像试验者所期待的那样，他的问卷可能会得到令人奇怪的答案。"另一个批评是多因子试验由于处理较多而需要使用大的区组，这可能导致区组内部试验单元差异的增大。在通过指出因子试验的更高效率，以及该方法依赖一系列试验而不是单个试验，以及混杂系统，来反对这些批评之前，Yates给出了如下一般性的评论（文献［22］的第243页）："对这些评论进行全面的调查立即得出一个令人感兴趣的事实。那些实际从事试验工作或与试验工作密切接触的发言者们对因子设计完全满意，而那些不怎么参与试验的发言者则对该方法提出了一些反对意见。如果因子设计真的如批评者们所说的那样不正确和不可靠，那么使用过该方法的人们应该能够从痛苦的经历和对该方法的反复考量中发现它的不足。但并非如此，因此我备受鼓舞，我相信这些批评的力量不如其他评论所表明的那样强大。"当然，历史已经证明因子设计取得了巨大的成就。

为进一步说明使用因子设计的理由，下面再看一个简单的案例。

例3.1

为了提高某化工产品的转换率，选择3个试验因子：生产温度A、生产时间B和某成分的含量C，每个因子取3个水平：

- $A_0=80℃$，$A_1=85℃$，$A_2=90℃$；
- $B_0=90\text{min}$，$B_1=120\text{min}$，$B_2=150\text{min}$；
- $C_0=5\%$，$C_1=6\%$，$C_2=7\%$。

如何安排这一试验呢？

单问题方法或**单因子试验轮换法**通过控制其余因子，依次研究一个因子的影响，从而将多因子试验化为多个单因子试验。作为演示，其可能的步骤如下：

步骤1. 固定 $B=B_0$，$C=C_0$，考察 A 的3个水平：(A_0, B_0, C_0)，(A_1, B_0, C_0)，(A_2, B_0, C_0)，假设结果表明处理 (A_2, B_0, C_0) 最好；

步骤2. 固定 $A=A_2$，$C=C_0$，考察 B 的3个水平：(A_2, B_0, C_0)，(A_2, B_1, C_0)，(A_2, B_2, C_0)，假设结果表明处理 (A_2, B_1, C_0) 为最好；

步骤3. 固定 $A=A_2$，$B=B_1$，考察 C 的3个水平：(A_2, B_1, C_0)，(A_2, B_1, C_1)，(A_2, B_1, C_2)，假设结果表明处理 (A_2, B_1, C_1) 最好；

步骤4. 固定 $B=B_1$，$C=C_1$，考察 A 的3个水平：(A_0, B_1, C_1)，(A_1, B_1, C_1)，(A_2, B_1, C_1)，假设结果表明处理 (A_2, B_1, C_1) 最好；

步骤5. 固定 $A=A_2$，$C=C_1$，变化 B：(A_2, B_0, C_1)，(A_2, B_1, C_1)，(A_2, B_2, C_1)，假设结果以处理 (A_2, B_1, C_1) 为最好，这时已有明朗的结论：(A_2, B_1, C_1) 为最佳处理。

上述过程一共进行了11次试验，如图3-1所示。从图中可以看到，该方法的缺陷是试验方案不均衡。以因子 C 为例，C_0 和 C_1 水平都进行了5次试验，而 C_2 水平仅进行了1次试验。在没有交互效应的情况下，单因子试验轮换法能够很快找到最佳处理；当因子之间有交互效应时，则可能辗转于各种单因子优化水平试验之中。

与单因子轮换法不同，Fisher 和 Yates 提倡的因子设计同时考虑所有试验因子，包括**全面实施**和**部分实施**两种试验策略。顾名思义，全面实施把全部处理当作试验点，相应的试验设计方法称为**完全因子设计**。本试验中共有27个处理，全面实施要求至少做27次试验，它们是图3-2中立方体内的27个点。从图中可以看出，即便每个处理只进行一次重复，每个因子的每个水平都进行了9次试验。在全面实施中，每个因子水平的重复次数等于处理重复次数与其余因子水平组合数的乘积，称这种重复为**隐性重复**（hidden replication）。正是这种隐性重复提高了 Fisher 和 Yates 所定义的效应的估计精度。

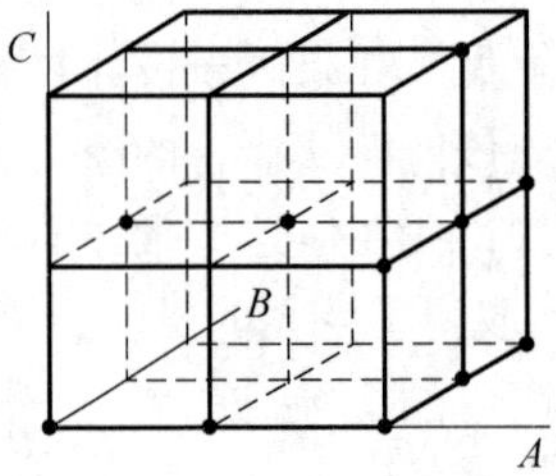

图3-1 因子轮换法试验点

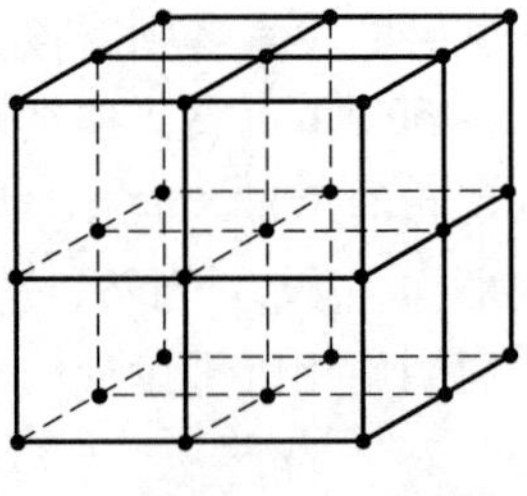

图3-2 3^3 全面实施的处理组合

全面实施获取的信息比较完整，当处理数目不太大时可以使用。当因子数增加或因子的水平数增加时，处理数将呈指数增长，使得无法实现全面实施。**部分因子设计**（fractional factorial design）从全部处理中挑选出部分有代表性的点来部分实施。图3-3所示是用正交表 $L_9(3^4)$ 安排的试验方案，在该方案下每个因子的每个水平都进行了3次试验。

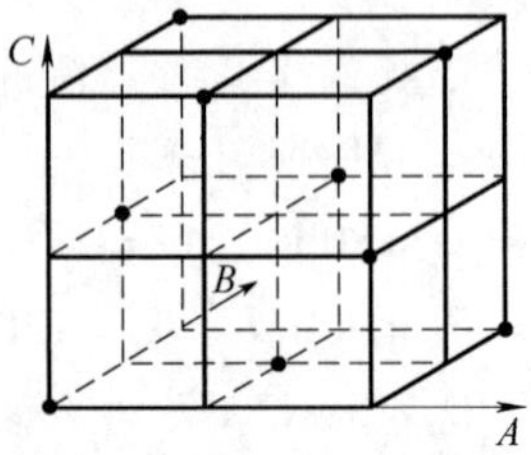

图3-3 利用正交表 $L_9(3^4)$ 前三列安排三因子试验

部分实施是在资源稀缺的条件下不得已而采用的办法，

它不可能获取全面实施那么多的信息。正如文献［31］第301页所指出的："部分实施是一个必须谨慎使用的工具，需要做出有技巧的选择以确保每一自由度的几个别名中仅有一个代表实际效应。"如何从诸多处理中挑选出部分具有代表性的试验点，是本章所关注的重点问题。

本章结构如下：3.1节介绍2^k因子试验的全面实施，在巩固方差分析法的同时，引出正交表的概念；3.2节介绍2^k因子试验的部分实施，重在理解混杂、别名、定义关系、分辨度等因子设计的核心思想；3.3节简单介绍3^k因子试验及其部分实施，推广和巩固2^k因子设计中的思想和方法；3.4节简单讨论一般的正交表及其使用方法。

3.1　2^k因子试验的全面实施

如果一个试验包含k个二水平因子，则其处理一共有2^k个，称这类试验为2^k因子试验。由于水平数少，2^k因子试验的试验次数可以控制在相对较少的范围内，这在实践中是一个很重要的优势。它在定性考察因子对响应的影响，以及筛选大量试验因子中有实质影响的因子的初级研究阶段具有广泛的应用。它的缺陷是对连续变化的定量因子考察不够，不能发掘因子与响应之间的非线性关系。

3.1.1　2^2设计与正交表$L_4(2^3)$

记2^2因子试验的两个因子为A和B，以符号"0"和"1"表示两个水平。如果因子的两个水平有高和低之分时，可以把"1"理解为高水平而把"0"理解为低水平，也可以反过来理解。根据Yates的记号[30]，分别以符号（1）、a、b和ab表示4个处理（0，0）、（1，0）、（0，1）和（1，1），规则是当代表因子的字母出现时，该因子水平取1，否则取0，例如（1）表示处理（0，0）。有的文献中以（1）表示处理（1，1）而以ab表示处理（0，0），这会带来一系列符号的不同，但不会造成本质上的区别。

设每个处理重复m次试验，以y_{ijk}表示处理（i，j）的第k次重复试验的响应值。则2^2试验的固定效应模型为

$$\begin{cases} y_{ijk}=\mu+\tau_i+\beta_j+(\tau\beta)_{ij}+\varepsilon_{ijk},\varepsilon_{ijk}\sim_{\text{i.i.d.}}N(0,\sigma^2) \\ i=0,1;j=0,1;k=1,2,\cdots,m \\ \tau_0+\tau_1=0,\beta_0+\beta_1=0 \\ (\tau\beta)_{00}+(\tau\beta)_{01}=(\tau\beta)_{10}+(\tau\beta)_{11}=0 \\ (\tau\beta)_{00}+(\tau\beta)_{10}=(\tau\beta)_{01}+(\tau\beta)_{11}=0 \end{cases} \tag{3.1}$$

它是双因子试验固定效应模型的特例，它的方差分析与参数估计可参考2.4节。

2^2因子试验有两个主效应和一个交互效应，根据2.4节中关于自由度的知识，它们的自由度均为1，因此可以用一个独立的参数来表示这些效应。

定义3.1　2^2因子试验中，称$\tau\overset{\text{def}}{=}\tau_1-\tau_0$为因子$A$的**主效应**，表示$A$的水平变动对响应的影响；称$\beta\overset{\text{def}}{=}\beta_1-\beta_0$为因子$B$的**主效应**，表示$B$的水平变动对响应的影响；称

$$\tau\beta \overset{\text{def}}{=\!=} \frac{1}{2}[(\tau\beta)_{11}-(\tau\beta)_{01}-(\tau\beta)_{10}+(\tau\beta)_{00}]$$

为因子 A 与因子 B 的**交互效应**，表示因子 B 固定在 1 水平时 A 的水平变动对响应的影响与因子 B 固定在 0 水平时 A 的变动对响应的影响之差的一半。

注意到模型（3.1）中除 μ 和 σ^2 外，互相独立的参数只有 3 个，恰好与这里定义的 3 个效应对应。也就是说，如果得到了效应的估计，就可以由这些估计计算出模型（3.1）中除 μ 和 σ^2 以外的所有参数；反之，如果得到了模型（3.1）中参数的估计，也可根据这些估计计算出效应。

下面讨论诸效应的估计。根据式（2.21），我们知道

$$A \overset{\text{def}}{=\!=} \hat{\tau}_1-\hat{\tau}_0=\frac{y_{1\cdot\cdot}}{2m}-\frac{y_{0\cdot\cdot}}{2m}=\frac{1}{2m}(-y_{00\cdot}-y_{01\cdot}+y_{10\cdot}+y_{11\cdot})$$

$$B \overset{\text{def}}{=\!=} \hat{\beta}_1-\hat{\beta}_0=\frac{y_{\cdot 1\cdot}}{2m}-\frac{y_{\cdot 0\cdot}}{2m}=\frac{1}{2m}(-y_{00\cdot}+y_{01\cdot}-y_{10\cdot}+y_{11\cdot})$$

$$AB \overset{\text{def}}{=\!=} \frac{1}{2}[\widehat{(\tau\beta)}_{11}-\widehat{(\tau\beta)}_{01}-\widehat{(\tau\beta)}_{10}+\widehat{(\tau\beta)}_{00}]=\frac{1}{2m}(y_{00\cdot}-y_{01\cdot}-y_{10\cdot}+y_{11\cdot})$$

分别为三个效应的无偏估计。为方便起见，以处理记号（1）、a、b 和 ab 分别表示相应处理处试验数据的总和，即 $y_{00\cdot}$、$y_{10\cdot}$、$y_{01\cdot}$ 和 $y_{11\cdot}$，则诸效应的估计可写成

$$\begin{cases} A=\dfrac{1}{2m}[-(1)-b+a+ab] \\ B=\dfrac{1}{2m}[-(1)+b-a+ab] \\ AB=\dfrac{1}{2m}[(1)-b-a+ab] \end{cases} \tag{3.2}$$

显然，它们是三个互相正交的对照。根据对照平方和的定义，它们的平方和分别为

$$\begin{cases} SS_A=\dfrac{1}{4m}[-(1)-b+a+ab]^2 \\ SS_B=\dfrac{1}{4m}[-(1)+b-a+ab]^2 \\ SS_{AB}=\dfrac{1}{4m}[(1)-b-a+ab]^2 \end{cases}$$

利用它们可以检验两个因子主效应和一个二因子交互效应的显著性，参考 2.3 节。

为方便起见，将计算诸效应估计量的系数符号列成表，得到表 3-2。该表的 A 列和 B 列可用于安排 2^2 因子试验，三列均可用于分析 2^2 因子试验的数据。

表 3-2　2^2 设计对照系数符号表

处理组合	A	B	AB
(1)	−	−	+
b	−	+	−
a	+	−	−
ab	+	+	+

表3-2中，第一列前半部分全为“-”，后半部分全为“+”，称为**二分列**；类似地，称第二列为**四分列**。表3-2中，每列“+”号与“-”号的出现的次数相等；任何两列组成四组不同的符号对，其出现的次数相等。我们称它为正交表 $L_4(2^3)$：L 表示正交表，2代表正交表中不同水平数，4表示表的行数，3表示表的列数。一般地，

定义 3.2 称由一些符号组成的矩阵为**正交表**（orthogonal table），如果任意两列中同行符号构成的若干符号对包含所有的组合且出现的次数相等。

根据定义，马上可得到正交表的三个基本性质：

1）任意一列中不同符号出现的次数相等。

2）从一张正交表中挑选出部分列组成的子表依然是正交表。

3）改变正交表行的次序或列的次序得到的新表还是正交表。

除这三条基本性质外，表3-2还满足以下性质：

4）任意两列对应符号相乘得出另一列，且任一列均可由其余两列对应符号相乘得到。例如 $A\times B=AB$，$A\times AB=B$。

这一性质有两层含义：任何两列的交互效应列是另一列，表 $L_4(2^3)$ 是完备正交表。在行数不变的情况下，完备的正交表不能增加新的列使之成为更大的正交表。

3.1.2 2^3设计与正交表 $L_8(2^7)$

设2^3设计的3个因子为 A、B、C，以“1”和“0”分别表示因子的两个水平。试验需要考察三个主效应、三个二因子交互效应和一个三因子交互效应。全部处理共8个：

$$(0,0,0),(0,0,1),(0,1,0),(0,1,1),(1,0,0),(1,0,1),(1,1,0),(1,1,1).$$

设每个处理重复 m 次试验，以y_{ijkl}表示处理（i，j，k）的第 l 次重复试验的结果，则2^3因子试验的固定效应模型为

$$\begin{cases} y_{ijkl}=\mu+\tau_i+\beta_j+\gamma_k+(\tau\beta)_{ij}+(\tau\gamma)_{ik}+(\beta\gamma)_{jk}+(\tau\beta\gamma)_{ijk}+\varepsilon_{ijkl} \\ \varepsilon_{ijkl}\sim_{\text{i. i. d.}}N(0,\sigma^2),i=0,1,j=0,1,k=0,1,l=1,2,\cdots,m \\ \tau_0+\tau_1=\beta_0+\beta_1=\gamma_0+\gamma_1=0 \\ (\tau\beta)_{i0}+(\tau\beta)_{i1}=(\tau\gamma)_{i0}+(\tau\gamma)_{i1}=0,i=0,1 \\ (\tau\beta)_{0j}+(\tau\beta)_{1j}=(\beta\gamma)_{j0}+(\beta\gamma)_{j1}=0,j=0,1 \\ (\tau\gamma)_{0k}+(\tau\gamma)_{1k}=(\beta\gamma)_{0k}+(\beta\gamma)_{1k}=0,k=0,1 \\ (\tau\beta\gamma)_{0jk}+(\tau\beta\gamma)_{1jk}=0,j=0,1,k=0,1 \\ (\tau\beta\gamma)_{i0k}+(\tau\beta\gamma)_{i1k}=0,i=0,1,k=0,1 \\ (\tau\beta\gamma)_{ij0}+(\tau\beta\gamma)_{ij1}=0,i=0,1,j=0,1 \end{cases} \tag{3.3}$$

与2^2设计类似，由于因子主效应和交互效应的自由度均为1，可以将它们概括为一个效应参数：

定义 3.3 2^3 因子试验中，称 $\tau\overset{\text{def}}{=\!=}\tau_1-\tau_0$为因子 A 的主效应，其估计量记作 A；称 $\beta\overset{\text{def}}{=\!=}\beta_1-\beta_0$为因子 B 的主效应，其估计量记作 B；称 $\gamma\overset{\text{def}}{=\!=}\gamma_1-\gamma_0$为因子 C 的主效应，其估计量记作 C；称

$$\tau\beta\overset{\text{def}}{=\!=}\frac{1}{2}[(\tau\beta)_{11}-(\tau\beta)_{10}-(\tau\beta)_{01}+(\tau\beta)_{00}]$$

为因子 A 与 B 的交互效应，其估计量记作 AB；称

$$\tau\gamma \stackrel{\text{def}}{=} \frac{1}{2}[(\tau\gamma)_{11}-(\tau\gamma)_{10}-(\tau\gamma)_{01}+(\tau\gamma)_{00}]$$

为因子 A 与 C 的交互效应，其估计量记作 AC；称

$$\beta\gamma \stackrel{\text{def}}{=} \frac{1}{2}[(\beta\gamma)_{11}-(\beta\gamma)_{10}-(\beta\gamma)_{01}+(\beta\gamma)_{00}]$$

为因子 B 与 C 的交互效应，其估计量记作 BC；称

$$\tau\beta\gamma \stackrel{\text{def}}{=} \frac{1}{2}\left\{\frac{1}{2}[(\tau\beta\gamma)_{111}-(\tau\beta\gamma)_{011}-(\tau\beta\gamma)_{101}+(\tau\beta\gamma)_{001}]-\frac{1}{2}[(\tau\beta\gamma)_{110}-(\tau\beta\gamma)_{010}-(\tau\beta\gamma)_{100}+(\tau\beta\gamma)_{000}]\right\}$$

为因子 A、B、C 的交互效应，表示 C 固定在水平 1 时 A、B 的交互效应与 C 固定在水平 0 时的 A、B 的交互效应之差的一半，它的估计量记作 ABC。

需要指出的是，由于在 2^k 因子设计中诸效应的自由度均为 1，因此此处以 AB 代替 $A\times B$ 表示二因子交互效应、以 ABC 代替 $A\times B\times C$ 表示三因子交互效应，不会引起混淆。

如果各试验点上 m 个观察值的总和 $y_{000\cdot}$、$y_{100\cdot}$、$y_{010\cdot}$、$y_{110\cdot}$、$y_{001\cdot}$、$y_{101\cdot}$、$y_{011\cdot}$、$y_{111\cdot}$ 分别用处理记号（1）、a、b、ab、c、ac、bc、abc 表示，主效应和交互效应的无偏估计可用符号表示为

$$A^{\alpha}B^{\beta}C^{\gamma}=\frac{1}{4m}[a+(-1)^{\alpha}][b+(-1)^{\beta}][c+(-1)^{\gamma}]$$

当相应因子包含在效应中时，幂指数取 1，否则取 0。右侧按代数运算展开后，以（1）代替 1。例如，二因子交互效应 AC 中，$\alpha=\gamma=1$，$\beta=0$，因此

$$AC=\frac{1}{4m}(a-1)(b+1)(c-1)=\frac{1}{4m}[abc-bc+ac-ab-a+b-c+(1)].$$

在模型（3.3）的假设下，可以验证上式是 AC 的无偏估计。由此可得到各效应的估计为

$$\begin{cases} A=\dfrac{1}{4m}[-(1)-c-b-bc+a+ac+ab+abc] \\ B=\dfrac{1}{4m}[-(1)-c+b+bc-a-ac+ab+abc] \\ C=\dfrac{1}{4m}[-(1)+c-b+bc-a+ac-ab+abc] \\ AB=\dfrac{1}{4m}[+(1)+c-b-bc-a-ac+ab+abc] \\ AC=\dfrac{1}{4m}[+(1)-c+b-bc-a+ac-ab+abc] \\ BC=\dfrac{1}{4m}[+(1)-c-b+bc+a-ac-ab+abc] \\ ABC=\dfrac{1}{4m}[-(1)+c+b-bc+a-ac-ab+abc] \end{cases} \tag{3.4}$$

因子 A 的主效应的估计可理解为：当 B 和 C 处于组合（0，0）时，A 的效应的估计为 $(a-(1))/m$；当 B 和 C 处于组合（0，1）时，A 的效应的估计为 $(ac-c)/m$；当 B 和 C

处于组合（1，0）时，A 的效应的估计为 $(ab-b)/m$；当 B 和 C 处于组合（1，1）时，A 的效应的估计为 $(abc-bc)/m$；而因子 A 的主效应的估计恰为这四个效应估计的平均值。也可将 A 的主效应理解为图 3-4 所示的第一幅子图中左面 4 个处理与右面 4 个处理之间的对照。B 和 C 的主效应的估计可以同样的方法理解。

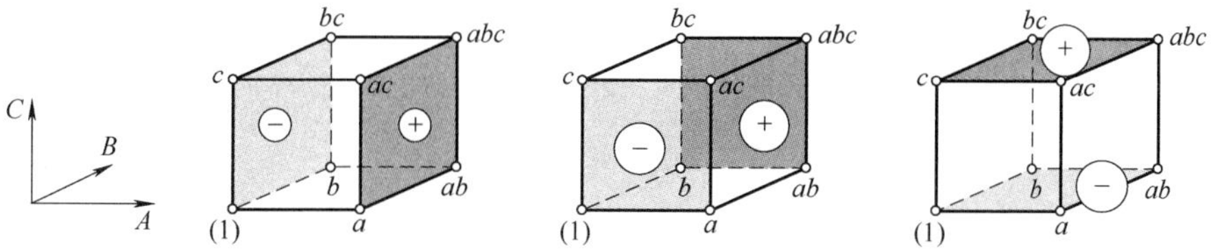

图 3-4　2^3 设计中主效应的对照的几何表示

交互效应 AB 的估计可理解为当 B 取水平 1 时 A 的平均效应

$$\frac{1}{2m}[(abc-bc)+(ab-b)]$$

与 B 取水平 0 时 A 的平均效应

$$\frac{1}{2m}[(ac-c)+(a-(1))]$$

的差的一半，也可理解为

$$AB=\frac{abc+ab+c+(1)}{4m}-\frac{bc+ac+b+a}{4m}$$

即图 3-5 第一幅子图中两个平面上处理的对照。同理可参考图 3-6 来理解三因子交互效应 ABC。

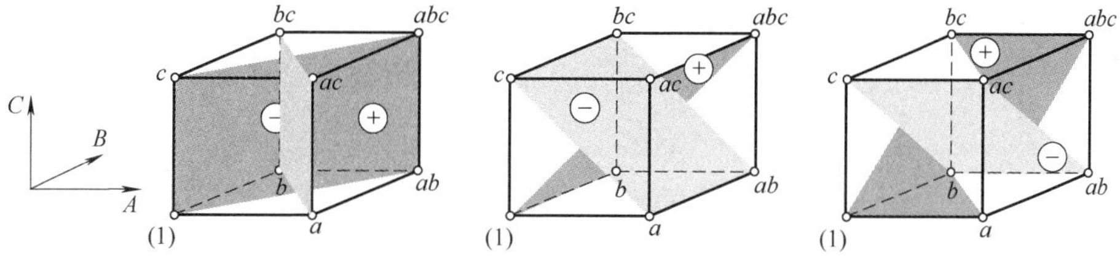

图 3-5　2^3 设计中二因子交互效应的对照的几何表示

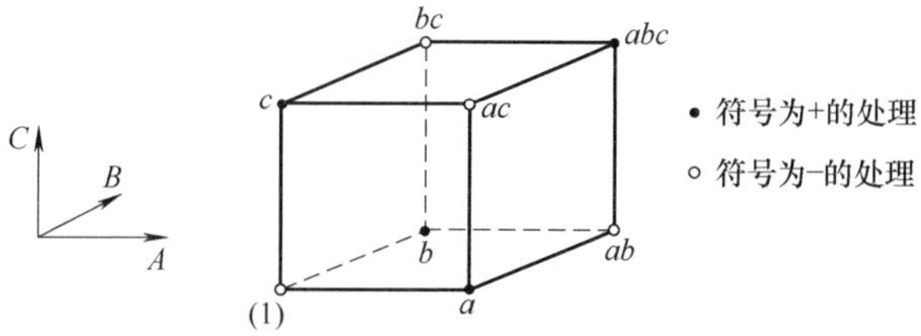

图 3-6　2^3 设计中三因子交互效应的对照的几何表示

式（3.4）给出的七个效应的估计构成七个互相正交的对照。利用对照平方和的计算公式可以得到这些效应的平方和计算公式，它们的和恰为八个处理的偏差平方和。利用相应对照的偏差平方和可以检验每一个效应的显著性，参考2.3节。

将式（3.4）中诸效应的对照的系数的符号列成表，得到表3-3，它是一张正交表，记作 $L_8(2^7)$。

表3-3　2^3 设计计算效应对照系数符号表

处理组合	A	B	AB	C	AC	BC	ABC
(1)	−	−	+	−	+	+	−
c	−	−	+	+	−	−	+
b	−	+	−	−	+	−	+
bc	−	+	−	+	−	+	−
a	+	−	−	−	−	+	+
ac	+	−	−	+	+	−	−
ab	+	+	+	−	−	−	−
abc	+	+	+	+	+	+	+

除了满足正交表的定义外，表3-3还具有以下特点：

1）A 列为**二分列**，B 列称为**四分列**，C 列称为**八分列**。

2）任何两列符号乘积之和为0，这既体现了正交表的正交性，又体现了七个对照 A、B、C、AB、AC、BC、ABC 的正交性。

3）任意两列对应位置符号相乘，得出表中的某一列，且表中任何一列均可由其余两列对应符号相乘得到，即表 $L_8(2^7)$ 是完备正交表。

可由其他两列运算得到的列称为那两列的交互效应列，如 A 列和 B 列的交互效应列是 AB 列，BC 和 ABC 列的交互效应列是 A 列。表3-4给出了正交表 $L_8(2^7)$ 的全部交互效应关系。

表3-4　正交表 $L_8(2^7)$ 的任意两列的交互效应

1	2	3	4	5	6	7	列号
	3	2	5	4	7	6	1
		1	6	7	4	5	2
			7	6	5	4	3
				1	2	3	4
					3	2	5
						1	6

用表3-3来安排试验方案，每列均安排一个二水平因子，则置换表中的行改变了试验次序而没有改变试验方案；把表中某列的“+”和“−”互换，也没有改变表3-3的结构。一般地，

➢ **行置换不变性**：正交表的任意两行可以互相置换，即试验的次序可以自由选择。

➢ **列置换不变性**：正交表的任意两列可以互相置换。

➢ **水平置换不变性**：正交表每一列中的水平可以互相置换，即因子的水平可以自由安排。

由此可见，**正交表$L_8(2^7)$并不唯一**，可以通过行列置换和水平置换变出许多$L_8(2^7)$。例如，首先把表3-3中二因子交互效应列的符号“+”和“-”互换，然后分别以“1”和“0”替换“+”和“-”，得到表3-5，它还是正交表$L_8(2^7)$。虽然可以变换出很多的正交表$L_8(2^7)$，但文献中一般采用表3-3或表3-5作为正交表$L_8(2^7)$，因为这两张表的构造方法和交互效应关系都比较清楚。

表3-5　正交表$L_8(2^7)$

序号	A	B	AB	C	AC	BC	ABC
1	0	0	0	0	0	0	0
2	0	0	0	1	1	1	1
3	0	1	1	0	0	1	1
4	0	1	1	1	1	0	0
5	1	0	1	0	1	0	1
6	1	0	1	1	0	1	0
7	1	1	0	0	1	1	0
8	1	1	0	1	0	0	1

定义3.4　称两张正交表**等价**，如果对其中一张表进行适当的行置换和列置换可以得到另一张表；称两张正交表**同构**，如果对其中一张表进行适当的行置换、列置换和水平置换可以得到另一张表。

和正交表$L_4(2^3)$一样，正交表$L_8(2^7)$也是通过诸效应的对照系数的符号引入的。观察表3-3，它还可以通过以下方式构造：

第一步：　构造二分列A，它的前四个元素为“-”，后四个元素为“+”。

第二步：　构造四分列B，并利用对应元素的乘法运算构造B与它前面的列A的交互效应列AB。

第三步：　构造八分列C，并利用对应元素的乘法运算依次构造C与它前面的A列、B列和AB列的交互效应列AC列、BC列和ABC列。

类似地，表3-5可以通过以下方式构造：

第一步：　构造二分列A，它的前四个元素为“0”，后四个元素为“1”。

第二步：　构造四分列B，并利用对应元素的模2加法运算构造B与它前面的列A的交互效应列AB。

第三步：　构造八分列C，并利用对应元素的模2加法运算依次构造C与它前面的A列、B列和AB列的交互效应列AC列、BC列和ABC列。

表3-5中的A列、B列和C列中的符号恰好构成2^3设计的全面实施，因此可用它来安排

试验。与表3-3一样，它还可用来计算诸效应的平方和，下面以一个例子来说明如何利用表3-5进行2^3设计的方差分析。

例3.2

现有某空战仿真推演系统，输出结果为红方获胜的概率。为了分析影响作战结果的主要因子，考虑如下三个二水平因子：

- A 为红方作战方案：A_0表示方案一，A_1表示方案二。
- B 为红方空空导弹能力：B_0表示未来力量，B_1表示现代力量。
- C 为红方近程弹道导弹力量：C_0表示基本力量，C_1表示大规模力量。

这是一个2^3因子的试验，用正交表$L_8(2^7)$来安排试验。因子A、B和C分别放在第一列、第二列和第四列，其余各列为这些列的交互效应列，方案如表3-6所示。

表3-6　三因子空战仿真试验方案

列　号	1	2	3	4	5	6	7
因　子	A	B	AB	C	AC	BC	ABC

换算成实际的水平，得到试验方案如表3-7所示。

表3-7　三因子空战仿真试验方案

试　验　号	$A(1)$	$B(2)$	$C(4)$
1	方案一	未来力量	基本力量
2	方案一	未来力量	大规模力量
3	方案一	现代力量	基本力量
4	方案一	现代力量	大规模力量
5	方案二	未来力量	基本力量
6	方案二	未来力量	大规模力量
7	方案二	现代力量	基本力量
8	方案二	现代力量	大规模力量

8次试验结果列于表3-8中。表中T_0行的数字表示相应列中水平为0的行对应的试验结果之和，T_1行的数字表示相应列中水平为1的行对应的试验结果之和，T表示所有试验结果之和；m_0行的数字表示相应列中水平为0的行对应的试验结果的平均值，m_1行的数字表示相应列中水平为1的行对应的试验结果的平均值。定义第i列的**极差**为

$$R_i \overset{\text{def}}{=\!=} \max\{m_i\} - \min\{m_i\}$$

在2^k因子试验中，极差是效应估计的绝对值，可用来衡量诸效应之间的主次关系，越大表明相应的效应越大：$C > AC > B > ABC > A = AB = BC$。

注意，主效应和奇数阶交互效应的估计为$m_1 - m_0$，而偶数阶交互效应的估计则为$m_0 - m_1$。消除这种不一致性，需要对水平记号、效应以及处理记号三者的定义做适当的调整，可以参考文献［3］中的定义。由于在实际操作中低水平和高水平可以互换，在2^k因子设计中效

应的绝对值比符号更重要，因而人们更重视极差的使用。如果需要计算效应的估计，为保证符号不出错，可采用后面将介绍的式（3.5），或采用以“+”“-”号作为水平记号的正交表。

表 3-8 空战仿真结果和计算

试验号	$A(1)$	$B(2)$	$AB(3)$	$C(4)$	$AC(5)$	$BC(6)$	$ABC(7)$	红方获胜概率
1	0	0	0	0	0	0	0	0.30
2	0	0	0	1	1	1	1	0.35
3	0	1	1	0	0	1	1	0.20
4	0	1	1	1	1	0	0	0.30
5	1	0	1	0	1	0	1	0.15
6	1	0	1	1	0	1	0	0.50
7	1	1	0	0	1	1	0	0.15
8	1	1	0	1	0	0	1	0.40
T_0	1.15	1.30	1.20	0.80	1.40	1.15	1.25	$T=2.35$
T_1	1.20	1.05	1.15	1.55	0.95	1.20	1.10	
m_0	0.2875	0.3250	0.3000	0.2000	0.3500	0.2875	0.3125	
m_1	0.3000	0.2625	0.2875	0.3875	0.2375	0.3000	0.2750	
R	0.0125	0.0625	0.0125	0.1875	0.1125	0.0125	0.0375	

有两种方式计算各列的偏差平方和，一种是采用对照偏差平方和公式：

$$SS_A=\frac{1}{8}(T_{A_1}-T_{A_0})^2=\frac{1}{8}(1.20-1.15)^2=0.0003125$$

另一种方式是利用公式

$$SS_A=\frac{T_{A_0}^2+T_{A_1}^2}{4}-\frac{T^2}{8}=\frac{1.15^2+1.20^2}{4}-\frac{2.35^2}{8}=0.0003125$$

容易验证这两种方式本质上是一样的。其余偏差平方和也可以类似地计算，例如，

$$SS_{AB}=\frac{T_{(AB)_0}^2+T_{(AB)_1}^2}{4}-\frac{T^2}{8}=\frac{1.20^2+1.15^2}{4}-\frac{2.35^2}{8}=0.0003125$$

由于试验没有重复，误差的自由度为0，无法做方差分析。从极差来看，效应 A、AB、BC 和 ABC 都不显著，我们把它们的平方和作为误差平方和，得到方差分析表3-9。

表 3-9 空战仿真试验方差分析

方差来源	自由度	平方和	均方	F值	p值
B	1	0.0078125	0.0078125	8.33	0.0447
C	1	0.0703125	0.0703125	75.00	0.0010
AC	1	0.0253125	0.0253125	27.00	0.0065
误差	4	0.0037500	0.0009375		
A	1	0.0003125			
AB	1	0.0003125			
BC	1	0.0003125			
ABC	1	0.0028125			
总和	7	0.1071825			

注意，对于二水平试验来说，使用互相等价或同构的正交表分析数据所得到的结果完全一致。读者可以以上述案例为例，改变表的行列次序，并进行列的水平置换后，保持各处理下试验结果不变，进行数据分析，以验证这一结论。

3.1.3 2^k设计与正交表 $L_{2^k}(2^{2^k-1})$

2^2设计和2^3设计的方法可以类推到一般的2^k设计的情形，它包含 k 个二水平因子，k 个主效应，C_k^2个二因子交互效应，C_k^3个三因子交互效应，…，以及 1 个 k 因子交互效应，一共有

$$C_k^1 + C_k^2 + \cdots + C_k^k = 2^k - 1$$

个效应。每个效应的自由度均为 1。如果每个处理重复 m 次，则总自由度为$2^k m - 1$，误差自由度为$2^k m - 1 - 2^k + 1 = 2^k(m-1)$。

2^k设计的处理是 k 维空间中顶点坐标用 0 或者 1 表示的立方体的2^k个顶点。2^2和2^3设计的处理记号可类推到此处，按照标准顺序写出处理的记号：首先写上（1），然后从后往前依次引入试验因子，每引入一个新的因子，就依次和已引入的因子组合。例如，2^4设计处理记号的标准顺序是

$$(1), d, c, cd, b, bd, bc, bcd, a, ad, ac, acd, ab, abd, abc, abcd$$

共$2^4 = 16$ 个处理记号。每一项中出现了的字母表示相应试验因子取 1 水平，否则取 0 水平。例如，ab 表示处理（1，1，0，0），即因子 A 和 B 取水平 1，而因子 C 和 D 取水平 0。

任意效应的无偏估计可以按照下式确定：

$$A^{\alpha_1} B^{\alpha_2} \cdots K^{\alpha_k} = \frac{1}{2^{k-1} m} [a + (-1)^{\alpha_1}][b + (-1)^{\alpha_2}] \cdots [k + (-1)^{\alpha_k}] \tag{3.5}$$

当相应因子包含在效应中时，幂指数为 1，否则为 0。右侧按代数方法展开后，以（1）代替 1，每一字母组合表示对应处理处 m 次试验观察值的总和。例如，可按如下方式计算2^3设计中因子 A 与 C 的交互效应的估计：

$$AC = \frac{1}{2^{3-1} m}(a-1)(b+1)(c-1) = \frac{1}{4m}[abc - ab + ac - a - bc + b - c + (1)]$$

根据对照平方和的计算公式，诸效应的平方和为

$$SS_{A^{\alpha_1} B^{\alpha_2} \cdots K^{\alpha_k}} = \frac{1}{2^k m}\{[a + (-1)^{\alpha_1}][b + (-1)^{\alpha_2}] \cdots [k + (-1)^{\alpha_k}]\}^2 \tag{3.6}$$

2^k试验的设计与数据分析都可以借助正交表$L_{2^k}(2^{2^k-1})$进行。与2^3设计类似，正交表$L_{2^k}(2^{2^k-1})$也有两种构造方法：利用诸效应的对照系数和利用列名运算。

1）利用效应的对照系数构造正交表$L_{2^k}(2^{2^k-1})$。根据式（3.5）得到所有对照的系数符号，然后列出表格就可得到正交表$L_{2^k}(2^{2^k-1})$。根据定义 3.4 可知，正交表的行列次序不重要，我们推荐按照如下方式排列：

➢ 列的次序（即表头）按字母正序排，首先引入 A，其后每引入一个字母，就依次引入它与前面各列的交互效应列；

➢ 行的次序按字母反序排，首先引入（1），每引入一个新的因子，就依次和前面已引入的因子组合。

以$L_{16}(2^{15})$为例，表头按照字母正序排列

$$A, B, AB, C, AC, BC, ABC, D, AD, BD, ABD, CD, ACD, BCD, ABCD$$

行按照字母反序排列

$$(1), d, c, cd, b, bd, bc, bcd, a, ad, ac, acd, ab, abd, abc, abcd$$

每列中的水平由相应对照的符号确定，例如，A 列的水平由展开式

$$(a-1)(b+1)(c+1)(d+1) = -(1) - d - c - cd - b - bd - bc - cbd + a + ad + ac + acd + ab + abd + abc + acbd$$

的符号确定，它恰为二分列 $A=[-,-,-,-,-,-,-,-,+,+,+,+,+,+,+,+]^{T}$。

2）利用列名运算构造正交表$L_{2^k}(2^{2^k-1})$。按照基本列和交互效应列的次序依次构造，其步骤如下：

第一步：	构造二分列，该列的前2^{k-1}行置水平 0，后2^{k-1}行置水平 1，列名记为 A。
第二步：	构造四分列，将二分列的前后两部分再次二分，列名记为 B；然后利用模 2 加法运算依次得到四分列与 A 列的交互效应列，列名记为 AB。
⋮	以此类推。
第 *k* 步：	构造2^k分列，该列的各行按照 0，1，0，1，…的次序交替安排，列名记为 K，并利用模 2 加法运算依次得到2^k分列与前面各列的交互效应列 AK，BK，ABK，…。

其中，二分列、四分列、…、2^k分列统称为**基本列**。

根据交互效应列的运算规则，可归纳出正交表$L_{2^k}(2^{2^k-1})$ 的列名运算规则：**首先按照代数运算化简，然后将幂指数按照模 2 运算化简**。例如，

$$ABC \times BC = AB^2C^2 = AB^0C^0 = A$$

表明 ABC 列和 BC 列的交互效应列为 A 列。按照这种运算规则，可以很方便地得出任意两列的交互效应列。$L_{2^k}(2^{2^k-1})$ 型正交表的构造过程保证了它是完备的。

正交表$L_{2^k}(2^{2^k-1})$ 既可用于安排试验方案，又可用来分析试验数据。以$L_{16}(2^{15})$ 为例，首先按照第二种方法构造正交表：

第一步：	构造二分列，$A=[0,0,0,0,0,0,0,0,1,1,1,1,1,1,1,1]^{T}$；
第二步：	构造四分列，$B=[0,0,0,0,1,1,1,1,0,0,0,0,1,1,1,1]^{T}$，并按照模 2 加法运算得到交互效应列 $AB=[0,0,0,0,1,1,1,1,1,1,1,1,0,0,0,0]^{T}$；
第三步：	构造八分列，$C=[0,0,1,1,0,0,1,1,0,0,1,1,0,0,1,1]^{T}$，并按照模 2 加法运算得到交互效应列 $AC=[0,0,1,1,0,0,1,1,1,1,0,0,1,1,0,0]^{T}$，$BC=[0,0,1,1,1,1,0,0,0,0,1,1,1,1,0,0]^{T}$，$ABC=[0,0,1,1,1,1,0,0,1,1,0,0,0,0,1,1]^{T}$。
第四步：	构造十六分列 $D=[0,1,0,1,0,1,0,1,0,1,0,1,0,1,0,1]^{T}$，并按照模 2 加法运算得到交互效应列 AD，BD，ABD，CD，ACD，BCD，$ABCD$，见表 3-10。

试验方案是由四个基本列 A、B、C、D 确定的2^4设计的全面实施。

表 3-10 利用正交表$L_{16}(2^{15})$设计和分析试验

列号	A	B	AB	C	AC	BC	ABC	D	…	试验结果
1	0	0	0	0	0	0	0	0	…	$(1)=y_{0000\cdot}$
2	0	0	0	0	0	0	0	1	…	$d=y_{0001\cdot}$
3	0	0	0	1	1	1	1	0	…	$c=y_{0010\cdot}$
4	0	0	0	1	1	1	1	1	…	$cd=y_{0011\cdot}$
5	0	1	1	0	0	1	1	0	…	$b=y_{0100\cdot}$
6	0	1	1	0	0	1	1	1	…	$bd=y_{0101\cdot}$
7	0	1	1	1	1	0	0	0	…	$bc=y_{0110\cdot}$
8	0	1	1	1	1	0	0	1	…	$bcd=y_{0111\cdot}$
9	1	0	1	0	1	0	1	0	…	$a=y_{1000\cdot}$
10	1	0	1	0	1	0	1	1	…	$ad=y_{1001\cdot}$
11	1	0	1	1	0	1	0	0	…	$ac=y_{1010\cdot}$
12	1	0	1	1	0	1	0	1	…	$acd=y_{1011\cdot}$
13	1	1	0	0	1	1	0	0	…	$ab=y_{1100\cdot}$
14	1	1	0	0	1	1	0	1	…	$abd=y_{1101\cdot}$
15	1	1	0	1	0	0	1	0	…	$abc=y_{1110\cdot}$
16	1	1	0	1	0	0	1	1	…	$abcd=y_{1111\cdot}$
T_0	T_{A_0}	T_{B_0}	$T_{(AB)_0}$	T_{C_0}	$T_{(AC)_0}$	$T_{(BC)_0}$	$T_{(ABC)_0}$	T_{D_0}	…	$T=y_{\cdots\cdots}$
T_1	T_{A_1}	T_{B_1}	$T_{(AB)_1}$	T_{C_1}	$T_{(AC)_1}$	$T_{(BC)_1}$	$T_{(ABC)_1}$	T_{D_1}	…	

诸效应的估计和平方和可利用相应的对照来计算。不过，在正交表中一般使用下述平方和计算公式：

$$SS_{AB\cdots K}=\frac{T_{(AB\cdots K)_0}^2+T_{(AB\cdots K)_1}^2}{2^{k-1}m}-\frac{T^2}{2^k m}$$

其中，T 表示所有试验数据之和，$T_{(AB\cdots K)_0}$表示 $AB\cdots K$ 列中水平为 0 对应的数据之和，$T_{(AB\cdots K)_1}$表示 $AB\cdots K$ 列中水平为 1 对应的数据之和。

3.2 2^k 因子试验的部分实施

2^k因子试验包含2^k个处理，全面实施能够估计所有的效应。但当 k 增加时，所需的试验次数呈指数增加，以致超出试验者所拥有的资源。例如，一个2^6因子试验的全面实施需要 64 次试验，其 63 个自由度中仅有 6 个与主效应对应，仅有 15 个与二因子交互效应对应，其余 42 个自由度与三阶或更高阶交互效应对应。在实际问题中，高阶交互效应一般可忽略不计，甚至部分二因子交互效应也可忽略不计。因此只需采用2^k因子试验的部分实施。当经验能够确定某些高阶交互效应可以忽略时，试验设计就要解决如何采用一个试验次数较少的部分实施来估计感兴趣的效应的问题。

部分实施的基本思想是 Fisher 和 Yates 为论证无重复全面实施的合理性而提出的，即高阶交互效应通常不感兴趣且通常很小。Finney 给出了构建2^k因子试验部分实施的过程[31]，提供了基于不同假设使用全部因子组合的不同部分的可能性。这使得因子设计更加实用，逐渐由农业领域推广到工业和制造业中。

3.2.1　效应混杂与别名

为了说明效应混杂与别名的概念，考虑一个由 3 个二水平因子组成的2^3因子试验，该试验共包含 8 个处理，全面实施能够估计 3 个因子主效应、3 个二因子交互效应和 1 个三因子交互效应。但受资源限制，试验者不能承担全部的 8 个试验。当经验告诉我们 4 个交互效应都不显著时，可以减少试验次数，用较小的正交表$L_4(2^3)$安排试验，得到表 3-11 所示的方案。它的 4 个试验点对应 4 个处理：（0，0，0），（0，1，1），（1，0，1）和（1，1，0）。这个设计只做2^3设计中的一半试验，称它为2^3设计的 1/2 实施，或2^{3-1}设计。

表 3-11　2^3设计的 1/2 实施方案

列　　名	A	B	AB
因　　子	A	B	C

$L_4(2^3)$中的第三列原来是用于估计交互效应 AB 的，安排因子 C 是因为交互效应 AB 不显著。当交互效应 AB 不严格为 0 时，这一列给出的估计实际上是交互效应 AB 和主效应 C 的和，即 $C+AB$。用正交表安排试验，如果一列上出现的效应不止一个，当该列的效应显著时，无法识别是哪个效应显著。根据 Finney 的术语，称这种现象为**效应混杂**（confounded），称 C 和 AB 互为**别名**（alias），并以 $C=AB$ 表示别名关系。

在列名运算意义下，别名关系两端同时乘 C 得到

$$ABC=C^2=C^0=\boldsymbol{I}$$

这里 $\boldsymbol{I}$ 称为**单位元**，其定义如下：

- 如果以“－”和“＋”表示两个水平，且以对应水平的乘法运算表示列与列之间运算时，$\boldsymbol{I}$ 表示全部由“＋”组成的列；
- 如果以“0”和“1”表示两个水平，且以对应水平的模 2 加法运算表示列与列之间的运算时，$\boldsymbol{I}$ 表示全部由“0”组成的列。

在 $ABC=\boldsymbol{I}$ 两端同时乘以 A，得到别名关系 $BC=A$，两端同时乘以 B 得到别名关系 $AC=B$，两端同时乘以 C 得到别名关系 $AB=C$。由此可见，关系式 $ABC=\boldsymbol{I}$ 表达了该方案的全部别名关系，我们称它为这个2^{3-1}设计的**定义关系**（defining relations）。部分实施和其别名结构是由其定义关系确定的，讨论部分实施时，都应指出它的定义关系。

上述2^{3-1}设计实质上是正交表$L_8(2^7)$中 ABC 列为“＋”对应的那四行，即表 3-12 的上半部分。从中可以清晰地看出别名关系 $A=BC$，$B=AC$，$C=AB$ 以及定义关系 $ABC=\boldsymbol{I}$。表 3-12的下半部分也构成一个2^{3-1}设计，其定义关系是 $\boldsymbol{I}=-ABC$。这两个设计构成互补关系，即上一个2^{3-1}设计的 A 列估计的效应是 $A+BC$，而下一个设计的 A 列估计出来的效应则是$A-BC$，它们共同构成一个2^3因子全面实施。在部分实施中，使用这两个2^{3-1}设计并无区别，图 3-7 所示是这两个互补的2^{3-1}设计的几何表示。

表 3-12　2^3设计的部分实施

处理组合	*I*	*A*	*B*	*AB*	*C*	*AC*	*BC*	*ABC*
c	+	−	−	+	+	−	−	+
b	+	−	+	−	−	+	−	+
a	+	+	−	−	−	−	+	+
abc	+	+	+	+	+	+	+	+
(1)	+	−	−	+	−	+	+	−
bc	+	−	+	−	+	−	+	−
ac	+	+	−	−	+	+	−	−
ab	+	+	+	+	−	−	−	−

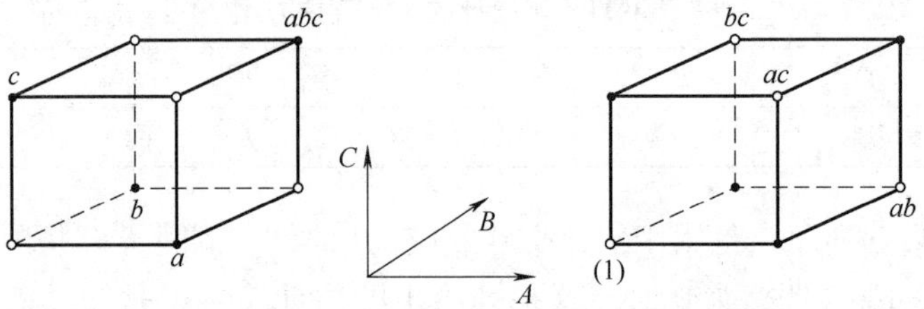

I=ABC的部分实施　　　　**I=−ABC的部分实施**

图 3-7　两个互补2^{3-1}设计的几何表示

Finney 和 Kempthorne 将上述2^{3-1}设计的思想和过程推广，用来获得2^k因子试验的各种部分实施[31-32]。下面再看一个例子。

例3.3

正交表$L_8(2^7)$最多可安排 7 个二水平因子，因此可用来安排2^4设计的 1/2 实施、2^5设计的 1/4 实施、2^6设计的 1/8 实施和2^7设计的 1/16 实施。表 3-13 给出了一些可供参考的试验方案。

表 3-13　$L_8(2^7)$安排2^k的部分实施方案

因子数	*A*	*B*	*AB*	*C*	*AC*	*BC*	*ABC*	定义关系
4	*A*	*B*		*C*			*D*	*I* = *ABCD*
5	*A*	*B*	*E*	*C*			*D*	
6	*A*	*B*	*E*	*C*	*F*		*D*	
7	*A*	*B*	*E*	*C*	*F*	*G*	*D*	

为了获得表中各方案的定义关系，可写出各设计的设计矩阵，这可以通过观察设计矩阵得到，也可以直接从表中观察得到。以表中的2^{4-1}设计为例，因子 *D* 安排在交互效应 *ABC*

列，故 D 与 ABC 别名，即 $D=ABC$。两端同时乘以 D，得到其定义关系为 $\boldsymbol{I}=ABCD$。定义关系两边分别乘以 A、B、C、D、AB、AC 和 AD，便得到了这个2^{4-1}设计的所有别名关系：

$$A=BCD, B=ACD, D=ABC, AB=CD, AC=BD, BC=AD$$

这个2^{4-1}设计的八次试验对应正交表$L_{16}(2^{15})$的16行中 $ABCD$ 列均为“+”号的那八行，将这八行单独列出来后，可以清晰地看出上述别名关系。

表3-13中的2^{5-2}设计中，ABC 和 D 混杂，AB 和 E 混杂，故其定义关系为

$$\boldsymbol{I}=ABCD=ABE=CDE$$

其中 $\boldsymbol{I}=CDE$ 是由 $\boldsymbol{I}=ABCD$ 和 $\boldsymbol{I}=ABE$ 两端相乘得到的。由于 $CDE=(ABCD)\times(ABE)$，因此也称三因子交互效应 CDE 为交互效应 $ABCD$ 和 ABE 的**广义交互效应**。根据定义关系也可以得到这个2^{5-2}的一切别名关系，作为练习。

采用同样的方法可得到表3-13中2^{6-3}设计的定义关系

$$\boldsymbol{I}=ABE=ACF=ABCD=\cdots$$

根据列名运算法则，上述等式中任意两个元素的乘积仍然为单位元，因此完整的定义关系为

$$\boldsymbol{I}=ABE=ACF=BDF=CDE=ABCD=BCEF=ADEF$$

由此也可以得到这个2^{6-3}的一切别名关系，作为练习。2^{7-4}设计的定义关系为

$$\boldsymbol{I}=ABE=ACF=CDE=BDF=ABCD=BCEF=ADEF=BCG=\cdots$$

由此也可以得到这个2^{7-4}的一切别名关系，作为练习。

从以上案例中我们发现：一方面，试验次数压缩得越多，定义关系就越长，别名结构也就越复杂；另一方面，复杂的定义关系也有其自身的规律，即对列名运算封闭。

定义3.5　称列名记号 A、B 等为**字母**，称字母串 $ABCD$、AD 等为**字**，一个字所含字母的个数称为这个字的**字长**。给定一个2^{k-p}设计，若一个字经列名运算化简后得到单位元 $\boldsymbol{I}$，则称这个字为这个2^{k-p}设计的**生成字**（generator）；称所有生成字和单位元 $\boldsymbol{I}$ 组成的集合为该设计的**定义关系子群**。

定义关系子群在列名运算的意义下封闭。在例3.3中，2^{5-2}设计有三个生成字 ABE、CDE 和 $ABCD$，它的定义关系子群为$\{\boldsymbol{I}, ABE, CDE, ABCD\}$；$2^{6-3}$设计有7个生成字 ABE、CDE、ACF、BDF、$ABCD$、$BCEF$、$ADEF$，定义关系子群为$\{\boldsymbol{I}, ABE, CDE, ACF, BDF, ABCD, BCEF, ADEF\}$。容易验证这三个定义关系子群对列名运算的封闭性。

一般地，采用正交表$L_{2^{k-1}}(2^{2^{k-1}-1})$可安排$2^k$因子试验的1/2实施，共有 $2-1=1$ 个生成字，每个主效应均与1个交互效应互相混杂；采用正交表$L_{2^{k-2}}(2^{2^{k-2}-1})$可安排$2^k$因子试验的1/4实施，共有 $4-1=3$ 个生成字，每个主效应均与3个交互效应互相混杂；以此类推，采用正交表$L_{2^{k-p}}(2^{2^{k-p}-1})$可安排$2^k$因子试验的$1/2^p$实施，共有$2^p-1$个生成字，每个主效应均与$2^p-1$个交互效应混杂。

2^{k-p}设计不唯一，挑选合适方案的方法是，首先将感兴趣的效应列出来，然后选用一张最小的正交表安排试验，使这些效应都能估计而不相混杂，表头设计要求这些效应不在同一列，即它们都不互为别名，具体可按如下步骤构造：

第一步：以正交表$L_{2^{k-p}}(2^{2^{k-p}-1})$的基本列安排前 $k-p$ 个试验因子。

第二步：从正交表$L_{2^{k-p}}(2^{2^{k-p}-1})$的交互效应列中，选择 p 个合适的高阶交互效应列安排

剩余的 p 个因子。

上述第二步中将产生2^{k-p}设计的 p 个生成字，称它们为**基本生成字**，其他生成字可由这 p 个基本生成字运算得到。在例 3.3 中：2^{5-2}设计的两个基本生成字为 *ABE* 和 *ABCD*，*CDE* 是由这两个基本生成字按照列名运算得到的；2^{6-3}设计的三个基本生成字为 *ABE*、*ACF* 和 *ABCD*；2^{7-4}设计的四个基本生成字为 *ABE*、*ACF*、*BCG* 和 *ABCD*。

3.2.2 分辨度与最小低阶混杂

由于2^{k-p}设计不唯一，有必要对它们进行某种分类，以刻画它们估计效应的能力。Box 和 Hunter 朝这个方向迈出了重要的第一步[33-34]，他们引入了**分辨度**（resolution）的概念，现已成为一个常用的衡量部分实施方案优良性的指标。

定义 3.6 给定一个2^{k-p}设计 $\boldsymbol{D}$，用$A_i(\boldsymbol{D})$ 表示它的生成字中字长为 i 的字的个数，称 $W(\boldsymbol{D})=\{A_1(\boldsymbol{D}),A_2(\boldsymbol{D}),\cdots,A_k(\boldsymbol{D})\}$为 $\boldsymbol{D}$ **的字长型**（word length pattern），称 $\boldsymbol{D}$ 的所有生成字的最小字长为它的**分辨度**。

即若当 $i<t$ 时$A_i(\boldsymbol{D})=0$，而$A_t(\boldsymbol{D})>0$，则设计 $\boldsymbol{D}$ 的分辨度为 t。我们用大写罗马数字来表示设计的分辨度，并在2^{k-p}设计中作为下标来表示。例如，例 3.3 中的2^{4-1}设计的分辨度为Ⅳ，因此可记作$2_{\text{Ⅳ}}^{4-1}$；而例 3.3 中的2^{5-2}设计、2^{6-3}设计和2^{7-4}设计的分辨度都为Ⅲ，因此可分别记作$2_{\text{Ⅲ}}^{5-2}$、$2_{\text{Ⅲ}}^{6-3}$和$2_{\text{Ⅲ}}^{7-4}$。一般地，

- **分辨度Ⅲ设计**：主效应之间没有混杂，但至少有一个主效应与某个二阶交互效应混杂，因此如果所有交互效应都不显著，则主效应是可估计的，也称为纯净的；
- **分辨度Ⅳ设计**：主效应之间、主效应和二阶交互效应之间没有混杂，但至少有一个主效应与某个三阶交互效应混杂；因此如果所有三阶交互效应及更高阶交互效应不显著，则主效应是可估计（纯净）的；
- **分辨度Ⅴ设计**：主效应之间、主效应和二阶交互效应之间，以及任意两对二阶交互效应之间没有混杂；因此如果所有三因子交互效应和更高阶因子交互效应可以忽略，则主效应和二阶交互效应可估计。

如果大于 t 阶的效应不存在，则分辨度为 $2t+1$ 的设计中任何不超过 t 阶的效应都是可估计的。显然，分辨度越高的部分实施越好。从估计的观点来看，分辨度Ⅴ设计最受关注，由于在假定所有别的效应都可忽略的前提下，它们能够估计主效应和二因子交互效应，但分辨度Ⅴ的设计需要的试验次数较多。例如，对于2^8因子试验来说，至少包含 64 个处理的 1/4 实施才可以得到分辨度Ⅴ设计，而包含 32 个处理的 1/8 实施和包含 16 个处理的 1/16 实施都无法达到这么高的分辨度。从因子筛选的角度来看，分辨度Ⅲ和Ⅳ的设计最重要，因为它们需要的试验次数较少，3.2.3 节将对它们做进一步的介绍。

定义 3.7 称一个2^{k-p}设计 $\boldsymbol{D}$ 有**最大分辨度**（maximum resolution），如果不存在比 $\boldsymbol{D}$ 分辨度更高的2^{k-p}设计。

为了区分因子数和分辨度均相同的部分因子设计，Fries 和 Hunter 引入了最小低阶混杂（minimum aberration）的概念[35]。

定义 3.8 设$\boldsymbol{D}_1$和$\boldsymbol{D}_2$是两个2^{k-p}设计，如果存在整数 r，使

$$A_i(\boldsymbol{D}_1)=A_i(\boldsymbol{D}_2),1\leqslant i<r,A_r(\boldsymbol{D}_1)<A_r(\boldsymbol{D}_2)$$

则称D_1比D_2有较小的低阶混杂（less aberration）。如果不存在比D_1有更小低阶混杂的2^{k-p}设计，则称D_1为**最小低阶混杂**设计。

作为例子，考虑两个2_{IV}^{8-3}设计D_1和D_2，它们的定义关系分别为

$$D_1: I = ABCDEF = CDEG = ABFG = BDEH = ACFH = BCGH = ADEFGH$$

$$D_2: I = CDEF = ABDEG = ABCFG = ABCEH = ABDFH = CDGH = EFGH$$

D_1的定义关系中包含5个四因子交互效应，而D_2中包含3个。由此导致D_1中28个二因子交互效应中有24个与其余二因子交互效应互为别名，剩余4个与更高阶交互效应互为别名；而D_2中只有15个二因子交互效应与其余二因子交互效应互为别名，剩余13个与三因子交互效应或更高阶交互效应互相混杂。因此，D_2相较于D_1具有更小的低阶混杂。

3.2.3 筛选试验与饱和设计

对于从大量的因子中筛选出重要因子的试验而言，试验次数越少越好，因而常用分辨度为Ⅲ和Ⅳ的设计。当试验次数n为4的倍数时，可以构造出因子数$k = n - 1$的分辨度Ⅲ设计。特别地，如果n是2的幂，则可采用前面介绍的方法来构造。称因子个数为试验次数减一的设计为**饱和设计**（saturated design）。在正交表中，饱和设计不能再安排新的因子。

3.2.1节中介绍2_{III}^{3-1}设计是一个重要的饱和设计。例3.3中的2_{III}^{7-4}是另一个十分有用的饱和设计，它是2^7的1/16实施，可安排7个因子而只需8次试验。表3-14给出的也是一个2_{III}^{7-4}饱和设计，该设计的四个基本生成字是ABD、ACE、BCF和$ABCG$，其定义关系可通过将四个基本生成字两两相乘、三三相乘、四四相乘得到

$$I = ABD = ACE = BCF = ABCG = BCDE = ACDF = CDG = ABEF = BEG$$
$$= AFG = DEF = ADEG = CEFG = BDFG = ABCDEFG$$

为找出任一效应的别名，只需将定义关系中的每个生成字乘该效应即可。例如，B的别名是

$$B = AD = ABCE = CF = ACG = CDE = ABCDF = BCDG = AEF = EG = ABFG$$
$$= BDEF = ABDEG = BCEFG = DFG = ACDEFG$$

由于该设计是1/16实施，与它共同构成2^7因子设计全面实施的其他15个2_{III}^{7-4}设计，都可以用基本生成字$\pm ABD$、$\pm ACE$、$\pm BCF$、$\pm ABCG$中符号的16种可能的排列之一构造出来。

表3-14 基本生成字为ABD、ACE、BCF和$ABCG$的2_{III}^{7-4}设计

试验号	A	B	$D=AB$	C	$E=AC$	$F=BC$	$G=ABC$	处理
1	−	−	+	−	+	+	−	*def*
2	−	−	+	+	−	−	+	*cdg*
3	−	+	−	−	+	−	+	*beg*
4	−	+	−	+	−	+	−	*bcf*
5	+	−	−	−	−	+	+	*afg*
6	+	−	−	+	+	−	−	*ace*
7	+	+	+	−	−	−	−	*abd*
8	+	+	+	+	+	+	+	*abcdefg*

该设计的 7 个自由度可用来估计 7 个主效应，其中每一个都有 15 个别名。不过，如果假定三因子交互效应及更高阶的交互效应可被忽略，则别名结构将大大简化。在这一假定下，用于估计 7 个主效应的对照，实际上估计的是主效应和与之互为别名的 3 个二因子交互效应之和，例如，

$$\begin{cases}[A]\to[A+BD+CE+FG]\\ [B]\to[B+AD+CF+EG]\\ [C]\to[C+AE+BF+DG]\\ [D]\to[D+AB+CG+EF]\\ [E]\to[E+AC+BG+DF]\\ [F]\to[F+BC+AG+DE]\\ [G]\to[G+CD+BE+AF]\end{cases} \tag{3.7}$$

利用饱和2_{III}^{7-4}设计可得到分辨度为Ⅲ的少于 7 个因子的 8 次试验的设计。例如，要生成一个 6 个因子的 8 次试验的设计，只需简单地删去表 3-14 中的任一列就行，例如删去 G。所得的设计见表 3-15，该设计是一个2_{III}^{6-3}设计，是2^6设计的 1/8 实施。删去原2_{III}^{7-4}设计的定义关系中含有字母 G 的字后，剩下的字构成这个2_{III}^{6-3}设计的定义关系：

$$\boldsymbol{I}=ABD=ACE=BCF=BCDE=ACDF=ABEF=DEF$$

一般说来，删去 d 个因子后得到的新设计的定义关系只需从原来的定义关系中删去含有这些因子的生成字。如果从表 3-14 中删去列 B、D、F、G 时，则会得出一个 3 因子 8 次试验的设计。不过，所得设计对应于2^{3-1}设计的两次重复，而不是 A、C、E 的完全2^3设计。

表 3-15　基本生成字为 *ABD*、*ACE* 和 *BCF* 的2_{III}^{6-3}设计

试验号	A	B	$D=AB$	C	$E=AC$	$F=BC$	处理
1	−	−	+	−	+	+	*def*
2	−	−	+	+	−	−	*cd*
3	−	+	−	−	+	−	*be*
4	−	+	−	+	−	+	*bcf*
5	+	−	−	−	−	+	*af*
6	+	−	−	+	+	−	*ace*
7	+	+	+	−	−	−	*abd*
8	+	+	+	+	+	+	*abcdef*

也可求得至多 15 个因子的 16 次试验的分辨度Ⅲ的设计。先生成饱和的2_{III}^{15-11}设计，方法是先写出有 16 个处理组合的 A、B、C、D 的2^4设计，然后将剩余的 11 个因子安排在这四个因子的交互效应列上。在该设计中，每个主效应均与 7 个二因子交互效应互为别名。用同样的方法求得2_{III}^{31-26}设计，它允许在 32 次试验中最多研究 31 个因子。

3.2.4　折叠与序贯实施

将部分实施的某些因子的水平进行置换，得到一个新的部分实施，两个部分实施组合在一起后可消除某些感兴趣的效应之间的混杂。这种序贯试验的方法称作原始设计的一个**折叠**

(fold over)。折叠后的新设计的别名结构可通过改变原始设计中的某些因子的符号得到。

例3.4

考虑一个2^7因子试验，假定三因子交互效应与更高阶交互效应不显著。首先实施表3-14给出的2_{III}^{7-4}设计，式（3.7）给出了该部分实施可估计出效应组合。将这个2_{III}^{7-4}设计的D列的两个水平互换，得到一个新的部分因子设计。该设计的D列是

$$- \ - \ + \ + \ + \ + \ - \ -$$

由这个新的部分实施可估计如下效应组合：

$$\begin{cases} [A]' \to [A - BD + CE + FG] \\ [B]' \to [B - AD + CF + EG] \\ [C]' \to [C + AE + BF - DG] \\ [D]' \to [D - AB - CG - EF] \\ [E]' \to [E + AC + BG - DF] \\ [F]' \to [F + BC + AG - DE] \\ [G]' \to [G - CD + BE + AF] \end{cases} \tag{3.8}$$

利用这两个设计效应估计的线性组合$\frac{1}{2}([i]+[i]')$和$\frac{1}{2}([i]-[i]')$，可以求得表3-16中的效应组合。如此一来，就把主效应D和它所有的二因子交互效应都分离出来了。

表3-16　单因子折叠后可估计的效应

i	由$\frac{1}{2}([i]+[i]')$	由$\frac{1}{2}([i]-[i]')$
A	$A+CE+FG$	BD
B	$B+CF+EG$	AD
C	$C+AE+BF$	DG
D	D	$AB+CG+EF$
E	$E+AC+BG$	DF
F	$F+BC+AG$	DE
G	$G+BE+AF$	CD

一般地，给定一个分辨度为Ⅲ的部分因子设计：补充一个改变某单因子符号的折叠设计后，可求得那个因子的主效应及其二因子交互效应的估计量，称这种设计为**单因子折叠**（single - factor fold over）；补充一个将所有因子水平都置换后得到的**完全折叠设计**（full fold over），能够解除所有主效应和二因子交互效应之间的混杂。下面的例子说明这一完全折叠方法。

例3.5

为研究某型导引头的稳定跟踪时间，考虑以下几个因子：目标速度（A）、目标距离（B）、目标形状（C）、目标大小（E）、压制干扰水平（D）、假目标密度（F）以及背景类

型（G），每个因子考虑两个水平。根据领域知识，这7个因子中只有少数几个对稳定跟踪时间有较大影响，且高阶交互效应可以忽略。为从这7个因子中筛选出重要因子，采用一个2_{III}^{7-4}设计，依随机次序进行试验，得出以s（秒）为单位的稳定跟踪时间如表3-17所示。

表3-17　某型导引头稳定跟踪时间试验的2_{III}^{7-4}设计

试验号	A	B	$D=AB$	C	$E=AC$	$F=BC$	$G=ABC$	处理	时间
1	−	−	+	−	+	+	−	*def*	85.5
2	−	−	+	+	−	−	+	*cdg*	83.7
3	−	+	−	−	+	−	+	*beg*	93.2
4	−	+	−	+	−	+	−	*bcf*	95.0
5	+	−	−	−	−	+	+	*afg*	75.1
6	+	−	−	+	+	−	−	*ace*	77.6
7	+	+	+	−	−	−	−	*abd*	145.4
8	+	+	+	+	+	+	+	*abcdefg*	141.8
效应估计值	20.63	38.38	28.88	−0.28	−0.28	−0.63	−2.43		

用这些数据可估计7个主效应和它们的别名。由式（3.7）可知这些效应及其别名为

$$[A]=20.63 \to A+BD+CE+FG$$
$$[B]=38.38 \to B+AD+CF+EG$$
$$[C]=-0.28 \to C+AE+BF+DG$$
$$[D]=28.88 \to D+AB+CG+EF$$
$$[E]=-0.28 \to E+AC+BG+DF$$
$$[F]=-0.63 \to F+BC+AG+DE$$
$$[G]=-2.43 \to G+CD+BE+AF$$

例如，A的主效应和它的别名是

$$[A]=\frac{1}{4}(-85.5-83.7-93.2-95.0+75.1+77.6+145.4+141.8)=20.63$$

从结果来看，[A]、[B]和[D]是最重要的，但由于效应混杂，重要的三个效应可能是（A，B，D），也有可能是（A，B，AB），也有可能是（B，D，BD），还有可能是（A，D，AD）。ABD是该设计的生成字。因此，这个2_{III}^{7-4}设计投影到ABD三个因子组成的试验空间上不是完全2^3因子设计，而是一个2^{3-1}设计的两次重复。A的别名是BD，B的别名是AD，D的别名是AB，所以交互效应不能与主效应分离。可见试验者并不走运，如果将因子C和D互换，则设计可以投影到完全的2^3设计中，就有可能分辨出究竟是哪三个效应重要。

为了把主效应和二因子交互效应分离开来，采用完全折叠的方法，补充一个所有符号都相反的部分因子设计，得到结果如表3-18所示。从表中可以看出，折叠后设计的字长为奇数的生成字改变了符号。

表 3-18　某型导引头稳定跟踪时间试验的2_{III}^{7-4}折叠设计

试验号	A	B	$D=-AB$	C	$E=-AC$	$F=-BC$	$G=ABC$	处理	时间
1	+	+	−	+	−	−	+	*abcg*	91.3
2	+	+	−	−	+	+	−	*abef*	94.1
3	+	−	+	+	−	+	−	*acdf*	82.4
4	+	−	+	−	+	−	+	*adeg*	87.3
5	−	+	+	+	+	−	−	*bcde*	136.7
6	−	+	+	−	−	+	+	*bdfg*	143.8
7	−	−	−	+	+	+	+	*cefg*	73.4
8	−	−	−	−	−	−	−	(1)	71.9

利用补充的设计得到的效应的估计为

$$[A]'=-17.68\to A-BD-CE-FG$$
$$[B]'=37.73\to B-AD-CF-EG$$
$$[C]'=-3.33\to C-AE-BF-DG$$
$$[D]'=29.88\to D-AB-CG-EF$$
$$[E]'=0.53\to E-AC-BG-DF$$
$$[F]'=1.63\to F-BC-AG-DE$$
$$[G]'=2.68\to G-CD-BE-AF$$

将两个设计的数据组合起来，即可得到如表 3-19 所示的效应的估计。

表 3-19　完全折叠后的效应估计

i	由$\frac{1}{2}([i]+[i]')$	由$\frac{1}{2}([i]-[i]')$
A	$A=1.48$	$BD+CE+FG=19.15$
B	$B=38.05$	$AD+CF+EG=0.33$
C	$C=-1.80$	$DG+AE+BF=1.53$
D	$D=29.38$	$AB+CG+EF=-0.50$
E	$E=0.13$	$DF+AC+BG=-0.40$
F	$F=0.50$	$DE+BC+AG=-1.13$
G	$G=0.13$	$CD+BE+AF=-2.55$

两个最大的效应是 B 和 D。而第三大效应是 $BD+CE+FG$，因此把它归之于交互效应 BD 看来是合理的。在随后的试验中，可重点考虑距离（B）和压制干扰水平（D）这两个因子，而将其他四个因子固定在标准状态上。

如例 3.5 所示，分辨度为Ⅲ的设计经补充一个完全折叠设计后，所得的设计的分辨度为Ⅳ。一般地，折叠一个2_{III}^{k-p}设计，就是把取反号的第二个部分因子设计和原设计相加。于是，第一个部分因子设计的单位列 $\boldsymbol{I}$ 的“+”号在第二个部分实施中全变为“−”号，因此可以在该列上新安排一个因子，这样得到一个2_{IV}^{k+1-p}部分因子设计。对2_{III}^{3-1}设计，可用表 3-20说明这一方法。得出的设计是定义关系为 $\boldsymbol{I}=ABCD$ 的2_{IV}^{4-1}设计。

表 3-20　利用折叠方法得到的一个2_{IV}^{4-1}设计

	I/D	A	B	C
原始2_{III}^{3-1}设计	+	−	−	+
	+	−	+	−
	+	+	−	−
	+	+	+	+
折叠2_{III}^{3-1}设计	−	+	+	−
	−	+	−	+
	−	−	+	+
	−	−	−	−

当三因子交互效应和更高阶的交互效应不显著时，利用2_{IV}^{k-p}设计虽然可估计主效应，但某些二因子交互效应互为别名。为了进一步筛选出重要的二因子交互效应，还需要追加试验。与分辨度Ⅲ的设计类似，也可以通过折叠分辨度为Ⅳ的设计来分离相互混杂的二因子交互效应。然而，简单的完全折叠方法不适用于分辨度Ⅳ的设计，此时完全折叠只能得到一个与原设计完全一样（只是试验次序不同）的设计。因此，为分辨度Ⅳ的设计追加试验时，常采用部分折叠的方法，囿于篇幅，这里不再介绍。第 4 章和第 5 章将从回归模型的角度，介绍一种更方便的追加试验的方法。

3.3　3^k 因子试验及其部分实施

称一个试验为3^k因子试验，如果它仅包含 k 个 3 水平试验因子。3^k因子试验的全部处理共有3^k个，以大写字母 A、B、…表示因子，以 0、1 和 2 表示因子的三个水平，以 k 维向量表示一个处理，其第 i 维的取值表示第 i 个因子的水平。

3.3.1　3^2因子设计与正交表$L_9(3^4)$

首先看最简单的3^2设计，它的两个试验因子记为 A 与 B，全部处理共 9 个：

$$(0,0),(0,1),(0,2),(1,0),(1,1),(1,2),(2,0),(2,1),(2,2)$$

两个因子主效应的自由度均为 2，一个二因子交互效应的自由度为 $2\times2=4$。如果每个处理重复 m 次，则总自由度为$9m-1$，误差自由度为$9m-9$。以 y_{ijk}表示处理（i，j）的第 k 次重复试验的响应值。作为二因子试验的特例，3^2因子试验的固定效应模型、参数估计以及方差分析可参考 2.4 节。

3^2因子试验的设计和方差分析还可借助正交表$L_9(3^4)$。正交表$L_9(3^4)$ 有 9 行 4 列，见表 3-21。

表 3-21　正交表$L_9(3^4)$

试 验 号	A	B	AB	A^2B
1	0	0	0	0
2	0	1	1	1

（续）

试验号	A	B	AB	A^2B
3	0	2	2	2
4	1	0	1	2
5	1	1	2	0
6	1	2	0	1
7	2	0	2	1
8	2	1	0	2
9	2	2	1	0

它的构造规律如下：

- 第一列将9次试验等分为三份，每一份安排一个水平，称为**三分列**，记列名为A；
- 第二列是将第一列的三个相同的水平再分别一分为三，称为**九分列**，记列名为B；
- 第三列由第一列和第二列对应位置的元素按照相加模3运算生成，即$x_1+x_2 \pmod 3$，如第一行为$0+0\equiv 0 \pmod 3$，第二行为$0+1\equiv 1 \pmod 3$，第三行为$0+2\equiv 2 \pmod 3$，等等，记列名为AB；
- 第四列由第一列和第二列按照$2x_1+x_2$模3运算生成，如第一行为$2\times 0+0\equiv 0 \pmod 3$，第二行为$2\times 0+1\equiv 1 \pmod 3$，第四行为$2\times 1+0\equiv 2 \pmod 3$，等等，记列名为$A^2B$。

A列和B列恰好构成3^2设计的全面实施，利用这两列即可得到3^2因子试验全面实施的试验方案。AB列和A^2B列构成因子A和因子B的交互效应$A\times B$的两个成分，称它们为A列和B列的交互效应列。每列的自由度均为2，四列一共8个自由度，恰为诸效应的自由度之和。

表3-21还有一个重要性质，任意两列按照两种模3加法运算

$$x_1+x_2 \pmod 3, 2x_1+x_2 \pmod 3 \tag{3.9}$$

得到剩余两列，称这种关系为**任意两列的交互效应是其余两列**。

如果表3-21的第四列按照

$$x_1+2x_2 \pmod 3$$

生成，记作AB^2，得到正交表3-22。这两张正交表有什么区别呢？根据正交表同构的定义，将第四列中水平1和2互相置换，可知这是两张互相同构的正交表。

表3-22 正交表$L_9(3^4)$

试验号	A	B	AB	AB^2
1	0	0	0	0
2	0	1	1	2
3	0	2	2	1
4	1	0	1	1
5	1	1	2	0
6	1	2	0	2
7	2	0	2	2
8	2	1	0	1
9	2	2	1	0

除了用于设计试验方案，正交表$L_9(3^4)$还可以用来做3^2设计的方差分析。首先按表3-23计算诸数据的和，利用2.4节给出的二因子试验平方和计算公式，可得

$$SS_A = 3m\sum_{i=0}^{2}(\bar{y}_{i\cdot\cdot} - \bar{y}_{\cdots})^2 = \frac{T_{A_0}^2 + T_{A_1}^2 + T_{A_2}^2}{3m} - \frac{T^2}{9m}$$

$$SS_B = 3m\sum_{j=0}^{2}(\bar{y}_{\cdot j\cdot} - \bar{y}_{\cdots})^2 = \frac{T_{B_0}^2 + T_{B_1}^2 + T_{B_2}^2}{3m} - \frac{T^2}{9m}$$

$$SS_{AB} = \frac{T_{(AB)_0}^2 + T_{(AB)_1}^2 + T_{(AB)_2}^2}{3m} - \frac{T^2}{9m}$$

$$SS_{A^2B} = \frac{T_{(A^2B)_0}^2 + T_{(A^2B)_1}^2 + T_{(A^2B)_2}^2}{3m} - \frac{T^2}{9m}$$

$$SS_{A\times B} = SS_{AB} + SS_{A^2B}$$

其中，$T_{(\cdot)_i}$分别表示表3-23中对应列的T_i。每列的自由度都为2，交互效应$A\times B$的自由度为4，被分解为两个自由度均为2的部分。

表3-23　正交表$L_9(3^4)$

试验号	A	B	AB	A^2B	试验结果
1	0	0	0	0	$y_{00\cdot}$
2	0	1	1	1	$y_{01\cdot}$
3	0	2	2	2	$y_{02\cdot}$
4	1	0	1	2	$y_{10\cdot}$
5	1	1	2	0	$y_{11\cdot}$
6	1	2	0	1	$y_{12\cdot}$
7	2	0	2	1	$y_{20\cdot}$
8	2	1	0	2	$y_{21\cdot}$
9	2	2	1	0	$y_{22\cdot}$
自由度	2	2	2	2	
T_0	$y_{0\cdot\cdot}$	$y_{\cdot 0\cdot}$	$y_{00\cdot}+y_{12\cdot}+y_{21\cdot}$	$y_{00\cdot}+y_{11\cdot}+y_{22\cdot}$	
T_1	$y_{1\cdot\cdot}$	$y_{\cdot 1\cdot}$	$y_{01\cdot}+y_{10\cdot}+y_{22\cdot}$	$y_{01\cdot}+y_{12\cdot}+y_{20\cdot}$	$T=y_{\cdots}$
T_2	$y_{2\cdot\cdot}$	$y_{\cdot 2\cdot}$	$y_{02\cdot}+y_{11\cdot}+y_{20\cdot}$	$y_{02\cdot}+y_{10\cdot}+y_{21\cdot}$	

为了检验因子A的效应是否显著，可利用F统计量

$$F = \frac{SS_A/2}{SS_E/f_E}$$

当原假设A的效应不显著成立时，该统计量服从自由度为$(2, f_E)$的F分布，这里f_E表示误差的自由度。其余各列的显著性也可以构造相应的F统计量来检验，作为习题。

在3.1节中，我们以“AB”表示二因子交互效应，原因在于二水平因子交互效应的自由度为1。两个三水平因子的交互效应自由度为4，因而我们以“$A\times B$”表示，AB和A^2B分别表示它的两个互相正交的部分。

3.3.2 3^k因子设计与正交表$L_{3^k}\left(3^{\frac{3^k-1}{3-1}}\right)$

对于3^k因子试验而言，每个因子的主效应的自由度为2；有C_k^2个二因子交互效应，每个的自由度为$(3-1)^2=4$；有C_k^3个三因子交互效应，每个的自由度为$(3-1)^3=8$；一般地，有$C_k^h(h\leqslant k)$ 个 h 因子交互效应，每个的自由度为$(3-1)^h=2^h$。诸效应的自由度之和为

$$\sum_{h=1}^{k} C_k^h 2^h = 3^k - 1$$

如果每个处理均重复 m 次试验，则总偏差平方和的自由度为$3^k m-1$，误差自由度为

$$(3^k m-1)-(3^k-1)=3^k(m-1)$$

以3^3因子试验为例，以 A、B、C 分别表示三个因子的主效应，$A\times B$、$B\times C$、$A\times C$ 分别表示三个二因子交互效应，$A\times B\times C$ 表示三因子交互效应。每个因子的主效应的自由度为2，二因子交互效应的自由度为4，三因子交互效应的自由度为8。如果每个处理均重复试验 m 次，则总自由度为3^3m-1，误差自由度为$3^3(m-1)$。

下面讨论用于设计和分析3^k因子试验的正交表$L_{3^k}\left(3^{\frac{3^k-1}{3-1}}\right)$。正交表$L_{3^k}\left(3^{\frac{3^k-1}{3-1}}\right)$可按照下述步骤构造得到：

- 构造三分列，该列的前3^{k-1}行置水平0，中间3^{k-1}行置水平1，后3^{k-1}行置水平2，列名记作 A。
- 构造九分列，列名记作 B，并按照式（3.9）中的两种模3加法运算构造交互效应列 AB 和A^2B。
- 以此类推。
- 构造3^k分列，该列的各行按照0，1，2，0，1，2，…的次序交替排列，列名记作 K，并利用式（3.9）中的两种模3加法运算依次得到3^k分列与前面各列的交互效应列 AK，A^2K，BK，B^2K，…。

其中，三分列、九分列、3^k分列统称为**基本列**。

例3.6

与3^3设计对应的正交表是$L_{27}(3^{13})$，它一共有27行13列，第一列、第二列和第五列为3^3设计的全面实施，其余10列为交互效应列。其构造步骤如下：

步骤1. 构造三分列

$$A=[0,0,0,0,0,0,0,0,0,1,1,1,1,1,1,1,1,1,2,2,2,2,2,2,2,2,2]^{\mathrm{T}}$$

步骤2. 构造九分列

$$B=[0,0,0,1,1,1,2,2,2,0,0,0,1,1,1,2,2,2,0,0,0,1,1,1,2,2,2]^{\mathrm{T}}$$

并利用两种模3加法运算得到第三列 AB 和第四列A^2B；

步骤3. 构造二十七分列

$$C=[0,1,2,0,1,2,0,1,2,0,1,2,0,1,2,0,1,2,0,1,2,0,1,2,0,1,2]^{\mathrm{T}}$$

并利用两种模3加法运算依次得到第六列 AC、第七列A^2C、第八列 BC、第九列 B^2C、第十列 ABC、第十一列A^2B^2C、第十二列A^2BC 和第十三列 AB^2C。

A 列、B 列和 C 列既可用于安排试验，也可用于计算三个主效应的偏差平方和。AB 和A^2B 两列可用于计算交互效应 $A\times B$ 的偏差平方和，即

$$S_{A\times B}=SS_{AB}+SS_{A^2B}$$

AC 和A^2C 两列可用于计算交互效应 $A\times C$ 的偏差平方和，即

$$SS_{A\times C}=SS_{AC}+SS_{A^2C}$$

BC 和B^2C 两列可用于计算交互效应 $B\times C$ 的偏差平方和，即

$$SS_{B\times C}=SS_{BC}+SS_{B^2C}$$

ABC、A^2B^2C、A^2BC 和 AB^2C 四列可用于计算交互效应 $A\times B\times C$ 的偏差平方和

$$SS_{A\times B\times C}=SS_{ABC}+SS_{A^2B^2C}+SS_{A^2BC}+SS_{AB^2C}$$

各列的偏差平方和计算公式与3^2中一样，只是试验次数不同。以因子 A 为例，其偏差平方和计算公式为

$$SS_A=\frac{T_{A_0}^2+T_{A_1}^2+T_{A_2}^2}{9m}-\frac{T^2}{27m}$$

其中，T_{A_0}表示 A 列中水平为 0 对应的数据的总和，T_{A_1}表示 A 列中水平为 1 对应的试验数据的总和，T_{A_2}表示 A 列中水平为 2 对应的试验数据的总和，m 表示每个处理的重复次数，T 表示所有试验数据的总和。

一般地，正交表$L_{3^k}\left(3^{\frac{3^k-1}{3-1}}\right)$的 A 列的平方和计算公式为

$$SS_A=\frac{T_{A_0}^2+T_{A_1}^2+T_{A_2}^2}{3^{k-1}m}-\frac{T^2}{3^k m}$$

其余各列的平方和计算公式与此类似。

定义 3.9 称一个列名为**标准化列名**，如果它最后一个字母的指数是 1，否则称为**非标准化列名**。称一组列名为**完备的**，如果该组列名包含所有基本列的列名和任意两列按照列名运算得到的列名。称与完备列名对应的正交表为**完备正交表**。称一组列名为**标准化完备列名**，如果它们既是标准化的又是完备的。

按照前面介绍的标准化方法构造的正交表$L_{2^k}(2^{2^k-1})$和$L_{3^k}\left(3^{\frac{3^k-1}{3-1}}\right)$的列名都是标准化完备列名，相应的正交表$L_{2^k}(2^{2^k-1})$和$L_{3^k}\left(3^{\frac{3^k-1}{3-1}}\right)$都是完备的，而从这些正交表中抽取部分列得到的正交表的列名则不是完备的。需要指出的是，在三水平正交表中，任意两列都有两种模 3 加法运算，对应的列名运算也有两种。

例3.7

表 3-21 的列名都是标准化列名；表 3-22 中的列名 AB^2 为非标准化列名。

1）$L_8(2^7)$ 的列名组成的集合$\{A,B,AB,C,AC,BC,ABC\}$是标准化完备的。

2）从正交表$L_8(2^7)$ 中挑选出的列名集合$\{A,BC,ABC\}$是不完备的，它虽然对列名运算封闭，但是没有包含基本列名 B 和 C。

3）$L_9(3^4)$ 的列名组成的集合$\{A,B,AB,A^2B\}$是标准化完备的。

在3^k因子设计中，标准化列名与非标准化列名可通过列名的平方互相转化：

$$(A^2B)^2=A^4B^2=AB^2,\quad (AB^2)^2=A^2B^4=A^2B$$

列名的平方运算恰好对应水平置换：0→0，1→2，2→1。这表明标准化列名与非标准化列名对应的正交表互相同构。需要注意的是，二水平正交表的列名运算与三水平正交表的列名运算是不同的，**二水平正交表列名运算是在代数运算的基础上对幂指数进行模2运算，而三水平正交表的列名运算是在代数运算的基础上对幂指数进行模3运算**。

3.3.3　3^k因子试验的部分实施

k越大，3^k设计中的高阶交互效应越多，全面实施次数也越多，往往只能采用部分实施。Finney 和 Kempthorne 将2^{k-p}设计的结果推广到3^{k-p}设计[31-32]。如果有高阶交互效应不显著的先验信息，那么采取部分实施不存在逻辑问题。如果没有高阶交互效应不显著的先验信息，部分实施不可避免地造成效应混杂。

例3.8

当已知3^3设计的因子间的交互效应都不存在时，可使用正交表$L_9(3^4)$安排试验，表3-24给出了两种可供选择的表头设计方案，其中$\boldsymbol{I}$表示全部由0组成的列。表中还有一个空白列，在做方差分析时，这个列的平方和可以作为误差平方和。表中两个方案都只包含3^3设计的9个试验点，都称为3^3试验的一个1/3实施，或3^3试验的一个3^{3-1}设计。注意，字的平方也只能算一个字，因此它们的分辨度都为Ⅲ。

表3-24　两种3^{3-1}设计

列　名	A	B	AB	A^2B	定义关系	分辨度
方案一	A	B	C		$\boldsymbol{I}=A^2B^2C$	Ⅲ
方案二	A	B		C	$\boldsymbol{I}=AB^2C$	Ⅲ

当3^4设计的因子间的交互效应不存在时，可以采用正交表$L_9(3^4)$安排试验，表头设计如表3-25所示。它是包含9个处理的3^4因子试验的1/9实施。它的定义关系是

$$\boldsymbol{I}=A^2B^2C=AB^2D=(A^2B^2C)(AB^2D)=(A^2B^2C)^2(AB^2D)$$

在这一定义关系中，A^2B^2C和AB^2D表示两个独立的交互效应，后面两个交互效应由它俩运算得到。将每个幂指数都按模3运算化简，并丢掉幂指数为0的字母，上述定义关系形式上可化简为

$$\boldsymbol{I}=A^2B^2C=AB^2D=BCD=A^2C^2D$$

这个设计只包含3^4设计的9个试验点，称为3^4试验的一个1/9实施，或3^4试验的一个3^{4-2}部分因子设计。假设在所有交互效应均可忽略的前提下，可以估计因子A、B、C和D的主效应。由于每个主效应的自由度均为2，四个主效应的总自由度为8。如果要做方差分析，需要做重复试验，才能计算误差平方和。

表3-25　3^{4-2}设计

列　名	A	B	AB	A^2B
因　子	A	B	C	D

3^k因子试验的部分实施的别名关系比较复杂，受篇幅的限制，这里就不讨论了。

3.4 正交设计的一般讨论

3.1 节和 3.2 节分别从2^k设计和3^k设计的角度引入了正交表的概念，本节将从多因子设计的部分实施的角度，介绍如何利用正交表设计试验方案和分析试验数据。

3.4.1 正交表的基本性质

定义 3.2 给出了正交表的定义。一般地，**正交表$L_n(q_1^{m_1} \times q_2^{m_2} \times \cdots \times q_r^{m_r})$ 是一个 $n \times m$ 的矩阵，其中 $m = m_1 + m_2 + \cdots + m_r$，$q_i \geqslant 2$，$m_i$个列有 q_i个不同的符号，使得任意两列的同行符号组成的符号对包含所有可能的组合且出现的次数相同**。"任意两列的同行符号组成的符号对包含所有可能的组合且出现的次数相同"这句话可理解为：从正交表中任取两列，假如第一列有 q_1个水平、第二列有 q_2个水平，则固定第一列的任一水平，第二列的 q_2个水平与该水平处于同一行的次数相同。以表 3-26 为例，选取第一列和第二列：固定第一列的水平为"0"，第二列的两个水平"0"和"1"各出现一次；固定第二列的水平为"0"，第一列的四个水平也各出现一次。

表 3-26 混合水平正交表$L_8(4 \times 2^4)$

No.	1	2	3	4	5
1	0	0	0	0	0
2	0	1	1	1	1
3	1	0	0	1	1
4	1	1	1	0	0
5	2	0	1	0	1
6	2	1	0	1	0
7	3	0	1	1	0
8	3	1	0	0	1

正交表$L_n(q_1^{m_1} \times q_2^{m_2} \times \cdots \times q_r^{m_r})$中各符号和参数的含义分别为：$L$ 表示正交表；n 表示正交表的行数，也表示不重复时的试验次数；q_i为列中不同符号的个数，对应该列可安排因子的水平数；m_i为包含 q_i个不同符号的列的数目，表示最多能容纳的 q_i水平因子的个数；r 为表中不同水平数的数目。由此可见，利用正交表$L_n(q_1^{m_1} \times q_2^{m_2} \times \cdots \times q_r^{m_r})$设计试验时，最多可安排$m_1$个 q_1水平因子、m_2个 q_2水平因子、…，总共做 n 次（有重复时为 n 的倍数次）试验。

称所有的因子水平数相同的正交表为**对称正交表**或**等水平正交表**。若对称正交表的水平数为 q，则记作$L_n(q^m)$。3.1 节和 3.2 节介绍的正交表都是对称正交表。称

$$L_{q^k}(q^{\frac{q^k-1}{q-1}}),\quad k = 2, 3, \cdots$$

型对称正交表为**完备正交表**，用这类正交表安排试验可以考察因子间的交互效应。$L_9(3^4)$和$L_8(2^7)$都是完备正交表。完备正交表在行数不变的情况下不能增加列。

当正交表$L_n(q_1^{m_1} \times q_2^{m_2} \times \cdots \times q_r^{m_r})$ 中 $r > 1$ 时，称它为**非对称正交表**或**混合水平正交表**。

可通过**对称正交表的并列**得到混合正交表。例如，把正交表$L_8(2^7)$的A列和B列构成的四对水平组合替换成4个水平：(0,0)→0、(0,1)→1、(1,0)→2、(1,1)→3，并删去它们的交互效应列AB，得到如表3-26所示的混合水平正交表$L_8(4\times 2^4)$。可从网站 http://support.sas.com/techsup/technote/ts723.html 中查阅更多的正交表。

正交表的正交性使得其安排的试验方案具有**均衡分散**和**整齐可比**的特点。均衡分散是指挑选出来的处理在全部处理中的分布比较均匀；整齐可比是指同一个因子的不同水平之间具有可比性。

例3.9

利用正交表$L_9(3^4)$的前三列来安排例3.1中的试验，得到如下试验方案：

表3-27　正交表$L_9(3^4)$得到的三因子试验方案

	B_0	C_0		B_0	C_1		B_0	C_2
A_0	B_1	C_1	A_1	B_1	C_2	A_2	B_1	C_0
	B_2	C_2		B_2	C_0		B_2	C_1

结合图3-3可以看出，立方体中任一平面上都包含3个试验点，任一直线上都包含1个试验点，即试验点是均衡分散的。结合表3-21的前三列可以看出，当比较A的不同水平时，B因子不同水平的效应相互抵消，C因子不同水平的效应也相互抵消。所以因子A的3个水平间具有可比性。同样，因子B和因子C的3个水平间也具有可比性。这就是正交设计的整齐可比性。

3.4.2　表头设计的基本原则

利用正交表设计试验时，关键的是选择合适的正交表并进行表头设计。**自由度原则**和**避免混杂原则**是表头设计需要考虑的两个基本原则。

因子主效应和交互效应的自由度定义为其偏差平方和所服从的χ^2分布的自由度（等于独立效应参数的个数），误差的自由度定义为误差平方和所服从χ^2分布的自由度。**因子主效应的自由度等于该因子水平数减一，交互效应的自由度等于交互效应中各因子主效应自由度的乘积**。定义**正交表的自由度为试验次数减一，表中各列的自由度为该列的水平数减一**。表头设计有以下三条**自由度原则**：

1）因子主效应的自由度应等于因子所在列的自由度。

2）交互效应的自由度应等于所在列的自由度或其之和。

3）所有因子主效应与交互效应的自由度之和不能超过所选正交表的自由度。

注意，当所选正交表的自由度恰为所有感兴趣的效应的自由度之和时，虽然能够给出诸效应的估计，但无法做方差分析。必须给误差平方和留有一定的自由度才能做方差分析。

用正交表安排试验，如果采用部分实施，则一列上出现的效应（主效应或交互效应）不止一个，当该列的效应显著时，无法识别是哪个因子（或交互效应）显著，称这种现象为**混杂现象**。如果试验之前能够明确哪些效应不显著，则部分实施有可能识别出所有显著的效应，表头设计的**避免混杂原则**要求尽量避免出现混杂现象。

例3.10

为了提高某产品的产量，考虑影响产量的4个主要因子：因子A为催化剂种类，$A_0=1$，$A_1=2$；因子B为反应时间，$B_0=1.5\text{h}$，$B_1=2.5\text{h}$；因子C为反应温度，$C_0=80℃$，$C_1=90℃$；因子D为催化剂的浓度，$D_0=5\%$，$D_1=7\%$。

这是一个2^4设计，如果采用$L_{16}(2^{15})$设计，虽然可以估计出所有的效应，但即便每个处理都不重复，试验次数也需要16次。由于经费所限，需要试验次数更少的试验方案。如果经验告诉我们，本例只存在二因子交互效应，没有三因子和四因子交互效应，且D和其他三个因子之间没有交互效应，而A、B、C之间可能有交互效应。于是，总共需要考虑A、B、C、D四个主效应和AB、AC、BC三个二因子交互效应，共7个自由度。我们知道正交表$L_8(2^7)$的自由度恰为7，能否利用正交表$L_8(2^7)$来设计这个试验呢？

回顾$L_8(2^7)$的交互效应表3-4，建立表3-28所示的列号与各因子主效应及交互效应的对应关系。从表中可以看出，交互效应AB与CD混杂、AC与BD混杂、BC与AD混杂、D与ABC混杂，但经验告诉我们CD、BD、AD以及ABC不显著，因而实际上并不存在混杂效应，该方案是可行的。

表3-28　2_{IV}^{4-1}设计

列名	A	B	AB	C	AC	BC	ABC	定义关系	分辨度
方案一	A	B	AB ⇕ CD	C	AC ⇕ BD	BC ⇕ AD	D ⇕ ABC	$\boldsymbol{I}=ABCD$	Ⅳ

实际工作中，即使在试验之前无法明确哪些效应可以忽略，由于经费、时间、人力等试验资源的限制，试验次数也不能太多。此时采用部分实施无法避免混杂现象，针对这种情况，Wu与Hamada给出以下三条描述效应之间关系的原则[4]。

1）效应有序原则（Effect hierarchy）：主效应比交互效应重要，低阶交互效应比高阶交互效应重要，同阶交互效应的重要性相同。效应有序原则的思想可追溯到因子设计产生之初。文献［22］第209页写到“从物理考虑和实践经验来看，（交互效应）相对于误差来说可能是很小的”。文献［30］第18页更明确地阐述了这一概念“……高阶交互效应……通常没有主效应和二因子交互效应那么有趣。”文献［4］明确提出效应有序的术语。前面提到的最大分辨率准则和最小低阶混杂准则就是基于该原则提出的。

2）效应稀疏原则（Effect sparsity）：实际问题中，重要效应的个数不会太多。这一术语由文献［36］提出，但其思想可追溯到文献［33，34］，他们指出“有时因子数目很多，但仅其中的少数有效应。”这一理念在质量工程中可追溯到更早。Pareto图（或Pareto直方图）是质量控制领域七大工具之一，质量控制大师Juran发现，在许多质量研究中，重要的少数缺陷占了总体影响的大部分，而其余的缺陷只占总体影响的很小一部分。他认为质量研究应该集中在少数的缺陷或原因上，这一基本原理非常深刻。Juran在20世纪40年代后期发展了这一概念，并将其命名为“帕累托原理”。鉴于这一历史背景，文献［37］也将效应稀疏原则称为试验设计中的帕累托原理。

3）效应遗传原则（Effect heredity）：如果一个交互效应是显著的，则至少其一个父主效应是显著的。这一思想最早可追溯到文献［30］第12页：“主效应小的因子通常没有显著的交互效应。”文献［38］首次明确提出这一概念，它最初的目的是在具有复杂别名结构的因子试验中选择模型时排除不兼容的模型。文献［39］称这里的版本为弱遗传，因为它允许父因子在模型中只出现一个。如果所有父因子在模型中均需出现，则称作强遗传。

这三条原则不是一定成立的公理，只是在没有更多信息可供利用的情况下的一种指导性原则。

称“首先保证估计主效应，其次保证估计低阶交互效应，让混杂发生在次要的交互效应之间”的办法为**混杂技术**。

例3.11

继续讨论例3.10中的试验设计问题，下面是另一个2^{4-1}方案：

表3-29　2^{4-1}_{III}设计

列名	A	B	AB	C	AC	BC	ABC	定义关系	分辨度
方案二	A ⇕ BC	B ⇕ AC	C ⇕ AB	D	AD	BD	CD	$I=ABC$	Ⅲ

若二阶交互效应可能存在，例3.10中的方案一可以估计4个因子的主效应，但所有的二阶交互效应互相混杂。本例中的方案二只能估计D的主效应和3个二阶交互效应。按照效应稀疏原则和效应有序原则，我们应该选择方案一，优先保证主效应的估计。

一般地，从一个正交表$L_n(q^m)$中取出s列组成的C_m^s个试验方案可能有不同的效果。比较不同的正交设计是试验设计领域的研究热点，现有的一些比较准则包括最大分辨度准则、最小低阶混杂准则、纯净效应、估计容量（estimation capacity）、均匀性等。3.1.4节已经介绍了最大分辨率准则和最小低阶混杂准则，文献［40］介绍了这些准则及它们之间的关系。本书第5章将介绍一些基于回归模型的最优性准则，第6章将介绍均匀性准则。至于其他准则本书就不再介绍了，感兴趣的读者可参考文献［4，41］等。

注意，如果试验中需要考虑区组，则把区组当作一个因子，也可以选用正交表来安排试验。当然，区组的数目必须与所选的正交表配套起来，即与其所在列的水平数相等。

3.4.3　等水平试验的正交设计

3.1节和3.2节中已经介绍了等水平正交表的使用。本节再通过两个例子来介绍无交互效应和有交互效应情形下等水平正交表的使用方法。

例3.12

考虑例3.1中的试验，假设根据经验，所有交互效应都不显著。效应的自由度等于3个三水平因子主效应自由度之和，即 3×(3－1)＝6，根据自由度原则，需要选择一张行数不小于7 的正交表来安排试验。由于交互效应不显著，所选正交表的列数不小于3 即可。我们选正交表$L_9(3^4)$ 的前三列安排试验，试验方案和结果列于表 3-30 中。

表 3-30　例 3.1 中试验的方案与结果

试验号	A	B	C	转化率
1	0(80℃)	0(90min)	0(5%)	31%
2	0(80℃)	1(120min)	1(6%)	54%
3	0(80℃)	2(150min)	2(7%)	38%
4	1(85℃)	0(90min)	1(6%)	53%
5	1(85℃)	1(120min)	2(7%)	49%
6	1(85℃)	2(150min)	0(5%)	42%
7	2(90℃)	0(90min)	2(7%)	57%
8	2(90℃)	1(120min)	0(5%)	62%
9	2(90℃)	2(150min)	1(6%)	64%
T_0	123%	141%	135%	
T_1	144%	165%	171%	
T_2	183%	144%	144%	
m_0	41%	47%	45%	
m_1	48%	55%	57%	
m_2	61%	48%	48%	
R	20%	8%	12%	

1. 试验结果的直观分析

本例试验目的是增加转化率，转化率越大的处理越好。9 次试验结果中以第 9 号试验的转化率为最好，高达64%，相应的处理是当前最好的处理。利用试验结果的直观分析可以获得最佳或满意的处理，还可以区分因子对响应影响的主次，步骤如下。

第一步：计算诸因子在每个水平下的平均转化率和极差。以表 3-30 的第一列为例，“T_0”行给出因子 A 反应温度在其“0”水平80℃下三次试验转化率之和，$T_0=31\%+54\%+38\%=123\%$，其均值$m_0=T_0/3=41\%$。类似地，在反应温度85℃和90℃下三次试验的平均转化率分别为 48%和 61%，极差

$$R=\max\{41\%,48\%,61\%\}-\min\{41\%,48\%,61\%\}=20\%$$

列在表的最后一行。将类似的计算应用于因子 B 和 C，详见表 3-30。

第二步：画平均转化率图。将 3 个因子的 3 个平均转化率画在一张图上，如图 3-8 所示。可以看出：温度越高，转化率越高，以90℃为最好；反应时间以 120min 转化率最高；某成分的含量以 6%转化率最高。综合起来处理（A_2,B_1,C_1）最好。

第三步：将因子对响应的影响排序。直观来看，对转化率影响大的因子不同水平对应的转化率之间差异也大。基于这个判据，从图 3-8 可看出主次关系是 $A>C>B$。主次关系也可利用极差来判断，由表 3-30 的最后一行，A、B、C 三个因子的极差分别为 20%、8% 和

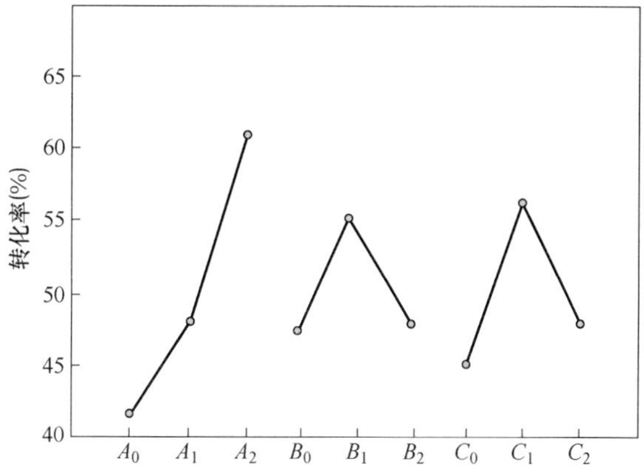

图 3-8　转化率与三因子关系图

12%，由此即可将它们对转化率的影响排序为 $A>C>B$。

第四步：追加试验。通过上述分析，推断最佳处理为（A_2,B_1,C_1）。可惜 9 次试验中没有包含这个处理，故要追加试验。最简单的方法是在（A_2,B_1,C_1）处补充几次试验，看看平均转化率是否高于现有的 9 次试验。

2. 固定效应模型与参数估计

直观分析是否合理，需要通过定量的统计推断方法来验证。根据经验，3 个因子之间没有交互效应，令因子 A 的 3 个水平的主效应为 τ_0、τ_1、τ_2，B 和 C 的 3 个水平的主效应分别 β_0、β_1、β_2 和 γ_0、γ_1、γ_2，以 y_{ijk} 表示在处理（A_i,B_j,C_k）处测得的转化率，于是固定效应模型为

$$\begin{cases} y_{ijk}=\mu+\tau_i+\beta_j+\gamma_k+\varepsilon_{ijk}, \quad \varepsilon_{ijk}\sim_{\text{i. i. d.}} N(0,\sigma^2) \\ i=0,1,2, \quad j=0,1,2, \quad k=0,1,2 \\ \tau_0+\tau_1+\tau_2=\beta_0+\beta_1+\beta_2=\gamma_0+\gamma_1+\gamma_2=0 \end{cases}$$

表 3-30 中的 9 次试验数据可用矩阵表示为

$$\boldsymbol{y}=\begin{bmatrix} y_{000}\\ y_{011}\\ y_{022}\\ y_{101}\\ y_{112}\\ y_{120}\\ y_{202}\\ y_{210}\\ y_{221} \end{bmatrix}=\begin{bmatrix} 1&1&0&1&0&1&0\\ 1&1&0&0&1&0&1\\ 1&1&0&-1&-1&-1&-1\\ 1&0&1&1&0&0&1\\ 1&0&1&0&1&-1&-1\\ 1&0&1&-1&-1&1&0\\ 1&-1&-1&1&0&-1&-1\\ 1&-1&-1&0&1&1&0\\ 1&-1&-1&-1&-1&0&1 \end{bmatrix}\begin{bmatrix} \mu\\ \tau_0\\ \tau_1\\ \beta_0\\ \beta_1\\ \gamma_0\\ \gamma_1 \end{bmatrix}+\begin{bmatrix} \varepsilon_{000}\\ \varepsilon_{011}\\ \varepsilon_{022}\\ \varepsilon_{101}\\ \varepsilon_{112}\\ \varepsilon_{120}\\ \varepsilon_{202}\\ \varepsilon_{210}\\ \varepsilon_{221} \end{bmatrix}=\boldsymbol{X\beta}+\boldsymbol{\varepsilon}$$

由最小二乘法（参考第 4 章）可得

$$\hat{\boldsymbol{\beta}}=(\boldsymbol{X}^{\mathrm{T}}\boldsymbol{X})^{-1}\boldsymbol{X}^{\mathrm{T}}\boldsymbol{y}=[50,-9,-2,-3,5,-5,7]^{\mathrm{T}}$$

即 $\hat{\mu}=50,\hat{\tau}_0=-9,\hat{\tau}_1=-2,\hat{\tau}_2=-(\hat{\tau}_0+\hat{\tau}_1)=11,\hat{\beta}_0=-3,\hat{\beta}_1=5,\hat{\beta}_2=-(\hat{\beta}_0+\hat{\beta}_1)=-2,\hat{\gamma}_0=$

$-5, \hat{\gamma}_1 = 7, \hat{\gamma}_2 = -(\hat{\gamma}_0 + \hat{\gamma}_1) = -2$。利用这些估计值来预测最佳处理（$A_2, B_1, C_1$）的响应值：

$$\hat{y}_{211} = \hat{\mu} + \hat{\tau}_2 + \hat{\beta}_1 + \hat{\gamma}_1 = 50 + 11 + 5 + 7 = 73$$

确实比所有试验结果都好。$\boldsymbol{\sigma}^2$的估计由回归分析理论给出，即

$$\hat{\sigma}^2 = \frac{1}{9-7}\boldsymbol{y}^{\mathrm{T}}(\boldsymbol{I} - \boldsymbol{X}(\boldsymbol{X}^{\mathrm{T}}\boldsymbol{X})^{-1}\boldsymbol{X}^{\mathrm{T}})\boldsymbol{y} = 9$$

此处$\boldsymbol{I}$表示9×9阶单位矩阵，详细推导参考第4章。

3. *方差分析*

考虑反应温度A对转化率是否有显著的影响，就是检验：

$$H_0^A: (\tau_0, \tau_1, \tau_2) = \boldsymbol{0}, \quad H_1^A: (\tau_0, \tau_1, \tau_2) \neq \boldsymbol{0}$$

利用方差分析方法，不难获得有关的F统计量。由于正交表的特殊结构，使得计算有关平方和的公式变得十分容易和简单。首先计算总平方和，注意到

$$\bar{y}_{\dots} = \frac{1}{9}\sum_{i=0}^{2}\sum_{j=0}^{2}\sum_{k=0}^{2} y_{ijk} = 50$$

因此

$$SS_T = \sum_{i=0}^{2}\sum_{j=0}^{2}\sum_{k=0}^{2}(y_{ijk} - \bar{y}_{\dots})^2 = 984$$

由于不同水平下的均值都是由3次试验的结果平均而得，因子A的平方和是它们的3个均值，m_0^A、m_1^A、m_2^A的偏差平方和乘以3，即

$$\begin{aligned} SS_A &= 3[(m_0^A - \bar{y}_{\dots})^2 + (m_1^A - \bar{y}_{\dots})^2 + (m_2^A - \bar{y}_{\dots})^2] \\ &= 3[(41-50)^2 + (48-50)^2 + (61-50)^2] = 618 \end{aligned}$$

类似地，由B和C的均值可算得$SS_B = 114$，$SS_C = 234$。误差平方和SS_E可通过平方和分解公式获得

$$SS_E = SS_T - SS_A - SS_B - SS_C = 984 - 618 - 114 - 234 = 18$$

也可以利用正交表$L_9(3^4)$的第四列获得。于是获得方差分析表3-31。

表3-31　转化率试验的方差分析表

方差来源	自由度	平方和	均方和	F值	p值
A	2	618	309	34.33	0.0283
B	2	114	57	6.33	0.1364
C	2	234	117	13.00	0.0714
误差	2	18	9		
总和	8	984			

当取显著性水平$\alpha = 0.05$时，只有因子A是显著的。检验不显著不一定意味着该因子对响应没有显著影响，可能是试验数目太少，使得F检验的敏感度较差。故有时通过提高α的值来解决，例如取$\alpha = 0.10$或甚至$\alpha = 0.20$。所以直观分析有时反而比方差分析能给出更合理的结论。

例3.13

考虑例3.10中的试验，该试验的目的是提高转化率，其值越大越好。假设根据经验，认为可能存在交互效应 AB 和 AC。

如果全部交互效应都显著，则需要采用正交表$L_{16}(2^{15})$。由于经验表明只存在两个二因子交互效应，采用2^{4-1}实施即可。由于交互效应 CD、BD、AD 均不显著，因而采用例3.10提供的方案一可以达到要求。试验方案和试验结果见表3-32。

表3-32　2^4因子转化率试验方案

试验号	$A(1)$	$B(2)$	$AB(3)$	$C(4)$	$AC(5)$	$D(7)$	转化率(%)
1	0	0(1.5h)	0	0(80℃)	0	0	82
2	0	0(1.5h)	0	1(90℃)	1	1	78
3	0	1(2.5h)	1	0(80℃)	0	1	76
4	0	1(2.5h)	1	1(90℃)	1	0	85
5	1	0(1.5h)	1	0(80℃)	1	1	83
6	1	0(1.5h)	1	1(90℃)	0	0	86
7	1	1(2.5h)	0	0(80℃)	1	0	92
8	1	1(2.5h)	0	1(90℃)	0	1	79
m_0	80.25	82.25	82.75	83.25	80.75	86.25	
m_1	85.00	83.00	82.50	82.00	84.50	79.00	
R	4.75	0.75	0.25	1.25	3.75	7.25	

1. 试验结果的直观分析

仿表3-30计算m_0、m_1和极差 R，其结果列于表3-32的下半部分。A、B、C 和 D 所在的四列的m_0和m_1的值反映了四个因子分别在两个水平下的均值，而 AB 和 AC 所在的两列的m_0和m_1是没有统计意义的，但由它们计算的极差 R 是有统计意义的，它们是3.1.2节定义的二因子交互效应的绝对值的估计。因此可以用 R 的值来衡量四个因子及交互效应的主次关系：

$$D > A > AC > C > B > AB$$

催化剂浓度 D 对转化率影响最大，其次是催化剂种类 A 对转化率的影响。主效应 B 和交互效应 AB 的极差都很小，表明它们对提高转化率不起显著作用。直观来看，第7号试验的转化率最高，该试验对应的处理为（A_1,B_1,C_0,D_0）。从各因子的平均转化率大小来看，（A_1,B_1,C_0,D_0）也是最好的处理。

2. 试验结果的方差分析

正交表$L_8(2^7)$一共有7列，感兴趣的效应占去6列，可将剩余的一列（BC 列）的平方和作为误差平方和。当然也可以利用总平方和减去6个感兴趣的效应的平方和得到误差平方和。各列平方和的具体计算方法参考3.1节。本试验的方差分析表列于表3-33。从表中可以看出，交互效应 AB 的 p 值0.7952最大，其次是因子 B 的 p 值0.5000也较大，然后就是

因子 C 的 p 值 0.3440。可以断定交互效应 AB 是不显著的，但因子 B 和 C 的显著性还需要进一步考察。

表 3-33　2^4 因子转化率试验方差分析表

方差来源	自由度	平方和	均方和	F 值	p 值
A	1	45.125	45.125	40.11	0.0997
B	1	1.125	1.125	1.00	0.5000
C	1	3.125	3.125	2.78	0.3440
D	1	105.125	105.125	93.44	0.0656
AB	1	0.125	0.125	0.11	0.7952
AC	1	28.125	28.125	25.00	0.1257
误差	1	1.125	1.125		
总和	7	183.875			

为进一步考察因子 B 和 C 的显著性，把最不显著的 AB 剔除（即将 AB 的平方和纳入误差平方和中）后再重新做方差分析。新的方差分析表明因子 B 是不显著的，需要剔除。剔除 B、AB、BC 后得到的方差分析表见表 3-34。从该表可以看到，D、A、AC、C 的 p 值依次为 0.0014、0.0048、0.0094、0.1410，可以认为它们都是显著的。

表 3-34　剔除 B、AB、BC 后的方差分析表

方差来源	自由度	平方和	均方和	F 值	p 值
A	1	45.125	45.125	57.00	0.0048
C	1	3.125	3.125	3.95	0.1410
D	1	105.125	105.125	132.79	0.0014
AC	1	28.125	28.125	35.53	0.0094
误差	3	2.375	0.792		
B	1	1.125			
AB	1	0.125			
BC	1	1.125			
总和	7	183.875			

下面介绍如何判断最佳处理。由于因子 D 和 A 最显著，从它们两个水平的平均响应值可知，D 因子应取水平 D_0，A 因子取水平 A_1。进一步由于 AC 也比较显著，根据 AC 来确定 C 的水平。A 和 C 共有四种搭配 (A_0,C_0)、(A_0,C_1)、(A_1,C_0)、(A_1,C_1)，从表 3-32 中可以看到每种搭配下有两次试验，相应的都有两个响应值，试验结果总结于表 3-35。

表 3-35　因子 A 和 C 的四种组合的试验结果

	A_0		A_1	
C_0	82	76	83	92
C_1	78	85	86	79

从上表可以看出，由交互效应 AC 得到 A 和 C 的最佳搭配为 (A_1, C_0)，其中 A 因子的最优水平与单独考虑 A 因子时的结果一致，而 C 的最优水平与从表 3-32 中单独看 C 的最优水平也是一致的，于是得到最优搭配 (A_1, C_0, D_0)。反应时间 B 的水平对转化率没有显著影响，但还是可以从表 3-32 中选择平均转化率稍大的反应时间 B_1，最终得到最好的处理为 (A_1, B_1, C_0, D_0)，它与直观分析的结果一致，且恰好是第 7 号试验。

3.4.4　不等水平试验的正交设计

实际问题中，由于客观条件的限制或者对因子重视的程度不同，使各个因子的水平个数可能不全相等，这时如何利用正交表制定试验方案呢？通常有两种办法：利用混合水平的正交表和拟水平法。

$L_8(4\times2^4)$，$L_{16}(4\times2^{12})$，$L_{16}(4^4\times2^3)$ 等正交表都是混合水平的正交表，如果选的水平数符合这些表的要求，便可直接套用。

例3.14

为了探索胶压木板的制造工艺，选了如表 3-36 所示的因子和水平。

表 3-36　胶压板试验因子

因子水平	压力(A)	温度(B)	时间(C)
1	8kgf	95℃	9min
2	10kgf	90℃	10min
3	11kgf		
4	12kgf		

在不考虑交互效应的前提下，本试验的方案可以直接套用正交表 $L_8(4\times2^4)$，四水平的因子放在第一列，其余两个因子放在后四列的任两列，例如放在第二列和第三列，即表 3-37。

表 3-37　胶压板试验方案

列号	1	2	3	4	5
因子	A	B	C		

该试验由四位有经验的专家打分，最高 6 分，最低 1 分。试验结果见表 3-38。

表 3-38　胶压板试验的方案和试验结果

试验号	A/kgf	B/℃	C/min	打分				总分
1	8(0)	95(0)	9(0)	6	6	6	4	22
2	8(0)	90(1)	12(1)	6	5	4	4	19
3	10(1)	95(0)	9(0)	4	3	2	2	11
4	10(1)	90(1)	12(1)	4	4	3	2	13
5	11(2)	95(0)	12(1)	2	1	1	1	5

（续）

试验号	A/kgf	B/℃	C/min	打分				总分
6	11(2)	90(1)	9(0)	4	4	4	2	14
7	12(3)	95(0)	12(1)	4	3	2	1	10
8	12(3)	90(1)	9(0)	6	5	4	2	17
T_0	41	48	64					
T_1	24	63	47					
T_2	19							
T_3	27							
m_0	5.1	3.0	4.0					
m_1	3.0	3.9	2.9					
m_2	2.4							
m_3	3.4							
R	2.7	0.9	1.1					

在等水平试验中，用极差 R 来衡量所选因子对响应影响的大小。当水平数不同时，即便两个因子对指标有等同影响，水平多的因子极差应该也要大一些，直接比较 R 不符合直观。统计学家们采用如下折算公式

$$R' = \sqrt{m} \times R \times \rho$$

来解决这一问题，其中 m 表示该因子在每一水平下的重复试验次数，ρ 为折算系数，不同水平数因子的折算系数见表 3-39。

表 3-39 极差折算系数

水平数	2	3	4	5	6	7	8	9
折算系数	0.71	0.52	0.45	0.40	0.37	0.35	0.34	0.32

因子 A 是 4 水平，其折算系数是 0.45，折算结果

$$R'_A = \sqrt{m_A} \times R_A \times 0.45 = \sqrt{8} \times 2.7 \times 0.45 = 3.4$$

这里 R_A 为表 3-38 最后一行所列的因子 A 的水平极差。B 和 C 是二水平，折算系数是 0.71，折算结果为

$$R'_B = \sqrt{m_B} \times R_B \times 0.71 = \sqrt{16} \times 0.9 \times 0.71 = 2.6$$

$$R'_C = \sqrt{m_C} \times R_C \times 0.71 = \sqrt{16} \times 1.1 \times 0.71 = 3.1$$

最后用 R'_A，R'_B，R'_C 的大小来分主次关系，得到主次关系 $A > C > B$。由表 3-38 及上述分析，最佳处理为：压力 8kg(A_0)，温度95℃(B_1)，时间 9min(C_0)。

为了方差分析，需要计算各因子的平方和。结合正交表的均衡性以及平方和的定义，因子 A 的平方和可按下式计算：

$$SS_A = 8 \times [(m_0^A - \bar{y}_{\ldots})^2 + (m_1^A - \bar{y}_{\ldots})^2 + (m_2^A - \bar{y}_{\ldots})^2 + (m_3^A - \bar{y}_{\ldots})^2]$$

因子 B 的平方和可按下式计算：

$$SS_B = 16 \times [(m_0^B - \bar{y}_{\ldots})^2 + (m_1^B - \bar{y}_{\ldots})^2]$$

因子 C 的平方和与因子 B 的平方和的计算公式类似。试验的方差分析结果见表3-40，结果表明3个因子对胶压板质量都有显著的影响。

表3-40 胶板试验方差分析表

方差来源	自由度	平方和	均方和	F值	p值
压力	3	33.34375	11.11460	9.46	0.0002
温度	1	7.03125	7.03125	5.98	0.0215
时间	1	9.03125	9.03125	7.68	0.0102
误差	26	30.56250	1.17755	—	—
总和	31	79.96875	—	—	—

如果在例3.11的试验中还要考虑搅拌速度因子 D，而电动机只有快和慢两档，这时能否还用 $L_9(3^4)$ 来安排呢？这是可以的，解决的方法就是给搅拌速度凑足3个水平。让搅拌速度快的（或慢的）一档多重复一次，凑成第3个水平，然后把 A、B、C、D 分别安放在 $L_9(3^4)$ 的四列上，便得到了表3-41所示的试验方案。

表3-41 拟水平法利用正交表

因子水平	温度(A)	时间(B)	加碱量(C)	搅拌速度(D)
1	80℃	90min	5%	快速
2	85℃	120min	6%	慢速
3	90℃	150min	7%	快速

这种凑足水平的方法叫作**拟水平法**。下面再看一个利用拟水平法的例子。

例3.15

玻璃绝缘子钢化试验选的因子水平如表3-42所示。

表3-42 玻璃绝缘子钢化试验因子（一）

因子水平	1	2	3	4	5
保温温度/℃	700	685	670	710	720
保温时间/h	5.5	4.5	3.5	2.5	1.5
上风压/kPa	80	110	130	160	180
下风压/kPa	240	300	340	380	440
风栅形状	Ⅰ	Ⅱ	Ⅲ	Ⅳ	—
主风嘴大小	6	9	12	—	—

其中前4个因子都是5水平的，后2个因子分别是4水平和3水平的，没有现成的正交表可以套用。比较合适的办法是选正交表 $L_{25}(5^6)$，将最后两个因子凑足5个水平。在风栅形状这个因子中，工程师估计形状Ⅱ效果较好，将它重复一次，凑成第五个水平；在主风嘴大小因子中，估计9和12比较好，将它们分别重复一次，凑成五个水平，于是因子、水平变成

如表 3-43 所示的分布。

表 3-43　玻璃绝缘子钢化试验因子（二）

因子水平	1	2	3	4	5
保温温度/℃	700	685	670	710	720
保温时间/h	5.5	4.5	3.5	2.5	1.5
上风压/kPa	80	110	130	160	180
下风压/kPa	240	300	340	380	440
风栅形状	Ⅰ	Ⅱ	Ⅲ	Ⅳ	Ⅱ
主风嘴大小	6	9	12	9	12

将 6 个因子分别放在正交表$L_{25}(5^6)$的六列上，便得到了试验方案。

拟水平法在实行时方法简单，但处理组合出现的频率不平衡，有时会给试验数据分析带来一些困难，这里就不再叙述了。

习　　题

一、选择题

1. 2^2因子试验中，如果（1）$=96.5$，$a=170.5$，$b=182.0$，$ab=200.5$，则交互效应 AB 的估计值为________。

A. -55.5　　B. -27.75　　C. 55.5　　D. 27.75

2. 2^2因子试验中，如果（1）$=96.5$，$a=170.5$，$b=182.0$，$ab=200.5$，则交互效应 AB 的平方和为（保留两位小数）________。

A. 3080.25　　B. 1540.13　　C. 770.06　　D. 385.03

3. 2^3因子试验中，主效应和交互效应的个数分别为________。

A. 3，3　　B. 3，4　　C. 3，5　　D. 2，5

4. 2^k因子试验中，二因子交互效应的自由度之和为________。

A. $k(k-1)/2$　　B. k　　C. 2^k-1　　D. 不能确定

5. 在 $m=3$ 的2^4因子设计中，已知因子 B 的对照为

$$\text{Contract}_B=(a+1)(b-1)(c+1)(d+1)=256$$

交互效应 BD 的对照为

$$\text{Contract}_{BD}=(a+1)(b-1)(c+1)(d-1)=32$$

则主效应 B 的估计和交互效应 BD 的平方和分别为________。

A. 21.33，21.33　　B. 10.67，21.33　　C. 21.33，64　　D. 10.67，64

6. 下列关于分辨度的说法错误的是________。

A. 分辨度Ⅲ设计中，主效应之间没有混杂，但至少有一个主效应与某个二阶效应混杂

B. 分辨度Ⅳ设计中，主效应之间、主效应和二阶交互效应之间没有混杂，但至少有一个主效应与某个三阶效应混杂

C. 分辨度Ⅴ设计中，主效应之间、主效应和二阶交互效应之间，任意两对三阶交互效应之间没有混杂

D. 给定一个分辨度为Ⅲ的部分因子设计，补充一个改变某单因子符号的折叠设计后，可估计该因子的主效应及其二阶交互效应

7. 下列关于2^{k-p}部分实施方案的论述中，错误的是________。

A. 一共有 p 个基本生成字

B. 分辨度相同的2^{k-p}设计中，低阶混杂越少的设计越好

C. 每个主效应均与2^p个交互效应互相混杂

D. p 越大，所需的试验次数越少，效应混杂越多

8. $L_4(2^3)$ 中的数字 3 表示________。

A. 正交表的列数　　B. 因子水平数

C. 正交表的行数　　D. 试验次数

9. 正交表$L_8(2^7)$ 的基本列包括________。

A. 三分列，六分列，八分列

B. 二分列，四分列，八分列

C. 二分列，三分列，四分列

D. 三分列，九分列，二十七分列

10. 下列关于正交表$L_8(4\times2^4)$ 的论述中错误的是________。

A. 一共包含 6 列

B. 一共包含 8 行

C. 任意挑选 3 列构成的新表还是正交表

D. 可安排 1 个四水平因子和 4 个二水平因子

二、判断题

1. 部分因子试验中，试验次数越少，效应混杂越多。（　）
2. 设计的分辨度是它的最小生成字的字长。（　）
3. 分辨度为Ⅲ的设计中，二因子交互效应和主效应不会产生混杂。（　）
4. 分辨度Ⅳ的设计二因子交互效应之间不会产生混杂。（　）
5. 部分实施方案的分辨度越高越好，具有相同分辨度的部分实施方案中，具有最小低阶混杂的方案最好。（　）
6. 从正交表中抽取部分列组成新的表还是正交表。（　）
7. 正交表的自由度不小于其各列的自由度之和。（　）
8. 称两张正交表为等价的，如果对其中一张正交表进行行置换和列置换可以得到另一张正交表。（　）

三、填空题

1. 多因子试验的设计通常有三种策略：单因子轮换、________和________。

2. 2^3因子试验中：三个主效应的自由度之和为________，三个二因子交互效应的自由度之和为________；考虑交互效应时应采用正交表________来安排试验，不考虑交互效应时可以采用更小的正交表________来安排试验。

3. 考虑一个定义关系子群为 $\{\boldsymbol{I},ABE,CDE,ABCD\}$ 的2^{5-2}设计，它的字长型为________，它的分辨度为________，与主效应 A 发生混杂的二因子交互效应是________。

4. 现有一个2^{6-3}设计的四个生成字 $\{ABE,ACF,BDF,CDE\}$，它的定义关系子群为________，字长型为________，分辨度为________，与主效应 A 发生混杂的二因子交互效应包括________和________。

5. 3^3因子试验中：交互效应 $A\times B\times C$ 的自由度为________，考虑交互效应时应采用正交表________来安排试验，不需要考虑交互效应时采用正交表________来安排试验可使试验次数较少。

6. 称所有因子水平数相同的正交表为________。

7. 表头设计时应需要考虑的两个基本原则是________和________。

8. 首先保证估计主效应，其次保证估计低阶交互效应，让混杂发生在次要的交互效应之间，这种办法称为________。

四、简答题

1. 请根据 3.1.2 节提供的方法构造正交表$L_{16}(2^{15})$。

2. 写出正交表$L_{32}(2^{31})$ 的 $ABCD$ 列。

3. 证明在3^2因子试验中，有平方和分解式 $SS_{A\times B}=SS_{AB}+SS_{A2B}$。

4. 利用正交表$L_{27}(3^{13})$ 可以把 $SS_{A\times B\times C}$分解为 $SS_{ABC}+SS_{A2B2C}+SS_{A2BC}+SS_{AB2C}$，试写出每一分量的表达式。

5. 用行数最少的正交表给出下列试验问题的表头设计：

(1) 5 个二水平因子 A、B、C、D、E，并考察交互效应 AB；

(2) 7 个二水平因子 A、B、C、D、E、F，G，并考察交互效应 AB、AC、AD、BC、BD、CD、CF、DF；

(3) 6 个三水平因子 A、B、C、D、E、F，并考察交互效应 BD、BE、DF。

6. 请尝试利用并列方法得到混合水平正交表$L_{16}(4^4\times 2^3)$ 和$L_{16}(4\times 2^{12})$。

7. 2^{k-p}设计的全部生成字加上单位元后，为什么对列名运算封闭？

8. 由2^{k-p}设计的基本生成字能够给出所有生成字。如果称能够生成所有生成字的生成字组为2^{k-p}设计的定义关系的一个基，则基是唯一的吗？

9. 能否根据正交表$L_{2k}(2^{2k-1})$和$L_{3k}\left(3^{\frac{3k-1}{3-1}}\right)$的构造规律，归纳出一般的完备正交表$L_{qk}\left(q^{\frac{qk-1}{q-1}}\right)$的构造方法。

10. 利用等价的正交表进行试验设计数据分析，有何不同？利用同构正交表呢？

五、综合题

1. 有机锡是一种塑料稳定剂，为提高它的产量，考察 5 个二水平试验因子：A 是两种不同的催化剂种类；B 是两种催化剂的用量，1.0g 和 1.5g；C 是两种配比，1.5∶1 和 2.5∶1；D 是溶剂的用量，10ml 和 20ml；E 是反应时间，2h 和 1.5h。用$L_8(2^7)$ 安排试验，表头设计见表 3-44。

表 3-44　正交表$L_8(2^7)$ 安排2^5因子试验的表头设计

因子	A	B		C	D	E	
列号	1	2	3	4	5	6	7

8 次试验的结果分别为 92.3、90.4、87.3、88.0、87.3、84.8、83.4、84.0，设数据服从正态分布。

(1) 写出试验的固定效应模型；

(2) 利用正交表的直观分析法对因子的重要性进行排序；

(3) 给出使产量最高的生产条件，并对最优条件下的平均产量做区间估计（$\alpha=0.05$）；

(4) 假定交互效应都不显著，检验主效应的显著性；

(5) 给出该方案的定义关系子群、字长型和分辨度。

2. 用一个2^{5-2}设计研究五个二水平因子对产量的影响：A 是冷凝温度，B 是材料一的量，C 是溶剂量，D 是凝结时间，E 是材料二的量。结果如下：$abcde=23.2$，$bc=16.9$，$ab=23.8$，$ace=16.8$，$cd=15.5$，$ad=16.2$，$bde=23.4$，$e=18.1$。

(1) 给出五个主效应的估计；

(2) 写出方差分析表，并判断交互效应 AB 和 CD 能否视作误差；

(3) 证明 ACE 和 BDE 是这个部分实施方案的生成字；

(4) 写出设计的定义关系子群和所有别名关系。

3. 研究 5 个因子对汽车使用的簧片自由高度的影响：A 是炉温、B 是加热时间、C 是传递时间、D 是保持时间、E 是淬火温度。得到表 3-45 所示的数据。

表 3-45　簧片试验数据

A	B	C	D	E	自由高度		
−	−	−	−	−	7.78	7.78	7.81
+	−	−	+	−	8.15	8.18	7.88
−	+	−	+	−	7.50	7.56	7.50
+	+	−	−	−	7.59	7.56	7.75
−	−	+	+	−	7.54	8.00	7.88
+	−	+	−	−	7.69	8.09	8.06
−	+	+	−	−	7.56	7.52	7.44
+	+	+	+	−	7.56	7.81	7.69
−	−	−	−	+	7.50	7.25	7.12
+	−	−	+	+	7.88	7.88	7.44
−	+	−	+	+	7.50	7.56	7.50
+	+	−	−	+	7.63	7.75	7.56
−	−	+	+	+	7.32	7.46	7.44
+	−	+	−	+	7.56	7.69	7.62
−	+	+	−	+	7.18	7.18	7.25
+	+	+	+	+	7.81	7.50	7.69

（1）对数据进行直观分析，并对因子重要性进行排序；

（2）对数据进行方差分析，判断因子的显著性；

（3）写出这个设计的定义关系，并判断它的分辨度；

（4）这是一个 5 因子 16 个试验的最好设计吗？能否找出一个有 5 个因子 16 个试验的部分实施方案比这个设计具有更高的分辨度？

第 4 章 数据的回归分析

第 3 章考虑的试验因子在试验中都只取几个离散的水平，固定效应模型也仅能给出在这些水平组合处响应值的估计和预测。从本章起，考虑所有因子都可连续取值的情形。假定试验空间 $\mathcal{X}$ 为 $\mathbb{R}^p$ 中规则的矩形，并假定响应模型为**回归模型**的形式：

$$y = f(\boldsymbol{x}) + \varepsilon$$

即不同处理处的试验误差 ε 之间没有相关性。回归模型中的参数包括回归函数 $f(\boldsymbol{x})$ 中的参数和随机误差 ε 的分布中的参数。为简单起见，我们假定 ε 为零均值的高斯随机变量，其方差为 σ^2。根据对回归函数 f 认知程度的不同，回归模型可分为以下两类。

1）参数回归模型（parametric regression model）。知道 f 的形式而不知道其中的参数，即 $f(\boldsymbol{x}) = f(\boldsymbol{x};\boldsymbol{\beta})$，其中 $\boldsymbol{\beta} \in \mathbb{R}^m$ 由未知参数组成。特别地，

① 当 $f(\boldsymbol{x};\boldsymbol{\beta})$ 是 $\boldsymbol{\beta}$ 的线性函数，即 $y = \boldsymbol{f}^{\mathrm{T}}(\boldsymbol{x})\boldsymbol{\beta} + \varepsilon$ 时，称为**线性回归模型**，简称**线性模型**（linear model），这里 $\boldsymbol{f}(\boldsymbol{x})$ 为由 m 个线性独立的已知函数 $f_1(\boldsymbol{x}), f_2(\boldsymbol{x}), \cdots, f_m(\boldsymbol{x})$ 组成的向量；

② 否则称为**非线性回归模型**，简称**非线性模型**（nonlinear model）。

2）非参数回归模型（nonparametric regression model）。不知道 f 的形式，仅知道 f 属于某一函数类 $\mathcal{F}$，如单调函数类、光滑函数类等。

本章简单介绍线性回归模型的统计推断理论，更多知识可参考文献［42-45］等。

注意，回归模型刻画的可以是变量之间的相关关系，也可以是因果关系。刻画 y 与 $\boldsymbol{x}$ 之间的相关关系时，回归模型是给定 $\boldsymbol{x}$ 的条件下 y 的期望，这种模型一般称为**经验模型**（empirical model）。例如，统计学家 Galton 和他的学生 Karl Pearson 的论文《遗传的身高向平均数方向的回归》中给出的子女身高 y 与父母平均身高 x 之间的关系

$$y = 33.73 + 0.516x$$

是一个经验模型，是从 1078 个家庭的身高数据中归纳得到的。刻画 y 与 x 之间因果关系的回归模型为**机理模型**（mechanism model）。例如，万有引力定律

$$F = G\frac{m_1 m_2}{r^2}$$

是一个机理模型，它用一个参数 G 就将响应变量引力与 m_1，m_2 和 r 三个自变量之间的关系刻画清楚了。经验模型可能比较复杂，虽然能够很好地拟合数据，但无法保证预测能力；机理模型通常很简洁，各参数均有明确的物理含义，且解释能力和预测能力都很强。

4.1 线性模型的参数估计

设 $\boldsymbol{x} \in \mathbb{R}^p$ 表示 p 个连续的试验因子。考虑线性回归模型

$$y = \boldsymbol{f}^{\mathrm{T}}(\boldsymbol{x})\boldsymbol{\beta} + \varepsilon \tag{4.1}$$

其中，$\varepsilon \sim N(0, \sigma^2)$ 表示零均值的随机误差；$\boldsymbol{f}(\boldsymbol{x})$ 为由 m 个线性独立的已知函数 $f_1(\boldsymbol{x})$，$f_2(\boldsymbol{x})$，…，$f_m(\boldsymbol{x})$ 组成的向量，即不存在 m 个不完全为0的实数c_1，c_2，…，c_m，使得

$$c_1 f_1(\boldsymbol{x}) + c_2 f_2(\boldsymbol{x}) + \cdots + c_m f_m(\boldsymbol{x}) \equiv 0$$

$\boldsymbol{\beta} = [\beta_1, \beta_2, \cdots, \beta_m]^{\mathrm{T}}$表示未知的回归系数向量。本章中，我们总以 m 表示线性模型中回归系数的个数，而以 p 表示试验因子（自变量）的个数。

注意，“线性回归模型”中的“线性”一词针对的是参数而不是自变量。例如，

$$y = \beta_0 + \beta_1 x_1 + \beta_2 x_2 + \beta_3 x_1^2 x_2 + \varepsilon$$

是一个线性回归模型，它是参数的线性函数，而不是自变量的线性函数。

线性回归模型的这个定义是十分广泛的，为加深对其理解，下面列举几个常见的线性模型。

例4.1

一元 $m-1$ 阶多项式回归模型

$$y = \beta_1 + \beta_2 x + \beta_3 x^2 + \cdots + \beta_m x^{m-1} + \varepsilon$$

是一个线性模型，此时试验因子个数 $p=1$，已知的函数向量 $\boldsymbol{f}(x) = [1, x, x^2, \cdots, x^{m-1}]^{\mathrm{T}}$，待估参数向量 $\boldsymbol{\beta} = [\beta_1, \beta_2, \cdots, \beta_m]^{\mathrm{T}}$；多元一阶多项式回归模型

$$y = \beta_0 + \beta_1 x_1 + \cdots + \beta_p x_p + \varepsilon$$

是一个线性模型，这里 $\boldsymbol{f}(\boldsymbol{x}) = [1, x_1, x_2, \cdots, x_p]^{\mathrm{T}}, \boldsymbol{\beta} = [\beta_0, \beta_1, \cdots, \beta_p]^{\mathrm{T}}, m = p+1$，其中$\beta_0$称为截距项（intercept term）；多元二阶多项式回归模型

$$y = \beta_0 + \sum_{i=1}^{p} \beta_i x_i + \sum_{i \leqslant j} \beta_{ij} x_i x_j + \varepsilon$$

是一个线性模型，请读者尝试写出这个模型中 m，$\boldsymbol{f}(\boldsymbol{x})$ 和 $\boldsymbol{\beta}$；指数增长模型 $y = \alpha \mathrm{e}^{\beta x}$，两边取对数得到线性模型

$$\log y = \log \alpha + \beta x$$

这里 $p=1$，$m=2$，$\boldsymbol{f}(x) = [1, x]^{\mathrm{T}}$，$\boldsymbol{\beta} = [\log\alpha, \beta]^{\mathrm{T}}$。

设由线性回归模型的 n 组独立试验得到的样本$\{(\boldsymbol{x}_i, y_i): i = 1, 2, \cdots, n\}$：

$$\begin{cases} y_i = \boldsymbol{f}^{\mathrm{T}}(\boldsymbol{x}_i)\boldsymbol{\beta} + \varepsilon_i \\ i = 1, 2, \cdots, n \\ \varepsilon_1, \varepsilon_2, \cdots, \varepsilon_n \sim_{\mathrm{i.i.d.}} N(0, \sigma^2) \end{cases} \tag{4.2}$$

记 $\boldsymbol{y} = [y_1, y_2, \cdots, y_n]^{\mathrm{T}}, \boldsymbol{\varepsilon} = [\varepsilon_1, \varepsilon_2, \cdots, \varepsilon_n]^{\mathrm{T}}$，以及

$$\boldsymbol{X} = \begin{bmatrix} f_1(\boldsymbol{x}_1) & f_2(\boldsymbol{x}_1) & \cdots & f_m(\boldsymbol{x}_1) \\ f_1(\boldsymbol{x}_2) & f_2(\boldsymbol{x}_2) & \cdots & f_m(\boldsymbol{x}_2) \\ \vdots & \vdots & & \vdots \\ f_1(\boldsymbol{x}_n) & f_2(\boldsymbol{x}_n) & \cdots & f_m(\boldsymbol{x}_n) \end{bmatrix}$$

称 $\boldsymbol{X}$ 为**广义设计矩阵**（generalized design matrix），它由设计$\xi_n = \{\boldsymbol{x}_1, \boldsymbol{x}_2, \cdots, \boldsymbol{x}_n\}$ 决定。根据独立性假设，$\boldsymbol{\varepsilon} \sim N(\boldsymbol{0}, \sigma^2 \boldsymbol{I})$，式（4.2）可改写为矩阵形式

$$\begin{cases} \boldsymbol{y} = \boldsymbol{X\beta} + \boldsymbol{\varepsilon} \\ \boldsymbol{\varepsilon} \sim N(\boldsymbol{0}, \sigma^2 \boldsymbol{I}) \end{cases} \tag{4.3}$$

这里略去了向量和矩阵的维数记号，请根据上下文辨识。

4.1.1 模型参数的极大似然估计

线性回归模型中的未知参数包括回归系数$\boldsymbol{\beta}$和误差的方差σ^2。由于$\boldsymbol{y} \sim N(\boldsymbol{X\beta}, \sigma^2\boldsymbol{I})$，故参数（$\boldsymbol{\beta},\sigma^2$）的似然函数为

$$\frac{1}{(2\pi\sigma^2)^{\frac{n}{2}}}\exp\left\{-\frac{1}{2\sigma^2}(\boldsymbol{y}-\boldsymbol{X\beta})^{\mathrm{T}}(\boldsymbol{y}-\boldsymbol{X\beta})\right\}$$

对数似然函数为

$$\ell(\boldsymbol{\beta},\sigma^2) = -\frac{n}{2}\ln(2\pi) - \frac{n}{2}\ln(\sigma^2) - \frac{1}{2\sigma^2}(\boldsymbol{y}-\boldsymbol{X\beta})^{\mathrm{T}}(\boldsymbol{y}-\boldsymbol{X\beta})$$

注意到对任意$\boldsymbol{x} \in \mathbb{R}^n$，$\boldsymbol{a} \in \mathbb{R}^n$以及$n \times n$阶对称矩阵$\boldsymbol{A}$，都有

$$\frac{\partial \boldsymbol{a}^{\mathrm{T}}\boldsymbol{Ax}}{\partial \boldsymbol{x}} = \boldsymbol{A}^{\mathrm{T}}\boldsymbol{a}, \quad \frac{\partial \boldsymbol{x}^{\mathrm{T}}\boldsymbol{Ax}}{\partial \boldsymbol{x}} = 2\boldsymbol{Ax}$$

对对数似然函数求导，并令导数等于0，得到方程组

$$\begin{cases} \dfrac{\partial \ell(\boldsymbol{\beta},\sigma^2)}{\partial \sigma^2} = -\dfrac{n}{2\sigma^2} + \dfrac{1}{2\sigma^4}(\boldsymbol{y}-\boldsymbol{X\beta})^{\mathrm{T}}(\boldsymbol{y}-\boldsymbol{X\beta}) = 0 \\ \dfrac{\partial \ell(\boldsymbol{\beta},\sigma^2)}{\partial \boldsymbol{\beta}} = \dfrac{1}{\sigma^2}\boldsymbol{X}^{\mathrm{T}}(\boldsymbol{y}-\boldsymbol{X\beta}) = \boldsymbol{0} \end{cases} \tag{4.4}$$

由方程组（4.4）的第二个方程可解得

$$\hat{\boldsymbol{\beta}}_{\mathrm{ML}} = (\boldsymbol{X}^{\mathrm{T}}\boldsymbol{X})^{-1}\boldsymbol{X}^{\mathrm{T}}\boldsymbol{y} \tag{4.5}$$

将$\hat{\boldsymbol{\beta}}_{\mathrm{ML}}$代入方程组（4.4）的第一个方程，得到

$$\hat{\sigma}^2_{\mathrm{ML}} = \frac{1}{n}(\boldsymbol{y}-\boldsymbol{X}\hat{\boldsymbol{\beta}}_{\mathrm{ML}})^{\mathrm{T}}(\boldsymbol{y}-\boldsymbol{X}\hat{\boldsymbol{\beta}}_{\mathrm{ML}}) \tag{4.6}$$

求解过程中要求矩阵$\boldsymbol{X}^{\mathrm{T}}\boldsymbol{X}$可逆，这等价于矩阵$\boldsymbol{X}$列满秩，即$\mathrm{rank}(\boldsymbol{X}) = m$。试验次数$n$不少于参数个数$m$是$\boldsymbol{X}$列满秩的必要条件。

定义

$$Q(\boldsymbol{\beta}) \overset{\mathrm{def}}{=\!=} \|\boldsymbol{y}-\boldsymbol{X\beta}\|^2 = (\boldsymbol{y}-\boldsymbol{X\beta})^{\mathrm{T}}(\boldsymbol{y}-\boldsymbol{X\beta}) \tag{4.7}$$

为**残差平方和**（residual sum of squares），它是利用$\boldsymbol{X\beta}$表示$\boldsymbol{y}$后剩余部分的平方和。由于$\hat{\boldsymbol{\beta}}_{\mathrm{ML}}$使$Q(\boldsymbol{\beta})$达到极小值，因此也称$\hat{\boldsymbol{\beta}}_{\mathrm{ML}}$为**最小二乘估计**（least square estimator）。定义

$$\mathrm{RSS} \overset{\mathrm{def}}{=\!=} \|\boldsymbol{y}-\boldsymbol{X}\hat{\boldsymbol{\beta}}_{\mathrm{ML}}\|^2$$

表示残差平方和的最小值，则$\hat{\sigma}^2_{\mathrm{ML}} = \mathrm{RSS}/n$。RSS刻画了线性模型对数据的拟合程度：**RSS越小，线性模型对数据的拟合程度越好。**

得到回归系数的估计后，可以计算出响应变量的回归值为

$$\hat{\boldsymbol{y}} = \boldsymbol{X}\hat{\boldsymbol{\beta}}_{\mathrm{ML}} = \boldsymbol{X}(\boldsymbol{X}^{\mathrm{T}}\boldsymbol{X})^{-1}\boldsymbol{X}^{\mathrm{T}}\boldsymbol{y} \tag{4.8}$$

注意到$\boldsymbol{X}(\boldsymbol{X}^{\mathrm{T}}\boldsymbol{X})^{-1}\boldsymbol{X}^{\mathrm{T}}$是对称幂等矩阵，$\hat{\boldsymbol{y}}$是$\boldsymbol{y}$向某一超平面（$\boldsymbol{X}$的像空间）的投影。定义**残差向量**（residual vector）为

$$\boldsymbol{e} \overset{\mathrm{def}}{=\!=} \boldsymbol{y} - \hat{\boldsymbol{y}} \tag{4.9}$$

将$\hat{\boldsymbol{y}}$代入，可得

$$\boldsymbol{e}=[\boldsymbol{I}-\boldsymbol{X}(\boldsymbol{X}^{\mathrm{T}}\boldsymbol{X})^{-1}\boldsymbol{X}^{\mathrm{T}}]\boldsymbol{y}$$

上式可用于计算残差向量的取值。将$\boldsymbol{y}=\boldsymbol{X\beta}+\boldsymbol{\varepsilon}$代入上式，可得

$$\boldsymbol{e}=[\boldsymbol{I}-\boldsymbol{X}(\boldsymbol{X}^{\mathrm{T}}\boldsymbol{X})^{-1}\boldsymbol{X}^{\mathrm{T}}]\boldsymbol{\varepsilon}$$

可见$\boldsymbol{e}$是高斯随机向量$\boldsymbol{\varepsilon}$的线性变换，因此它还是高斯随机向量。由于$\boldsymbol{X}(\boldsymbol{X}^{\mathrm{T}}\boldsymbol{X})^{-1}\boldsymbol{X}^{\mathrm{T}}$和$\boldsymbol{I}-\boldsymbol{X}(\boldsymbol{X}^{\mathrm{T}}\boldsymbol{X})^{-1}\boldsymbol{X}^{\mathrm{T}}$都是对称幂等矩阵，且它们的乘积为$n\times n$阶零矩阵。因此，

$$\hat{\boldsymbol{y}}^{\mathrm{T}}\boldsymbol{e}=0,\boldsymbol{e}^{\mathrm{T}}\boldsymbol{e}+\hat{\boldsymbol{y}}^{\mathrm{T}}\hat{\boldsymbol{y}}=\boldsymbol{y}^{\mathrm{T}}\boldsymbol{y} \tag{4.10}$$

可将$\boldsymbol{e}$、$\hat{\boldsymbol{y}}$和$\boldsymbol{y}$理解为直角三角形的三条边，它们满足勾股定理。

4.1.2 回归系数估计的性质

设$\hat{\boldsymbol{\beta}}$为参数$\boldsymbol{\beta}$的某种估计，$\hat{\boldsymbol{\beta}}$的**均方误差**（mean square error，MSE）定义为

$$\mathrm{MSE}(\hat{\boldsymbol{\beta}})\overset{\mathrm{def}}{=}E[(\hat{\boldsymbol{\beta}}-\boldsymbol{\beta})^{\mathrm{T}}(\hat{\boldsymbol{\beta}}-\boldsymbol{\beta})]$$

对于一维参数而言，**均方误差等于偏差的平方与方差的和**：

$$\begin{aligned}\mathrm{MSE}(\hat{\boldsymbol{\beta}})&=E[(\hat{\boldsymbol{\beta}}-E(\hat{\boldsymbol{\beta}})+E(\hat{\boldsymbol{\beta}})-\boldsymbol{\beta})^2]\\&=E(\hat{\boldsymbol{\beta}}-E(\hat{\boldsymbol{\beta}}))^2+2(E(\hat{\boldsymbol{\beta}})-\boldsymbol{\beta})E(\hat{\boldsymbol{\beta}}-E(\hat{\boldsymbol{\beta}}))+(E(\hat{\boldsymbol{\beta}})-\boldsymbol{\beta})^2\\&=\mathrm{Var}(\hat{\boldsymbol{\beta}})+\mathrm{bias}^2(\hat{\boldsymbol{\beta}})\end{aligned}$$

因此用均方误差来衡量参数估计的精度是比较合适的。

为方便起见，以下记$\hat{\boldsymbol{\beta}}_{\mathrm{ML}}$为$\hat{\boldsymbol{\beta}}$。注意到

$$\hat{\boldsymbol{\beta}}=(\boldsymbol{X}^{\mathrm{T}}\boldsymbol{X})^{-1}\boldsymbol{X}^{\mathrm{T}}\boldsymbol{y}=(\boldsymbol{X}^{\mathrm{T}}\boldsymbol{X})^{-1}\boldsymbol{X}^{\mathrm{T}}(\boldsymbol{X\beta}+\boldsymbol{\varepsilon})=\boldsymbol{\beta}+(\boldsymbol{X}^{\mathrm{T}}\boldsymbol{X})^{-1}\boldsymbol{X}^{\mathrm{T}}\boldsymbol{\varepsilon} \tag{4.11}$$

马上可得到下述结论。

定理4.1 线性模型$\boldsymbol{y}\sim N(\boldsymbol{X\beta},\sigma^2\boldsymbol{I})$中，参数$\boldsymbol{\beta}$的最小二乘估计$\hat{\boldsymbol{\beta}}$具有如下性质：

1）$\hat{\boldsymbol{\beta}}\sim N(\boldsymbol{\beta},\sigma^2(\boldsymbol{X}^{\mathrm{T}}\boldsymbol{X})^{-1})$。

2）设$0<\lambda_1\leqslant\cdots\leqslant\lambda_m$为$\boldsymbol{X}^{\mathrm{T}}\boldsymbol{X}$的特征值，则$\mathrm{MSE}(\hat{\boldsymbol{\beta}})=\sigma^2\sum_{k=1}^{m}\lambda_k^{-1}$。

证明：利用式（4.11）可知，

$$E(\hat{\boldsymbol{\beta}})=\boldsymbol{\beta}+(\boldsymbol{X}^{\mathrm{T}}\boldsymbol{X})^{-1}\boldsymbol{X}^{\mathrm{T}}E(\boldsymbol{\varepsilon})=\boldsymbol{\beta}$$

$$\begin{aligned}\mathrm{Cov}(\hat{\boldsymbol{\beta}})&=E[(\hat{\boldsymbol{\beta}}-\boldsymbol{\beta})(\hat{\boldsymbol{\beta}}-\boldsymbol{\beta})^{\mathrm{T}}]=E[(\boldsymbol{X}^{\mathrm{T}}\boldsymbol{X})^{-1}\boldsymbol{X}^{\mathrm{T}}\boldsymbol{\varepsilon}((\boldsymbol{X}^{\mathrm{T}}\boldsymbol{X})^{-1}\boldsymbol{X}^{\mathrm{T}}\boldsymbol{\varepsilon})^{\mathrm{T}}]\\&=E[(\boldsymbol{X}^{\mathrm{T}}\boldsymbol{X})^{-1}\boldsymbol{X}^{\mathrm{T}}\boldsymbol{\varepsilon}\boldsymbol{\varepsilon}^{\mathrm{T}}\boldsymbol{X}(\boldsymbol{X}^{\mathrm{T}}\boldsymbol{X})^{-1}]=(\boldsymbol{X}^{\mathrm{T}}\boldsymbol{X})^{-1}\boldsymbol{X}^{\mathrm{T}}E(\boldsymbol{\varepsilon}\boldsymbol{\varepsilon}^{\mathrm{T}})\boldsymbol{X}(\boldsymbol{X}^{\mathrm{T}}\boldsymbol{X})^{-1}\\&=\sigma^2(\boldsymbol{X}^{\mathrm{T}}\boldsymbol{X})^{-1}\boldsymbol{X}^{\mathrm{T}}\boldsymbol{X}(\boldsymbol{X}^{\mathrm{T}}\boldsymbol{X})^{-1}=\sigma^2(\boldsymbol{X}^{\mathrm{T}}\boldsymbol{X})^{-1}\end{aligned}$$

1）得证。再次利用式（4.11），可得

$$\mathrm{MSE}(\hat{\boldsymbol{\beta}})=E[((\boldsymbol{X}^{\mathrm{T}}\boldsymbol{X})^{-1}\boldsymbol{X}^{\mathrm{T}}\boldsymbol{\varepsilon})^{\mathrm{T}}(\boldsymbol{X}^{\mathrm{T}}\boldsymbol{X})^{-1}\boldsymbol{X}^{\mathrm{T}}\boldsymbol{\varepsilon}]=E[\boldsymbol{\varepsilon}^{\mathrm{T}}\boldsymbol{X}(\boldsymbol{X}^{\mathrm{T}}\boldsymbol{X})^{-1}(\boldsymbol{X}^{\mathrm{T}}\boldsymbol{X})^{-1}\boldsymbol{X}^{\mathrm{T}}\boldsymbol{\varepsilon}]$$

由于$\boldsymbol{\varepsilon}^{\mathrm{T}}\boldsymbol{X}(\boldsymbol{X}^{\mathrm{T}}\boldsymbol{X})^{-1}(\boldsymbol{X}^{\mathrm{T}}\boldsymbol{X})^{-1}\boldsymbol{X}^{\mathrm{T}}\boldsymbol{\varepsilon}$是一个数，因此

$$E[\boldsymbol{\varepsilon}^{\mathrm{T}}\boldsymbol{X}(\boldsymbol{X}^{\mathrm{T}}\boldsymbol{X})^{-1}(\boldsymbol{X}^{\mathrm{T}}\boldsymbol{X})^{-1}\boldsymbol{X}^{\mathrm{T}}\boldsymbol{\varepsilon}]=E[\mathrm{tr}(\boldsymbol{\varepsilon}^{\mathrm{T}}\boldsymbol{X}(\boldsymbol{X}^{\mathrm{T}}\boldsymbol{X})^{-1}(\boldsymbol{X}^{\mathrm{T}}\boldsymbol{X})^{-1}\boldsymbol{X}^{\mathrm{T}}\boldsymbol{\varepsilon})]$$

利用矩阵求迹运算的性质，得

$$E[\mathrm{tr}(\boldsymbol{\varepsilon}^{\mathrm{T}}\boldsymbol{X}(\boldsymbol{X}^{\mathrm{T}}\boldsymbol{X})^{-1}(\boldsymbol{X}^{\mathrm{T}}\boldsymbol{X})^{-1}\boldsymbol{X}^{\mathrm{T}}\boldsymbol{\varepsilon})]=\mathrm{tr}((\boldsymbol{X}^{\mathrm{T}}\boldsymbol{X})^{-1}\boldsymbol{X}^{\mathrm{T}}E(\boldsymbol{\varepsilon}\boldsymbol{\varepsilon}^{\mathrm{T}})\boldsymbol{X}(\boldsymbol{X}^{\mathrm{T}}\boldsymbol{X})^{-1})=\sigma^2\mathrm{tr}((\boldsymbol{X}^{\mathrm{T}}\boldsymbol{X})^{-1})$$

注意到$\boldsymbol{X}^{\mathrm{T}}\boldsymbol{X}$是对称正定矩阵，故存在正交矩阵$\boldsymbol{P}$，使得$\boldsymbol{X}^{\mathrm{T}}\boldsymbol{X}=\boldsymbol{P\Lambda P}^{\mathrm{T}}$，其中$\boldsymbol{\Lambda}=\mathrm{diag}(\lambda_1,\lambda_2,\cdots,\lambda_m)$，于是，

$$\mathrm{MSE}(\hat{\boldsymbol{\beta}})=\sigma^2\mathrm{tr}((\boldsymbol{X}^{\mathrm{T}}\boldsymbol{X})^{-1})=\sigma^2\mathrm{tr}(\boldsymbol{\Lambda}^{-1})=\sigma^2\sum_{k=1}^{m}\lambda_k^{-1}$$

由此可见，给定方差σ^2下，最小二乘估计$\hat{\boldsymbol{\beta}}$的性质完全由矩阵$(\boldsymbol{X}^{\mathrm{T}}\boldsymbol{X})^{-1}$也即广义设计矩阵$\boldsymbol{X}$决定。

➢ 记矩阵$(\boldsymbol{X}^{\mathrm{T}}\boldsymbol{X})^{-1}$的第$i$行第$j$列元素为$M_{ij}$，则$\mathrm{Var}(\hat{\beta}_i)=\sigma^2 M_{ii}$，$\mathrm{Cov}(\hat{\beta}_i,\hat{\beta}_j)=\sigma^2 M_{ij}$。因$\hat{\beta}_i$为$\beta_i$的无偏估计，所以$\mathrm{Var}(\hat{\beta}_i)$的大小可作为$\hat{\beta}_i$好坏的标准。

➢ 只要$\boldsymbol{X}^{\mathrm{T}}\boldsymbol{X}$有一个很小的特征值，就会导致$\mathrm{MSE}(\hat{\boldsymbol{\beta}})$很大。这提示我们：试验设计应使得矩阵$\boldsymbol{X}^{\mathrm{T}}\boldsymbol{X}$没有很小的特征值。

➢ 一般来说，n越大，即试验次数越多，矩阵$\boldsymbol{X}^{\mathrm{T}}\boldsymbol{X}$的特征值也就越大，参数$\boldsymbol{\beta}$的最小二乘估计的均方误差也就越小。

由于高斯随机向量的线性变换还是高斯随机向量，利用定理4.1可得到如下推论。

推论4.1 设$\hat{\boldsymbol{\beta}}$为线性模型$\boldsymbol{y}\sim N(\boldsymbol{X\beta},\sigma^2\boldsymbol{I})$中参数$\boldsymbol{\beta}$的最小二乘估计，则对任意矩阵$\boldsymbol{A}_{k\times m}$，都有$\boldsymbol{A}\hat{\boldsymbol{\beta}}\sim N(\boldsymbol{A\beta},\sigma^2\boldsymbol{A}(\boldsymbol{X}^{\mathrm{T}}\boldsymbol{X})^{-1}\boldsymbol{A}^{\mathrm{T}})$。特别地，对任意$\boldsymbol{c}\in\mathbb{R}^m$都有$\boldsymbol{c}^{\mathrm{T}}\hat{\boldsymbol{\beta}}\sim N(\boldsymbol{c}^{\mathrm{T}}\boldsymbol{\beta},\sigma^2\boldsymbol{c}^{\mathrm{T}}(\boldsymbol{X}^{\mathrm{T}}\boldsymbol{X})^{-1}\boldsymbol{c})$。

任给$\boldsymbol{x}$，取$\boldsymbol{c}=\boldsymbol{f}(\boldsymbol{x})$，并以$\hat{y}(\boldsymbol{x})=\boldsymbol{f}^{\mathrm{T}}(\boldsymbol{x})\hat{\boldsymbol{\beta}}$作为点$\boldsymbol{x}$处响应值$y(\boldsymbol{x})$的预测，则

$$\hat{y}(\boldsymbol{x})\sim N(\boldsymbol{f}^{\mathrm{T}}(\boldsymbol{x})\boldsymbol{\beta},\sigma^2\boldsymbol{f}^{\mathrm{T}}(\boldsymbol{x})(\boldsymbol{X}^{\mathrm{T}}\boldsymbol{X})^{-1}\boldsymbol{f}(\boldsymbol{x})) \tag{4.12}$$

即$\hat{y}(\boldsymbol{x})$是无偏预测，且预测方差为$\sigma^2\boldsymbol{f}^{\mathrm{T}}(\boldsymbol{x})(\boldsymbol{X}^{\mathrm{T}}\boldsymbol{X})^{-1}\boldsymbol{f}(\boldsymbol{x})$。

4.1.3 σ^2的无偏估计

2.2节中提到，单因子固定效应模型中σ^2的极大似然估计不是无偏的。考虑到单因子固定效应模型也是线性模型，$\hat{\sigma}^2_{\mathrm{ML}}$应该也不是无偏的。

事实上，将$\hat{\boldsymbol{\beta}}_{\mathrm{ML}}$代入$RSS$中，得到

$$\begin{aligned} RSS &= (\boldsymbol{y}-\boldsymbol{X}\hat{\boldsymbol{\beta}}_{\mathrm{ML}})^{\mathrm{T}}(\boldsymbol{y}-\boldsymbol{X}\hat{\boldsymbol{\beta}}_{\mathrm{ML}})=\boldsymbol{y}^{\mathrm{T}}[\boldsymbol{I}-\boldsymbol{X}(\boldsymbol{X}^{\mathrm{T}}\boldsymbol{X})^{-1}\boldsymbol{X}^{\mathrm{T}}]\boldsymbol{y} \\ &= [\boldsymbol{y}-\boldsymbol{X}(\boldsymbol{\beta}+(\boldsymbol{X}^{\mathrm{T}}\boldsymbol{X})^{-1}\boldsymbol{X}^{\mathrm{T}}\boldsymbol{\varepsilon})]^{\mathrm{T}}[\boldsymbol{y}-\boldsymbol{X}(\boldsymbol{\beta}+(\boldsymbol{X}^{\mathrm{T}}\boldsymbol{X})^{-1}\boldsymbol{X}^{\mathrm{T}}\boldsymbol{\varepsilon})] \\ &= \boldsymbol{\varepsilon}^{\mathrm{T}}[\boldsymbol{I}-\boldsymbol{X}(\boldsymbol{X}^{\mathrm{T}}\boldsymbol{X})^{-1}\boldsymbol{X}^{\mathrm{T}}]\boldsymbol{\varepsilon} \end{aligned}$$

其中，$\boldsymbol{y}^{\mathrm{T}}[\boldsymbol{I}-\boldsymbol{X}(\boldsymbol{X}^{\mathrm{T}}\boldsymbol{X})^{-1}\boldsymbol{X}^{\mathrm{T}}]\boldsymbol{y}$可用于计算$RSS$的值，而$\boldsymbol{\varepsilon}^{\mathrm{T}}[\boldsymbol{I}-\boldsymbol{X}(\boldsymbol{X}^{\mathrm{T}}\boldsymbol{X})^{-1}\boldsymbol{X}^{\mathrm{T}}]\boldsymbol{\varepsilon}$可用于分析$RSS$的统计性质。可见，$RSS$是高斯随机向量的二次型。

由于$\boldsymbol{I}-\boldsymbol{X}(\boldsymbol{X}^{\mathrm{T}}\boldsymbol{X})^{-1}\boldsymbol{X}^{\mathrm{T}}$是对称幂等矩阵，根据引理2.3，$RSS/\sigma^2$服从自由度为

$$\mathrm{rank}(\boldsymbol{I}-\boldsymbol{X}(\boldsymbol{X}^{\mathrm{T}}\boldsymbol{X})^{-1}\boldsymbol{X}^{\mathrm{T}})=\mathrm{tr}(\boldsymbol{I}-\boldsymbol{X}(\boldsymbol{X}^{\mathrm{T}}\boldsymbol{X})^{-1}\boldsymbol{X}^{\mathrm{T}})=n-\mathrm{tr}(\boldsymbol{X}(\boldsymbol{X}^{\mathrm{T}}\boldsymbol{X})^{-1}\boldsymbol{X}^{\mathrm{T}})=n-m$$

的χ^2分布。又由于

$$(\boldsymbol{X}^{\mathrm{T}}\boldsymbol{X})^{-1}\boldsymbol{X}^{\mathrm{T}}[\boldsymbol{I}-\boldsymbol{X}(\boldsymbol{X}^{\mathrm{T}}\boldsymbol{X})^{-1}\boldsymbol{X}^{\mathrm{T}}]=\boldsymbol{0}$$

根据引理2.3，RSS/σ^2与$\hat{\boldsymbol{\beta}}$互相独立。综上所述，得到如下定理：

定理4.2 设线性模型$\boldsymbol{y}\sim N(\boldsymbol{X\beta},\sigma^2\boldsymbol{I})$中，$\hat{\boldsymbol{\beta}}$为参数的最小二乘估计，$RSS$为对应的残差平方和。则$RSS$与$\hat{\boldsymbol{\beta}}$独立，$RSS/\sigma^2\sim\chi^2(n-m)$，且统计量

$$\hat{\sigma}^2=\frac{RSS}{n-m}$$

是σ^2的无偏估计。

事实上，本书前面讨论的统计模型基本上都是线性模型，如正态总体的统计推断、两样本t检验、固定效应模型等。下面利用线性模型的参数估计理论，来导出正态总体的统计推断以及两样本t检验。

例4.2

2.1.2 节的引理 2.4 给出了单正态总体的参数估计方法：设

$$\{y_1,y_2,\cdots,y_n\}\sim_{\text{i.i.d.}}N(\mu,\sigma^2)$$

以

$$\bar{y}.\overset{\text{def}}{=}\frac{1}{n}\sum_{i=1}^{n}y_i,\quad S_n^2\overset{\text{def}}{=}\frac{1}{n-1}\sum_{i=1}^{n}(y_i-\bar{y}.)^2$$

分别表示样本均值和样本方差，则

$$\bar{y}.\sim N\left(\mu,\frac{\sigma^2}{n}\right),\frac{n-1}{\sigma^2}S_n^2\sim\chi^2(n-1)$$

且$\bar{y}.$与S_n^2互相独立。

首先将这个问题表示为线性模型。此时没有试验因子 $\boldsymbol{x}$，只有每次试验的结果 y_i，可理解为$\boldsymbol{f}(\boldsymbol{x})\equiv1$，而 $\boldsymbol{\beta}=[\mu]$ 为一维向量，依然有模型 $y_i=\boldsymbol{f}^{\text{T}}(\boldsymbol{x}_i)\boldsymbol{\beta}+\varepsilon_i$。写成矩阵形式就是：

$$\begin{bmatrix}y_1\\y_2\\\vdots\\y_n\end{bmatrix}=\begin{bmatrix}1\\1\\\vdots\\1\end{bmatrix}\mu+\begin{bmatrix}\varepsilon_1\\\varepsilon_2\\\vdots\\\varepsilon_n\end{bmatrix}$$

广义设计矩阵 $\boldsymbol{X}=[1,1,\cdots,1]^{\text{T}}$。由于 $\{\varepsilon_1,\varepsilon_2,\cdots,\varepsilon_n\}\sim_{\text{i.i.d.}}N(0,\sigma^2)$，故

$$(\boldsymbol{X}^{\text{T}}\boldsymbol{X})^{-1}=\frac{1}{n},\boldsymbol{X}^{\text{T}}\boldsymbol{y}=\sum_{i=1}^{n}y_i$$

$$\hat{\mu}=(\boldsymbol{X}^{\text{T}}\boldsymbol{X})^{-1}\boldsymbol{X}^{\text{T}}\boldsymbol{y}=\frac{1}{n}\sum_{i=1}^{n}y_i=\bar{y}$$

套用定理 4.1，可以得到以下两个结论：

1）$\hat{\mu}\sim N(\mu,\sigma^2/n)$。

2）由于$\boldsymbol{X}^{\text{T}}\boldsymbol{X}=n$ 作为 1×1 的矩阵时，其特征值为 n，因此 $\text{MSE}(\hat{\mu})=\sigma^2/n$，这是由于$\hat{\mu}$是$\mu$ 的无偏估计，因此均方误差等于方差。

残差平方和

$$RSS=\sum_{i=1}^{n}(y_i-\hat{\mu})^2$$

由于 $m=1$，套用定理 4.2 就得到了引理 2.4 的全部结论。

例4.3

2.1.3 节的引理 2.5 给出了两样本 t 检验：设 $\{y_{11},y_{12},\cdots,y_{1n_1}\}\sim_{\text{i.i.d.}}N(\mu_1,\sigma^2)$和$\{y_{21},y_{22},\cdots,y_{2n_2}\}\sim_{\text{i.i.d.}}N(\mu_2,\sigma^2)$互相独立，以

$$\bar{y}_1.\overset{\text{def}}{=}\frac{1}{n_1}\sum_{i=1}^{n_1}y_{1i},\quad S_1^2\overset{\text{def}}{=}\frac{1}{n_1-1}\sum_{i=1}^{n_1}(y_{1i}-\bar{y}_1.)^2$$

$$\bar{y}_2.\overset{\text{def}}{=}\frac{1}{n_2}\sum_{i=1}^{n_2}y_{2i},\quad S_2^2\overset{\text{def}}{=}\frac{1}{n_2-1}\sum_{i=1}^{n_2}(y_{2i}-\bar{y}_2.)^2$$

分别表示它们的样本均值和样本方差，则

$$\sqrt{\frac{n_1 n_2(n_1+n_2-2)}{n_1+n_2}}\frac{(\bar{y}_{1}.-\mu_1)-(\bar{y}_{2}.-\mu_2)}{\sqrt{(n_1-1)S_1^2+(n_2-1)S_2^2}}\sim t(n_1+n_2-2)$$

下面用线性模型的理论来得到这个结论。首先写出线性模型。此时自变量 x 可以认为是一个二水平定性因子，取“0”水平时表示第一个总体，取“1”水平时表示第二个总体；向量函数 $\boldsymbol{f}(x)=[f_1(x),f_2(x)]^{\mathrm{T}}$，其中

$$f_1(x)=\begin{cases}1, x=0\\0, x=1\end{cases}, f_2(x)=\begin{cases}0, x=0\\1, x=1\end{cases}$$

回归系数向量 $\boldsymbol{\beta}=[\mu_1,\mu_2]^{\mathrm{T}}$ 为二维向量。写成矩阵形式，得到

$$\begin{bmatrix}y_{11}\\ \vdots\\ y_{1n_1}\\ y_{21}\\ \vdots\\ y_{2n_2}\end{bmatrix}=\begin{bmatrix}1 & 0\\ \vdots & \vdots\\ 1 & 0\\ 0 & 1\\ \vdots & \vdots\\ 0 & 1\end{bmatrix}\begin{bmatrix}\mu_1\\ \mu_2\end{bmatrix}+\begin{bmatrix}\varepsilon_{11}\\ \vdots\\ \varepsilon_{1n_1}\\ \varepsilon_{21}\\ \vdots\\ \varepsilon_{2n_2}\end{bmatrix}$$

广义设计矩阵为

$$\boldsymbol{X}=\begin{bmatrix}1 & \cdots & 1 & 0 & \cdots & 0\\ 0 & \cdots & 0 & 1 & \cdots & 1\end{bmatrix}^{\mathrm{T}}$$

由于两组样本的方差相同，误差的方差矩阵为对角矩阵 $\sigma^2\boldsymbol{I}$，于是

$$\boldsymbol{X}^{\mathrm{T}}\boldsymbol{X}=\begin{bmatrix}n_1 & 0\\ 0 & n_2\end{bmatrix}, \boldsymbol{X}^{\mathrm{T}}\boldsymbol{y}=\begin{bmatrix}\sum_{i=1}^{n_1} y_{1i}\\ \sum_{i=1}^{n_2} y_{2i}\end{bmatrix}$$

故回归系数的估计为

$$\hat{\boldsymbol{\beta}}=\begin{bmatrix}\hat{\mu}_1\\ \hat{\mu}_2\end{bmatrix}=(\boldsymbol{X}^{\mathrm{T}}\boldsymbol{X})^{-1}\boldsymbol{X}^{\mathrm{T}}\boldsymbol{y}=\begin{bmatrix}\bar{y}_1.\\ \bar{y}_2.\end{bmatrix}$$

推论 4.2 提到对任意的 $\boldsymbol{c}\in\mathbb{R}^m$，$\boldsymbol{c}^{\mathrm{T}}\hat{\boldsymbol{\beta}}\sim N(\boldsymbol{c}^{\mathrm{T}}\boldsymbol{\beta},\sigma^2\boldsymbol{c}^{\mathrm{T}}(\boldsymbol{X}^{\mathrm{T}}\boldsymbol{X})^{-1}\boldsymbol{c})$，简单比较试验要对比 μ_1 和 μ_2，我们取 $\boldsymbol{c}=[1,-1]^{\mathrm{T}}$，得到

$$\hat{\mu}_1-\hat{\mu}_2\sim N\left(\mu_1-\mu_2,\frac{\sigma^2}{n_1}+\frac{\sigma^2}{n_2}\right)$$

于是，

$$\frac{(\hat{\mu}_1-\hat{\mu}_2)-(\mu_1-\mu_2)}{\sqrt{\sigma^2/n_1+\sigma^2/n_2}}\sim N(0,1)$$

残差平方和为

$$\begin{aligned}RSS&=\boldsymbol{y}^{\mathrm{T}}(\boldsymbol{I}-\boldsymbol{X}(\boldsymbol{X}^{\mathrm{T}}\boldsymbol{X})^{-1}\boldsymbol{X}^{\mathrm{T}})\boldsymbol{y}=\sum_{i=1}^{n_1}(y_{1i}-\bar{y}_1.)^2+\sum_{i=1}^{n_2}(y_{2i}-\bar{y}_2.)^2\\&=(n_1-1)S_1^2+(n_2-1)S_2^2\end{aligned}$$

根据定理4.2，$(n_1-1)S_1^2+(n_2-1)S_2^2$与$\hat{\mu}_1-\hat{\mu}_2$互相独立，且

$$\frac{(n_1-1)S_1^2}{\sigma^2}+\frac{(n_2-1)S_2^2}{\sigma^2}\sim\chi^2(n_1+n_2-2)$$

根据 t 分布的定义就可以得到两样本 t 检验的统计量。

两样本 t 检验可视作二水平单因子试验中对照的显著性检验。将这种思路推广到一般情况下对照的显著性检验，可利用本节的两个定理得到定理2.2的结论，感兴趣的读者可以尝试这一过程。

4.2 线性模型的假设检验

对问题建立回归模型后，需要对回归模型进行检验，包括对回归模型的显著性检验和对回归系数的显著性检验。为简单起见，本节在假定 $\boldsymbol{\varepsilon}\sim N(\boldsymbol{0},\sigma^2\boldsymbol{I})$ 的基础上，进一步假定向量函数$\boldsymbol{f}(\boldsymbol{x})$ 含有常数分量1，即

$$\boldsymbol{f}(\boldsymbol{x})=[1,f_2(\boldsymbol{x}),\cdots,f_m(\boldsymbol{x})]^{\mathrm{T}}$$

对应的回归系数$\boldsymbol{\beta}$ 中，其第一项β_1称为**截距项**。

4.2.1 回归模型的显著性检验

对回归模型的显著性检验即检验自变量从整体上对因变量是否有明显的影响，为此提出假设

$$H_0:\boldsymbol{\beta}_{-1}=\boldsymbol{0},H_1:\boldsymbol{\beta}_{-1}\neq\boldsymbol{0} \tag{4.13}$$

如果通过检验没有拒绝原假设H_0，则 y 与 $\boldsymbol{x}$ 之间的关系由模型（4.1）表示不合适。这里，$\boldsymbol{\beta}_{-1}=[\beta_2,\beta_3,\cdots,\beta_m]^{\mathrm{T}}$表示去除了截距项$\beta_1$后的回归系数向量。

检验方法是做方差分析。注意到总平方和

$$SS_T=\sum_{i=1}^n(y_i-\bar{y})^2=\sum_{i=1}^n(y_i-\hat{y}_i)^2+2\sum_{i=1}^n(y_i-\hat{y}_i)(\hat{y}_i-\bar{y})+\sum_{i=1}^n(\hat{y}_i-\bar{y})^2$$

其中$\bar{y}$表示 y_1，y_2，…，y_n的平均值。注意到

$$\sum_{i=1}^n(y_i-\hat{y}_i)(\hat{y}_i-\bar{y})=\sum_{i=1}^n e_i\hat{y}_i-\bar{y}\sum_{i=1}^n e_i$$

由$\hat{\boldsymbol{y}}^{\mathrm{T}}\boldsymbol{e}=0$ 可知上式第一项0；由

$$\boldsymbol{X}^{\mathrm{T}}\boldsymbol{e}=\boldsymbol{X}^{\mathrm{T}}[\boldsymbol{I}-\boldsymbol{X}(\boldsymbol{X}^{\mathrm{T}}\boldsymbol{X})^{-1}\boldsymbol{X}^{\mathrm{T}}]\boldsymbol{y}=\boldsymbol{0}$$

且$f_1(\boldsymbol{x})\equiv1$，即 $\boldsymbol{X}$ 的第一列全为1，可知 $\sum\limits_{i=1}^n e_i=0$。因此有平方和分解式

$$SS_T=SS_E+SS_R \tag{4.14}$$

其中 $SS_E\overset{\mathrm{def}}{=}\sum\limits_{i=1}^n(y_i-\hat{y}_i)^2$恰为残差平方和 RSS；$SS_R\overset{\mathrm{def}}{=}\sum\limits_{i=1}^n(\hat{y}_i-\bar{y})^2$为**回归平方和**。

定理4.3 如果回归函数中$f_1(\boldsymbol{x})\equiv1$，则当$H_0$为真时，

$$F\overset{\mathrm{def}}{=}\frac{SS_R/(m-1)}{SS_E/(n-m)}\sim F(m-1,n-m)$$

特别地，对于给定的显著性水平 α，检验问题（4.13）的拒绝域为 $F>F_{1-\alpha}(m-1,n-m)$。

注：以上定理成立的前提条件是$f_1(\boldsymbol{x})\equiv 1$，只有这样才能保证 $\sum_{i=1}^{n} e_i=0$，使得平方和分解式（4.14）成立。

4.2.2 回归系数的逐个检验

如果回归模型中包含一些对 y 影响不大的自变量，会增加待估参数的个数而使得参数估计的精度降低。因此，通过回归模型的显著性检验后还需对每个自变量进行检验，剔除不重要的自变量，建立更简单的线性回归模型。

检验向量函数 $f(\boldsymbol{x})$ 的第 j 个分量$f_j(\boldsymbol{x})$ 是否显著就等价于检验

$$H_{0j}:\beta_j=0, H_{1j}:\beta_j\neq 0$$

若原假设成立，则$f_j(\boldsymbol{x})$ 可从回归方程中剔除。

我们知道，$\hat{\boldsymbol{\beta}}\sim N(\boldsymbol{\beta},\sigma^2(\boldsymbol{X}^{\mathrm{T}}\boldsymbol{X})^{-1})$。因此，根据 2.1 节的引理 2.1，如果用$M_{jj}$表示矩阵$(\boldsymbol{X}^{\mathrm{T}}\boldsymbol{X})^{-1}$的第 j 个主对角元，则$\hat{\beta}_j\sim N(\beta_j,\ \sigma^2 M_{jj})$。从而

$$\frac{\hat{\beta}_j-\beta_j}{\sigma\sqrt{M_{jj}}}\sim N(0,1)$$

因上式中 σ 未知，不能直接以它作为统计量来检验假设H_0。根据定理 4.2 和 t 分布的定义可知，

$$t_j\overset{\text{def}}{=\!=}\frac{\hat{\beta}_j-\beta_j}{\sqrt{M_{jj}RSS/(n-m)}}\sim t(n-m)$$

因此，给定检验水平 α，当

$$|t_j|=\frac{|\hat{\beta}_j|}{\sqrt{M_{jj}RSS/(n-m)}}\geqslant t_{1-\alpha/2}(n-m)$$

时，拒绝原假设H_0，认为β_j显著异于 0；否则认为$f_j(\boldsymbol{x})$ 对 y 无显著影响。

4.2.3 回归系数的分组检验

除逐个对自变量的显著性进行检验外，还可以分批次检验。设 $r\in\{1,2,\cdots,m-1\}, k+r=m$，将矩阵 $\boldsymbol{X}$ 和向量 $\boldsymbol{\beta}$ 进行分块得

$$\boldsymbol{X}=[\boldsymbol{X}_k,\boldsymbol{X}_r],\quad \boldsymbol{\beta}=[\boldsymbol{\beta}_k^{\mathrm{T}},\boldsymbol{\beta}_r^{\mathrm{T}}]^{\mathrm{T}}$$

其中，$\boldsymbol{X}_k$和$\boldsymbol{X}_r$分别为 $n\times k$ 和 $n\times r$ 的列满秩矩阵。称 $y=\boldsymbol{X}_k\boldsymbol{\beta}_k+\boldsymbol{X}_r\boldsymbol{\beta}_r+\varepsilon$ 为**全模型**，相应地，

$$\hat{\boldsymbol{\beta}}=(\boldsymbol{X}^{\mathrm{T}}\boldsymbol{X})^{-1}\boldsymbol{X}^{\mathrm{T}}\boldsymbol{y}=[\hat{\boldsymbol{\beta}}_k^{\mathrm{T}},\hat{\boldsymbol{\beta}}_r^{\mathrm{T}}]^{\mathrm{T}}$$

$$RSS=\boldsymbol{y}^{\mathrm{T}}[\boldsymbol{I}-\boldsymbol{X}(\boldsymbol{X}^{\mathrm{T}}\boldsymbol{X})^{-1}\boldsymbol{X}^{\mathrm{T}}]\boldsymbol{y}$$

称 $y=\boldsymbol{X}_k\boldsymbol{\beta}_k+\varepsilon$ 为**选模型**。相应地，

$$\tilde{\boldsymbol{\beta}}_k=(\boldsymbol{X}_k^{\mathrm{T}}\boldsymbol{X}_k)^{-1}\boldsymbol{X}_k^{\mathrm{T}}\boldsymbol{y}$$

$$RSS_{H_0}=\boldsymbol{y}^{\mathrm{T}}[\boldsymbol{I}-\boldsymbol{X}_k(\boldsymbol{X}_k^{\mathrm{T}}\boldsymbol{X}_k)^{-1}\boldsymbol{X}_k^{\mathrm{T}}]\boldsymbol{y}$$

定理 4.4 考虑检验问题

$$H_0:\boldsymbol{\beta}_r=\boldsymbol{0}, H_1:\boldsymbol{\beta}_r\neq\boldsymbol{0}$$

当原假设H_0成立时，RSS 与$RSS_{H_0}-RSS$ 相互独立，且

$$\frac{RSS_{H_0}-RSS}{\sigma^2}\sim\chi^2(r),\frac{(RSS_{H_0}-RSS)/r}{RSS/(n-m)}\sim F(r,n-m)$$

证明： 记 $\boldsymbol{H}=\boldsymbol{X}(\boldsymbol{X}^{\mathrm{T}}\boldsymbol{X})^{-1}\boldsymbol{X}^{\mathrm{T}}$，$\boldsymbol{H}_k=\boldsymbol{X}_k(\boldsymbol{X}_k^{\mathrm{T}}\boldsymbol{X}_k)^{-1}\boldsymbol{X}_k^{\mathrm{T}}$，则 $\boldsymbol{I}-\boldsymbol{H}$ 和 $\boldsymbol{I}-\boldsymbol{H}_k$ 分别为秩为 $n-m$ 和 $n-k$ 的对称幂等矩阵。根据对称幂等矩阵的性质，存在正交矩阵$\boldsymbol{P}_1$，使得

$$\boldsymbol{P}_1(\boldsymbol{I}-\boldsymbol{H}_k)\boldsymbol{P}_1^{\mathrm{T}}=\begin{bmatrix}\boldsymbol{I}_{(n-k)\times(n-k)} & \boldsymbol{O}_{(n-k)\times k}\\ \boldsymbol{O}_{k\times(n-k)} & \boldsymbol{O}_{k\times k}\end{bmatrix}$$

利用分块矩阵的求逆公式

$$\begin{bmatrix}\boldsymbol{A} & \boldsymbol{B}\\ \boldsymbol{C} & \boldsymbol{D}\end{bmatrix}^{-1}=\begin{bmatrix}\boldsymbol{A}^{-1}+\boldsymbol{A}^{-1}\boldsymbol{B}(\boldsymbol{D}-\boldsymbol{C}\boldsymbol{A}^{-1}\boldsymbol{B})^{-1}\boldsymbol{C}\boldsymbol{A}^{-1} & -\boldsymbol{A}^{-1}\boldsymbol{B}(\boldsymbol{D}-\boldsymbol{C}\boldsymbol{A}^{-1}\boldsymbol{B})^{-1}\\ -(\boldsymbol{D}-\boldsymbol{C}\boldsymbol{A}^{-1}\boldsymbol{B})^{-1}\boldsymbol{C}\boldsymbol{A}^{-1} & (\boldsymbol{D}-\boldsymbol{C}\boldsymbol{A}^{-1}\boldsymbol{B})^{-1}\end{bmatrix}$$

得到

$$\begin{aligned}(\boldsymbol{X}^{\mathrm{T}}\boldsymbol{X})^{-1}&=\begin{bmatrix}\boldsymbol{X}_k^{\mathrm{T}}\boldsymbol{X}_k & \boldsymbol{X}_k^{\mathrm{T}}\boldsymbol{X}_r\\ \boldsymbol{X}_r^{\mathrm{T}}\boldsymbol{X}_k & \boldsymbol{X}_r^{\mathrm{T}}\boldsymbol{X}_r\end{bmatrix}^{-1}\\ &=\begin{bmatrix}(\boldsymbol{X}_k^{\mathrm{T}}\boldsymbol{X}_k)^{-1}+(\boldsymbol{X}_k^{\mathrm{T}}\boldsymbol{X}_k)^{-1}\boldsymbol{X}_k^{\mathrm{T}}\boldsymbol{X}_r\boldsymbol{G}^{-1}\boldsymbol{X}_r^{\mathrm{T}}\boldsymbol{X}_k(\boldsymbol{X}_k^{\mathrm{T}}\boldsymbol{X}_k)^{-1} & -(\boldsymbol{X}_k^{\mathrm{T}}\boldsymbol{X}_k)^{-1}\boldsymbol{X}_k^{\mathrm{T}}\boldsymbol{X}_r\boldsymbol{G}^{-1}\\ -\boldsymbol{G}^{-1}\boldsymbol{X}_r^{\mathrm{T}}\boldsymbol{X}_k(\boldsymbol{X}_k^{\mathrm{T}}\boldsymbol{X}_k)^{-1} & \boldsymbol{G}^{-1}\end{bmatrix}\end{aligned}$$

其中 $\boldsymbol{G}=\boldsymbol{X}_r^{\mathrm{T}}\boldsymbol{X}_r-\boldsymbol{X}_r^{\mathrm{T}}\boldsymbol{H}_k\boldsymbol{X}_r$，代入 $\boldsymbol{H}$ 中得到

$$\boldsymbol{H}=[\boldsymbol{X}_k\quad \boldsymbol{X}_r]\begin{bmatrix}\boldsymbol{X}_k^{\mathrm{T}}\boldsymbol{X}_k & \boldsymbol{X}_k^{\mathrm{T}}\boldsymbol{X}_r\\ \boldsymbol{X}_r^{\mathrm{T}}\boldsymbol{X}_k & \boldsymbol{X}_r^{\mathrm{T}}\boldsymbol{X}_r\end{bmatrix}^{-1}\begin{bmatrix}\boldsymbol{X}_k^{\mathrm{T}}\\ \boldsymbol{X}_r^{\mathrm{T}}\end{bmatrix}=\boldsymbol{H}_k+(\boldsymbol{I}-\boldsymbol{H}_k)\boldsymbol{X}_r\boldsymbol{G}^{-1}\boldsymbol{X}_r^{\mathrm{T}}(\boldsymbol{I}-\boldsymbol{H}_k)$$

于是

$$\begin{aligned}\boldsymbol{P}_1(\boldsymbol{I}-\boldsymbol{H})\boldsymbol{P}_1^{\mathrm{T}}&=\boldsymbol{P}_1[\boldsymbol{I}-\boldsymbol{H}_k-(\boldsymbol{I}-\boldsymbol{H}_k)\boldsymbol{X}_r\boldsymbol{G}^{-1}\boldsymbol{X}_r^{\mathrm{T}}(\boldsymbol{I}-\boldsymbol{H}_k)]\boldsymbol{P}_1^{\mathrm{T}}\\ &=\begin{bmatrix}\boldsymbol{I}_{(n-k)\times(n-k)} & \boldsymbol{O}_{(n-k)\times k}\\ \boldsymbol{O}_{k\times(n-k)} & \boldsymbol{O}_{k\times k}\end{bmatrix}(\boldsymbol{I}-\boldsymbol{P}_1\boldsymbol{X}_r\boldsymbol{G}^{-1}\boldsymbol{X}_r^{\mathrm{T}}\boldsymbol{P}_1^{\mathrm{T}})\begin{bmatrix}\boldsymbol{I}_{(n-k)\times(n-k)} & \boldsymbol{O}_{(n-k)\times k}\\ \boldsymbol{O}_{k\times(n-k)} & \boldsymbol{O}_{k\times k}\end{bmatrix}\\ &=\begin{bmatrix}\boldsymbol{C}_{(n-k)\times(n-k)} & \boldsymbol{O}_{(n-k)\times k}\\ \boldsymbol{O}_{k\times(n-k)} & \boldsymbol{O}_{k\times k}\end{bmatrix}\end{aligned}$$

其中 $\boldsymbol{C}$ 为秩为 $n-m$ 的对称幂等矩阵。设 $\boldsymbol{Q}$ 为使得

$$\boldsymbol{Q}\boldsymbol{C}\boldsymbol{Q}^{\mathrm{T}}=\begin{bmatrix}\boldsymbol{I}_{(n-m)\times(n-m)} & \boldsymbol{O}_{(n-m)\times(m-k)}\\ \boldsymbol{O}_{(m-k)\times(n-m)} & \boldsymbol{O}_{(m-k)\times(m-k)}\end{bmatrix}$$

的正交矩阵，令$\boldsymbol{P}_2=\mathrm{diag}(\boldsymbol{Q},\ \boldsymbol{I}_{k\times k})$，$\boldsymbol{P}=\boldsymbol{P}_2\boldsymbol{P}_1$，则

$$\begin{aligned}\boldsymbol{P}(\boldsymbol{I}-\boldsymbol{H}_k)\boldsymbol{P}^{\mathrm{T}}&=\boldsymbol{P}_2\boldsymbol{P}_1(\boldsymbol{I}-\boldsymbol{H}_k)\boldsymbol{P}_1^{\mathrm{T}}\boldsymbol{P}_2^{\mathrm{T}}=\boldsymbol{P}_2\begin{bmatrix}\boldsymbol{I}_{(n-k)\times(n-k)} & \boldsymbol{O}_{(n-k)\times k}\\ \boldsymbol{O}_{k\times(n-k)} & \boldsymbol{O}_{k\times k}\end{bmatrix}\boldsymbol{P}_2^{\mathrm{T}}\\ &=\begin{bmatrix}\boldsymbol{I}_{(n-k)\times(n-k)} & \boldsymbol{O}_{(n-k)\times k}\\ \boldsymbol{O}_{k\times(n-k)} & \boldsymbol{O}_{k\times k}\end{bmatrix}\end{aligned}$$

且

$$\begin{aligned}\boldsymbol{P}(\boldsymbol{I}-\boldsymbol{H})\boldsymbol{P}^{\mathrm{T}}&=\boldsymbol{P}_2\boldsymbol{P}_1(\boldsymbol{I}-\boldsymbol{H})\boldsymbol{P}_1^{\mathrm{T}}\boldsymbol{P}_2^{\mathrm{T}}=\boldsymbol{P}_2\begin{bmatrix}\boldsymbol{C}_{(n-k)\times(n-k)} & \boldsymbol{O}_{(n-k)\times k}\\ \boldsymbol{O}_{k\times(n-k)} & \boldsymbol{O}_{k\times k}\end{bmatrix}\boldsymbol{P}_2^{\mathrm{T}}\\ &=\begin{bmatrix}\boldsymbol{I}_{(n-m)\times(n-m)} & \boldsymbol{O}_{(n-m)\times m}\\ \boldsymbol{O}_{m\times(n-m)} & \boldsymbol{O}_{m\times m}\end{bmatrix}\end{aligned}$$

由此可见，

$$P[(I-H_k)-(I-H)]P^{\mathrm{T}}=\begin{bmatrix} O_{(n-m)\times(n-m)} & O_{(n-m)\times(m-k)} & O_{(n-m)\times k} \\ O_{(m-k)\times(n-m)} & I_{(m-k)\times(m-k)} & O_{(m-k)\times k} \\ O_{k\times(n-m)} & O_{k\times(m-k)} & O_{k\times k} \end{bmatrix}$$

故（$\boldsymbol{I}-\boldsymbol{H}_k$）-（$\boldsymbol{I}-\boldsymbol{H}$）为秩为 $m-k=r$ 的对称幂等矩阵。

注意到 $RSS=\boldsymbol{\varepsilon}^{\mathrm{T}}(\boldsymbol{I}-\boldsymbol{H})\boldsymbol{\varepsilon}$，而当$H_0$成立时，$RSS_{H_0}=\boldsymbol{\varepsilon}^{\mathrm{T}}(\boldsymbol{I}-\boldsymbol{H}_k)\boldsymbol{\varepsilon}$,利用引理 2.3 立即得到本定理的结论。

根据该定理的结论,取 $r=1$,可以依次检验各变量的显著性,将不显著的变量剔除,达到简化模型的目的;取 $r=m-1$,则可以证明定理 4.3。事实上,当 $r=m-1$ 且H_0成立时,$\hat{\beta}_1=\bar{y}$,即$\bar{y}$是使得

$$\sum_{i=1}^{n}(y_i-\beta_1)^2$$

达到最小的β_1的值。于是

$$RSS_{H_0}-RSS=\sum_{i=1}^{n}(y_i-\bar{y})^2-\sum_{i=1}^{n}(y_i-\hat{y}_i)^2=SS_R$$

恰为回归平方和，故知定理4.3 成立。此处也可以看出本节假定$f_1(\boldsymbol{x})\equiv 1$ 的用意。

定理 4.4 的证明用到了分块矩阵的求逆公式，实际上是不必要的。如果熟悉以下结论，可使证明过程更加简单：设$\boldsymbol{A}_{n\times n}$和$\boldsymbol{B}_{n\times n}$均为对称幂等矩阵，$r_1=\mathrm{rank}(\boldsymbol{A})\geqslant\mathrm{rank}(\boldsymbol{B})=r_2$且$\boldsymbol{AB}=\boldsymbol{BA}$，则存在正交矩阵 $\boldsymbol{P}$，使得

$$PAP^{\mathrm{T}}=\begin{bmatrix} I_{r_1\times r_1} & O_{r_1\times(n-r_1)} \\ O_{(n-r_1)\times r_1} & O_{(n-r_1)\times(n-r_1)} \end{bmatrix}$$

$$PBP^{\mathrm{T}}=\begin{bmatrix} I_{r_2\times r_2} & O_{r_2\times(n-r_2)} \\ O_{(n-r_2)\times r_2} & O_{(n-r_2)\times(n-r_2)} \end{bmatrix}$$

一般地，考虑若干个自变量线性变换的显著性检验问题，也就是检验线性假设

$$H_0:\boldsymbol{G\beta}=\boldsymbol{0},H_1:\boldsymbol{G\beta}\neq\boldsymbol{0}$$

其中，$\boldsymbol{G}$ 为 $r\times m$ 矩阵，$r\leqslant m$，$\mathrm{rank}(\boldsymbol{G})=r$。称此类检验问题为回归方程的**线性检验**问题。由矩阵论的知识，存在（$m-r$）$\times m$ 的矩阵 L，使得

$$\boldsymbol{D}=\begin{bmatrix} \boldsymbol{L} \\ \boldsymbol{G} \end{bmatrix} \tag{4.15}$$

为 m 阶满秩矩阵。令 $\boldsymbol{Z}=\boldsymbol{XD}^{-1}=[z_1,z_2,\cdots,z_m]$以及 $\boldsymbol{\alpha}=\boldsymbol{D\beta}=[\alpha_1,\alpha_2,\cdots,\alpha_m]^{\mathrm{T}}$，则 $\boldsymbol{X\beta}=\boldsymbol{Z\alpha}$，得到新的回归模型 $\boldsymbol{y}=\boldsymbol{Z\alpha}+\boldsymbol{\varepsilon}$。记

$$\boldsymbol{Z}^*=[z_1,z_2\cdots,z_{m-r}],\quad \boldsymbol{\alpha}^*=[\alpha_1,\alpha_2,\cdots,\alpha_{m-r}]^{\mathrm{T}}$$

则式（4.15）中的原假设等价于H_0：$\alpha_{m-r+1}=\alpha_{m-r+2}=\cdots=\alpha_m=0$。于是可以利用定理 4.4 的结论。

例4.4

影响一个国家或地区财政收入的因素包括国内生产总值、财政支出、商品零售价指数等。选择包括中央和地方税收的“国家财政收入”中的“各项税收”作为响应变量，以反

映国家税收的增长。表4-1是来源于《中国统计年鉴》1978—2011年有关财政收入y、国内生产总值x_1、财政支出x_2、商品零售物价指数x_3的数据。其中变量y，x_1，x_2的单位都是亿元人民币。

表4-1 国家财政收入数据

年份	y	x_1	x_2	x_3	年份	y	x_1	x_2	x_3
1978	519.28	3645.2	1122.09	100.7	1995	6038.04	60793.7	6823.72	114.8
1979	537.82	4062.6	1281.79	102.0	1996	6909.82	71176.6	7937.55	106.1
1980	571.70	4545.6	1228.83	106.0	1997	8234.04	78973.0	9233.56	100.8
1981	629.89	4891.6	1138.41	102.4	1998	9262.80	84402.3	10798.18	97.4
1982	700.02	5323.4	1229.98	101.9	1999	10682.58	89677.1	13187.67	97.0
1983	775.59	5962.7	1409.52	101.5	2000	12581.51	99214.6	15886.50	98.5
1984	947.35	7208.1	1701.02	102.8	2001	15301.38	109655.2	18902.58	99.2
1985	2040.79	9016.0	2004.25	108.8	2002	17636.45	120332.7	22053.15	98.7
1986	2090.73	10275.2	2204.91	106.0	2003	20017.31	135822.8	24649.95	99.9
1987	2140.36	12058.6	2262.18	107.3	2004	24165.68	159878.3	28486.89	102.8
1988	2390.47	15042.8	2491.21	118.5	2005	28778.54	184937.4	33930.28	100.8
1989	2727.40	16992.3	2823.78	117.8	2006	34804.35	216314.4	40422.73	101.0
1990	2821.86	18667.8	3083.59	102.1	2007	45621.97	265810.3	49781.35	105.9
1991	2990.17	21781.5	3386.62	102.9	2008	54223.79	314045.4	62592.66	98.8
1992	3296.91	26923.5	3742.20	105.4	2009	59521.59	340902.8	76299.93	103.1
1993	4255.30	35333.9	4642.30	113.2	2010	73210.79	401512.8	89874.16	104.9
1994	5126.88	48197.9	5792.62	121.7	2011	89738.39	472881.6	109247.79	103.8

用R软件建立响应变量y关于向量值函数$\boldsymbol{f}(\boldsymbol{x})=[1,x_1,x_2,x_3]^{\mathrm{T}}$的多元线性回归模型，操作步骤如下。

步骤1. 读入数据。将表4-1中的数据保存为文本文档data1.txt，然后使用代码

```
> yx <- read.table("data.txt", header = T);
> y <- yx[,2];
> x1 <- yx[,3];
> x2 <- yx[,4];
> x3 <- yx[,5];
```

读入数据。

步骤2. 拟合模型并展示结果。使用代码

```
> fm <- lm(y ~ x1 + x2 + x3, data = yx);
> summary(fm)
```

得到结果如下：

```
Call:
lm(formula = y ~ x1 + x2 + x3, data = yx)

Residuals:
    Min      1Q  Median      3Q     Max 
-2928.0  -637.3    87.6   422.4  3082.8 

Coefficients:
              Estimate Std. Error t value Pr(>|t|)    
(Intercept) -4.936e+03  3.163e+03  -1.560 0.129187    
x1           4.298e-02  1.092e-02   3.934 0.000457 ***
x2           6.336e-01  4.915e-02  12.891 9.12e-14 ***
x3           4.257e+01  2.962e+01   1.437 0.160996    
---
Signif. codes:  0 ‘***’ 0.001 ‘**’ 0.01 ‘*’ 0.05 ‘.’ 0.1 ‘ ’ 1

Residual standard error: 1004 on 30 degrees of freedom
Multiple R-squared:  0.9982,    Adjusted R-squared:  0.9981 
F-statistic:  5690 on 3 and 30 DF,  p-value: < 2.2e-16
```

从输出结果可以看出，拟合的线性回归方程为

$$\hat{y} = -4936 + 0.04298x_1 + 0.6336x_2 + 42.57x_3$$

变量 x_1、x_2、x_3 的 t 统计量的值分别为 3.934、12.891 和 1.437，其 p 值对应为 0.000457、9.12×10^{-14} 和 0.160996，由此可见，x_1 和 x_2 对响应变量的影响是显著的，而 x_3 对响应变量的影响是不显著的。F 统计量的值为 5690，$p<2.2\times10^{-16}<0.05$，可以认为所建立的回归方程显著有效。Multiple R－squared 为**复相关系数**，其定义为

$$R^2 \overset{\text{def}}{=} \frac{SS_R}{SS_T} = 1 - \frac{RSS}{SS_T}$$

它衡量了各自变量对响应变量变动的解释程度，其值越接近于 1，自变量的解释程度越高。本例中 $R^2=0.9982$，表明回归方程拟合效果较好。

我们知道，自变量个数越多，残差就越小。当回归系数的个数与观测数据的个数相同时，残差平方和可以为 0，$R^2=1$。因此，复相关系数仅表达了模型的拟合程度，这未必合适。为消除自变量个数的影响，统计学家提出**调整的相关系数**（Adjusted R－squared）的概念，其定义为

$$R_A^2 \overset{\text{def}}{=} 1 - \frac{RSS/(n-m)}{SS_T/(n-1)}$$

注意，计算自变量个数 m 时，应当把截距项也算进来，本例中 $m=3+1=4$。本例中，$R_A^2=0.9981$，表明回归方程拟合较好。

4.3 回归分析的应用

在因子设计中，如果所有因子都是定量的，则除固定效应模型外还可采用别的线性模型，如一阶或二阶多项式模型。

4.3.1 2^k 因子设计的回归分析

本节以四个例子来介绍线性模型在 2^k 因子试验中的应用：第一个例子介绍如何对变量进行编码以及编码意义；第二个例子揭示线性模型中的回归系数与固定效应模型中的因子效应

之间的关系；第三个例子展示在试验数据缺失时回归分析的作用；第四个例子展示当因子水平存在误差时使用回归分析的便利。

在实际工作中，各因子量纲的不同可能导致各因子的变化范围极其悬殊。可通过一个称为**编码变换**的线性变换将试验空间转化为中心在原点的 p 维立方体：设第 i 个变量$z_i \in [z_{1i}, z_{2i}], i=1,2,\cdots,p$，令

$$x_i = \frac{(z_i - z_{1i}) - (z_{2i} - z_i)}{z_{2i} - z_{1i}} \in [-1,1]$$

注意，编码变换和另一种数据预处理技术——中心标准化的含义不同。中心标准化使得数据的样本均值为0，样本方差为1，而编码变换只是将数据变到统一的区间。

例4.5

为验证欧姆定律，考虑由一个可变电阻和可变电压的电源组成的电路。以电阻值（取1Ω 和 2Ω 两个水平）和电流（通过电源电压实现，取 4A 和 6A 两个水平）为试验因子，以电源的电压作为响应变量。采用2^2因子设计的两次重复，结果列在表 4-2 中。

表 4-2 电路试验结果

原始变量		编码变量		电压/V
电流/A	电阻/Ω	x_1	x_2	
4	1	−1	−1	3.802
4	1	−1	−1	4.013
6	1	1	−1	6.065
6	1	1	−1	5.992
4	2	−1	1	7.934
4	2	−1	1	8.159
6	2	1	1	11.865
6	2	1	1	12.138

利用 R 语言进行计算，首先拟合关于编码变量的线性回归模型

$$y = \beta_0 + \beta_1 x_1 + \beta_2 x_2 + \beta_{12} x_1 x_2 + \varepsilon$$

得到结果如下：

```
> summary(lm(y ~ x1 + x2 + x1:x2))

Call:
lm(formula = y ~ x1 + x2 + x1:x2)

Residuals:
      1       2       3       4       5       6       7       8
-0.1055  0.1055  0.0365 -0.0365 -0.1125  0.1125 -0.1365  0.1365

Coefficients:
            Estimate Std. Error t value Pr(>|t|)
(Intercept)  7.49600    0.05229 143.349 1.42e-08 ***
x1           1.51900    0.05229  29.049 8.36e-06 ***
x2           2.52800    0.05229  48.344 1.10e-06 ***
x1:x2        0.45850    0.05229   8.768 0.000933 ***
---
Signif. codes:  0 '***' 0.001 '**' 0.01 '*' 0.05 '.' 0.1 ' ' 1

Residual standard error: 0.1479 on 4 degrees of freedom
Multiple R-squared:  0.9988,    Adjusted R-squared:  0.9979
F-statistic:  1086 on 3 and 4 DF,  p-value: 2.818e-06
```

由于在编码变量下设计是正交的，三个回归系数估计值的标准差都是0.05229，且都是显著的。由于三个回归系数是无量纲的，可以利用它们的估计值的绝对值来确定各效应的相对重要性。交互效应小于两个主效应，电流效应约为电阻效应的一半，表明电阻对响应变量的影响更大。对试验因子进行编码对于比较因子重要性是十分有利的。

基于原始变量的回归结果如下：

```
> summary(lm(y ~ I + R + I:R))

Call:
lm(formula = y ~ I + R + I:R)

Residuals:
      1       2       3       4       5       6       7       8 
-0.1055  0.1055  0.0365 -0.0365 -0.1125  0.1125 -0.1365  0.1365 

Coefficients:
            Estimate Std. Error t value Pr(>|t|)    
(Intercept)  -0.8055     0.8432  -0.955 0.393518    
I             0.1435     0.1654   0.868 0.434467    
R             0.4710     0.5333   0.883 0.427003    
I:R           0.9170     0.1046   8.768 0.000933 ***
---
Signif. codes:  0 '***' 0.001 '**' 0.01 '*' 0.05 '.' 0.1 ' ' 1

Residual standard error: 0.1479 on 4 degrees of freedom
Multiple R-squared:  0.9988,	Adjusted R-squared:  0.9979 
F-statistic:  1086 on 3 and 4 DF,  p-value: 2.818e-06
```

此时只有交互效应是显著的，对应的回归系数估计是0.9170，其标准差是0.1046。可以构造t统计量来检验交互效应系数是否为1：

$$t_0 = \frac{\hat{\beta}_{IR} - 1}{\mathrm{se}(\hat{\beta}_{IR})} = \frac{0.9170 - 1}{0.1046} = -0.7935$$

其p值为0.76。因此，不能拒绝系数为1的原假设，这符合欧姆定律。此时，回归系数是有量纲的，不能通过比较它们的大小来判断因子的重要性；由于设计不是正交的，它们的估计精度也不相同。由于截距和主效应都不显著，删去这三个变量后拟合包含交互效应项IR的模型，结果如下：

```
> summary(lm(y ~ I:R-1))

Call:
lm(formula = y ~ I:R - 1)

Residuals:
      Min        1Q    Median        3Q       Max 
-0.200938 -0.089862 -0.001173  0.077740  0.153123 

Coefficients:
    Estimate Std. Error t value Pr(>|t|)    
I:R 1.000735   0.005504   181.8 4.02e-14 ***
---
Signif. codes:  0 '***' 0.001 '**' 0.01 '*' 0.05 '.' 0.1 ' ' 1

Residual standard error: 0.1255 on 7 degrees of freedom
Multiple R-squared:  0.9998,	Adjusted R-squared:  0.9998 
F-statistic: 3.305e+04 on 1 and 7 DF,  p-value: 4.02e-14
```

所得系数估计非常接近于1，表明欧姆定律是统计显著的。

从以上例子可以看出，利用原始变量得到的回归系数的估计，由于量纲不同而不能直接比较，但它们可能具有明确的物理意义，还可以得到基于物理机理的简化模型。但一般来说，得到简化的机理模型需要领域知识和灵感。由于采用编码变量能够简化计算，且可利用回归系数估计值的绝对值来判断因子之间的相对重要性，在2^k因子设计中一般都会对定量因子进行编码。

例4.6

研究某一化学过程的产量，考虑三个感兴趣的试验因子：温度、压力和催化剂浓度。每个因子都选取一个高水平和一个低水平，采用包含四个中心点的2^3因子设计。试验方案和试验结果如表4-3所示，表中给出了原始变量和编码变量的取值。

表4-3 产量试验结果

试验号	原始变量			编码变量			产量
	温度/℃	压力/psig	催化剂浓度/(g/L)	x_1	x_2	x_3	
1	120	40	15	−1	−1	−1	32
2	160	40	15	1	−1	−1	46
3	120	80	15	−1	1	−1	57
4	160	80	15	1	1	−1	65
5	120	40	30	−1	−1	1	36
6	160	40	30	1	−1	1	48
7	120	80	30	−1	1	1	57
8	160	80	30	1	1	1	68
9	140	60	22.5	0	0	0	50
10	140	60	22.5	0	0	0	44
11	140	60	22.5	0	0	0	53
12	140	60	22.5	0	0	0	56

工程师决定拟合仅包含主效应的回归模型，即

$$y=\beta_0+\beta_1x_1+\beta_2x_2+\beta_3x_3+\varepsilon$$

对于这一模型，广义设计矩阵$\boldsymbol{X}$和向量$\boldsymbol{y}$分别为

$$\boldsymbol{X}=\begin{bmatrix}1 & -1 & -1 & -1\\1 & 1 & -1 & -1\\1 & -1 & 1 & -1\\1 & 1 & 1 & -1\\1 & -1 & -1 & 1\\1 & 1 & -1 & 1\\1 & -1 & 1 & 1\\1 & 1 & 1 & 1\\1 & 0 & 0 & 0\\1 & 0 & 0 & 0\\1 & 0 & 0 & 0\\1 & 0 & 0 & 0\end{bmatrix},\boldsymbol{y}=\begin{bmatrix}32\\46\\57\\65\\36\\48\\57\\68\\50\\44\\53\\56\end{bmatrix}$$

容易验证，

$$X^{T}X=\begin{bmatrix}12&0&0&0\\0&8&0&0\\0&0&8&0\\0&0&0&8\end{bmatrix},X^{T}y=\begin{bmatrix}612\\45\\85\\9\end{bmatrix}$$

因此，回归系数的估计为

$$\hat{\beta}=(X^{T}X)^{-1}X^{T}y=\begin{bmatrix}1/12&0&0&0\\0&1/8&0&0\\0&0&1/8&0\\0&0&0&1/8\end{bmatrix}\begin{bmatrix}612\\45\\85\\9\end{bmatrix}=\begin{bmatrix}51.000\\5.625\\10.625\\1.125\end{bmatrix}$$

拟合的回归模型为 $\hat{y}=51.000+5.625x_1+10.625x_2+1.125x_3$。

回归系数的估计与2^3设计中的因子的主效应有密切关系。例如，温度的主效应为

$$T=\bar{y}_{T+}-\bar{y}_{T-}=56.75-45.50=11.25$$

恰为回归系数β_1的两倍，即**回归系数的估计是对应效应的一半，这对于2^k设计来说总是成立**。这是由于回归系数刻画的是因子改变1个单位时响应值的变化，效应刻画的是因子改变一个水平时响应值的变化，而在编码变化下改变因子的一个水平恰好对应改变两个单位。

回归系数估计的方差可由矩阵$(X^{T}X)^{-1}$的对角元素得到，即

$$\mathrm{Var}(\hat{\beta}_0)=\frac{\sigma^2}{12},\quad \mathrm{Var}(\hat{\beta}_i)=\frac{\sigma^2}{8},i=1,2,3$$

可以看到，由于β_0表示总均值，在中心点处补充几次试验能够提高它的估计精度。

利用回归分析的理论可以解决一些在固定效应模型中难以应对的情况，如试验因子在试验中无法准确控制的情形，又如缺失试验数据导致不再是正交设计的情形。下面看两个例子。

例4.7

假设例4.6中的试验在执行过程中，由于测量设备发生故障、高水平因子水平组合在实际中无法实现、试验单元被破坏等原因，导致第8个试验的结果丢失了。利用剩余的11组数据拟合主效应模型

$$y=\beta_0+\beta_1x_1+\beta_2x_2+\beta_3x_3+\varepsilon$$

此时，

$$X=\begin{bmatrix}1&-1&-1&-1\\1&1&-1&-1\\1&-1&1&-1\\1&1&1&-1\\1&-1&-1&1\\1&1&-1&1\\1&-1&1&1\\1&0&0&0\\1&0&0&0\\1&0&0&0\\1&0&0&0\end{bmatrix},y=\begin{bmatrix}32\\46\\57\\65\\36\\48\\57\\50\\44\\53\\56\end{bmatrix}$$

由于丢失了一个数据，设计不再是正交的，此时

$$\boldsymbol{X}^{\mathrm{T}}\boldsymbol{X}=\begin{bmatrix}11&-1&-1&-1\\-1&7&-1&-1\\-1&-1&7&-1\\-1&-1&-1&7\end{bmatrix},\boldsymbol{X}^{\mathrm{T}}\boldsymbol{y}=\begin{bmatrix}544\\-23\\17\\-59\end{bmatrix}$$

$$\hat{\boldsymbol{\beta}}=(\boldsymbol{X}^{\mathrm{T}}\boldsymbol{X})^{-1}\boldsymbol{X}^{\mathrm{T}}\boldsymbol{y}=\begin{bmatrix}9.61538\times10^{-2}&1.92307\times10^{-2}&1.92307\times10^{-2}&1.92307\times10^{-2}\\1.92307\times10^{-2}&0.15385&2.88462\times10^{-2}&2.88462\times10^{-2}\\1.92307\times10^{-2}&2.88462\times10^{-2}&0.15385&2.88462\times10^{-2}\\1.92307\times10^{-2}&2.88462\times10^{-2}&2.88462\times10^{-2}&0.15385\end{bmatrix}\begin{bmatrix}544\\-23\\17\\-59\end{bmatrix}$$

$$=\begin{bmatrix}51.25\\5.75\\10.75\\1.25\end{bmatrix}$$

因此，拟合的模型为

$$\hat{y}=51.25+5.75x_1+10.75x_2+1.25x_3$$

该模型与例4.6中得到的模型相比，回归系数的估计非常接近。由于回归系数的估计值与因子效应密切相关，丢失一个观测值对于结论的影响并不大。但是，由于矩阵$\boldsymbol{X}^{\mathrm{T}}\boldsymbol{X}$不是对角矩阵，各效应的估计不再是正交的对照，回归系数估计的方差也增大了。

实施试验时，有时难以以较高的精度保持试验因子的水平不变。试验因子水平小的波动不会带来大的影响，但较大的波动则可能导致结果完全不同。回归分析的方法在因子水平发生波动的情况下依然有用。

例4.8

假设例4.6中的试验在执行过程中，因子水平发生了变化。测得的实际水平如表4-4所示，表中可以看到。很多处理都不再是试验方案中的处理，尤其是由于温度控制的难度较大，温度的变化较大。利用表中的数据拟合主效应模型

$$y=\beta_0+\beta_1x_1+\beta_2x_2+\beta_3x_3+\varepsilon$$

表4-4　产量试验结果

试验号	原始变量			编码变量			产量
	温度/℃	压力/psig	催化剂浓度/(g/L)	x_1	x_2	x_3	
1	125	41	14	-0.75	-0.95	-1.133	32
2	158	40	15	0.90	-1	-1	46
3	121	82	15	-0.95	1.1	-1	57
4	160	80	15	1	1	-1	65
5	118	39	33	-1.10	-1.05	1.14	36

（续）

试验号	原始变量			编码变量			产量
	温度/℃	压力/psig	催化剂浓度/(g/L)	x_1	x_2	x_3	
6	163	40	30	1.15	−1	1	48
7	122	80	30	−0.90	1	1	57
8	165	83	30	1.25	1.15	1	68
9	140	60	22.5	0	0	0	50
10	140	60	22.5	0	0	0	44
11	140	60	22.5	0	0	0	53
12	140	60	22.5	0	0	0	56

广义设计矩阵 $\boldsymbol{X}$ 和观测向量 $\boldsymbol{y}$ 分别为

$$\boldsymbol{X}=\begin{bmatrix}1 & -0.75 & -0.95 & -1.133\\ 1 & 0.90 & -1 & -1\\ 1 & -0.95 & 1.1 & -1\\ 1 & 1 & 0 & -1\\ 1 & -1.10 & -1.05 & 1.4\\ 1 & 1.15 & -1 & 1\\ 1 & -0.90 & 1 & 1\\ 1 & 1.25 & 1.15 & 1\\ 1 & 0 & 0 & 0\\ 1 & 0 & 0 & 0\\ 1 & 0 & 0 & 0\\ 1 & 0 & 0 & 0\end{bmatrix},\boldsymbol{y}=\begin{bmatrix}32\\46\\57\\65\\36\\48\\57\\68\\50\\44\\53\\56\end{bmatrix}$$

为估计模型参数，计算

$$\boldsymbol{X}^{\mathrm{T}}\boldsymbol{X}=\begin{bmatrix}12 & 0.60 & 0.25 & 0.2670\\ 0.60 & 8.18 & 0.31 & -0.1403\\ 0.25 & 0.31 & 8.5375 & -0.3437\\ 0.2670 & -0.1403 & -0.3437 & 9.2437\end{bmatrix},\boldsymbol{X}^{\mathrm{T}}\boldsymbol{y}=\begin{bmatrix}612\\77.55\\100.7\\19.144\end{bmatrix}$$

因此

$$\hat{\boldsymbol{\beta}}=(\boldsymbol{X}^{\mathrm{T}}\boldsymbol{X})^{-1}\boldsymbol{X}^{\mathrm{T}}\boldsymbol{y}=\begin{bmatrix}8.37447\times10^{-2} & -6.09871\times10^{-3} & -2.33542\times10^{-3} & -2.59833\times10^{-3}\\ -6.09871\times10^{-3} & 0.12289 & -4.20766\times10^{-3} & 1.88490\times10^{-3}\\ -2.33542\times10^{-3} & -4.20766\times10^{-3} & 0.11753 & 4.37851\times10^{-3}\\ -2.59833\times10^{-3} & 1.88490\times10^{-3} & 4.37851\times10^{-3} & 0.10845\end{bmatrix}\begin{bmatrix}612\\77.55\\100.7\\19.144\end{bmatrix}$$

$$=\begin{bmatrix}50.49391\\5.40996\\10.16316\\1.07245\end{bmatrix}$$

保留两位小数后，得到的拟合回归模型为

$$\hat{y}=50.49+5.41x_1+10.16x_2+1.07x_3$$

将该模型与例4.6中得到的拟合模型相比，回归系数的变化并不大。可见如果试验者无法准确地控制因子的水平，对这个试验结果的解释不一定会产生严重影响。

4.3.2 2^{k-p}设计的别名矩阵

第3章中讨论了如何利用2^{k-p}设计的定义关系获得其别名结构。本节在线性模型的框架下，介绍另一种确定别名结构的方法。

将部分实施方案和简化后的模型（不包含先验认为不显著的效应）表示成线性回归模型的形式：

$$\boldsymbol{y}=\boldsymbol{X}_1\boldsymbol{\beta}_1+\boldsymbol{\varepsilon}$$

其中$\boldsymbol{y}$为$n\times1$维的观测向量，$\boldsymbol{X}_1$是$n\times p_1$阶的广义设计矩阵，$\boldsymbol{\beta}_1$是$p_1\times1$维模型参数向量，$\boldsymbol{\varepsilon}$为$n\times1$维的误差。参数$\boldsymbol{\beta}_1$的最小二乘估计为

$$\hat{\boldsymbol{\beta}}_1=(\boldsymbol{X}_1^{\mathrm{T}}\boldsymbol{X}_1)^{-1}\boldsymbol{X}_1^{\mathrm{T}}\boldsymbol{y}$$

假设真实模型为

$$\boldsymbol{y}=\boldsymbol{X}_1\boldsymbol{\beta}_1+\boldsymbol{X}_2\boldsymbol{\beta}_2+\boldsymbol{\varepsilon}$$

其中$\boldsymbol{X}_2$为$n\times p_2$阶矩阵，包含未包含在$\boldsymbol{X}_1$的变量，$\boldsymbol{\beta}_2$为$p_2\times1$维的参数。注意到

$$\begin{aligned}E(\hat{\boldsymbol{\beta}}_1)&=E[(\boldsymbol{X}_1^{\mathrm{T}}\boldsymbol{X}_1)^{-1}\boldsymbol{X}_1^{\mathrm{T}}(\boldsymbol{X}_1\boldsymbol{\beta}_1+\boldsymbol{X}_2\boldsymbol{\beta}_2+\boldsymbol{\varepsilon})]\\&=(\boldsymbol{X}_1^{\mathrm{T}}\boldsymbol{X}_1)^{-1}\boldsymbol{X}_1^{\mathrm{T}}\boldsymbol{X}_1\boldsymbol{\beta}_1+(\boldsymbol{X}_1^{\mathrm{T}}\boldsymbol{X}_1)^{-1}\boldsymbol{X}_1^{\mathrm{T}}\boldsymbol{X}_2\boldsymbol{\beta}_2+E[(\boldsymbol{X}_1^{\mathrm{T}}\boldsymbol{X}_1)^{-1}\boldsymbol{X}_1^{\mathrm{T}}\boldsymbol{\varepsilon}]\\&=\boldsymbol{\beta}_1+(\boldsymbol{X}_1^{\mathrm{T}}\boldsymbol{X}_1)^{-1}\boldsymbol{X}_1^{\mathrm{T}}\boldsymbol{X}_2\boldsymbol{\beta}_2=\boldsymbol{\beta}_1+\boldsymbol{A}\boldsymbol{\beta}_2\end{aligned}$$

称$\boldsymbol{A}=(\boldsymbol{X}_1^{\mathrm{T}}\boldsymbol{X}_1)^{-1}\boldsymbol{X}_1^{\mathrm{T}}\boldsymbol{X}_2$为**别名矩阵**（alias matrix）。这一矩阵作用在$\boldsymbol{\beta}_2$上的元素确定了$\boldsymbol{\beta}_2$与$\boldsymbol{\beta}_1$中参数的别名关系。

例4.9

假设一个2^{3-1}设计的定义关系为$\boldsymbol{I}=ABC$。该设计一共包含四个试验点，可拟合包含四个参数的主效应模型

$$y=\beta_0+\beta_1x_1+\beta_2x_2+\beta_3x_3+\varepsilon$$

按照前面定义的记号，

$$\boldsymbol{\beta}_1=\begin{bmatrix}\beta_0\\\beta_1\\\beta_2\\\beta_3\end{bmatrix},\boldsymbol{X}_1=\begin{bmatrix}1&-1&-1&1\\1&1&-1&-1\\1&-1&1&-1\\1&1&1&1\end{bmatrix}$$

假定真实模型包含所有的二因子交互效应，即

$$y=\beta_0+\beta_1x_1+\beta_2x_2+\beta_3x_3+\beta_{12}x_1x_2+\beta_{13}x_1x_3+\beta_{23}x_2x_3+\varepsilon$$

$$\boldsymbol{\beta}_2=\begin{bmatrix}\beta_{12}\\ \beta_{13}\\ \beta_{23}\end{bmatrix},\quad \boldsymbol{X}_2=\begin{bmatrix}1&-1&-1\\-1&-1&1\\-1&1&-1\\1&1&1\end{bmatrix}$$

注意到

$$\boldsymbol{X}_1^{\mathrm{T}}\boldsymbol{X}_1=4\boldsymbol{I}_4,\boldsymbol{X}_1^{\mathrm{T}}\boldsymbol{X}_2=\begin{bmatrix}0&0&0\\0&0&4\\0&4&0\\4&0&0\end{bmatrix}$$

因此

$$\boldsymbol{A}=(\boldsymbol{x}_1^{\mathrm{T}}\boldsymbol{X}_1)^{-1}\boldsymbol{X}_1^{\mathrm{T}}\boldsymbol{X}_2=\frac{1}{4}\boldsymbol{I}_4\begin{bmatrix}0&0&0\\0&0&4\\0&4&0\\4&0&0\end{bmatrix}=\begin{bmatrix}0&0&0\\0&0&1\\0&1&0\\1&0&0\end{bmatrix}$$

代入 $E(\hat{\boldsymbol{\beta}}_1)=\boldsymbol{\beta}_1+\boldsymbol{A}\boldsymbol{\beta}_2$ 中，得到

$$E\begin{bmatrix}\hat{\beta}_0\\ \hat{\beta}_1\\ \hat{\beta}_2\\ \hat{\beta}_3\end{bmatrix}=\begin{bmatrix}\beta_0\\ \beta_1\\ \beta_2\\ \beta_3\end{bmatrix}+\begin{bmatrix}0&0&0\\0&0&1\\0&1&0\\1&0&0\end{bmatrix}\begin{bmatrix}\beta_{12}\\ \beta_{13}\\ \beta_{23}\end{bmatrix}=\begin{bmatrix}\beta_0\\ \beta_1+\beta_{23}\\ \beta_2+\beta_{13}\\ \beta_3+\beta_{12}\end{bmatrix}$$

由此可见，每一个主效应均与一个二因子交互效应互相混杂。注意，别名矩阵的每一行代表 $\boldsymbol{\beta}_1$ 中的一个元素，每一列代表 $\boldsymbol{\beta}_2$ 中的一个元素。如第二行第三列的元素为 1，表明 $\boldsymbol{\beta}_1$ 的第二个元素与 $\boldsymbol{\beta}_2$ 的第三个元素互相混杂。

3.2 节中提到，对于 2^{k-1} 设计，可以通过补充与其互补的 1/2 实施来消除效应混杂。对于分辨度Ⅲ设计，通过追加一个完全折叠设计，可以解除所有主效应和二因子交互效应之间的别名关系。利用这种完全折叠的方法去别名的缺点是，追加试验的次数必须与初始试验的次数相同。有没有可能通过增加几次试验来解除某些特定的交互效应之间的别名关系呢？由此产生了部分折叠的技术，回归分析对于理解部分折叠的思想和构造部分折叠都十分有利。

假设有一个定义关系为 $\boldsymbol{I}=ABCD$ 的分辨度为Ⅳ的 2^{4-1} 设计，如表 4-5 所示。分析这些数据发现，忽略三因子交互效应后，主效应 A、B、C、D 以及别名组 $AB+CD$ 较大。其他两组别名的估计值较小，可忽略，但 AB 与 CD 之间至少有一个显著。为确定哪一个交互效应显著，当然可以补充实施与该 2^{4-1} 设计互补的 2^{4-1} 设计，形成 2^4 因子试验的全面实施，可估计出所有的效应。但这种方法需要补充的试验次数较多。

事实上，可以补充一个试验次数很少的实施来分辨交互效应 AB 和 CD。从回归分析的角度来看，我们期望拟合包含两个交互效应项的模型

$$y=\beta_0+\beta_1x_1+\beta_2x_2+\beta_3x_3+\beta_4x_4+\beta_{12}x_1x_2+\beta_{34}x_3x_4+\varepsilon$$

其中 x_1、x_2、x_3 和 x_4 表示因子 A、B、C 和 D 的编码变量。利用表 4-5 中的设计，该模型的广义设计矩阵 $\boldsymbol{X}$ 为

表 4-5　定义关系为 $I=ABCD$ 的 2_{IV}^{4-1} 设计

试验号	A	B	C	D = ABC	处理组合	响应值
1	−	−	−	−	(1)	45
2	−	−	+	+	cd	75
3	−	+	−	+	bd	45
4	−	+	+	−	bc	80
5	+	−	−	+	ad	100
6	+	−	+	−	ac	60
7	+	+	−	−	ab	65
8	+	+	+	+	abcd	96

$$
\begin{array}{c} \\ \boldsymbol{X}= \end{array}
\begin{array}{ccccccc}
1 & x_1 & x_2 & x_3 & x_4 & x_1x_2 & x_3x_4 \\
\end{array}
$$

$$
\boldsymbol{X}=\begin{bmatrix}
1 & -1 & -1 & -1 & -1 & 1 & 1 \\
1 & -1 & -1 & 1 & 1 & 1 & 1 \\
1 & -1 & 1 & -1 & 1 & -1 & -1 \\
1 & -1 & 1 & 1 & -1 & -1 & -1 \\
1 & 1 & -1 & -1 & 1 & -1 & -1 \\
1 & 1 & -1 & 1 & -1 & -1 & -1 \\
1 & 1 & 1 & -1 & -1 & 1 & 1 \\
1 & 1 & 1 & 1 & 1 & 1 & 1
\end{bmatrix}
$$

由于别名关系，x_1x_2 所在的列与 x_3x_4 所在的列完全相同，表明矩阵 $\boldsymbol{X}$ 的列之间具有线性相关性。因此，利用这一模型无法辨识 β_{12} 和 β_{34}。但是，如果在 $x_1=-1$、$x_2=-1$、$x_3=-1$ 以及 $x_4=1$ 处增加一次试验，则广义设计矩阵变为

$$
\boldsymbol{X}=\begin{bmatrix}
1 & -1 & -1 & -1 & -1 & 1 & 1 \\
1 & -1 & -1 & 1 & 1 & 1 & 1 \\
1 & -1 & 1 & -1 & 1 & -1 & -1 \\
1 & -1 & 1 & 1 & -1 & -1 & -1 \\
1 & 1 & -1 & -1 & 1 & -1 & -1 \\
1 & 1 & -1 & 1 & -1 & -1 & -1 \\
1 & 1 & 1 & -1 & -1 & 1 & 1 \\
1 & 1 & 1 & 1 & 1 & 1 & 1 \\
1 & -1 & -1 & -1 & 1 & 1 & -1
\end{bmatrix}
$$

此时，x_1x_2 所在的列与 x_3x_4 所在的列不同，可以求出所有回归系数的估计，包括 x_1x_2 和 x_3x_4 的系数。根据回归系数的绝对值可以判断各效应的相对重要性。

尽管增加一次试验便可消除交互效应 AB 与 CD 之间的混杂，这种方法也有缺陷。假设前八个试验和添加的一个试验之间具有时间效应，则需在广义设计矩阵中增加一列（block）表示区组效应：

$$
\begin{array}{cccccccc}
 & x_1 & x_2 & x_3 & x_4 & x_1x_2 & x_3x_4 & \text{block}
\end{array}
$$

$$
X=\begin{bmatrix}
1 & -1 & -1 & -1 & -1 & 1 & 1 & -1\\
1 & 1 & -1 & -1 & 1 & -1 & -1 & -1\\
1 & -1 & 1 & -1 & 1 & -1 & -1 & -1\\
1 & 1 & 1 & -1 & -1 & 1 & 1 & -1\\
1 & -1 & -1 & 1 & 1 & 1 & 1 & -1\\
1 & 1 & -1 & 1 & -1 & -1 & -1 & -1\\
1 & -1 & 1 & 1 & -1 & -1 & -1 & -1\\
1 & 1 & 1 & 1 & 1 & 1 & 1 & -1\\
1 & -1 & -1 & -1 & 1 & 1 & -1 & 1
\end{bmatrix}
$$

这里假定前八次试验中区组因子的水平为“-1”，而后一次试验中的水平为“$+1$”。容易验证，区组所在的列与别的列均不正交，此时区组效应将影响模型回归系数的估计。为了保证区组效应的正交性，必须追加偶数次试验。例如，追加表 4-6 所示的四次试验。

表 4-6　追加四次试验

x_1	x_2	x_3	x_4
-1	-1	-1	1
1	-1	-1	-1
-1	1	1	1
1	1	1	-1

可在解除 AB 与 CD 之间的别名的同时，保证区组效应与因子效应的正交性。这可以视作添加了一个部分折叠设计。一般来说，通过检查部分实施的广义设计矩阵 $\boldsymbol{X}$ 来确定如何增加试验点以消除感兴趣的效应之间的混杂是比较容易的。

4.3.3　复共线性及其诊断

由 4.1 节的内容可知，当矩阵 $\boldsymbol{X}^{\mathrm{T}}\boldsymbol{X}$ 存在小的特征值（即病态）时，最小二乘估计 $\hat{\boldsymbol{\beta}}$ 的均方误差可能会变得很大。造成矩阵 $\boldsymbol{X}^{\mathrm{T}}\boldsymbol{X}$ 病态的原因有两个：

1）一是 $n<m$，即样本量比模型中的参数个数还少。这类问题在观察研究和试验研究均有可能遇到：在观察研究中常常伴随着高维数据出现，近 20 年来已成为统计学家研究的热点问题之一；在试验研究中与效应混杂本质上是一致的，这在 4.3.2 节中已经讨论过了。

2）二是矩阵 $\boldsymbol{X}$ 的**复共线性**（multicollinearity），即存在不全为 0 的常数 c_1，c_2，…，c_m，使得 $\|c_1\boldsymbol{x}_1+c_2\boldsymbol{x}_2+\cdots+c_m\boldsymbol{x}_m\|_2\approx 0$，其中 $\boldsymbol{x}_j(j=1,2,\cdots,m)$ 表示广义设计矩阵 $\boldsymbol{X}$ 的第 j 列。复共线性将使得 $\det(\boldsymbol{X}^{\mathrm{T}}\boldsymbol{X})\approx 0$，这也可以作为复共线性的诊断判据。

复共线性体现了因果性的复杂性，即多个原因之间可能不是独立的，有相关关系。

例4.10

假设 x_1、x_2 与 y 之间存在模型

$$y=\beta_0+\beta_1x_1+\beta_2x_2+\varepsilon$$

所示的关系，其中$\beta_0=10$，$\beta_1=2$，$\beta_2=3$。考虑如下设计矩阵：

$$\boldsymbol{X}=\begin{bmatrix}1.0 & 1.0 & 1.0 & 1.0 & 1.0 & 1.0 & 1.0 & 1.0 & 1.0 & 1.0\\ 1.1 & 1.4 & 1.7 & 1.7 & 1.8 & 1.8 & 1.9 & 2.0 & 2.3 & 2.4\\ 1.1 & 1.5 & 1.8 & 1.7 & 1.9 & 1.8 & 1.8 & 2.1 & 2.4 & 2.5\end{bmatrix}^{\mathrm{T}}$$

显然，该设计矩阵的列之间存在较强的相关性。用随机模拟产生正态分布的随机误差的10次观测值

$$\boldsymbol{\varepsilon}=[0.8,-0.5,0.4,0.5,0.2,1.9,1.9,0.6,-1.5,-0.5]^{\mathrm{T}}$$

由模型$y=10+2x_1+3x_2+\varepsilon$得到$y$的10次观测值

$$\boldsymbol{y}=[16.3,16.8,19.2,18.0,19.5,20.9,21.1,20.9,20.3,22.0]^{\mathrm{T}}$$

利用最小二乘法得到$\boldsymbol{\beta}$的估计为

$$\hat{\boldsymbol{\beta}}=[11.292,11.307,-6.591]^{\mathrm{T}}$$

与参数真值之间差异很大。其原因正是设计矩阵$\boldsymbol{X}$的各列之间相关性太强。当然，从试验设计的角度而言，我们会尽量避免这种情况的出现。但是如果x_1或者x_2之间只有一个是可控的变量，另一个变量与之有很强的内在的联系，则这种复共线性是难以避免的。

从理论上来看，当线性回归模型存在复共线性时，若仍然采用普通的最小二乘法估计模型参数，会产生如下不良后果：

- 完全复共线性下模型参数的最小二乘估计不存在。这是由于矩阵$\boldsymbol{X}^{\mathrm{T}}\boldsymbol{X}$不可逆。
- 复共线性下模型参数的最小二乘估计非有效。这是由于存在复共线性时，$\hat{\boldsymbol{\beta}}$的方差矩阵$(\boldsymbol{X}^{\mathrm{T}}\boldsymbol{X})^{-1}$的对角元会变得很大。
- 复共线性下自变量的显著性检验没有意义。
- 模型的预测变得不可靠。

下面看一个实例。

例4.11

表4-7给出了某城市1990—2006年猪肉价格及其影响因素数据。其中：y表示猪肉价格，单位为元/kg；x_1表示消费价格指数，即CPI；x_2表示人口数量，单位为万人；x_3表示年末存栏量，单位为万头；x_4表示城镇居民可支配收入，单位为元；x_5表示玉米价格，单位为元/t；x_6表示猪肉生产量，单位为万t。

表4-7 某城市1990—2006年猪肉价格及其影响因素

年份	y/(元/kg)	x_1	x_2/万人	x_3/万头	x_4/元	x_5/(元/t)	x_6/万t
1990	9.84	103.1	11.43	36241	1510.2	686.7	2281
1991	10.32	103.4	11.58	36965	1700.6	590.0	2452
1992	10.65	106.4	11.71	38421	2026.6	625.0	2635
1993	10.49	114.7	11.85	39300	2577.4	726.7	2854
1994	9.16	124.1	11.98	41462	3496.2	1004.2	3205
1995	10.18	117.1	12.11	44169	4283.0	1576.7	3648

（续）

年份	y/(元/kg)	x_1	x_2/万人	x_3/万头	x_4/元	x_5/(元/t)	x_6/万 t
1996	14.96	107.9	12.23	36284	4838.9	1481.7	3158
1997	11.81	102.8	12.36	40035	5160.3	1150.8	3596
1998	10.77	99.2	12.48	42256	5425.1	1269.2	3884
1999	8.38	98.6	12.58	43020	5854.0	1092.5	3891
2000	8.74	100.4	12.67	44682	6280.0	887.5	4031
2001	10.18	100.7	12.76	45743	6859.6	1060.0	4184
2002	9.85	99.2	12.85	46292	7702.8	1033.3	4327
2003	10.7	101.2	12.92	46602	8472.2	1087.5	4519
2004	13.97	103.9	13.00	48189	9421.6	1288.3	4702
2005	13.39	101.8	13.08	50335	10493.0	1229.2	5011
2006	14.03	101.5	13.14	49441	13172	1280.0	5197

记 $y^* = \log y$，$z_1 = \log x_1$，…，$z_6 = \log x_6$。对表 4-7 中的数据建立如下线性回归模型：

$$y^* = \beta_0 + \sum_{j=1}^{6} \beta_j z_j + \varepsilon$$

将表 4-7 中数据存储为 txt 格式，并将文件命名为"porkpricedata.txt"。在 R 中利用代码块


```
> porkpricedata <- read.table("porkpricedata.txt");
> y  <- log(porkpricedata[,2]);
> z1 <- log(porkpricedata[,3]);
> z2 <- log(porkpricedata[,4]);
> z3 <- log(porkpricedata[,5]);
> z4 <- log(porkpricedata[,6]);
> z5 <- log(porkpricedata[,7]);
> z6 <- log(porkpricedata[,8]);
> ppd_result <- lm(y ~ z1 + z2 + z3 + z4 + z5 +z6);
> summary(ppd_result)
```

可得到结果如下：

```
Call:
lm(formula = y ~ z1 + z2 + z3 + z4 + z5 + z6)

Residuals:
     Min        1Q    Median        3Q       Max
-0.34567 -0.05738  0.00450  0.07891  0.22908

Coefficients:
            Estimate Std. Error t value Pr(>|t|)
(Intercept) -66.0308   28.4792   -2.319   0.0429 *
z1           -0.3530    0.2959   -1.193   0.2605
z2            3.0325    1.1255    2.694   0.0225 *
z3           33.3478   13.2472    2.517   0.0305 *
z4           -2.3640    1.0700   -2.209   0.0516
z5           -0.6514    0.9327   -0.698   0.5009
z6            0.2247    0.3325    0.676   0.5144
---
Signif. codes:  0 '***' 0.001 '**' 0.01 '*' 0.05 '.' 0.1 ' ' 1

Residual standard error: 0.1613 on 10 degrees of freedom
Multiple R-squared:  0.9743,    Adjusted R-squared:  0.9589
F-statistic: 63.26 on 6 and 10 DF,  p-value: 2.242e-07
```

从结果中可以看出，部分参数的估计标准差极大，如$\hat{\beta}_3$的标准差为13.2472，$\hat{\beta}_5$的标准差甚至大于其估计值的绝对值。这可能是由于变量之间存在复共线性造成的，我们希望对这一问题是否存在复共线性进行诊断。

下面介绍用于诊断回归方程是否存在复共线性的方差膨胀因子法。首先对广义设计矩阵$\boldsymbol{X}$做中心标准化处理，即

$$x_{ij}^* = \frac{x_{ij} - \bar{x}_{\cdot j}}{\sqrt{\frac{1}{n-1}\sum_{i=1}^{n}(x_{ij} - \bar{x}_{\cdot j})^2}}$$

得到中心标准化后的设计矩阵$\boldsymbol{X}^*$。中心标准化可借助添加包“MASS”中的函数“scale( )”来实现。则$(\boldsymbol{X}^*)^{\mathrm{T}}\boldsymbol{X}^*$为诸各列$f_j(\boldsymbol{x}_i)$之间的相关阵。记

$$\boldsymbol{C} = (c_{ij}) = [(\boldsymbol{X}^*)^{\mathrm{T}}\boldsymbol{X}^*]^{-1}$$

自变量$f_j(x)$的**方差膨胀因子**（variance inflation factor，VIF）定义为

$$\mathrm{VIF}_j \stackrel{\mathrm{def}}{=\!=} c_{jj}$$

由于最小二乘估计的方差阵为$\mathrm{Var}(\hat{\boldsymbol{\beta}}) = \sigma^2(\boldsymbol{X}^{\mathrm{T}}\boldsymbol{X})^{-1}$，可以验证

$$\mathrm{Var}(\hat{\boldsymbol{\beta}}_j) = c_{jj}\sigma^2/L_{jj}$$

其中

$$L_{jj} = \sum_{i=1}^{n}(x_{ij} - \bar{x}_{\cdot j})^2$$

表示矩阵$\boldsymbol{X}$的第j列的离差平方和，它完全由$\boldsymbol{X}$的第j列决定。因而用c_{jj}作为度量$f_j(\boldsymbol{X})$的方差膨胀程度的因子是非常合适的。记R_j^2为利用其余自变量来拟合第j个自变量的复相关系数，可以证明

$$c_{jj} = \frac{1}{1 - R_j^2}$$

故VIF_j越大，表明第j个自变量越容易由其余自变量线性表出，复共线性程度也就越强。而VIF_j越接近于1，表明复共线性越弱。在实际操作中，如果$\mathrm{VIF}_j \geqslant 10$，则可以认为存在复共线性。

R语言中添加包DAAG提供了计算VIF的函数vif( )。利用这一函数计算例4.11中的结果如表4-8所示。

表4-8　各变量的方差膨胀因子

z_1	z_2	z_3	z_4	z_5	z_6
2.92	3.27	212.83	9.04	218.70	385.00

z_3的方差膨胀因子高达212.83，z_5的方差膨胀因子高达218.70，表明本例自变量之间的复共线性非常强。

根据病态性产生的原因，其处理方法可从以下几个角度着手：从数据着手，补充试验增加样本量；从模型着手，如剔除一些不重要的自变量，或干脆改变模型的形式；从参数估计方法着手，如引入有偏估计，通过降低方差来减小均方误差。囿于篇幅，这里就不再介绍了。

习　题

一、判断题

1. $y=\beta_0+\beta_1x_1x_2+\beta_3e^{x_3}+\varepsilon$ 是线性回归模型。　（　　）

2. 线性回归模型 $\boldsymbol{y}\sim N(\boldsymbol{X\beta},\sigma^2\boldsymbol{I})$ 中，σ^2 的极大似然估计是无偏的。　（　　）

二、填空题

1. 考虑线性模型 $y=\beta_0+\beta_1x_1+\beta_2x_2+\beta_3x_3+\varepsilon$，给定一个试验次数为 10 的设计，误差平方和的自由度为________。

2. 线性回归模型 $\boldsymbol{y}\sim N(\boldsymbol{X}_{n\times m}\boldsymbol{\beta}_m,\sigma^2\boldsymbol{I}_{n\times n})$ 中，回归系数 $\boldsymbol{\beta}$ 的极大似然估计也是最小二乘估计，它的表达式为________，它的协方差矩阵为________；残差平方和 $RSS=\|\boldsymbol{y}-\boldsymbol{X}\hat{\boldsymbol{\beta}}\|^2$ 的自由度为________，RSS 越小表明模型对数据的拟合程度越________（好、坏），剔除一部分变量会使 RSS 变________（大、小）。

3. 复相关系数 R^2 衡量了回归平方和占总平方和的比例，随着变量的增加，R^2 会变________。当回归系数的个数与观测数据的个数相同时，$R^2=$________。

4. 若在某一个重复次数为 3 的 2^2 因子设计中，在不考虑交互作用的情况下，因子 A 的效应为 16，因子 B 的效应为 -4，12 次试验的平均值为 24，用 x_1 和 x_2 分别表示 A 和 B 的编码变量，则拟合的一阶回归模型为________。

三、简答题

1. 线性回归模型 $\boldsymbol{y}=\boldsymbol{X\beta}+\boldsymbol{\varepsilon}$ 中，假定 $\boldsymbol{\varepsilon}\sim N(\boldsymbol{0},\sigma^2\boldsymbol{I})$，证明

$$\boldsymbol{e}=\boldsymbol{y}-\boldsymbol{X}\hat{\boldsymbol{\beta}}\sim N(\boldsymbol{0},\sigma^2(\boldsymbol{I}-\boldsymbol{X}(\boldsymbol{X}^{\mathrm{T}}\boldsymbol{X})^{-1}\boldsymbol{X}^{\mathrm{T}}))$$

2. 利用回归分析法讨论因子设计中正交对照的估计和假设检验。

3. 验证式（4.10）。

4. 线性模型的假设检验中，为何需要假定 $f_1(\boldsymbol{x})\equiv 1$？

四、综合题

1. 考虑多元一次回归

$$y=\beta_0+\beta_1x_1+\cdots+\beta_px_p+\varepsilon$$

其中 $\varepsilon\sim N(0,\sigma^2)$，假定获得了 n 组独立同分布的数据 $\{(\boldsymbol{x}_i,y_i):i=1,2,\cdots,n\}$。

1）给出 β_0 的最小二乘估计的显式表达式；

2）如果对所有数据都做中心化，即令

$$\begin{cases} y'_i=y_i-\bar{y}_{\cdot} \\ x'_{i1}=x_{i1}-\bar{x}_{\cdot 1} \\ \vdots \\ x'_{ip}=x_{ip}-\bar{x}_{\cdot p} \end{cases}$$

求新的多元一次回归模型

$$y'=\beta'_0+\beta'_1x'_1+\cdots+\beta'_px'_p+\varepsilon$$

中参数 β'_0 的最小二乘估计的表达式；

3）如果对所有数据都做中心标准化，即令

$$\begin{cases} y_i^*=\dfrac{y_i-\bar{y}_{\cdot}}{se_y} \\ x_{i1}^*=\dfrac{x_{i1}-\bar{x}_{\cdot 1}}{se_{x_1}} \\ \vdots \\ x_{ip}^*=\dfrac{x_{ip}-\bar{x}_{\cdot p}}{se_{x_p}} \end{cases}$$

求新的多元一次回归模型

$$y^* = \beta_0^* + \beta_1^* x_1^* + \cdots + \beta_p^* x_p^* + \varepsilon$$

中参数β_0^*的最小二乘估计的表达式。

2. 考虑2^3试验的全面实施。

1）写出它的固定效应模型和包含交互效应的一阶回归模型。

2）固定效应模型中主效应和交互效应的显著性检验，与包含交互效应的一阶回归模型中对应回归系数的显著性检验有什么关系？

3. 在某一化工工艺中，用3^2因子设计做一个试验。设计的两个因子分别是温度和压力，响应变量是产率。试验数据如表4-9所示。

表4-9　化工产品产率试验数据

温度/℃	压力/psig		
	100	120	140
80	47.58，48.77	64.97，69.22	80.92，72.60
90	51.86，82.43	88.47，84.23	93.95，88.54
100	71.18，92.77	96.57，88.72	76.58，83.04

1）利用正交表$L_9(3^4)$分析试验数据。

2）设两个因子的高、中、低水平为 -1、0、+1，证明利用最小二乘法得到的产率的关于编码变量二阶模型是

$$\hat{y} = 86.81 + 10.4x_1 + 8.42x_2 - 7.17x_1^2 - 7.84x_2^2 - 7.69x_1x_2$$

3）证明利用最小二乘法得到的产率的关于原始变量二阶模型是

$$\hat{y} = -1335.63 + 18.56T + 8.59P - 0.072T^2 - 0.0196P^2 - 0.0384TP$$

4）能否找到该化工工艺的最优生产条件？

第 5 章 回归试验设计

第 3 章讨论的试验设计思想和方法源于农业试验，主要用于比较不同处理的效应或性能之间的差异。这些思想和方法虽然也能够应用于工业试验，但工业试验与农业试验之间较大的差异驱动着新的设计方法和思想的产生。

1）从试验目的来看，工业试验并非都以比较处理为目的，人们希望以响应曲面的形式研究处理与响应之间的定量关系，并利用这种关系来找到给出最佳（最高或最低）响应的处理。

2）从试验的周期来看，工业试验获得试验结果的速度通常比农业试验快，因此可以采用一些规模较小的序贯试验。

3）从试验的可控程度来看，工业试验通常在实验室内实施，受到的干扰减少、而可以精确控制的定量因子增多，试验设计的重点从克服干扰因子的影响转移到如何安排多个定量因子方面。若仍采用第 3 章的方法，首先将连续的定量因子离散化，以因子设计的方法得到固定效应模型中的参数，则无法预测大量未试验的处理处的响应值。

自 20 世纪 50 年代，试验设计在工业领域应用的报告开始增加，文献［46-48］中均包含大量的应用案例。开创性文献［6］为工业试验开启了一个新的、富有成果的方向。产生了以响应曲面法、最优回归设计、稳健参数设计为代表的一系列成果。

回归设计利用变量之间连续依赖的约束，建立因子与响应之间连续依赖的回归模型，统筹考虑试验设计、参数估计、响应预测和优化等问题。第 4 章介绍了如何利用试验数据获得线性回归模型中参数的估计，在那里我们看到了试验设计是如何通过广义设计矩阵影响参数估计精度和响应预测精度的，本章将在这些基础上介绍基于线性回归模型的试验设计方法。5.1 节介绍正交回归设计及其统计分析；5.2 节介绍最优回归设计；5.3 节介绍响应曲面分析法，它本质上是一种序贯设计方法；5.4 节介绍稳健参数设计。正交回归设计可用于响应曲面法中的一阶模型设计，响应曲面法可用于稳健参数设计，最优回归设计可用于响应曲面法和稳健参数设计。最优回归设计在有准确的回归模型的情况下，其效率是最高的，且不受限于试验空间、模型形式、试验次数的约束，但它往往需要利用计算机迭代求解。在本章的学习过程中，要注意与因子设计方法的联系与对比，体会试验设计思想从因子设计到回归设计的延续和发展。

5.1 正交回归设计

回顾第 4 章的内容，在线性模型 $\boldsymbol{y} \sim N(\boldsymbol{X\beta},\sigma^2\boldsymbol{I})$ 中，不论是求回归系数的估计 $\hat{\boldsymbol{\beta}}$，还是

对回归方程与回归系数做显著性检验，都需要求矩阵$\boldsymbol{X}^{\mathrm{T}}\boldsymbol{X}$的逆。当试验设计使得$\boldsymbol{X}^{\mathrm{T}}\boldsymbol{X}$为对角矩阵时，求逆十分简单，由此引出了正交回归设计的概念：

定义 5.1　若线性模型$\boldsymbol{y} \sim N(\boldsymbol{X\beta}, \sigma^2\boldsymbol{I})$中，设计$\xi_n$使得矩阵$\boldsymbol{X}^{\mathrm{T}}\boldsymbol{X}$为对角矩阵，则称$\xi_n$为**正交回归设计**。

5.1.1　一阶线性模型的正交回归设计

为简单起见，本节讨论线性回归模型中$\boldsymbol{f}(\boldsymbol{x}) = [1, x_1, x_2, \cdots, x_p]^{\mathrm{T}}$的特殊情形，即

$$y = \beta_0 + \beta_1 x_1 + \cdots + \beta_p x_p + \varepsilon \tag{5.1}$$

并假定试验空间$\mathcal{X} = [-1, 1]^p$，这在很多情况下可以采用4.3节介绍的编码变换来实现。

设试验方案$\xi_n = \{\boldsymbol{x}_1, \boldsymbol{x}_2, \cdots, \boldsymbol{x}_n\}$的设计矩阵为

$$\boldsymbol{D} = \begin{bmatrix} x_{11} & x_{12} & \cdots & x_{1p} \\ x_{21} & x_{22} & \cdots & x_{2p} \\ \vdots & \vdots & & \vdots \\ x_{n1} & x_{n2} & \cdots & x_{np} \end{bmatrix}$$

显然，ξ_n是回归模型（5.1）的正交回归设计，当且仅当

$$\begin{cases} \sum_{i=1}^{n} x_{ij} = 0, \quad j = 1, 2, \cdots, p \\ \sum_{i=1}^{n} x_{ij_1} x_{ij_2} = 0, \quad j_1 \neq j_2 \end{cases} \tag{5.2}$$

例5.1

某种橡胶制品由橡胶、树脂和改良剂复合而成。为提高该橡胶制品的撕裂强度，考察三个试验因子：橡胶中成分A的百分比z_1，其变化范围是［0，20］；树脂中成分B的百分比z_2，其变化范围是［10，30］；改良剂的百分比z_3，其变化范围为［0.1，0.3］。

首先利用编码变换

$$x_1 = \frac{z_1 - 10}{10}, \quad x_2 = \frac{z_2 - 20}{10}, \quad x_3 = \frac{z_3 - 0.2}{0.1}$$

把畸形的长方体试验空间变换成中心在原点的立方体试验空间。

考虑表5-1给出的试验方案。

表5-1　橡胶制品试验方案

原始变量			编码变量		
z_1	z_2	z_3	x_1	x_2	x_3
0	10	0.1	−1	−1	−1
0	10	0.3	−1	−1	+1
0	30	0.1	−1	+1	−1
0	30	0.3	−1	+1	+1
20	10	0.1	+1	−1	−1

（续）

原始变量			编码变量		
z_1	z_2	z_3	x_1	x_2	x_3
20	10	0.3	+1	-1	+1
20	30	0.1	+1	+1	-1
20	30	0.3	+1	+1	+1

显然，对于关于编码变量的一阶回归模型

$$y=\beta_0+\beta_1x_1+\beta_2x_2+\beta_3x_3+\varepsilon$$

而言，该试验方案是一个正交回归设计。对于包含乘积项的线性回归模型

$$y=\beta_0+\beta_1x_1+\beta_2x_2+\beta_3x_3+\beta_{12}x_1x_2+\beta_{13}x_1x_3+\beta_{23}x_2x_3+\varepsilon$$

而言，该方案也是一个正交回归设计。此时的广义设计矩阵为

$$\boldsymbol{X}=\begin{bmatrix}1&-1&-1&-1&1&1&1\\1&-1&-1&1&1&-1&-1\\1&-1&1&-1&-1&1&-1\\1&-1&1&1&-1&-1&1\\1&1&-1&-1&-1&1&1\\1&1&-1&1&-1&-1&-1\\1&1&1&-1&1&1&-1\\1&1&1&1&1&-1&1\end{bmatrix}$$

$\boldsymbol{X}^{\mathrm{T}}\boldsymbol{X}=8\boldsymbol{I}_{7\times7}$是一个对角矩阵。

由于一阶模型（5.1）只考虑因子的线性规律，因此可采用二水平正交表$L_{2^k}(2^{2^k-1})$来构造它的正交回归设计。为保证各列之间的正交性，将表中的符号一改为 -1、+改为 +1。如表 5-2 所示，其中 +1 和 -1 既对应正交设计中因子的水平代号，又代表试验点各分量的坐标，这也体现了编码变换中“编码”二字的含义。

表 5-2　用于正交回归设计的正交表$L_8(2^7)$

试验号	x_1	x_2	x_3	x_1x_2	x_1x_3	x_2x_3	$x_1x_2x_3$
1	+1	+1	+1	+1	+1	+1	+1
2	+1	+1	-1	+1	-1	-1	-1
3	+1	-1	+1	-1	+1	-1	-1
4	+1	-1	-1	-1	-1	+1	+1
5	-1	+1	+1	-1	-1	+1	-1
6	-1	+1	-1	-1	+1	-1	+1
7	-1	-1	+1	+1	-1	-1	+1
8	-1	-1	-1	+1	+1	+1	-1

利用正交表做线性回归的正交设计的方法与常用的正交设计类似，包括选表与表头设计。选表的方法是看变量个数，要求回归方程的项数不超过所选表的列数。如果还要对回归方程与系数做显著性检验，则回归方程的项数应少于所选正交表的列数。

5.1.2 正交回归设计的统计分析

下面以模型（5.1）为例讨论正交回归设计的统计分析方法，读者在阅读本节的过程中应注意思考这些结论对于一般的线性模型是否仍然成立。p 个自变量的一阶模型为

$$y_i = \beta_0 + \beta_1 x_{i1} + \beta_2 x_{i2} + \cdots + \beta_p x_{ip} + \varepsilon_i, \quad i = 1, 2, \cdots, n$$

其广义设计矩阵为

$$\boldsymbol{X} = \begin{bmatrix} 1 & x_{11} & x_{12} & \cdots & x_{1p} \\ 1 & x_{21} & x_{22} & \cdots & x_{2p} \\ \vdots & \vdots & \vdots & & \vdots \\ 1 & x_{n1} & x_{n2} & \cdots & x_{np} \end{bmatrix} = [1_n \quad D]$$

在正交设计下，根据式（5.2）有

$$\boldsymbol{X}^{\mathrm{T}}\boldsymbol{X} = (\boldsymbol{1}_n, \boldsymbol{D})^{\mathrm{T}}(\boldsymbol{1}_n, \boldsymbol{D}) = \operatorname{diag}\left\{n, \sum_{i=1}^{n} x_{i1}^2, \cdots, \sum_{i=1}^{n} x_{ip}^2\right\}$$

$$\boldsymbol{X}^{\mathrm{T}}\boldsymbol{y} = \left[\sum_{i=1}^{n} y_i, \sum_{i=1}^{n} x_{i1} y_i, \cdots, \sum_{i=1}^{n} x_{ip} y_i\right]^{\mathrm{T}}$$

于是回归系数的最小二乘估计为

$$\hat{\boldsymbol{\beta}} = (\boldsymbol{X}^{\mathrm{T}}\boldsymbol{X})^{-1}\boldsymbol{X}^{\mathrm{T}}\boldsymbol{y} = \left[\frac{1}{n}\sum_{i=1}^{n} y_i, \frac{\sum_{i=1}^{n} x_{i1} y_i}{\sum_{i=1}^{n} x_{i1}^2}, \cdots, \frac{\sum_{i=1}^{n} x_{ip} y_i}{\sum_{i=1}^{n} x_{ip}^2}\right]^{\mathrm{T}} \tag{5.3}$$

其分布为

$$\hat{\boldsymbol{\beta}} \sim N\left(\boldsymbol{\beta}, \operatorname{diag}\left\{\frac{\sigma^2}{n}, \frac{\sigma^2}{\sum_{i=1}^{n} x_{i1}^2}, \cdots, \frac{\sigma^2}{\sum_{i=1}^{n} x_{ip}^2}\right\}\right)$$

从以上表达式可以看出，$\hat{\boldsymbol{\beta}}$ **的各分量互相独立，且其第 j 个分量完全由广义设计矩阵 X 的第 j 列决定**，即利用模型（5.1）得到参数β_j的估计和利用简化的模型

$$y_i = \beta_j x_{ij} + \varepsilon_i, \quad i = 1, 2, \cdots, n$$

得到参数β_j的估计是一样的。

对 $j=1$，2，…，p，考虑检验问题

$$H_{0j}: \beta_j = 0, H_{0j}: \beta_j \neq 0$$

根据定理4.4来构造检验统计量。检验第 j 个回归系数的显著性需要计算全模型的残差平方和 RSS 和剔除第 j 个变量后的残差平方和$\mathrm{RSS}_{H_{0j}}$。注意到全模型的残差向量

$$\boldsymbol{y} - \boldsymbol{X}\hat{\boldsymbol{\beta}} = \begin{bmatrix} y_1 - \hat{\beta}_0 - \hat{\beta}_1 x_{11} - \cdots - \hat{\beta}_p x_{1p} \\ y_2 - \hat{\beta}_0 - \hat{\beta}_1 x_{21} - \cdots - \hat{\beta}_p x_{2p} \\ \vdots \\ y_n - \hat{\beta}_0 - \hat{\beta}_1 x_{n1} - \cdots - \hat{\beta}_p x_{np} \end{bmatrix}$$

故

$$\mathrm{RSS}=\sum_{i=1}^{n}(y_i-\hat{\beta}_0-\hat{\beta}_1x_{i1}-\cdots-\hat{\beta}_px_{ip})^2$$

由于$\hat{\boldsymbol{\beta}}$的第j个分量完全由广义设计矩阵$\boldsymbol{X}$的第j列决定，因此当原假设H_{0j}成立时，剔除第j列后得到的残差平方和为

$$\mathrm{RSS}_{H_{0j}}=\sum_{i=1}^{n}(y_i-\hat{\beta}_0-\hat{\beta}_1x_{i1}-\cdots-\hat{\beta}_px_{ip}+\hat{\beta}_jx_{ij})^2$$

于是，

$$\begin{aligned}\mathrm{RSS}_{H_{0j}}-\mathrm{RSS}&=\sum_{i=1}^{n}[\hat{\beta}_jx_{ij}(2y_i-2\hat{\beta}_0-2\hat{\beta}_1x_{i1}-\cdots-2\hat{\beta}_px_{ip}+\hat{\beta}_jx_{ij})]\\&=\hat{\beta}_j(2\sum_{i=1}^{n}x_{ij}y_i-2\hat{\beta}_0\sum_{i=1}^{n}x_{ij}-2\hat{\beta}_1\sum_{i=1}^{n}x_{ij}x_{i1}-\cdots-2\hat{\beta}_p\sum_{i=1}^{n}x_{ij}x_{ip}+\hat{\beta}_j\sum_{i=1}^{n}x_{ij}^2)\end{aligned}$$

将式（5.2）代入上式，得到

$$\mathrm{RSS}_{H_{0j}}-\mathrm{RSS}=\hat{\beta}_j(2\sum_{i=1}^{n}x_{ij}y_i-\hat{\beta}_j\sum_{i=1}^{n}x_{ij}^2)$$

将式（5.3）中的$\hat{\beta}_j$代入上式，得到

$$\mathrm{RSS}_{H_{0j}}-\mathrm{RSS}=\frac{\sum_{i=1}^{n}x_{ij}y_i}{\sum_{i=1}^{n}x_{ij}^2}\left(2\sum_{i=1}^{n}x_{ij}y_i-\frac{\sum_{i=1}^{n}x_{ij}y_i}{\sum_{i=1}^{n}x_{ij}^2}\sum_{i=1}^{n}x_{ij}^2\right)=\frac{(\sum_{i=1}^{n}x_{ij}y_i)^2}{\sum_{i=1}^{n}x_{ij}^2}\tag{5.4}$$

由此可见，由于$\mathrm{RSS}_{H_{0j}}-\mathrm{RSS}$也仅与第$j$个变量有关，而与别的变量无关。定义

$$Q_j\overset{\text{def}}{=\!=}\mathrm{RSS}_{H_{0j}}-\mathrm{RSS}=\frac{(\sum_{i=1}^{n}x_{ij}y_i)^2}{\sum_{i=1}^{n}x_{ij}^2}\tag{5.5}$$

为**第j个变量的平方和**。回归平方和是在假设$H_0:(\beta_1,\beta_2,\cdots,\beta_p)=\mathbf{0}$成立下的$\mathrm{RSS}_{H_0}$与RSS之间的差。根据设计矩阵的正交性可知，

$$SS_R=\mathrm{RSS}_{H_0}-\mathrm{RSS}=\sum_{j=1}^{p}Q_j\tag{5.6}$$

这又一次体现了正交设计的优点：**回归平方和可分解为各变量的平方和的和**。由于总偏差平方和

$$SS_T=\sum_{i=1}^{n}(y_i-\bar{y}.)^2=\sum_{i=1}^{n}y_i^2-\frac{1}{n}(\sum_{i=1}^{n}y_i)^2$$

的计算较为简便，因此可根据平方和的分解式来计算残差平方和：

$$\mathrm{RSS}=SS_T-\sum_{j=1}^{p}Q_j$$

注意$\boldsymbol{\beta}$的维数为$p+1$，因此残差平方和的自由度为$n-p-1$。

表5-3给出的是正交回归设计的方差分析表。特别指出的是，正交回归设计使得回归系数不相关，当显著性检验的结果出现某些回归系数不显著时，可从回归方程中直接剔除相应的项，而无须重新计算回归方程。

表 5-3 正交回归设计的方差分析表

来源	自由度	平方和	均方和	F 值
x_1	1	$Q_1=\dfrac{(\sum_{i=1}^{n} x_{i1}y_i)^2}{\sum_{i=1}^{n} x_{i1}^2}$	Q_1	$\dfrac{Q_1}{\mathrm{RSS}/(n-p-1)}$
x_2	1	$Q_2=\dfrac{(\sum_{i=1}^{n} x_{i2}y_i)^2}{\sum_{i=1}^{n} x_{i2}^2}$	Q_2	$\dfrac{Q_2}{\mathrm{RSS}/(n-p-1)}$
⋮	⋮	⋮	⋮	⋮
x_p	1	$Q_p=\dfrac{(\sum_{i=1}^{n} x_{ip}y_i)^2}{\sum_{i=1}^{n} x_{ip}^2}$	Q_p	$\dfrac{Q_p}{\mathrm{RSS}/(n-p-1)}$
回归	p	$SS_R=\sum_{j=1}^{p} Q_j$	SS_R/p	$\dfrac{SS_R/p}{\mathrm{RSS}/(n-p-1)}$
剩余	$n-p-1$	$\mathrm{RSS}=SS_T-SS_R$	$\mathrm{RSS}/(n-p-1)$	
总	$n-1$	$SS_T=\sum_{i=1}^{n} y_i^2-\dfrac{1}{n}(\sum_{i=1}^{n} y_i)^2$		

例5.2

某产品的产量 y 受反应时间z_1和反应温度z_2的影响，现有条件$z_1=35\text{min}$，$z_2=155℃$。为寻找最优生产条件，在现有试验范围：$z_1\in[30,40]$，$z_2\in[150,160]$ 内设计一个试验，拟合一阶回归模型 $y=\beta_0+\beta_1 z_1+\beta_2 z_2+\varepsilon$，其中 ε 是随机误差。

先通过编码变换把原始变量z_1和z_2变换为

$$x_1=\frac{z_1-35}{5}\in[-1,1],\quad x_2=\frac{z_2-155}{5}\in[-1,1]$$

采用表$L_4(2^3)$ 设计试验方案，得到试验数据如表 5-4 所示。

表 5-4 试验方案与结果

试 验 号	x_0	x_1	x_2	y
1	1	−1	−1	39.3
2	1	−1	1	40.0
3	1	1	−1	40.9
4	1	1	1	41.5

计算得到

$$X^{T}y=\begin{bmatrix}\sum_{i=1}^{4}y_i\\ \sum_{i=1}^{4}x_{i1}y_i\\ \sum_{i=1}^{4}x_{i2}y_i\end{bmatrix}=\begin{bmatrix}161.7\\ 3.1\\ 1.3\end{bmatrix}$$

于是回归系数的最小二乘估计为

$$\hat{\boldsymbol{\beta}}=\left[\frac{1}{4}\sum_{i=1}^{4}y_i,\frac{\sum_{i=1}^{4}x_{i1}y_i}{\sum_{i=1}^{4}x_{i1}^2},\frac{\sum_{i=1}^{4}x_{i2}y_i}{\sum_{i=1}^{4}x_{i2}^2}\right]^{T}=[40.425,0.775,0.325]^{T}$$

拟合的回归方程（关于编码后的变量）为 $\hat{y}=40.425+0.775x_1+0.325x_2$。

下面计算诸平方和：

$$SS_T=\sum_{i=1}^{4}y_i^2-\frac{1}{4}\left(\sum_{i=1}^{4}y_i\right)^2=2.8275$$

$$Q_1=\frac{\left(\sum_{i=1}^{4}x_{i1}y_i\right)^2}{\sum_{i=1}^{4}x_{i1}^2}=2.4025$$

$$Q_2=\frac{\left(\sum_{i=1}^{4}x_{i2}y_i\right)^2}{\sum_{i=1}^{4}x_{i2}^2}=0.4225$$

$$SS_R=Q_1+Q_2=2.825$$

$$\mathrm{RSS}=SS_T-Q_1-Q_2=0.0025$$

关于回归方程的显著性检验如表 5-5 所示。

表 5-5　方差分析表

来源	自由度	平方和	均方和	F 值
x_1	1	2.4025	2.4025	961
x_2	1	0.4225	0.4225	169
回归	2	2.8250	1.4125	565
剩余	1	0.0025	0.0025	
总	3	2.8275		

因为 $F_{0.95}(1,1)=161.6$，$F_{0.95}(2,1)=199.5$，当显著性水平 $\alpha=0.05$ 时，回归方程与两个变量都是显著的。

5.1.3　添加中心点的重复试验

由于一阶模型的正交回归设计中，试验点都在试验空间的边界上，回归方程显著只意味着在试验空间的边界上一阶模型与实际情况相符，无法说明回归方程在试验空间的内部与实际情况拟合的情况如何。为此，可在试验空间的中心，即原点，补充几次试验来检验回归模型在内部的拟合情况。

设在原点重复 k 次试验，试验结果为 $y_{01}, y_{02}, \cdots, y_{0k}$。结合先前做的 n 次试验，得到线性统计模型

$$\boldsymbol{y} = \begin{bmatrix} y_1 \\ \vdots \\ y_n \\ y_{01} \\ \vdots \\ y_{0k} \end{bmatrix} = \begin{bmatrix} 1 & x_{11} & \cdots & x_{1p} \\ \vdots & \vdots & & \vdots \\ 1 & x_{n1} & \cdots & x_{np} \\ 1 & 0 & \cdots & 0 \\ \vdots & \vdots & & \vdots \\ 1 & 0 & \cdots & 0 \end{bmatrix} \begin{bmatrix} \beta_0 \\ \beta_1 \\ \vdots \\ \beta_p \end{bmatrix} + \begin{bmatrix} \varepsilon_1 \\ \vdots \\ \varepsilon_n \\ \varepsilon_{n+1} \\ \vdots \\ \varepsilon_{n+k} \end{bmatrix} = \boldsymbol{X\beta} + \boldsymbol{\varepsilon}$$

不难看出，该设计依然为正交回归设计。x_1，x_2，$\cdots$，x_p 的回归系数的估计值 $\hat{\beta}_1$，$\hat{\beta}_2$，$\cdots$，$\hat{\beta}_p$ 和相应的回归平方和 Q_1，Q_2，$\cdots$，Q_p 都与未补充试验前的结果一致，但截距项 $\hat{\beta}_0$、总平方和 SS_T 和残差平方和 RSS 的值都改变了。

记 $\bar{y}_0 = \dfrac{1}{k}\sum\limits_{j=1}^{k} y_{0j}$，称

$$SS_{E_1} \overset{\text{def}}{=\!=} \sum_{j=1}^{k} (y_{0j} - \bar{y}_0)^2$$

为**误差平方和**。称 $SS_{\text{Lf}} \overset{\text{def}}{=\!=} \text{RSS} - SS_{E_1}$ 为**失拟平方和**。显然 $SS_T = SS_R + SS_{\text{Lf}} + SS_{E_1}$，且 SS_T 的自由度 $f_T = n + k - 1$，SS_R 的自由度 $f_R = p$，SS_{E_1} 的自由度 $f_{E_1} = k - 1$，SS_{Lf} 的自由度 $f_{\text{Lf}} = n + k - 1 - p - (k-1) = n - p$。根据模型的假定和高斯随机向量的二次型理论，可以证明在假设 $H_0: E(y) = \beta_0 + \beta_1 x_1 + \cdots + \beta_p x_p$ 成立的条件下，

$$\frac{SS_{\text{Lf}}}{\sigma^2} \sim \chi^2(n-p), \quad \frac{SS_{E_1}}{\sigma^2} \sim \chi^2(k-1)$$

且它们相互独立。所以可以用统计量

$$F = \frac{SS_{\text{Lf}}/f_{\text{Lf}}}{SS_{E_1}/f_{E_1}} \sim F(f_{\text{Lf}}, f_{E_1})$$

来检验一阶模型是否恰当。当 $F < F_{1-\alpha}(f_{\text{Lf}}, f_{E_1})$ 时，认为在显著性水平 α 下一阶模型是恰当的，否则是不恰当的。

例5.3

在例 5.2 中试验的基础上，再添加 5 次中心点试验，试验方案和结果如表 5-6 所示。试拟合一阶回归模型，并检验回归方程的好坏。

表 5-6 添加中心点试验后的结果

试验号	x_0	x_1	x_2	y
1	1	-1	-1	39.3
2	1	-1	1	40.0

（续）

试验号	x_0	x_1	x_2	y
3	1	1	-1	40.9
4	1	1	1	41.5
5	1	0	0	40.3
6	1	0	0	40.5
7	1	0	0	40.7
8	1	0	0	40.2
9	1	0	0	40.6

注意到$\beta_0 = \bar{y}. = 40.444$，拟合的回归方程为

$$\hat{y} = 40.444 + 0.775x_1 + 0.325x_2$$

下面计算诸平方和。Q_1、Q_2和SS_R在例5.2中已经计算过了，

$$SS_T = \sum_{j=1}^{9} y_j^2 - \frac{1}{9}\left(\sum_{j=1}^{9} y_j\right)^2 = 3.0022$$

$$RSS = SS_T - Q_1 - Q_2 = 0.1772$$

$$SS_{E_1} = \sum_{j=1}^{5} (y_{0j} - \bar{y}_0)^2 = 0.1720$$

$$SS_{\mathrm{Lf}} = RSS - SS_{E_1} = 0.0052$$

关于回归方程的显著性检验如表5-7所示。

表5-7　添加中心点试验后的方差分析

来源	自由度	平方和	均方和	F值
回归	2	2.8250	1.4125	47.88
剩余	6	0.1772	0.0295	
失拟	2	0.0052	0.0026	0.06
误差	4	0.1720	0.0430	
总	8	3.0022		

由于$F_{0.99}(2, 4) = 18$，当显著性水平$\alpha = 0.01$时，一阶模型是恰当的。

5.2　最优回归设计

正交回归设计的目的是简化回归分析的计算，而最优回归设计的目的则是提高参数的估计精度，或提高响应的预测精度。最优回归设计也称最优设计，其概念最早由Smith在多项式拟合中提出[49]。根据Wald[50]和Ehrenfeld[51]对拉丁方设计的研究结果，Kiefer为最优设计的研究奠定了理论基础[7,52,53]。他基于处理对照估计方差的不同统计性质，提出了不同的最优性准则。这些准则或是最大化Fisher信息矩阵的某个函数，或是最小化一组最大正交对照估计的协方差矩阵的某个函数。最重要的最优性准则是：D-最优准则、G-最

优准则和 E-最优准则。本节首先介绍信息矩阵的概念，然后介绍这三个常用的最优性准则，最后介绍等价性定理。

5.2.1 信息矩阵

给定线性回归模型

$$y = \boldsymbol{f}^{\mathrm{T}}(\boldsymbol{x})\boldsymbol{\beta} + \varepsilon, \quad \varepsilon \sim N(0, \sigma^2) \tag{5.7}$$

假定试验空间 $\mathcal{X}$ 为有界闭集，$\boldsymbol{f}(\boldsymbol{x}) = [f_1(\boldsymbol{x}), f_2(\boldsymbol{x}), \cdots, f_m(\boldsymbol{x})]^{\mathrm{T}}$ 为定义在 $\mathcal{X}$ 上 m 个线性独立的连续函数。

定义 5.2 称$\xi_n = \{\boldsymbol{x}_1, \boldsymbol{x}_2, \cdots, \boldsymbol{x}_n\}$为一个试验次数为 n 的精确设计，称试验点 x_i 为这个设计的支撑点或谱点。

如果精确设计ξ_n中仅有 $k<n$ 个不同的支撑点 $\boldsymbol{x}_1, \boldsymbol{x}_2, \cdots, \boldsymbol{x}_k$，在点$\boldsymbol{x}_i$重复的次数为$\nu_i$，记$p_i = \nu_i/n$，该设计可用离散概率分布的形式

$$\xi_n = \begin{Bmatrix} \boldsymbol{x}_1 & \boldsymbol{x}_2 & \cdots & \boldsymbol{x}_k \\ p_1 & p_2 & \cdots & p_k \end{Bmatrix} \tag{5.8}$$

来表示。由此，可把精确设计推广到由离散概率分布确定的**离散设计**。

设根据设计$\xi_n = \{\boldsymbol{x}_1, \boldsymbol{x}_2, \cdots, \boldsymbol{x}_n\}$ 得到一组观测$\mathcal{D}_{\mathrm{n}} = \{(\boldsymbol{x}_i, y_i): i = 1, 2, \cdots, n\}$。由 4.1 节的知识可知，参数 $\boldsymbol{\beta}$ 的最小二乘估计 $\hat{\boldsymbol{\beta}}$ 的方差矩阵为

$$\sigma^2(\boldsymbol{X}^{\mathrm{T}}\boldsymbol{X})^{-1} = \sigma^2\left[\sum_{i=1}^{n} \boldsymbol{f}(\boldsymbol{x}_i)\boldsymbol{f}^{\mathrm{T}}(\boldsymbol{x}_i)\right]^{-1} = \frac{\sigma^2}{n}\left[\sum_{i=1}^{n} \frac{1}{n}\boldsymbol{f}(\boldsymbol{x}_i)\boldsymbol{f}^{\mathrm{T}}(\boldsymbol{x}_i)\right]^{-1}$$

于是，从提高估计精度的角度来考虑，一个良好的设计应使得上述矩阵达到某种意义上的“最小”。一般地，给定离散设计，我们称

$$\sum_{i=1}^{k} p_i \boldsymbol{f}(\boldsymbol{x}_i)\boldsymbol{f}^{\mathrm{T}}(\boldsymbol{x}_i)$$

为设计ξ_n的**信息矩阵**（information matrix）。推广到一般设计的情况，得到如下定义。

定义 5.3 称试验空间 $\mathcal{X}$ 上的概率分布 ξ 为一个设计，其信息矩阵定义为

$$\boldsymbol{M}(\xi) \stackrel{\mathrm{def}}{=} \int_{\mathcal{X}} \boldsymbol{f}(\boldsymbol{x})\boldsymbol{f}^{\mathrm{T}}(\boldsymbol{x})\mathrm{d}\xi \tag{5.9}$$

称满足 $\det(\boldsymbol{M}(\xi)) \neq 0$ 的设计 ξ 为非奇异的（non-singular）。

上述定义中用到了关于概率测度 ξ 的积分的概念，为便于理解，可设想 ξ 有密度函数 $p(\boldsymbol{x})$，式（5.9）表示为

$$\boldsymbol{M}(\xi) = \int_{\mathcal{X}} \boldsymbol{f}(\boldsymbol{x})\boldsymbol{f}^{\mathrm{T}}(\boldsymbol{x})p(\boldsymbol{x})\mathrm{d}\boldsymbol{x}$$

定理 5.1 以 Ξ 表示所有设计的全体，Ξ_n表示支撑点数为 n 的离散设计的全体，$\mathcal{M} = \{\boldsymbol{M}(\xi): \xi \in \Xi\}$ 表示线性回归模型（5.7）的一切设计对应的信息矩阵的全体。

1）Ξ 为凸集，$\mathcal{M}$ 为闭凸集。

2）任意设计 ξ 的信息矩阵 $\boldsymbol{M}(\xi)$ 都是非负定的。

3）如果 $n<m$，则 $\det(\boldsymbol{M}(\xi)) = 0$ 对任意 $\xi \in \Xi_n$都成立。

4）对任意 $\xi \in \Xi$，均存在$\xi' \in \Xi_n$，$n \leqslant m(m+1)/2+1$，使得 $\boldsymbol{M}(\xi) = \boldsymbol{M}(\xi')$。

信息矩阵的对称性和半正定性可由其定义马上得到。如果 ξ 的支撑点数小于 m，则矩阵

$\boldsymbol{M}(\xi)$ 的秩小于 m，因而其行列式为0。利用 $\mathcal{X}$ 是闭集且 f 连续的条件，可得到 $\mathcal{M}$ 为闭凸集。引理5.1中4）的证明需要用到线性代数中的 Caratheodory 定理：设 S 是 n 维线性空间 $\mathbb{R}^n$ 的一个子集，则 S 的凸包

$$S^* = \left\{ \sum_{i=1}^{l} \alpha_i s_i : s_i \in S, \alpha_i \geqslant 0, i = 1,2,\cdots,l, \sum_{i=1}^{l} \alpha_i = 1, l = 1,2,\cdots \right\}$$

中的任意元素 s^* 均可表示为 S 中至多 $n+1$ 个元素的凸组合，即存在 $\alpha_i \geqslant 0$，$\sum_{i=1}^{n+1} \alpha_i = 1, s_i \in S$，$i = 1,2,\cdots,n+1$，使得

$$s^* = \sum_{i=1}^{n+1} \alpha_i s_i$$

它成立的原因是 $\mathcal{M}$ 可视作维数为 $m(m+1)/2$ 的向量空间。

根据上述引理中的4)，对任一设计 ξ，总可以找到另一个试验点数不超过 $m(m+1)/2+1$ 的设计 ξ，使得它们的信息矩阵相等。因此，可以在试验点数不超过 $m(m+1)/2+1$ 的离散设计中去寻找最优设计。事实上，学者们发现很多线性模型的最优设计的支撑点数恰为参数个数 m，可参考文献［54-55］。

5.2.2 最优性准则

以下仅考虑非奇异设计的优良性。如前所述，最优设计应使得信息矩阵“最大”。由于矩阵的大小不好比较，优良性准则通过对信息矩阵的“加工” $\Phi: \mathcal{M} \mapsto \mathbb{R}_+$ 来构造。

定义 5.4 设函数 $\Phi: \mathcal{M} \mapsto \mathbb{R}_+$ 满足 $\boldsymbol{M}_1 \geqslant \boldsymbol{M}_2 \Rightarrow \Phi(\boldsymbol{M}_1) \leqslant \Phi(\boldsymbol{M}_2)$。若存在设计 $\xi^* \in \Xi$，使得 $\Phi(\boldsymbol{M}(\xi^*)) = \inf\{\Phi(\boldsymbol{M}(\xi)) : \xi \in \Xi\}$，则称 ξ^* 为 Φ 最优设计（Φ - optimal design）。

这里 $\boldsymbol{M}_1 \geqslant \boldsymbol{M}_2$ 表示 $\boldsymbol{M}_1 - \boldsymbol{M}_2$ 为非负定矩阵。不同的 Φ 导致不同的最优性准则，Φ 一般不能保证 $\Phi(\boldsymbol{M}_1) \leqslant \Phi(\boldsymbol{M}_2) \Rightarrow \boldsymbol{M}_1 \geqslant \boldsymbol{M}_2$，因此在确定最优性准则时，选择的 Φ 最好具有一定的统计意义。为简单起见，以下将复合函数 $\Phi(\boldsymbol{M}(\xi))$ 简记为 $\Phi(\xi)$。下面介绍几个常用的优良性准则。

D-**最优准则**定义为 $\Phi_D(\xi) \overset{\text{def}}{=} \det(\boldsymbol{M}^{-1}(\xi))$，称相应的最优设计为 *D*-**最优设计**（*D*-optimal design）。在模型（5.7）的假定下，根据引理2.1和定理4.1，最小二乘估计 $\hat{\boldsymbol{\beta}}$ 的置信椭球为

$$\{\boldsymbol{\beta} \in \mathbb{R}^m : (\boldsymbol{\beta} - \hat{\boldsymbol{\beta}})^{\mathrm{T}} \boldsymbol{M}(\xi)(\boldsymbol{\beta} - \hat{\boldsymbol{\beta}}) \leqslant c\}$$

其中 c 为仅依赖置信水平和 σ^2 的常数。利用多元积分可以证明，置信椭球体的体积

$$V(\xi) \propto [\det(\boldsymbol{M}^{-1}(\xi))]^{\frac{1}{2}}$$

因此，$\det(\boldsymbol{M}^{-1}(\xi))$ 越小，则 $\hat{\boldsymbol{\beta}}$ 的精度越高。

根据定理4.1，如果 $\hat{\boldsymbol{\beta}}$ 为由设计 ξ 得到的最小二乘估计，则点 $\boldsymbol{x} \in \mathcal{X}$ 处的响应预测值 $\hat{y}(\boldsymbol{x}) = \boldsymbol{f}^{\mathrm{T}}(\boldsymbol{x})\hat{\boldsymbol{\beta}}$ 的方差

$$\operatorname{Var}(\hat{y}(\boldsymbol{x})) = \frac{\sigma^2}{n} \boldsymbol{f}^{\mathrm{T}}(\boldsymbol{x}) \boldsymbol{M}^{-1}(\xi) \boldsymbol{f}(\boldsymbol{x})$$

定义 $d(\boldsymbol{x},\xi) \overset{\text{def}}{=} \boldsymbol{f}^{\mathrm{T}}(\boldsymbol{x}) \boldsymbol{M}^{-1}(\xi) \boldsymbol{f}(\boldsymbol{x})$ 为点 $\boldsymbol{x}$ 与设计 ξ 之间的距离，或设计 ξ 的**标准化方差**。称

$$\Phi_{\mathrm{G}}(\xi) \overset{\text{def}}{=} \sup\{d(\boldsymbol{x},\xi) : \boldsymbol{x} \in \mathcal{X}\}$$

为 G-**最优准则**（G-optimal criteria），相应的最优设计称为 G-**最优设计**（G-optimal design）。G-最优设计使得模型的最大预测方差达到最小。

例5.4

考虑一元线性回归模型

$$y=\beta_0+\beta_1 x+\varepsilon,\quad x\in[-1,1]$$

由于

$$\boldsymbol{f}(x)=[1,x]^{\mathrm{T}}$$

$$\boldsymbol{f}(x)\boldsymbol{f}^{\mathrm{T}}(x)=\begin{bmatrix}1 & x\\ x & x^2\end{bmatrix}$$

根据定义，设计 $\xi_n=\{x_1,x_2,\cdots,x_n\}$ 的信息矩阵为

$$\boldsymbol{M}(\xi_n)=\frac{1}{n}\sum_{i=1}^{n}\boldsymbol{f}(x_i)\boldsymbol{f}^{\mathrm{T}}(x_i)=\frac{1}{n}\sum_{i=1}^{n}\begin{bmatrix}1 & x_i\\ x_i & x_i^2\end{bmatrix}=\begin{bmatrix}1 & \frac{1}{n}\sum_{i=1}^{n}x_i\\ \frac{1}{n}\sum_{i=1}^{n}x_i & \frac{1}{n}\sum_{i=1}^{n}x_i^2\end{bmatrix}$$

信息矩阵的行列式

$$\begin{aligned}\det(\boldsymbol{M}(\xi_n))&=\frac{1}{n^2}\begin{vmatrix}n & \sum_{i=1}^{n}x_i\\ \sum_{i=1}^{n}x_i & \sum_{i=1}^{n}x_i^2\end{vmatrix}=\frac{1}{n^2}\left(n\sum_{i=1}^{n}x_i^2-\sum_{i=1}^{n}x_i\sum_{i=1}^{n}x_i\right)\\&=\frac{1}{n}\left(\sum_{i=1}^{n}x_i^2-\frac{2}{n}\sum_{i=1}^{n}x_i\sum_{i=1}^{n}x_i+\frac{1}{n}\sum_{i=1}^{n}x_i\sum_{i=1}^{n}x_i\right)\\&=\frac{1}{n}\sum_{i=1}^{n}\left(x_i^2-\frac{2}{n}x_i\sum_{i=1}^{n}x_i+\frac{1}{n^2}\sum_{i=1}^{n}x_i\sum_{i=1}^{n}x_i\right)=\frac{1}{n}\sum_{i=1}^{n}(x_i-\bar{x})^2\end{aligned}$$

且

$$\boldsymbol{M}^{-1}(\xi_n)=\frac{1}{n\det(\boldsymbol{M}(\xi_n))}\begin{bmatrix}\sum_{i=1}^{n}x_i^2 & -\sum_{i=1}^{n}x_i\\ -\sum_{i=1}^{n}x_i & n\end{bmatrix}$$

表 5-8 给出的是几个简单的设计，其中设计Ⅰ、Ⅱ和Ⅳ是对称的，而Ⅲ是非对称的。

表 5-8　单因子试验的几个简单设计

设计	x_1	x_2	x_3	x_4
Ⅰ	−1	1		
Ⅱ	−1	0	1	
Ⅲ	−1	1	1	
Ⅳ	−1	−1/3	1/3	1

设计 I 的信息矩阵

$$\boldsymbol{M}(\xi_{\mathrm{I}})=\begin{bmatrix}1 & 0\\0 & 1\end{bmatrix}$$

可见它是正交回归设计，两个系数的估计$\hat{\beta}_0$和$\hat{\beta}_1$是不相关的。它的 D-最优准则为$|\boldsymbol{M}(\xi_{\mathrm{I}})|^{-1}=1$，且其标准化方差

$$d(x,\xi_{\mathrm{I}})=1+x^2,\quad x\in[-1,1]$$

当 $x=\pm1$ 时，标准化方差取得最大值2。其余几个设计的信息矩阵和标准化方差留作习题。

除了 D-最优准则和 G-最优准则外，常见的最优性准则还包括：

- 任取向量 $\boldsymbol{c}\in\mathbb{R}^m$，称$\Phi_C(\xi)\overset{\text{def}}{=\!=}\boldsymbol{c}^{\mathrm{T}}\boldsymbol{M}^{-1}(\xi)\ \boldsymbol{c}$ 为 C-**最优设计**（C-optimal design），该准则的统计意义是使参数线性组合$\boldsymbol{c}^{\mathrm{T}}\boldsymbol{\beta}$ 的最优无偏估计的方差达到最小。
- 注意到估计量$\hat{\boldsymbol{\beta}}$ 的各分量的方差和为 $\mathrm{tr}(\boldsymbol{M}^{-1}(\xi))$，定义$\Phi_A(\xi)\overset{\text{def}}{=\!=}\mathrm{tr}(\boldsymbol{M}^{-1}(\xi))$，称相应的最优性准则为 A-**最优准则**，也称 MV-**最优准则**。
- 记$\lambda_{\min}(\boldsymbol{M}(\xi))$ 为矩阵$\boldsymbol{M}(\xi)$ 的最小特征值，E-**最优准则**定义为$\Phi_E(\xi)\overset{\text{def}}{=\!=}\lambda_{\min}^{-1}(\boldsymbol{M}(\xi))$。由于$\lambda_{\min}(\boldsymbol{M}(\xi))=\min\{\boldsymbol{c}^{\mathrm{T}}\boldsymbol{M}(\xi)\boldsymbol{c}:\boldsymbol{c}^{\mathrm{T}}\boldsymbol{c}=1\}$，$E$-最优准则保证了在$\boldsymbol{c}^{\mathrm{T}}\boldsymbol{c}=1$ 的限制下线性组合$\boldsymbol{c}^{\mathrm{T}}\boldsymbol{\beta}$ 的方差最大值达到最小，也使得置信椭球体的最长轴最小。

还有其他许多不同的最优性准则，这里不再介绍，感兴趣的读者可参考文献［56-58］等专著。

例5.5

设 $x\in[-1,\ 1]$，考虑线性回归模型

$$y=\beta_0+\beta_1x+\cdots+\beta_dx^d+\varepsilon,\varepsilon\sim N(0,\sigma^2)$$

Guest 证明了该模型的 D-最优设计的支撑点与 Legendre 多项式$P_n(x)$ 的导函数有关[59]。Legendre 多项式按照如下递推关系确定：

$$P_0(x)=1,\quad P_1(x)=x,P_{n+1}(x)=\frac{1}{n+1}[(2n+1)x\,P_n(x)-n\,P_{n-1}(x)]$$

例如，

$$P_2(x)=\frac{1}{2}[3x\,P_1(x)-P_0(x)]=\frac{1}{2}(3x^2-1)$$

不同的 Legendre 多项式在［-1，1］上是互相正交的，即

$$\int_{-1}^{1}P_n(x)\,P_m(x)\,\mathrm{d}x=\frac{2}{2n+1}\delta_{mn}$$

其中δ_{mn}为 Kronecker 函数，当 $m=n$ 时其值为1，否则为0。d 阶多项式模型的 D-最优设计点为下面方程的根：

$$(1-x^2)\frac{\mathrm{d}P_d(x)}{\mathrm{d}x}=0$$

即 d 阶模型的 D-最优设计的支撑点由两个端点 -1 和 1，以及 d 阶 Legendre 多项式的导数的根组成。

当 $d=1$ 时，其信息矩阵

$$M = \frac{1}{n}\begin{pmatrix} n & \sum_{i=1}^{n} x_i \\ \sum_{i=1}^{n} x_i & \sum_{i=1}^{n} x_i^2 \end{pmatrix}$$

其行列式为

$$|M| = \frac{1}{n}\sum_{i=1}^{n}(x_i - \bar{x})^2$$

若试验次数 $n=2$，则 D-最优设计为

$$\xi = \begin{Bmatrix} -1 & 1 \\ 1/2 & 1/2 \end{Bmatrix}$$

若试验次数 $n=3$，则 D-最优设计为

$$\xi = \begin{Bmatrix} -1 & 1 \\ 1/3 & 2/3 \end{Bmatrix} \text{或} \begin{Bmatrix} -1 & 1 \\ 2/3 & 1/3 \end{Bmatrix}$$

容易验证，上述 D-最优设计也是 A-最优设计。表 5-9 总结了 $d=1$，2，3，4，5，6 对应的模型的 D-最优设计的支撑点。

表 5-9　一元多项式的 D-最优设计

d	x_1	x_2	x_3	x_4	x_5	x_6	x_7
1	-1						1
2	-1			0			1
3	-1		-0.4472		0.4472		1
4	-1		-0.6547	0	0.6547		1
5	-1	-0.7651	-0.2852		0.2852	0.7651	1
6	-1	-0.8302	-0.4688	0	0.4688	0.8302	1

可见，一元多项式回归模型的 D-最优设计的支撑点在 $[-1, 1]$ 上的分布是不均匀的，与多项式的阶数密切相关。因此，针对某个具体问题，需先选定一个回归模型，根据该模型的最优设计做试验，然后根据数据来拟合模型，假如发现该模型不理想，需要换另外的模型。而更换后的模型其最优设计支撑点与原设计不同，因此需追加新的试验。也就是说，最优回归设计不是稳健的，支撑点随着模型的变化而显著变化。

二元以上的多项式回归，当 Taylor 展开的阶数 $d \geqslant 3$ 时没有理论结果，只能采用数值算法。De Castro 给出了 d 阶多项式回归模型最优设计的一种近似算法[60]。下面简单介绍 $d=1$ 和 $d=2$ 时的理论结果。

例5.6

考虑 p 个因子的多元一次线性回归模型

$$y=\beta_0+\beta_1 x_1+\cdots+\beta_p x_p+\varepsilon$$

Heiligers 指出，如果试验空间 $\mathcal{X}$ 为 $\mathbb{R}^p$ 中的凸集，则多元线性回归模型的离散或精确 D-最优设计的支撑点都在 $\mathcal{X}$ 的顶点上[61]。由于超球体和超立方体都是凸集，因此这两种试验空间的 D-最优设计点都在其顶点上。构造离散或精确 D-最优设计时，只需在全体顶点的集合中搜索即可。

如果试验空间为超球体

$$\mathcal{X}=\left\{\boldsymbol{x}\in\mathbb{R}^p:\sum_{i=1}^{p}x_i^2\leqslant 1\right\}$$

设超球体内嵌正多面体的顶点个数为 n，并记为 $\boldsymbol{x}_1$，$\boldsymbol{x}_2$，…，$\boldsymbol{x}_n$。记

$$U_n=\begin{Bmatrix}\boldsymbol{x}_1 & \boldsymbol{x}_2 & \cdots & \boldsymbol{x}_n\\ \dfrac{1}{n} & \dfrac{1}{n} & \cdots & \dfrac{1}{n}\end{Bmatrix}$$

则当 $n>p$ 时，不管是否存在截距项 β_0，U_n 都是多元一次线性回归模型的 D-最优设计[56]。由于超球体内嵌正多面体有无穷个，而且顶点个数只要大于 p 即可，因此多元线性模型的离散 D-最优设计不唯一。

如果试验空间为超立方体

$$\mathcal{X}=\{\boldsymbol{x}\in\mathbb{R}^p:|\boldsymbol{x}_i|\leqslant 1,i=1,2,\cdots,p\}$$

设 $S=\{\boldsymbol{v}_1,\boldsymbol{v}_2,\cdots,\boldsymbol{v}_s:\boldsymbol{v}_i\in\mathbb{R}^p,i=1,2,\cdots,s\}$ 表示超立方体的全部顶点。则离散 D-最优设计为

$$\xi_{n,S}=\begin{Bmatrix}\boldsymbol{v}_1 & \boldsymbol{v}_2 & \cdots & \boldsymbol{v}_s\\ \dfrac{1}{s} & \dfrac{1}{s} & \cdots & \dfrac{1}{s}\end{Bmatrix}$$

试验次数为 n 的精确 D-最优设计为

$$\xi_{n,S}=\begin{Bmatrix}\boldsymbol{v}_1 & \boldsymbol{v}_2 & \cdots & \boldsymbol{v}_s\\ \dfrac{n_1}{n} & \dfrac{n_1}{n} & \cdots & \dfrac{n_s}{n}\end{Bmatrix},\quad \max_{i,j}|n_i-n_j|\leqslant 1,\ \sum_{i=1}^{s}n_i=n$$

由此可见，多元一次线性回归模型的最优设计也不唯一。当然，工程中的试验设计问题试验约束往往十分复杂，可能导致试验空间并不是凸的。

例5.7

考虑包含 p 个因子的多元二阶线性回归模型

$$y=\beta_0+\sum_{i=1}^{p}\beta_j x_j+\sum_{1\leqslant i\leqslant j\leqslant p}\beta_{ij}x_i x_j+\varepsilon$$

当试验空间为超球体时，模型中的截距项会影响 D-最优设计。

- 当截距项不为 0 时，该模型的 D-最优设计为：中心点权重为 $1/[(p+1)(p+2)]$，其余权重均匀分布在超球体的球面上；
- 当截距项为 0 时，该模型的 D-最优设计为超球体球面上的均匀分布，不包括中心点。文献[62]研究了试验空间为立方体或球体时二阶响应曲面的 E-最优设计，这里不再介绍，感兴趣的读者可自行查阅。

还有许多关于特定模型和特定试验空间下最优设计的研究，如参考文献［63-66］等。这里不再介绍，感兴趣的读者可自行查阅。

5.2.3　等价性定理

我们知道，在无约束优化问题中，目标函数的导数为0是给定点为极值点的必要条件；在非线性规划中，KKT条件是给定点为极值点的必要条件。那么如何判断给定的设计 ξ 为 Φ-最优设计呢？本节介绍的等价性定理可以达到这一目的，它在最优回归设计中地位就如同KKT条件在非线性规划中的地位一样。

为简单起见，与通常优化问题类似，假定目标函数 $\Phi:\Xi\mapsto\mathbb{R}_+$ 为凸函数，即

$$\Phi(\alpha\xi+(1-\alpha)\eta)\leqslant\alpha\Phi(\xi)+(1-\alpha)\Phi(\eta) \tag{5.10}$$

同时要求 Φ 一阶可微。

在等价性定理中，主要用到的导数工具是 F-导数，给定设计 ξ 和 η，称

$$F_\Phi(\xi,\eta)\overset{\text{def}}{=\!=}\lim_{\alpha\to0^+}\frac{1}{\alpha}[\Phi((1-\alpha)\xi+\alpha\eta)-\Phi(\xi)] \tag{5.11}$$

为 $\Phi(\cdot)$ 在 ξ 处沿 η 方向的 F 导数。回顾普通多元函数方向导数的定义：

$$\lim_{\alpha\to0^+}\frac{1}{\alpha}[F(\boldsymbol{x}+\alpha\boldsymbol{e})-F(\boldsymbol{x})]$$

式（5.11）的右侧第一项的“自变量”为 $(1-\alpha)\xi+\alpha\eta$ 而不是 $\xi+\alpha\eta$，原因是 $\xi+\alpha\eta$ 不再是一个概率分布，因而不再是一个设计。以下是 F 导数的三个简单性质：

1）$F_\Phi(\xi,\xi)=0$。

2）$F_\Phi(\xi,\eta)\leqslant\Phi(\eta)-\Phi(\xi)$。

3）Φ 在 ξ 处可微意味着若 $\sum w_i=1$，则 $F_\Phi(\xi,\sum w_i\eta_i)=\sum w_iF_\Phi(\xi,\eta_i)$。

性质1）由 F 导数的定义得到；性质2）由 Φ 的凸性得到；性质3）的证明需要一定的技巧，这里不予论述。当 Φ 在 Ξ 中所有设计处可微时，利用性质3）可得到

$$F_\Phi(\xi,\eta)=\sum_{\boldsymbol{x}}w(\boldsymbol{x})\,F_\Phi(\xi,\delta_x) \tag{5.12}$$

其中，δ_x 表示在点 $\boldsymbol{x}$ 上权重为1的设计，$w(\boldsymbol{x})$ 表示设计 η 在点 $\boldsymbol{x}$ 处的权重。称

$$\phi(\boldsymbol{x},\xi)\overset{\text{def}}{=\!=}F_\Phi(\xi,\delta_x) \tag{5.13}$$

为**敏感性函数**（sensitive function）。

等价性定理既可用来判断一个设计是否为最优设计，也是构造最优设计求解算法的理论基础。利用 F 导数的概念，可将等价性定理描述如下。

定理5.2　如果 Φ 为凸函数，且在 Ξ 中的所有设计处可微，则下列命题等价：

1）ξ^* 是 Φ-最优设计。

2）对任意 $\boldsymbol{x}\in\mathcal{X}$，都有 $\phi(\boldsymbol{x},\xi^*)\geqslant0$。

3）$\phi(\boldsymbol{x},\xi^*)$ 在 ξ^* 的所有支撑点上都取最小值，且最小值为0。

证明： 设 ξ^* 是 Φ-最优设计，即 $\Phi(\xi^*)\leqslant\Phi(\eta)$ 对任意 $\eta\in\Xi$ 成立。因此，对任意 $\alpha\in[0,1]$ 以及 $\boldsymbol{x}\in\mathcal{X}$，有

$$\Phi((1-\alpha)\xi^*+\alpha\delta_x)-\Phi(\xi^*)\geqslant0$$

由 F 导数的定义可知 $\phi(\boldsymbol{x},\xi^*)\geqslant0$。即1）$\Rightarrow$2）成立。

往证 2)⇒1)。对任意 $\eta\in\Xi$，如果 2) 成立，则由式 (5.12) 可知，$F_{\Phi}(\xi^*,\eta)\geqslant 0$。由 F 导数的性质可知，$\Phi(\eta)\geqslant\Phi(\xi^*)$，即 ξ^* 是 Φ-最优设计。

往证 1)⇒3)。设 $\boldsymbol{x}$ 为最优设计 ξ^* 的支撑点，其权重 $w(\boldsymbol{x})>0$。根据 F 导数的性质可知，

$$0=F_{\Phi}(\xi^*,\xi^*)=\sum_{\boldsymbol{x}}w(\boldsymbol{x})F_{\Phi}(\xi^*,\delta_x)=\sum_{\boldsymbol{x}}w(\boldsymbol{x})\phi(\boldsymbol{x},\xi^*)$$

由此可知，$\phi(\boldsymbol{x},\xi^*)=0$，(3) 成立。

3)⇒2) 显然，而前面已经证明了 2)⇒1)，故 3)⇒1) 成立。

定理 5.1 利用数学中比较抽象的 F 导数，建立了任意可微凸准则 Φ-最优设计的充分必要条件。将它应用到具体准则时，需要验证其凸性和可微性，并给出敏感性函数。下面以 D-最优准则为例，给出定理 5.1 的一个推论。

直接验证行列式函数的凸性以及求 D-最优准则的敏感性函数都比较难。注意到对数函数的单调性，D-最优准则可以改写作 $\Phi_D(\xi)=-\log\det(\boldsymbol{M}(\xi))$。利用关于矩阵行列式的不等式：

设 $\boldsymbol{A}$ 和 $\boldsymbol{B}$ 为两个非负定方阵，$0<\alpha<1$，则

$$\det[\alpha\boldsymbol{A}+(1-\alpha)\boldsymbol{B}]\geqslant[\det(\boldsymbol{A})]^{\alpha}[\det(\boldsymbol{B})]^{1-\alpha}$$

且等号成立的充要条件是 $\boldsymbol{A}=\boldsymbol{B}$。

可以得到 $-\log\det[\boldsymbol{M}(\xi)]$ 作为 Ξ 上的函数是一个凹函数，即如果 $\xi_1\neq\xi_2$，$0<\alpha<1$，则

$$-\log\det[(1-\alpha)\boldsymbol{M}(\xi_1)+\alpha\boldsymbol{M}(\xi_2)]\leqslant-(1-\alpha)\log\det[\boldsymbol{M}(\xi_1)]-\alpha\log\det[\boldsymbol{M}(\xi_2)]$$

根据敏感性函数的定义：

$$\phi_D(\boldsymbol{x},\xi)=\lim_{\alpha\to0^+}\frac{1}{\alpha}\{-\log\det[\boldsymbol{M}((1-\alpha)\xi+\alpha\delta_x)]+\log\det[\boldsymbol{M}(\xi)]\}\tag{5.14}$$

下面考虑 $\log\det[\boldsymbol{M}((1-\alpha)\xi+\alpha\delta_x)]$ 的计算。注意到

$$\boldsymbol{M}((1-\alpha)\xi+\alpha\delta_x)=(1-\alpha)\boldsymbol{M}(\xi)+\alpha\boldsymbol{f}(\boldsymbol{x})\boldsymbol{f}^{\mathrm{T}}(\boldsymbol{x})=(1-\alpha)\left[\boldsymbol{M}(\xi)+\frac{\alpha}{1-\alpha}\boldsymbol{f}(\boldsymbol{x})\boldsymbol{f}^{\mathrm{T}}(\boldsymbol{x})\right]$$

故

$$\begin{aligned}\det[\boldsymbol{M}((1-\alpha)\xi+\alpha\delta_x)]&=(1-\alpha)^m\det\left[\boldsymbol{M}(\xi)+\frac{\alpha}{1-\alpha}\boldsymbol{f}(\boldsymbol{x})\boldsymbol{f}^{\mathrm{T}}(\boldsymbol{x})\right]\\&=(1-\alpha)^m\det\begin{bmatrix}\boldsymbol{M}(\xi)&-\dfrac{\alpha}{1-\alpha}\boldsymbol{f}(\boldsymbol{x})\\\boldsymbol{f}^{\mathrm{T}}(\boldsymbol{x})&1\end{bmatrix}\\&=(1-\alpha)^m\det\begin{bmatrix}\boldsymbol{M}(\xi)&-\dfrac{\alpha}{1-\alpha}\boldsymbol{f}(\boldsymbol{x})\\\boldsymbol{0}&1+\dfrac{\alpha}{1-\alpha}\boldsymbol{f}^{\mathrm{T}}(\boldsymbol{x})\boldsymbol{M}^{-1}(\xi)\boldsymbol{f}(\boldsymbol{x})\end{bmatrix}\\&=(1-\alpha)^m\left[1+\frac{\alpha}{1-\alpha}d(\boldsymbol{x},\xi)\right]\det(\boldsymbol{M}(\xi))\end{aligned}$$

将上式代入式 (5.14)，得到

$$\phi_D(\boldsymbol{x},\xi)=\lim_{\alpha\to0^+}\frac{1}{\alpha}\left\{-m\log(1-\alpha)-\log\left[1+\frac{\alpha}{1-\alpha}d(\boldsymbol{x},\xi)\right]\right\}=m-d(\boldsymbol{x},\xi)\tag{5.15}$$

将该敏感性函数代入定理 5.1，得到 D-最优设计的等价性定理。

定理 5.3 以下三个结论等价：

1）ξ^* 是 D-最优设计，即 $\det(\boldsymbol{M}(\xi^*))=\max\limits_{\xi}\det(\boldsymbol{M}(\xi))$。

2）ξ^* 是 G-最优设计，即$\max\limits_{x} d(\boldsymbol{x},\xi^*)=\min\limits_{\xi}\max\limits_{x} d(\boldsymbol{x},\xi)$。

3）ξ^* 满足$\max\limits_{x} d(\boldsymbol{x},\xi^*)=m$，且 $d(\boldsymbol{x},\xi^*)$ 在ξ^*的任一支撑点达到最大。

此外，所有 D-最优设计有相同的信息矩阵，D-最优设计的线性组合还是 D-最优设计。

证明： 设 $\xi\in\Xi$ 满足 $\det[\boldsymbol{M}(\xi)]\neq 0$。根据定义，$d(\boldsymbol{x},\xi)=\boldsymbol{f}^{\mathrm{T}}(\boldsymbol{x})\boldsymbol{M}^{-1}(\xi)\boldsymbol{f}(\boldsymbol{x})$。两边对 ξ 积分，得到

$$\int_{\mathcal{X}} d(\boldsymbol{x},\xi)\,\mathrm{d}\xi=\int_{\mathcal{X}}\boldsymbol{f}^{\mathrm{T}}(\boldsymbol{x})\boldsymbol{M}^{-1}(\xi)\boldsymbol{f}(\boldsymbol{x})\,\mathrm{d}\xi=\int_{\mathcal{X}}\mathrm{tr}[M^{-1}(\xi)\boldsymbol{f}^{\mathrm{T}}(\boldsymbol{x})\boldsymbol{f}(\boldsymbol{x})]\,\mathrm{d}\xi$$

$$=\mathrm{tr}[\boldsymbol{M}^{-1}(\xi)\int_{\mathcal{X}}\boldsymbol{f}^{\mathrm{T}}(\boldsymbol{x})\boldsymbol{f}(\boldsymbol{x})\,\mathrm{d}\xi]=\mathrm{tr}(\boldsymbol{I})=m$$

根据这一结果，可得

$$m=\int_{\mathcal{X}} d(\boldsymbol{x},\xi)\,\mathrm{d}\xi\leqslant\int_{\mathcal{X}}\max_{\boldsymbol{x}\in\mathcal{X}} d(\boldsymbol{x},\xi)\,\mathrm{d}\xi=\max_{\boldsymbol{x}\in\mathcal{X}} d(\boldsymbol{x},\xi)\int_{\mathcal{X}}\mathrm{d}\xi=\max_{\boldsymbol{x}\in\mathcal{X}} d(\boldsymbol{x},\xi) \tag{5.16}$$

由定理 5.1 中1）与2）的等价性，可推得3)⇒1）成立。由定理 5.1 中1）与3）的等价性，可知1)⇒3）成立。结合式（5.16）以及定理 5.1 中1）与2）的等价性，可知1)⇒2）成立。结合式（5.16）以及定理 5.1 中2）与3）的等价性，可知2)⇒3）成立。

假定ξ_1^*和ξ_2^*均为最优设计，令$\xi^*=(1-\alpha)\xi_1^*+\alpha\xi_2^*$，则根据$\boldsymbol{\Phi}_D$的凸性，得

$$-\log\det(\boldsymbol{M}(\xi^*))\leqslant-(1-\alpha)\log\det(\boldsymbol{M}(\xi_1^*))-\alpha\log\det(\boldsymbol{M}(\xi_2^*))$$

根据ξ_1^*和ξ_2^*的最优性，得

$$-\log\det(\boldsymbol{M}(\xi^*))\geqslant-\log\det(\boldsymbol{M}(\xi_1^*))$$

且

$$-\log\det(\boldsymbol{M}(\xi^*))\geqslant-\alpha\log\det(\boldsymbol{M}(\xi_2^*))$$

故为使上式成立，必须有定理的最后结论成立。

定理 5.2 不仅揭示了 D-最优和 G-最优之间的等价性，还给出了ξ^*是 D-最优的一个充要条件$\max\limits_{x} d(\boldsymbol{x},\xi^*)=m$。

最优设计一般不存在解析表达式，只能通过数值算法来求解。D-最优准则和 G-最优准则是最优回归设计中最重要的准则，从数学上来看，求 D-最优设计 ξ，就是要求使得 $\det(\boldsymbol{M}(\xi))$ 最大的设计。由前面的知识可知，只需限定在离散设计中去寻找。

在等价性定理的基础上，苏联统计学家 Fedorov 给出了一个构造 D-最优设计的迭代算法。令

$$\xi_0=\begin{Bmatrix}\boldsymbol{x}_1 & \boldsymbol{x}_2 & \cdots & \boldsymbol{x}_n\\ p_1 & p_2 & \cdots & p_n\end{Bmatrix}$$

为某一非奇异的设计。对 $k=0$，1，…，寻找

$$\boldsymbol{x}_{n+k+1}=\arg\max_{\boldsymbol{x}\in\mathcal{X}} d(\boldsymbol{x},\xi_k)$$

以及

$$\alpha_k = \arg \max_{\alpha \in [0,1]} \det \boldsymbol{M}(\xi_{k+1}(\alpha))$$

这里 $\xi_{k+1}(\alpha) = (1-\alpha)\xi_k + \alpha \delta_{x_{n+k+1}}$。可以证明

$$\alpha_k = \frac{d(\boldsymbol{x}_{n+k+1}, \xi_k) - m}{[d(\boldsymbol{x}_{n+k+1}, \xi_k) - 1]m}$$

根据定理 5.2，当 $k \to \infty$ 时，Fedorov 算法得到的序列 ξ_k 收敛到 D-最优设计。

Fedorov 算法

1： 令 $k = 0$，$\varepsilon = 10$；

2： 构造非奇异的初始设计 ξ_0；

3： **while** $(\varepsilon > \varepsilon_{\max}) \& (k < k_{\max})$ **do**

4：   求点 $\boldsymbol{x}_k = \arg \max_x d(\boldsymbol{x}, \xi_k)$，并令 $\alpha = \dfrac{d(\boldsymbol{x}_k, \xi_k) - m}{[d(\boldsymbol{x}_k, \xi_k) - 1]m}$；

5： $\xi_{k+1} = (1-\alpha)\xi_k + \alpha \delta_{x_k}$；

6： $\varepsilon \leftarrow \det(M(\xi_{k+1})) - \det(M(\xi_k))$；

7： $k \leftarrow k + 1$；

8： **end while**

    Fedorov 算法的缺点是所得最优设计的试验点的数目无法控制。实际应用中有时需要构造试验次数为 n 的 D-最优设计，即限制在 $\boldsymbol{\Xi}_n$ 中寻找使得信息矩阵的行列式达到最大的精确设计 ξ_n^*。如果 ξ_n^* 在其谱点 $\boldsymbol{x}_i$ 处的权重为 w_i，则 $n w_i$ 为整数。

    一般地，为了搜索试验次数为 n 的精确 D-最优设计，需要给出试验次数为 n 的初始设计；然后基于初始设计不断替换试验点得到最佳的精确设计。初始设计可通过给定试验次数为 $n_0(<n)$ 的精确设计添加试验空间 $\mathcal{X}$ 中的新点得到；也可通过删除试验次数为 $n_0(>n)$ 的精确设计的一些设计点得到。得到初始设计后，通过不断地引入新的点和删除旧的点，逐步实现设计的最优化。以文献 [67] 提出的 **KL 算法**为例，构造精确 D-最优设计的主要步骤如下。

第一步： 产生试验次数为 n_0 的确定性设计 ξ_0：在实际应用中，可根据经验提出若干个希望试验的设计点，从这些设计点中随机抽取一部分，再从整个试验空间内随机抽取一部分，构成试验次数为 n_0 的初始设计。

第二步： 由 ξ_0 通过序贯方法添加设计点（$n_0 < n$）或删除设计点（$n_0 > n$），得到试验次数为 n 的初始设计 η_0，添加或删除的依据是标准化方差。包括前进法和后退法。

    • 前进法。从试验空间中添加的点 $\boldsymbol{x}_l$ 为使得当前设计 ξ_i 的标准化方差达到最大的点，

$$d(\boldsymbol{x}_l, \xi_i) = \max_{\boldsymbol{x} \in \mathcal{X}} d(\boldsymbol{x}, \xi_i)$$

当设计 ξ_i 的信息矩阵 $\boldsymbol{M}$ 不可逆时，可以 $\boldsymbol{M} + \varepsilon \boldsymbol{I}$ 来代替，其中 ε 为很小的正数，可取为 $10^{-6} < \varepsilon < 10^{-4}$。

（续）

• 后退法。删除的设计点$\boldsymbol{x}_k$为使得当前设计ξ_i的标准化方差达到最小的点， $$d(\boldsymbol{x}_k,\xi_{i-1}\backslash\{\boldsymbol{x}_k\})=\min_{\boldsymbol{x}\in\xi_{i-1}} d(\boldsymbol{x},\xi_{i-1}\backslash\{\boldsymbol{x}\})$$ 其中$\xi_{i-1}\backslash\{\boldsymbol{x}\}$ 表示集合ξ_{i-1}中去掉点$\boldsymbol{x}$后得到的集合。
第三步：　在试验空间内对初始设计的点进行替换，直至收敛。替换的目的是使得信息矩阵的行列式增大，根据等价性定理，这可以根据标准化方差的变动来实现，这里就不再赘述了。

学者们还提出了很多最优设计的求解算法，可参考文献［60，68-71］。

5.3　响应曲面法

响应曲面法（response surface methodology）是一种在模型未知情况下探求响应函数极值的序贯试验方法，其基本思想由 Box 和 Wilson 提出[6]。一般用于因子筛选试验之后，在这一阶段，线性关系不足以描述因子与响应之间的关系，因此需要较多的试验次数。当试验因子数目较大，例如大于6时，响应曲面法的使用受到限制。

假定某一过程的响应 y 取决于 p 个可控的定量因子x_1，x_2，…，x_p，它们可以精确地控制和测量。由于测量误差等原因，假定 y 与 $\boldsymbol{x}=[x_1,x_2,\cdots,x_p]^{\mathrm{T}}$之间的关系为

$$y(\boldsymbol{x})=\phi(\boldsymbol{x})+\varepsilon$$

称 $E(y)=\phi(\boldsymbol{x})$ 为**响应曲面**。由于 ϕ 是未知的，响应曲面法利用多项式函数

$$f(\boldsymbol{x};\boldsymbol{\beta})=f(x_1,x_2,\cdots,x_k;\beta_1,\beta_2,\cdots,\beta_m)$$

来近似 $\phi(\boldsymbol{x};\boldsymbol{\theta})$。用 Box 和 Wilson 的话来说，“由于试验误差小，可以准确地确定微小的变化，试验者只需几次试验就可以在整个试验空间中充分探索一个小的子区域。由于试验是序贯的，有可能根据在一个子区域中的结果移动到响应更高的第二个子区域。通过连续应用这样的程序，可以获得最大值或至少近似最大值的近似平稳点。”由此，他们给出了响应曲面的基本思路：首先在小范围内用**一阶模型**

$$y=\beta_0+\sum_{j=1}^{p}\beta_j x_j+\varepsilon \tag{5.17}$$

来近似f，得到近似的最速上升方向；一步步过渡到极值点附近后，再用**二阶模型**

$$y=\beta_0+\sum_{j=1}^{p}\beta_j x_j+\sum_{1\leqslant j\leqslant k\leqslant p}\beta_{jk}x_j x_k+\varepsilon \tag{5.18}$$

来得到最佳处理。可见，响应曲面法本质上是一种序贯方法，图5-1给出的是响应曲面法序贯特性的示意图。

响应曲面法包括响应曲面分析和响应曲面设计。本节首先介绍响应曲面分析，然后介绍响应曲面设计，最后介绍响应曲面法在混料设计中的应用。

5.3.1　响应曲面分析

响应曲面分析主要包括一阶响应曲面的最速上升法和二阶响应曲面的典型分析法。**最速上升法**（method of steepest ascent）是一种使响应 y 朝着最速上升的方向序贯移动的方法。若试验的目的是使 y 最小化，那么该方法就变为**最速下降法**（method of steepest decent）。当

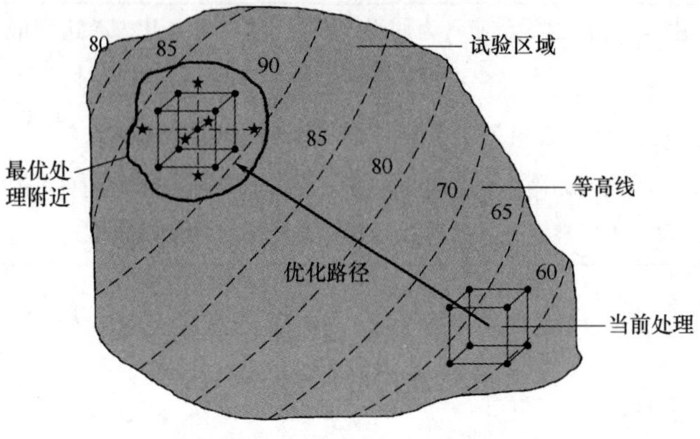

图 5-1　响应曲面法的序贯特性

当前处理 $\boldsymbol{x}$ 可能远离最优处理$\boldsymbol{x}^*$时，在 $\boldsymbol{x}$ 的邻域内用一阶模型近似真实曲面。记拟合的一阶模型为

$$\hat{y} = \hat{\beta}_0 + \sum_{i=1}^{p} \hat{\beta}_i x_i$$

对$\hat{y}$关于x_i求导，可得

$$\frac{\partial \hat{y}}{\partial x_i} = \hat{\beta}_i, \quad i = 1, 2, \cdots, p$$

最速上升的方向为向量（$\hat{\beta}_1$，$\hat{\beta}_2$，…，$\hat{\beta}_p$）所标示的方向。沿着该方向序贯地移动，一般可以达到最优处理附近。

例5.8

某工程师需获得某一化学过程的最佳处理。影响该过程转化率 y 的试验因子有两个：反应时间ξ_1和反应温度ξ_2。当前处理为$\xi_1 = 35\text{min}$，$\xi_2 = 155℃$，转化率为 $y = 40\%$。该工程师决定首先利用最速上升法探索试验空间$\xi_1 \in (30\text{min}, 40\text{min})$，$\xi_2 \in (150℃, 160℃)$ 内的最速上升方向。为简化计算，采用编码变换将ξ_1和ξ_2转换为

$$x_1 = \frac{\xi_1 - 35}{5}, \quad x_2 = \frac{\xi_2 - 155}{5}$$

试验方案和获得的试验数据如表 5-10 所示。

表 5-10　最速上升法试验数据（一）

ξ_1	ξ_2	x_1	x_2	y
30	150	−1	−1	39.3
30	160	−1	1	40.0
40	150	1	−1	40.9
40	160	1	1	41.5
35	155	0	0	40.3

（续）

ξ_1	ξ_2	x_1	x_2	y
35	155	0	0	40.5
35	155	0	0	40.7
35	155	0	0	40.2
35	155	0	0	40.6

其中，前4次试验为2^2因子试验的全面实施，后5次为中心点试验，用于估计误差和检验一阶模型的拟合程度。

由5.1节的理论可知，这是一个正交回归设计。因此

$$\hat{\beta}_0=\bar{y}_{.}=40.444$$

$$\hat{\beta}_1=\frac{\sum_{i=1}^{9}x_{i1}y_i}{\sum_{i=1}^{9}x_{i1}^2}=\frac{1}{4}(-39.3-40.0+40.9+41.5)=0.775$$

$$\hat{\beta}_2=\frac{\sum_{i=1}^{9}x_{i2}y_i}{\sum_{i=1}^{9}x_{i2}^2}=\frac{1}{4}(-39.3+40.0-40.9+41.5)=0.325$$

故最小二乘法得到一阶拟合模型：

$$\hat{y}=40.444+0.775x_1+0.325x_2$$

由于有中心点试验，在沿着最速上升方向探索之前，可先估计试验误差、检验交互效应是否显著。以五次中心点试验的样本方差

$$\hat{\sigma}^2=\frac{1}{4}[(40.3-40.46)^2+(40.5-40.46)^2+(40.7-40.46)^2+(40.6-40.46)^2+(40.3-40.46)^2]$$
$$=0.0430$$

作为σ^2的估计。利用2^2设计的理论，二因子之间交互效应的估计为

$$\frac{1}{2}(39.3-40.0-40.9+41.5)=-0.05$$

交互效应的平方和

$$SS_{\text{Interaction}}=\frac{1}{4}(39.3-40.0-40.9+41.5)^2=0.0025$$

故可构造检验交互效应显著性的F统计量

$$F=\frac{SS_{\text{Interaction}}}{\hat{\sigma}^2}=\frac{0.0025}{0.0430}=0.058$$

该统计量服从自由度为（1，4）的F分布，利用R中函数qf( )可查得$F_{0.95}(1,4)=7.709$，故交互效应不显著。本例的方差分析可参考例5.2和例5.3。

最速上升方向为（0.775，0.325），工程师决定以反应时间每步增加5min探索最优处理。转化到编码变量，即每步移动$\Delta=(1,0.42)$。最终得到试验数据如表5-11所示。

表 5-11 最速上升法试验数据（二）

步骤	x_1	x_2	ξ_1	ξ_2	y
初始点	0	0	35	155	
初始点 +Δ	1.00	0.42	40	157	41.0
初始点 +2Δ	2.00	0.84	45	159	42.9
初始点 +3Δ	3.00	1.26	50	161	47.1
初始点 +4Δ	4.00	1.68	55	163	49.7
初始点 +5Δ	5.00	2.10	60	165	53.8
初始点 +6Δ	6.00	2.52	65	167	59.9
初始点 +7Δ	7.00	2.94	70	169	65.0
初始点 +8Δ	8.00	3.36	75	171	70.4
初始点 +9Δ	9.00	3.78	80	173	77.6
初始点 +10Δ	10.00	4.20	85	175	80.3
初始点 +11Δ	11.00	4.62	90	177	76.2
初始点 +12Δ	12.00	5.04	95	179	75.1

从中可看到，移动 10 步后，转化率开始下降。可在第十步的处理（85，175）处再次探索最速上升方向，这里就不再叙述了。

当采用最速上升法使得试验点到达极值点附近后，采用二阶模型可在小邻域中准确地寻找到极值点。记二阶拟合模型为

$$\hat{y} = \hat{\beta}_0 + \sum_{i=1}^{p} \hat{\beta}_i x_i + \sum_{1 \leqslant i \leqslant j \leqslant p} \hat{\beta}_{ij} x_i x_j = \hat{\beta}_0 + \boldsymbol{x}^{\mathrm{T}}\boldsymbol{b} + \boldsymbol{x}^{\mathrm{T}}\boldsymbol{B}\boldsymbol{x}$$

其中，$\boldsymbol{b} = [\hat{\beta}_1, \hat{\beta}_2, \cdots, \hat{\beta}_p]^{\mathrm{T}}$，$\boldsymbol{B}$ 为 $p \times p$ 阶对称矩阵

$$\boldsymbol{B} = \begin{bmatrix} \hat{\beta}_{11} & \frac{1}{2}\hat{\beta}_{12} & \cdots & \frac{1}{2}\hat{\beta}_{1p} \\ \frac{1}{2}\hat{\beta}_{12} & \hat{\beta}_{22} & \cdots & \frac{1}{2}\hat{\beta}_{2p} \\ \vdots & \vdots & & \vdots \\ \frac{1}{2}\hat{\beta}_{1p} & \frac{1}{2}\hat{\beta}_{2p} & \cdots & \hat{\beta}_{pp} \end{bmatrix}$$

对二阶拟合模型中的$\hat{y}$关于 $\boldsymbol{x}$ 求导，并令其为 0，得到线性方程组

$$\frac{\partial \hat{y}}{\partial \boldsymbol{x}} = \boldsymbol{b} + 2\boldsymbol{B}\boldsymbol{x} = \boldsymbol{0}$$

假设矩阵 $\boldsymbol{B}$ 可逆，称上述方程组的解

$$\boldsymbol{x}_s = -\frac{1}{2}\boldsymbol{B}^{-1}\boldsymbol{b}$$

为二阶模型的**稳定点**（stationary point）。把稳定点代入二阶拟合模型，可得到

$$\hat{y}_s = \hat{\beta}_0 - \frac{1}{4}\boldsymbol{b}^{\mathrm{T}}\boldsymbol{B}^{-1}\boldsymbol{b}$$

根据二阶模型的特点，稳定点$\boldsymbol{x}_s$可能是极大值点，可能是极小值点，也可能是**鞍点**（saddle point）。于是，剩下的就是判断$\boldsymbol{x}_s$属于何种稳定点了。

当$p=2$或3时，可通过**等高线图**（contour map）来判断。下面介绍更一般的所谓**典型分析法**（canonical analysis），其主要想法是把二阶拟合模型的中心点变换到稳定点，并适当旋转坐标轴，化成标准的二次型，具体做法如下。

步骤1. 设$\boldsymbol{P}_{p\times p}$为由矩阵$\boldsymbol{B}$的互相正交的单位特征向量组成的矩阵，则$\boldsymbol{P}^{\mathrm{T}}\boldsymbol{P}=\boldsymbol{I}$且$\boldsymbol{P}^{\mathrm{T}}\boldsymbol{BP}=\boldsymbol{\Lambda}$，其中$\boldsymbol{\Lambda}=\mathrm{diag}\{\lambda_1,\lambda_2,\cdots,\lambda_p\}$为对角矩阵，$\lambda_i$为$\boldsymbol{B}$的与$\boldsymbol{P}$的第$i$列对应的特征值.

步骤2. 令$\boldsymbol{z}=[z_1,z_2,\cdots,z_p]^{\mathrm{T}}=\boldsymbol{P}^{\mathrm{T}}(\boldsymbol{x}-\boldsymbol{x}_s)$，把二阶拟合模型变为**典范型**（canonical form）：

$$\begin{aligned}\hat{y}&=\hat{\beta}_0+(\boldsymbol{Pz}+\boldsymbol{x}_s)^{\mathrm{T}}\boldsymbol{b}+(\boldsymbol{Pz}+\boldsymbol{x}_s)^{\mathrm{T}}\boldsymbol{B}(\boldsymbol{Pz}+\boldsymbol{x}_s)\\&=\hat{\beta}_0+\left(\boldsymbol{Pz}-\frac{1}{2}\boldsymbol{B}^{-1}\boldsymbol{b}\right)^{\mathrm{T}}\boldsymbol{b}+\left(\boldsymbol{Pz}-\frac{1}{2}\boldsymbol{B}^{-1}\boldsymbol{b}\right)^{\mathrm{T}}\boldsymbol{B}\left(\boldsymbol{Pz}-\frac{1}{2}\boldsymbol{B}^{-1}\boldsymbol{b}\right)\\&=\hat{\beta}_0-\frac{1}{4}\boldsymbol{b}^{\mathrm{T}}\boldsymbol{B}^{-1}\boldsymbol{b}+\boldsymbol{z}^{\mathrm{T}}\boldsymbol{\Lambda z}=\hat{y}_s+\sum_{i=1}^{p}\lambda_i z_i^2\end{aligned}$$

步骤3. 根据线性代数中的知识，诸λ_i的符号决定了稳定点$\boldsymbol{x}_s$的类型：

➢ 当诸λ_i同号时，$\boldsymbol{x}_s$邻域内的等高线呈椭球形。当特征值都大于零时，$\boldsymbol{x}_s$为极小值点；当特征值都小于0时，$\boldsymbol{x}_s$为极大值点。

➢ 当诸λ_i有正有负时，$\boldsymbol{x}_s$邻域内的等高线图呈双曲线型，此时$\boldsymbol{x}_s$为鞍点。

在实际问题中，可能会遇到有一个或多个$\lambda_i\approx 0$的情况。此时，响应变量对$\lambda_i\approx 0$的变量z_i就很不灵敏了。如果其余λ_i均小于零，则响应曲面将呈现“平缓山脊”的形态；而如果其余λ_i均大于零，则响应曲面将呈现“平缓山谷”的形态。如果稳定点在二阶模型的探索区域内，则这两种情况下都对应一个**稳定岭系统**（stationary ridge system）；否则这两种情况分别对应一个**上升岭系统**（rising ridge system）和一个**下降岭系统**（falling ridge system），需要沿着其上升或下降的方向进一步补充试验。图5-2所示是二维情形下几种不同的岭系统的示意图，详细的分析可参考文献［72］。

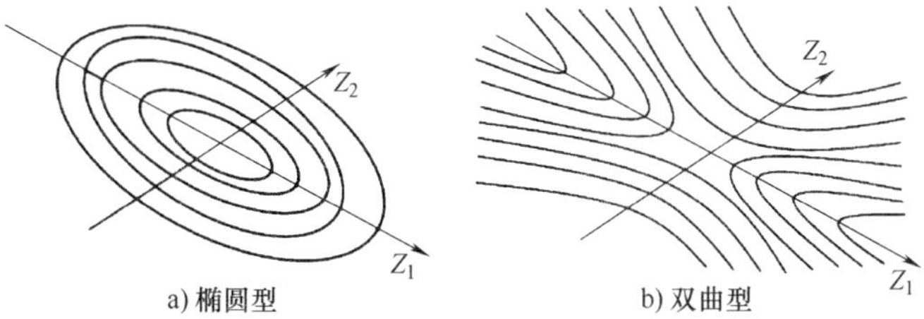

a) 椭圆型　　b) 双曲型

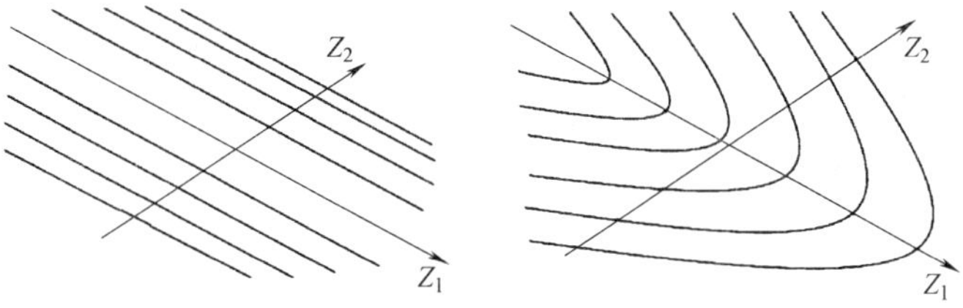

c) 稳定岭　　d) 上升岭/下降岭

图5-2　稳定点附近等高线的类型

例5.9

继续讨论例5.8中的试验。在处理（85，175）附近试验几次，为了更好地利用试验数据，这次测量了产量、黏度和分子量三个响应变量。试验方案和数据如表5-12所示，表中的试验方案为中心复合设计，将在5.3.2节中详细介绍。

表5-12　例5.8中的试验方案与数据

ξ_1	ξ_2	x_1	x_2	y_1（产量）	y_2（黏度）	y_3（分子量）
80	170	−1	−1	76.5	62	2940
80	180	−1	1	77.0	60	3470
90	170	1	−1	78.0	66	3680
90	180	1	1	79.5	59	3890
85	175	0	0	79.9	72	3480
85	175	0	0	80.0	69	3200
85	175	0	0	80.3	68	3410
85	175	0	0	79.7	70	3290
85	175	0	0	79.8	71	3500
92.07	175	1.414	0	78.4	68	3360
77.93	175	−1.414	0	75.6	71	3020
85	182.07	0	1.414	78.5	58	3630
85	167.93	0	−1.414	77.0	57	3150

拟合产量的二阶模型为

$$
\begin{aligned}
\hat{y}_1 &= 78.48 + 0.995x_1 + 0.515x_2 - 1.376x_1^2 - 1.001x_2^2 + 0.250x_1x_2 \\
&= 78.48 + [x_1, x_2]\begin{bmatrix}0.995\\0.515\end{bmatrix} + [x_1, x_2]\begin{bmatrix}-1.376 & 0.125\\0.125 & -1.001\end{bmatrix}\begin{bmatrix}x_1\\x_2\end{bmatrix}
\end{aligned}
$$

即

$$
\boldsymbol{b} = \begin{bmatrix}0.995\\0.515\end{bmatrix},\quad \boldsymbol{B} = \begin{bmatrix}-1.376 & 0.125\\0.125 & -1.001\end{bmatrix}
$$

根据稳定点的计算公式

$$
\boldsymbol{x}_s = -\frac{1}{2}\boldsymbol{B}^{-1}\boldsymbol{b} = -\frac{1}{2}\begin{bmatrix}-0.7345 & -0.0917\\-0.0917 & -1.0096\end{bmatrix}\begin{bmatrix}0.995\\0.515\end{bmatrix} = \begin{bmatrix}0.389\\0.306\end{bmatrix}
$$

采用典型分析法判断稳定点$\boldsymbol{x}_s$的类型，首先求矩阵$\boldsymbol{B}$的特征值。通过求解特征方程

$$
|\boldsymbol{B} - \lambda\boldsymbol{I}| = \begin{vmatrix}-1.376-\lambda & 0.1250\\0.1250 & -1.001-\lambda\end{vmatrix} = \lambda^2 + 2.377\lambda + 1.362 = 0
$$

得到两个特征根为$\lambda_1 = -0.964$，$\lambda_2 = -1.413$。由此可判断对于产量这个响应变量来说，稳定点$\boldsymbol{x}_s$为极大值点。故最佳处理对应的编码变量为$x_1 = 0.389$，$x_2 = 0.306$。利用方程

$$0.389=\frac{\xi_1-85}{5},\quad 0.306=\frac{\xi_2-175}{5}$$

得到最佳处理为反应时间$\xi_1=86.95\approx 87\text{min}$，反应温度为$\xi_2=176.53\approx 176.5℃$。

例5.9中的试验包含三个响应变量，这种多响应问题在实际中常常遇到。对于这类问题，需要首先建立每个响应的模型，在此基础上找到使得所有响应都达到最优值或理想值的处理。例如，利用表5-12的数据，可以拟合得到黏度和分子量的模型：

$$\hat{y}_2=-9030.74+13.393\xi_1+97.708\xi_2-2.75\times10^{-2}\xi_1^2-0.26757\xi_2^2-5\times10^{-2}\xi_1\xi_2$$

$$\hat{y}_3=-6308.8+41.025\xi_1+35.473\xi_2$$

为了获得使多个响应同时达到最优的处理，一种方法是在同一幅图中画出所有响应的等高线，依据等高线图来选择最优处理。这种方法虽然直观，但当因子数超过2时，就很难获得最佳处理了。下面简单介绍优化理论中解决类似问题的两种常用方法。

➢ 将其转化成约束优化问题，挑选某一个响应作为优化目标，将其他响应变量作为约束条件。以例5.9中的试验为例，可将其转化为在约束条件$62\leqslant y_2\leqslant 68$和$y_3\leqslant 3400$下使得$y_1$最大的非线性规划问题。

➢ 将其转化成单响应问题[73]：首先将每一响应y_i变换成满足$0\leqslant d_i\leqslant 1$的$d_i$，$d_i=1$表示$y_i$达到了目标值，而$d_i=0$表示$y_i$在可接受的范围外；然后选择使得**满意度函数**（desirability functions）

$$D=(d_1\cdot d_2\cdot\cdots\cdot d_m)^{1/m}$$

达到最大的试验条件，其中m表示响应变量的个数。显然，只要某一响应没有达到可接受的范围，则满意度函数为0。如果响应y_i越大越好，目标值为T且至少大于L，则可取

$$d_i=\begin{cases}0, & y_i<L\\ \left(\dfrac{y_i-L}{T-L}\right)^r, & L\leqslant y_i\leqslant T\\ 1, & y_i>T\end{cases}$$

其中$r>0$。如果响应y_i越小越好，目标值为T且至少小于U，则可取

$$d_i=\begin{cases}1, & y_i<T\\ \left(\dfrac{U-y_i}{U-T}\right)^r, & T\leqslant y_i\leqslant U\\ 0, & y_i>U\end{cases}$$

如果响应y_i越接近目标值T越好，其容许范围为［L，U］，则可取

$$d_i=\begin{cases}0, & y_i<L\\ \left(\dfrac{y_i-L}{T-L}\right)^{r_1}, & L\leqslant y_i\leqslant T\\ \left(\dfrac{U-y_i}{U-T}\right)^{r_2}, & T\leqslant y_i\leqslant U\\ 0, & y_i>U\end{cases}$$

以上各式中，参数r、r_1和r_2由试验者根据实际情况自行确定。

采用这两种方法转化后，即可借助一些常用的非线性优化算法得到最佳处理。当然，读者也可以根据具体问题的特点定义自己的满意度函数。

5.3.2 响应曲面设计

为了有效拟合响应曲面，需要精心选择序贯试验中每一步的试验方案。Box 和 Wilson 指出，响应曲面法存在两种类型的误差：一是拟合多项式模型的估计误差，二是利用多项式模型近似响应曲面的截断误差[6]。响应曲面法的重点是使这两类误差尽可能小。为此，Box 和 Hunter 建议响应曲面设计应满足以下基本要求[74]：

1）假设 d 阶多项式 $f(\boldsymbol{x};\boldsymbol{\beta})$ 可很好地近似响应曲面，设计应该能够确保以较高的精度估计 $f(\boldsymbol{x};\boldsymbol{\beta})$。

2）设计应该能够检验估计 $f(\boldsymbol{x};\boldsymbol{\beta})$ 对响应曲面的拟合程度，如果证明 d 阶多项式不充分而需要拟合 $d+1$ 阶多项式，则能够便利地补充设计。

3）设计中不应包含过多的试验点。

4）如果存在区组因子，则设计点能够划分为足够多的区组。

能够估计一阶模型中的所有参数的设计称为**一阶模型设计**。一阶模型中共 $p+1$ 个参数，最少只需 $p+1$ 个试验点。一种方式是利用2^k因子设计或其某个合适的部分实施，试验次数不会太多。另一种方法**单纯形设计**（simplex designs），试验点位于 p 维单纯形上，即 p 维空间中有 $p+1$ 个顶点的等边图形的顶点。$p=2$ 的单纯形设计构成一个等边三角形，$p=3$ 时构成正四面体，如图 5-3 所示。我们知道，采用2^k设计或其某个合适的部分实施可以得到一阶模型的正交回归设计。而通过设置单纯形的位置，也可以使得单纯形设计是一阶模型的正交回归设计，这里就不再叙述了，感兴趣的读者可自行验证。

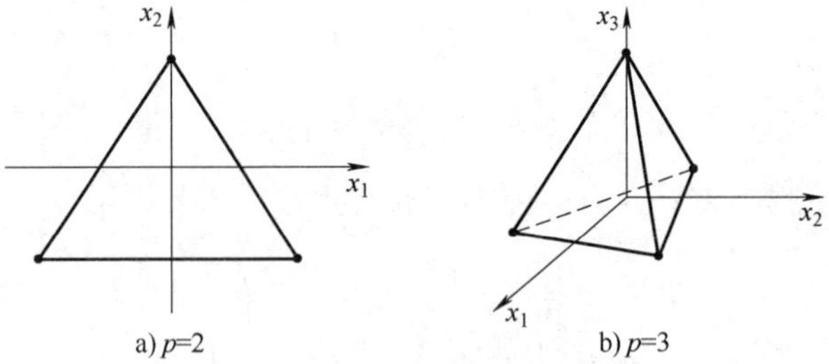

图 5-3 一阶模型的单纯形设计

能够估计二阶模型中的所有参数的设计称为**二阶模型设计**。二阶模型中一共有 $(p+1)(p+2)/2$ 个参数，用2^{p-k}设计无法确保每个参数都可估计，可以采用3^p因子设计或分辨度为 IV 的3^{p-k}设计。但相对于回归系数的个数来说，即使是分辨度为 IV 的设计也包含过多的试验点。为此，人们提出了一些更合适的设计方法，其中包括 Box 和 Wilson 提出的在响应曲面法中应用最广泛的**中心复合设计**（central composite design）[6]。该设计在2^{p-k}设计的基础上加一些点，使每个因子取 5 个水平，但并不是所有的组合都作为试验点。它由以下三部分组成。

1）超立方体顶点：当 $p\leqslant 4$ 时取 p 维立方体的所有顶点（$\pm 1, \cdots, \pm 1$）构成2^p完全因

子设计，当 $p \geqslant 5$ 时取 p 维立方体的部分顶点构成2^{p-k}部分因子设计。

2）坐标轴点：p 维坐标轴上两两对称的 $2p$ 个点（$\pm\alpha$，0，…，0），（0，$\pm\alpha$，0，…，0），…，（0，…，0，$\pm\alpha$）。

3）中心点：原点（0，0，…，0）的n_0次重复。图5-4 给出了二维和三维空间中中心复合设计的三类设计点。下面分别阐述如何确定1）中的 k、2）中的 α 以及3）中的n_0。

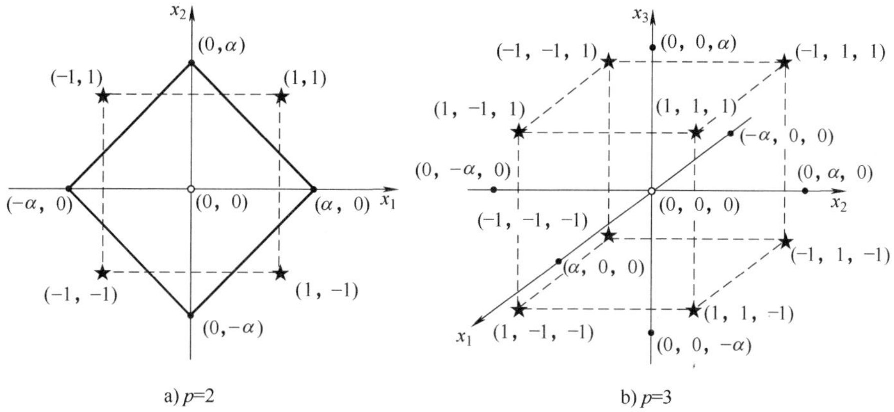

图5-4　中心复合设计

为了把二阶模型中的参数都估计出来，当 $p=5$，6，7 时，1）中立方体的顶点可取2^{p-1}设计；当 $p=8$ 或 9 时，取2^{p-2}设计，当 $p=10$ 时，1）取2^{p-3}设计等。

2）中的 $2p$ 个点到原点的距离都是 α。当 $\alpha<1$ 时，这些点都在立方体内；当 $\alpha=1$ 时，这些点在立方体表面的中心；当 $\alpha>1$ 时，这些点位于立方体外。一般地，选取 $1 \leqslant \alpha \leqslant \sqrt{p}$。当 $\alpha=\sqrt{p}$时，除了中心点外，其他的设计点都位于半径为 $\sqrt{p}$的球面上，当 p 较大时，这些设计点会远离原点，不利于当前的数据分析，因此需要选择合适的 α。文献［74］给出的**可旋转性**（rotatability）准则可用于确定合适的 α。根据4.1 节线性模型参数估计的理论，给定试验方案后就可以给出二阶模型在任意点 $\boldsymbol{x}$ 处的预测方差。称一个设计为可旋转的，若所有到原点距离相等的试验点都有相同的预测方差，即在超球面上的预测方差相等。文献［74］证明了当 $\alpha=2^{(p-k)/4}$时，中心复合设计是可旋转的。例如当 $p=2$ 时，取 $\alpha=\sqrt{2}$得到的中心复合设计是可旋转的。

3）中中心点的重复次数n_0不宜太大：根据经验，当 α 逼近 $\sqrt{p}$时，取$n_0 \in [3,5]$；当 α 逼近1 时，取$n_0 \in [1,2]$；当 $\alpha \in (1,\sqrt{p})$ 时，取$n_0 \in [2,4]$。

表5-13 列出了部分中心复合设计的特征。从表中可看出，中心复合设计所需的试验次数随着因子个数 p 呈指数增长，因此当 p 较大时所需试验次数较多。例如，当 $p=9$ 时，就算没有重复，试验次数 $n=2^{9-2}+2\times9+2=148$，也远大于参数的个数 $m=(9+1)(9+2)/2=55$。当试验因子个数较多、而一次试验的代价又较大时，需要寻找试验次数更少的二阶模型设计。这里不再介绍，可参考文献［4，72］及其中引用的相关文献。

表 5-13 中心复合设计的特征

变量个数	p	2	3	4	5	6	7	8	9
参数个数	$\frac{(p+1)(p+2)}{2}$	6	10	15	21	28	36	45	55
1）中 k 值	k	0	0	0	1	1	1	2	2
非中心点数	$2^{p-k}+2p$	8	14	24	26	44	78	80	146
2）中 α 值	$2^{(p-k)/4}$	1.414	1.682	2	2	2.387	2.828	2.828	3.364
3）中n_0值	n_0	3－5	2－4	3－5	2－4	2－4	2－4	3－5	2－4

前面介绍的响应曲面设计都不需要借助计算机求解，但这些设计对试验空间、试验次数和响应模型都有一定的限制。

1）2^{p-k}设计、单纯形设计以及中心复合设计均要求试验空间为规范的矩形或球形。然而实际情况中有时会出现一些非规范的试验空间。例如，为研究某种黏合剂对两个特定部件的黏合性能，考虑两个试验因子：黏合剂用量和固化温度。根据先验，黏合剂用量较少且固化温度较低时效果不好，而黏合剂用量较多且温度较高时可能会损坏部件，这两个先验知识对编码后的变量形成如下约束：

$$-1.5 \leqslant x_1 + x_2 \leqslant 1$$

其中x_1表示用量，x_2表示温度。此时试验区间不是规范的矩形，对于一阶模型无法应用正交回归设计，而对于二阶模型则无法应用中心复合设计。

2）有时试验者根据对被试系统物理机理的理解，希望考虑除一阶模型和二阶模型以外的非标准模型。例如，某次试验中试验者希望获得能够高效拟合模型 $y=\beta_0+\beta_1x_1+\beta_2x_2+\beta_{12}x_1x_2+\beta_{11}x_1^2+\beta_{22}x_2^2+\beta_{112}x_1^2x_2+\beta_{1112}x_1^3x_2+\varepsilon$ 的设计，此时也没有标准的设计可供使用。

3）受试验资源的约束，有时试验者只能执行特定次数的试验，但没有标准的设计满足这一特定要求。例如，拟合包含四个因子的二阶模型，中心复合设计要求 28 到 30 次试验，具体次数由中心点重复次数决定。然而，模型中仅包含 15 个参数。如果一次试验消耗的资源和时间太长，试验者希望能够选择比中心复合设计次数更少的设计。

以上三个原因要求给出更灵活的设计方法。幸运的是，5.2 节给出的最优回归设计能够解决这些问题，它对试验空间、试验次数和响应模型的要求都较低。不幸的是，利用最优设计有时要求试验者针对具体的问题设计求解算法，这可能需要较大的工作量。

5.3.3 混料试验

前面介绍的响应曲面设计中，每个因子的水平都是独立的，不受别的因子的影响。混料试验是响应曲面法的一个独特应用，它用于分析将各种原料按一定比例混合加工成产品的问题中原料比例对产品性能的影响。由于混料试验中的 p 个因子x_1，x_2，…，x_p分别表示混合物的 p 种不同的成分的占比，不同因子的水平之间不再是独立的，其试验空间为

$$\{(x_1,x_2,\cdots,x_p): x_1+x_2+\cdots+x_p=1, x_i\geqslant 0, i=1,2,\cdots,p\}$$

图 5-5 给出的是包含两个和三个成分的混料试验的试验空间。包含两个成分的试验空间是图 5-5a 中线段$x_1+x_2=1$ 上所有的点，包含三个成分的试验空间是图 5-5b 中平面$x_1+x_2+x_3=1$ 上三角形区域内的所有点。

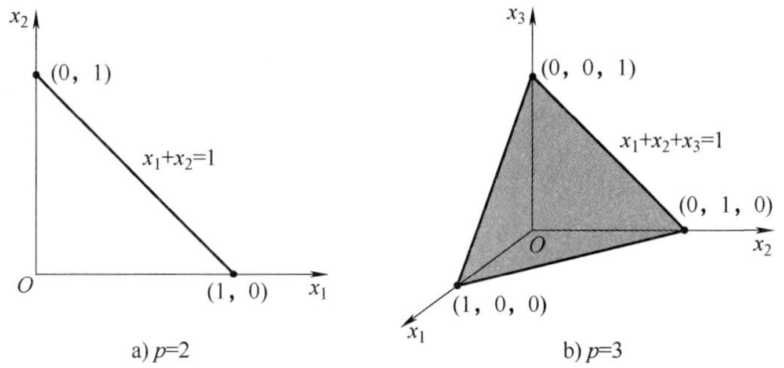

图 5-5 二维和三维中混料设计的试验空间

如果有三个混料因子，则混料试验的试验空间可用图 5-6 所示的三线坐标来表示。图中每条边表示只包含两个成分（其对角标记的成分占比为0）的混料，三条角平分线上的 9 个栅格表示相应成分依次递减 10%。包含 p 个成分的混料试验也可以用类似的坐标系统来表示试验空间：第 i 个分量的坐标轴是从顶点

$$x_i=1,\ x_j=0,\ \forall j\neq i$$

到与其相对的（$p-2$）维单纯形边界的中心点

$$x_i=0,\ x_j=1/(p-1),\ \forall j\neq i$$

组成的连线。

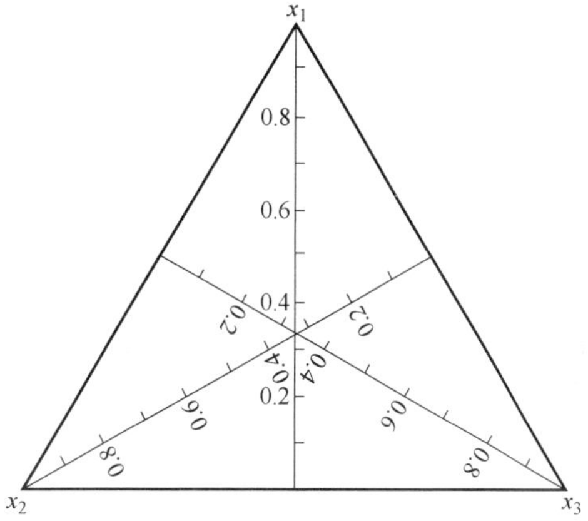

图 5-6 三线坐标系统

Scheffe 引入**单纯形格子点设计**（simplex-lattice design）[75]，用于研究混料成分对响应变量的影响。p 个分量的 $\{p,m\}$ 单纯形格子点设计由下述坐标值定义的点组成：每个分量的比例取 0 到 1 之间的 $m+1$ 个等距点

$$x_i=0,\ \frac{1}{m},\ \frac{2}{m},\ \cdots,\ 1,\ i=1,\ 2,\ \cdots,\ p$$

设计中的点包含上述坐标的所有可能组合。例如，如果 $p=3$，$m=2$，则

$$x_i=0,\ 0.5,\ 1,\ i=1,\ 2,\ 3$$

$\{3,\ 2\}$ 格子点设计包含如下六个试验点：

$\{(1,\ 0,\ 0),\ (0,\ 1,\ 0),\ (0,\ 0,\ 1),\ (0.5,\ 0.5,\ 0),\ (0.5,\ 0,\ 0.5),\ (0,\ 0.5,\ 0.5)\}$

图 5-7 给出了 $p=3$ 和 $p=4$ 时的几个简单的单纯形格子点设计。一般地，$\{p,\ m\}$ 单纯形格子点设计包含的试验点数目为

$$N=\frac{(p+m-1)!}{m!(p-1)!}$$

除单纯形格子点设计外，Scheffe 还提出了**单纯形重心设计**（simplex centroid design）[76]，也是混料设计的一种常用方法。包含 p 个成分的单纯形重心设计由一个成分占比 1 的 p 个试验点、两个成分各占比 1/2 的C_p^2个试验点、三个成分各占比 1/3 的C_p^3个试验点、…，以及每个成分均占比 $1/p$ 的一个试验点组成，一共包含2^{p-1}个试验点。图 5-8 所示为两个简单的单纯形重心设计。

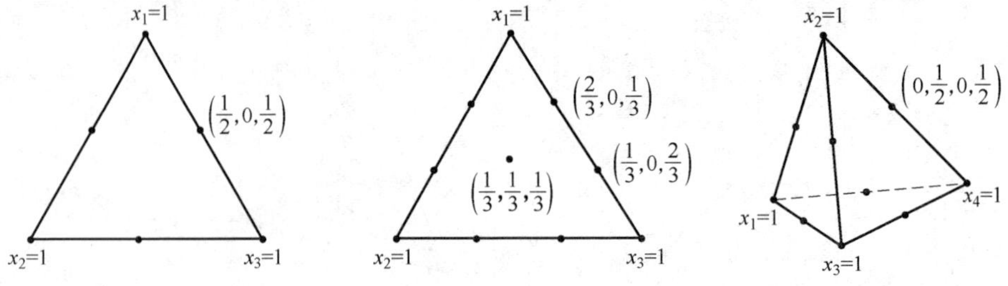

{3，2}单纯形格子点设计　　{3，3}单纯形格子点设计　　{4，2}单纯形格子点设计

图 5-7　$p=3$ 和 $p=4$ 时的一些单纯形格子点设计

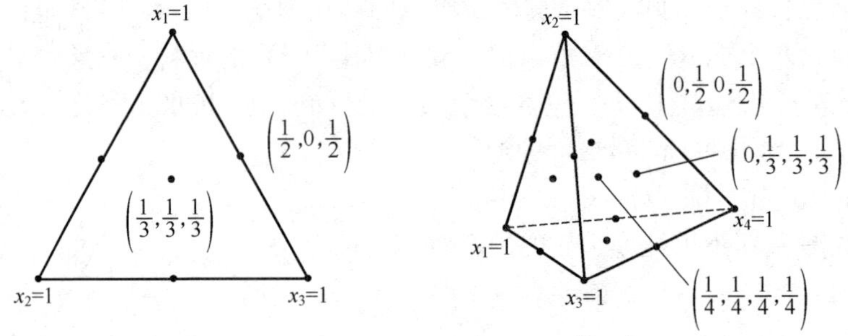

a) p=3　　b) p=4

图 5-8　两个简单的单纯形重心设计

通常来说，混料试验的数据分析是基于一阶或二阶模型的。但由于x_i之间的依赖性，不能简单采用一般的响应曲面法中的一阶模型和二阶模型。以一阶模型为例，如果还采用模型（5.17），则各回归系数的估计不是独立的。为消除x_i之间的依赖关系，可将 $x_p=1-\sum_{i=1}^{p-1}x_i$ 代入上述模型中，但新的参数为$\beta_i-\beta_p$掩盖了各个因子的效应。文献［75］给出了一种处理x_i之间依赖关系的方法，即采用所谓的典范多项式。仍以一阶模型为例，利用约束条件$\sum x_i=1$，将一阶模型改写为

$$y(\boldsymbol{x})=\beta_0\left(\sum_{i=1}^{p}x_i\right)+\sum_{i=1}^{p}\beta_i x_i+\varepsilon$$

令$\beta_i^*=\beta_0+\beta_i(i=1，2，\cdots，k)$，得到一阶模型的典范形式

$$y(\boldsymbol{x})=\sum_{i=1}^{p}\beta_i^* x_i+\varepsilon$$

利用 $x_i^2=x_i(1-x_1-\cdots-x_{i-1}-x_{i+1}-\cdots-x_p)$ 可得到二阶模型的一种典范形式为

$$y(\boldsymbol{x})=\sum_{i=1}^{p}\beta_i x_i+\sum_{i\leqslant j}^{p}\beta_{ij}x_i x_j+\varepsilon$$

类似地可得到三阶模型的如下典范形式

$$y(\boldsymbol{x})=\sum_{i=1}^{p}\beta_i x_i+\sum_{i<j}^{p}\beta_{ij}x_i x_j+\sum_{i<j<k}\beta_{ijk}x_i x_j x_k+\varepsilon$$

这些模型中所包含的项都有明确的含义：参数β_i为当第 j 个成分占比为 1（即$x_i=1$）的

期望响应。当混料设计成分之间有非线性效应时，β_{ij}或者表示成分之间的协同效应或者表示拮抗效应。有关混料设计响应模型的更多知识，可参考文献［77-79］及其中引用的相关文献。

例5.10

文献［77］中考虑了一个混料试验，利用聚乙烯（x_1）、聚苯乙烯（x_2）和聚丙烯（x_3）三种成分合成纤维，响应变量为利用合成纤维纺织而成的织物在一定作用力下的延展率。该试验只考虑由一种或两种成分合成的纤维，因此可采用｛3,2｝单纯形格子点设计，试验方案和数据如表5-14所示。

表5-14 合成纤维的｛3，2｝格子点设计

试验点	成分占比			延展率观测值	平均延展率
	x_1	x_2	x_3		
1	1	0	0	11.0，12.4	11.7
2	0.5	0.5	0	15.0，14.8，16.1	15.3
3	0	1	0	8.8，10.0	9.4
4	0	0.5	0.5	10.0，9.7，11.8	10.5
5	0	0	1	16.8，16.0	16.4
6	0.5	0	0.5	17.7，16.4，16.6	16.9

利用重复试验的数据，可估计得到误差的标准差为0.85。Cornell利用二阶混料多项式模型来拟合数据，拟合结果为

$$\hat{y}=11.7x_1+9.4x_2+16.4x_3+19.0x_1x_2+11.4x_1x_3-9.6x_2x_3$$

由于$\hat{\beta}_3>\hat{\beta}_1>\hat{\beta}_2$，组分3聚丙烯生产的纤维延展率最高。此外，由于$\hat{\beta}_{12}>2$，组分1和2混合得到的纤维的延展率高于将两种成分得到的纤维的延展率的加权平均值，此即前面提到的协同效应。类似地，由于$\hat{\beta}_{23}<0$，表明组分2和组分3之间有拮抗效应。

单纯形格子点设计和单纯形重心设计的一个缺陷是大部分试验点都在试验空间的边界上，即仅包含p个成分中的$p-1$个。通常需要为单纯形格子点设计和单纯形重心设计补充一些试验空间内部包含所有p个成分的试验。Montgomery推荐在单纯形设计中增加一些等距分布在坐标轴上的点[1]，这里的坐标轴不是指普通直角坐标系的坐标轴。第i个分量的坐标轴是从顶点

$$x_i=1,\ x_j=0,\ \forall j\neq i$$

到与其相对的（$p-2$）维单纯形边界的中心点

$$x_i=0,\ x_j=1/(p-1),\ \forall j\neq i$$

的连线。图5-9所示为补充了四个坐标轴点的｛3,2｝单纯形格子点设计，它一共包含10个试验点。更详细的讨论可参考文献［77，80］。

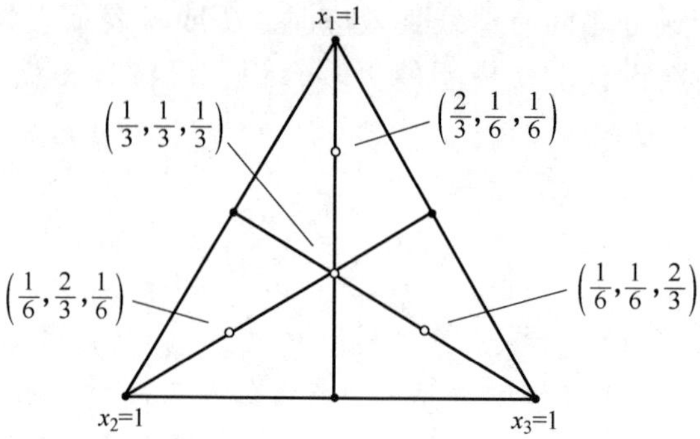

图 5-9　扩大的｛3，2｝单纯形格子点设计

在有些混料试验中，可能包含针对某些成分占比的约束条件。当只存在下界约束

$$l_i \leqslant x_i \leqslant 1 \quad i=1,\ 2,\ \cdots,\ p$$

时，试验空间仍然是一个单纯形。引入线性变换

$$x'_i = \frac{x_i - l_i}{\left(1 - \sum_{j=1}^{p} l_j\right)}$$

其中 $\sum_{j=1}^{p} l_j < 1$。显然$x'_1 + x'_2 + \cdots + x'_p = 1$，因此仍可针对新的因子采用单纯形设计。而如果同时对上界和下界都有约束，则设计空间不再是单纯形了，是一个不规则的多边形。这种情况下可采用 5.2 节中的最优回归设计理论利用计算机来求解试验方案。

5.4　稳健参数设计

稳健参数设计是由日本工程师田口玄一首创的，它强调选择可控因子的水平以保证响应均值达到目标值，且围绕目标值的波动尽可能小。稳健参数设计在工业生产中有着广泛的应用，它既可用于产品的研发阶段，也可用于生产阶段。例如，设计某新型装备时，应充分考虑它的使用环境，使得它在未来不确定的战场环境下具有较好的稳健性；又如，设计一种电子放大器，它不受组成系统的晶体管、电阻、电源有关参数变异性的影响，输出电压尽可能接近所希望的目标值；再如，产品的生产过程中，尽管有些过程变量（如温度、湿度）不易被精确控制，但所制造的产品仍应尽可能接近所希望的指标要求。

稳健参数设计问题并不是一个新问题，产品和过程的设计者远在田口玄一的成就之前就一直关心并致力于解决这个问题。以下是实现稳健设计的三类经典方法：

1）使用质量更高的零部件和材料，或同时使用多个冗余的零部件等。然而，这可能使得产品价格更高，更难制造，或重量难以承受。

2）采用新的技术或设计方法。例如，早期的汽车速度计由金属缆线传导，缆线中的润滑剂性能随着时间逐渐退化，这可能导致在寒冷气候条件下运行有噪声或车速测量不稳。现代的汽车用电子速度计，不会出现上述问题。

3）严格控制影响稳健性的变量。如果环境条件的波动引发稳健性问题，可以考虑更严格地控制这些条件。例如，除尘室、超净室等试验环境；又如，对影响稳健性的原材料的性能或过程变量进行更严格的控制。

田口玄一的主要贡献是认识到除了这些经典方法外，试验设计和一些其他统计工具可以用于解决这个问题。

田口玄一为稳健参数设计问题倡导的试验设计和数据分析方法在统计和工程领域引发了广泛的争论。大量的分析表明，他的方法效率通常很低，在许多情况下甚至无效。文献［81］讨论了田口玄一方法的优缺点。随后出现了解决稳健参数设计问题的大量研究与发展，其中响应曲面法在允许使用田口玄一的思想的同时，提供了更好和更有效的设计与分析方法。

5.4.1　稳健参数设计的基本思想

田口玄一将输入因子分为**可控因子**和**噪声因子**两大类。可控因子一旦确定后在试验中保持不变。噪声因子是指在正常工艺或使用条件下难以控制的因素，但一般在试验中是可控的。注意，本节提到的噪声因子与第1章中提到的干扰因子不同：第1章的干扰因子是指研究中不感兴趣的因子；这里的噪声因子在试验中具有一定的可控性，且是试验设计感兴趣的因子。对于设计生产过程的试验来说，应当注意以下几类噪声因子：

1）生产过程中不能精确控制的参数，如例5.13中的淬火油温。

2）上游工序的变化。在一个生产过程中，来自前一工序的某一变量的变化可能会对当前工序产生较大的影响。若上游变化不能被控制，则应将其视作噪声因子。例如，门板在冲压过程中可能有显著的变化，这种变化可能使得门板很难装配到门框上。工程师应尽量减少冲压过程中的误差，然后将留下的变化交由后续的安装操作来考虑。

3）下游工序或使用条件。例如，在电路板制作的印墨步骤的设计中，一种特定的化学成分可能在印线时变差较小，然而在下一步工序进行烘烤时可能更为敏感而造成较大的变差。

4）环境噪声。例如生产车间的湿度、温度以及灰尘度。若不愿意安装一台昂贵的设备来控制室内温度或湿度，比较经济的方法是考虑环境因子变异的影响，采用稳健参数设计方法来使得生产过程对此变化的灵敏度减少。

对于设计产品的试验来说，应当注意以下几类噪声因子：

5）零部件参数的变化。一件产品的零部件有目标值和相应的容差。例如，某个机械零件的目标值是3mm，容差是±0.1mm；某个电路输出的目标值是10V，容差是±0.2V，等等。零件的值与目标值的偏离应看作噪声变异，应该考虑到由零件容差内的变异而带来产品性能的偏差。

6）产品使用过程中所承受的外部载荷。例如，设计大型舰船必须考虑它不同排水量时的航行性能；设计洗衣机时必须考虑洗衣机的洗衣量的变化；设计冰箱时考虑其使用过程中的实际容量和打开次数等。

7）产品的使用条件或环境。例如，如果所产车辆的10%的汽车要销售到公路崎岖不平的地区，那么就要安装更强的抗振动装置。

此外，文献［4］还提到在试验中需要注意以下两类噪声因子。

8）部件随着时间的缓慢衰变和降级。如零部件磨损、原材料生物活性降级、设备测量偏差增大等。这时需要定时调试设备，或更换已磨损的部件，同时尽量减少系统对部件或子系统的降级的灵敏度。

9）时间或空间上的差异。试验中许多变量是随着时间的变化而变化，而观测者可能并不知道这种变化关系或者很难一个个分别测量出来。于是人们常以时间作为这些变量的替代变量。这种潜在的变量可能是空气质量的变化、气候的变化、不同时间段原材料的变化。如果要记录这些变化，将花费很多时间和财力。若能达到时间变化上的均衡性，则不需要进行代价高的测量。

例5.11

设计某种新型涂装材料，研发人员必须确定涂装材料的各种成分的占比。在生产这种涂装材料时，各种成分的占比是可精确控制的，它们属于可控因子。但这种材料既可用于涂装坦克，还可用于涂装舰船，也可用于涂装飞机，研发人员无法准确地确定该涂料使用时的温度、湿度、降雨量、大气密度等环境变量。这是一个稳健设计问题，目标是设计出好的涂装材料配方，不管实际使用时温度、湿度、降雨量、大气密度等噪声因子如何变化，该涂装材料的性能都很好，可以满足或超过用户的期望。

稳健参数设计的要点是通过设置可控因子的水平来减少系统响应的变异，使其对噪声因子不敏感，其基本思想展示在图5-11中，y 表示响应，x 表示可控因子，z 表示噪声因子。在传统设计中，如图5-10所示，通过降低噪声因子 z 的变动和固定 x 的值为x_1来减少响应的变动。意识到降低噪声变异可能需要花费大量时间和经济代价，田口玄一[82-83]提出一种降低响应变异的新策略：不对噪声变异做处理，通过探索可控因子与噪声因子间的交互效应，将可控因子 x 的标称值从x_1移动到x_2来减少响应的变异。因此在稳健参数设计中，噪声因子与可控因子之间的交互效应发挥着关键的作用。因为可控因子通常易于改变，所以稳健参数设计比直接减小噪声变差更经济方便。

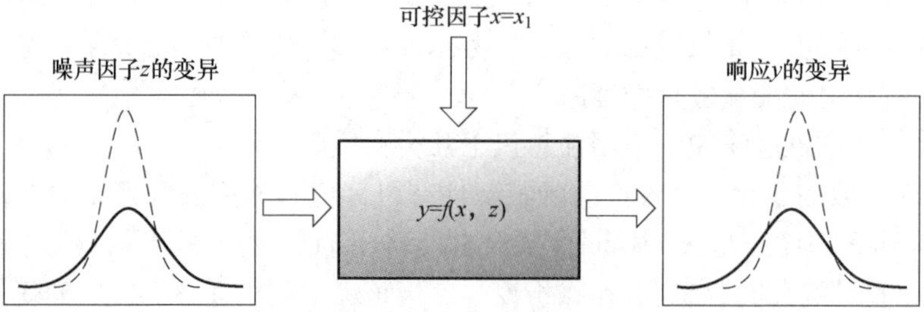

图5-10　传统设计降低响应变异的策略：降低噪声因子的变异

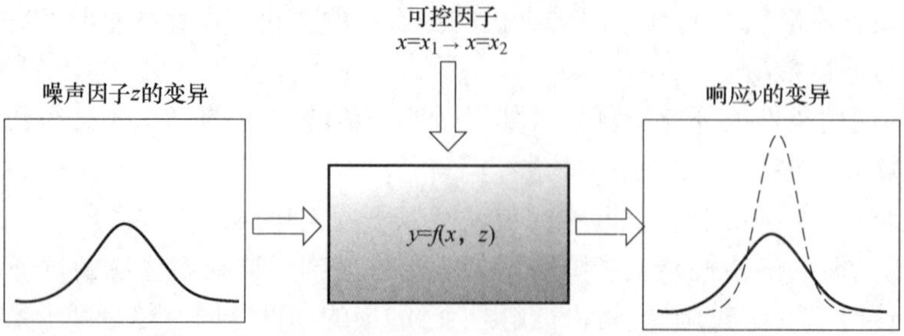

图5-11　稳健参数设计降低响应变异的策略：改变可控因子的水平

例5.12

考虑图5-12中二因子交互效应的情形，其中x是可控因子，z是噪声因子。图5-12a中，x与z之间没有交互效应，因此，不存在降低噪声因子z传递给响应变异性的可控因子x的设置。然而，在图5-12b中，x与z之间有强烈的交互效应。当x处于低水平时，响应变量的变异性比x处于高水平时低得多。因此，除非至少有一个可控因子与噪声因子有交互效应，否则不存在稳健设计问题。将重点放在识别这些交互效应并建立响应模型是解决稳健参数设计问题的关键。

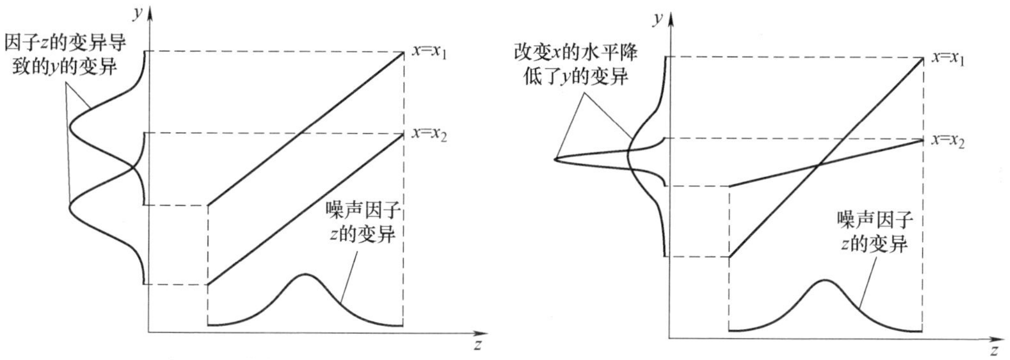

图5-12 可控因子与噪声因子之间的交互效应在稳健参数设计中的作用

5.4.2 直积表设计及其分析

田口玄一的稳健参数设计方法以可控因子的设计和噪声因子的设计为中心进行。这两个设计的“直积”组成**直积表设计**（crossed array design），即将可控因子设计中的每个处理与噪声因子设计的每个处理结合在一起进行试验。

例5.13

考虑一个改善货车叶形弹簧的热处理工艺的试验。使弹簧形成弯曲的热处理工艺流程包括高温炉加热、用成形机成形和在油盆中淬火三个阶段。卸荷时弹簧的自由高度是质量的一个重要特性，其目标值是7.75in（英寸）[⊖]，试验的目的是使它达到目标值且变异尽可能小。从三个工艺阶段中挑选出5个因子：加热阶段的炉温（A）和加热时间（B），工人把弹簧从炉内取出送到成形机所花费的传送时间（C），弹簧高压成形时间（D），淬火阶段的淬火油温（E）。这些因子都是定量因子，但在通常的生产条件下，淬火油温是无法控制的。在试

⊖ 1in（英寸）=0.0254m（米）。——编辑注

验中经过特殊努力，可以把 E 控制在两个温度范围之内，因此把 E 作为噪声因子。各因子的水平如表 5-15 所示。

表 5-15 叶形弹簧试验的因子和水平

因子	低水平	高水平
A 高温加热温度/°F	1840	1880
B 加热时间/s	23	25
C 传送时间/s	10	12
D 成形时间/s	2	3
E 淬火油温/°F	130 ~ 150	150 ~ 170

该试验共有四个可控因子和一个噪声因子。对可控因子，采用一个 $\boldsymbol{I} = ABCD$ 的 2_{IV}^{4-1} 设计，称此设计为**内表**（inner array）设计或**控制表**（control array）；单个噪声因子的设计用 2^1 设计，称为**外表**（outer array）设计或**噪声表**（noise array）。内表中的每一个水平组合与外表中的所有水平组合相乘，得到包含 16 个试验点的直积表设计。每个试验点重复三次试验，试验方案和试验结果如表 5-16 所示。

表 5-16 叶形弹簧试验的数据

A	B	C	D	E^-			E^+			$\bar{y}$	s^2
−	−	−	−	7.78	7.78	7.81	7.50	7.25	7.12	7.54	0.090
−	−	+	+	7.54	8.00	7.88	7.32	7.44	7.44	7.60	0.074
−	+	−	+	7.50	7.56	7.50	7.50	7.56	7.50	7.52	0.001
−	+	+	−	7.56	7.52	7.44	7.18	7.18	7.25	7.36	0.030
+	−	−	+	8.15	8.18	7.88	7.88	7.88	7.44	7.90	0.071
+	−	+	−	7.69	8.09	8.06	7.56	7.69	7.62	7.79	0.053
+	+	−	−	7.59	7.56	7.75	7.63	7.75	7.56	7.64	0.008
+	+	+	+	7.56	7.81	7.69	7.81	7.50	7.59	7.66	0.017

例5.14

设计一种与尼龙管装配在一起的弹性塑料连接器，要求它能提供所需的拉开力。有 4 个三水平的可控因子：A 为障碍物，B 为连接器壁厚，C 为嵌入深度，D 为黏合剂量；3 个二水平的噪声因子：E 为规定时间，F 为规定温度，G 为规定相对湿度。试验方案和试验结果如表 5-17 所示，可控因子的内表设计为 3_{III}^{4-2} 设计，噪声因子的外表设计为 2^3 设计。内表中每一个试验点与外表的所有试验点组合，产生表中包含 72 个拉开力观测的直积表设计。

表 5-17 连接器拉开力试验

内表设计					外表设计								
					E	−	−	−	−	+	+	+	+
					F	−	−	+	+	−	−	+	+
					G	−	+	−	+	−	+	−	+
	A	*B*	*C*	*D*									
1	0	0	0	0		15.6	9.5	16.9	19.9	19.6	19.6	20.0	19.1
2	0	1	1	1		15.0	16.2	19.4	19.2	19.7	19.8	24.2	21.9
3	0	2	2	2		16.3	16.7	19.1	15.6	22.6	18.2	23.3	20.4
4	1	0	1	2		18.3	17.4	18.9	18.6	21.0	18.9	23.2	24.7
5	1	1	2	0		19.7	18.6	19.4	25.1	25.6	21.4	27.5	25.3
6	1	2	0	1		16.2	16.3	20.0	19.8	14.7	19.6	22.5	24.7
7	2	0	2	1		16.4	19.1	18.4	23.6	16.8	18.6	24.3	21.6
8	2	1	0	2		14.2	15.6	15.1	16.8	17.8	19.6	23.2	24.2
9	2	2	1	0		16.1	19.9	19.3	17.3	23.1	22.7	22.6	28.6

从表 5-17 可发现田口设计策略中的主要问题，即直积表方法会导致非常大的试验。本例只有 7 个因子，却有 72 个试验点。此外，内表设计是分辨度为 III 的3^{4-2}设计，因而尽管已做了那么多试验，仍然得不到可控因子之间的交互效应的任何信息，即使是主效应的信息也与二因子交互效应严重混杂。下一节中将介绍组合表设计，它比直积表设计有效得多。

对每一个可控因子水平组合，用

$$\bar{y}_i = \frac{1}{n_i}\sum_{j=1}^{n_i} y_{ij}$$

和

$$s_i^2 = \frac{1}{n_i - 1}\sum_{j=1}^{n_i} (y_{ij} - \bar{y}_i)^2$$

分别作为**位置**（location）和**散度**（dispersion）的度量，其中n_i是第 i 个可控因子水平组合的试验次数。田口玄一用位置统计量$\bar{y}_i$和**信噪比**（signal-to-noise ratio）统计量

$$\hat{\eta}_i = \ln \frac{\bar{y}_i^2}{s_i^2}$$

来汇总直积表中的数据。拟合这两个统计量关于可控因子的响应模型后，田口玄一关于**望目特征问题**（期待响应达到某目标值且变异尽可能小）的两步法可表述为：

第一步：	选择信噪比模型中显著的可控因子的水平以最大化信噪比；
第二步：	选择未出现在第一步中的可控因子的水平使$\bar{y}_i$达到目标值。

信噪比是一个有问题的统计量：它可能导致均值和方差的混淆，通常也不能由此找到解决的稳健参数设计问题的期望方案。文献［4］的 11.9 节对信噪比的缺陷做了详细论述。

为了克服信噪比统计量的缺陷，可以分别对位置和散度建立关于可控因子主效应和交互效应的模型。根据拟合的位置和散度模型，出现在位置模型中的可控因子称为**位置因子**（location factor），出现在散度模型中的可控因子称为**散度因子**（dispersion factor）。对于望目

特征问题，通过下述程序可以得到可控因子的推荐设置。

第一步：	选择散度因子的水平使散度最小化；
第二步：	选择非散度因子的位置因子的水平，使位置达到目标值。

这种方法避免了利用存在争议的信噪比。但如果第二步中使用的因子也是散度因子，那么改变其水平会同时影响位置和散度，从而将位置调整到目标值的同时可能增大了散度，这就需要重新调整散度因子，并且在上述两步之间进行迭代。对于**望大**（位置越大越好）或**望小**（位置越小越好）特征问题，通常建议交换前面程序中的两个步骤：

第一步：	选择位置因子的水平使位置最大（或最小）化；
第二步：	选择非位置因子的散度因子的水平使散度最小化。

位置-散度建模方法易于理解和运用，它是以直积表为基础的一种自然的方法。根据直积表的结构，位置和散度的计算都是在相同的噪声下进行的，$\bar{y}_i$或s_i^2之间的差异都可归因于可控因子水平组合，这就证明了此建模方法的合理性。需要指出的是，稳健参数设计问题是一个标准的多重响应优化问题，除采用田口玄一的两步法思想外，也可利用5.3.2节提到的解决多响应问题的一般方法来求解。

例5.15

考虑例5.13中的试验。表5-16的最后两列对内表的每一试验列出了样本均值$\bar{y}_i$与样本方差s_i^2。在R中，利用代码块

```
x1 <- c(-1,-1,-1,-1,1,1,1,1);
x2 <- c(-1,-1,1,1,-1,-1,1,1);
x3 <- c(-1,1,-1,1,-1,1,-1,1);
x4 <- c(-1,1,1,-1,1,-1,-1,1);
y <- c(7.54, 7.60, 7.52, 7.36, 7.90, 7.79, 7.64, 7.66);
summary(lm(y~x1+x2+x3+x4))
```


拟合$\bar{y}_i$关于四个可控因子的编码变量的一阶回归模型，得到结果如下：

```
Call:
lm(formula = y ~ x1 + x2 + x3 + x4)

Residuals:
       1        2       3       4       5       6        7        8
-0.02625 -0.00625 0.02875 0.00375 0.00375 0.02875 -0.00625 -0.02625

Coefficients:
            Estimate Std. Error t value Pr(>|t|)
(Intercept)  7.62625    0.01143 666.998 7.43e-09 ***
x1           0.12125    0.01143  10.605  0.00179 **
x2          -0.08125    0.01143  -7.106  0.00573 **
x3          -0.02375    0.01143  -2.077  0.12935
x4           0.04375    0.01143   3.826  0.03144 *
---
Signif. codes:  0 ‘***’ 0.001 ‘**’ 0.01 ‘*’ 0.05 ‘.’ 0.1 ‘ ’ 1

Residual standard error: 0.03234 on 3 degrees of freedom
Multiple R-squared:  0.9838,	Adjusted R-squared:  0.9621
F-statistic: 45.48 on 4 and 3 DF,  p-value: 0.005116
```

结果显示 A、B、D 是重要因子，剔除不显著的因子 C 后，得到结果如下：

```
Call:
lm(formula = y ~ x1 + x2 + x4)

Residuals:
      1       2       3       4       5       6       7       8
-0.0025 -0.0300  0.0525 -0.0200  0.0275  0.0050  0.0175 -0.0500

Coefficients:
            Estimate Std. Error t value Pr(>|t|)
(Intercept)  7.62625    0.01546 493.237 1.01e-10 ***
x1           0.12125    0.01546   7.842  0.00143 **
x2          -0.08125    0.01546  -5.255  0.00628 **
x4           0.04375    0.01546   2.830  0.04737 *
---
Signif. codes:  0 '***' 0.001 '**' 0.01 '*' 0.05 '.' 0.1 ' ' 1

Residual standard error: 0.04373 on 4 degrees of freedom
Multiple R-squared:  0.9604,    Adjusted R-squared:  0.9308
F-statistic: 32.37 on 3 and 4 DF,  p-value: 0.002895
```

平均自由高度响应的模型是

$$\hat{\bar{y}}_i = 7.63 + 0.12x_1 - 0.081x_2 + 0.044x_4$$

由于散度不服从正态分布（服从非中心的卡方分布），所以通常最好是分析散度的自然对数。利用 R 语言拟合 $\ln(s_i^2)$ 关于四个可控因子的一阶模型，结果如下：

```
Residuals:
       1        2        3        4        5        6        7        8
 0.49767  0.02292 -1.18369  0.66310  0.66310 -1.18369  0.02292  0.49767

Coefficients:
            Estimate Std. Error t value Pr(>|t|)
(Intercept)  -3.7389     0.4172  -8.961  0.00293 **
x1            0.1176     0.4172   0.282  0.79643
x2           -1.0904     0.4172  -2.613  0.07946 .
x3            0.4584     0.4172   1.099  0.35223
x4           -0.3188     0.4172  -0.764  0.50036
---
Signif. codes:  0 '***' 0.001 '**' 0.01 '*' 0.05 '.' 0.1 ' ' 1

Residual standard error: 1.18 on 3 degrees of freedom
Multiple R-squared:  0.7436,    Adjusted R-squared:  0.4017
F-statistic: 2.175 on 4 and 3 DF,  p-value: 0.2747
```

从中可以看出，只有第二个因子是相对显著的，删除其余因子后拟合结果如下：

```
Residuals:
     Min       1Q   Median       3Q      Max
-2.07846 -0.07150  0.02416  0.36914  1.32273

Coefficients:
            Estimate Std. Error t value Pr(>|t|)
(Intercept)  -3.7389     0.3759  -9.946 5.97e-05 ***
x2           -1.0904     0.3759  -2.901   0.0273 *
---
Signif. codes:  0 '***' 0.001 '**' 0.01 '*' 0.05 '.' 0.1 ' ' 1

Residual standard error: 1.063 on 6 degrees of freedom
Multiple R-squared:  0.5837,    Adjusted R-squared:  0.5144
F-statistic: 8.414 on 1 and 6 DF,  p-value: 0.02731
```

$\ln(s_i^2)$ 的响应模型是

$$\widehat{\ln(s_i^2)} = -3.74 - 1.09x_2$$

假定试验的目的是找出可控因子的这样一个水平组合：它们使得平均自由高度为7.75in，且可以最小化变异性。采用田口玄一的两步法思想：

第一步： 选择散度因子x_2的水平使散度最小化，当$x_2=1$时，散度达到最小值：

$$\widehat{s_i^2} = \exp(-3.74 - 1.09) \approx 0.008$$

第二步： 选择非散度因子的位置因子x_1和x_4的水平，使位置达到目标值。这可通过求解方程

$$7.63 + 0.12x_1 - 0.081 + 0.044\,x_4 = 7.75$$

得到。

使用直积表设计对位置和散度进行建模的一个缺点是，不能直接利用可控因子与噪声因子之间的交互效应。此外，散度很可能与可控因子有非线性关系，这可能使建模过程变得复杂。下一节将介绍克服这些问题的另一种设计策略和建模方法。

5.4.3 响应模型法与组合表设计

如前所述，可控因子与噪声因子之间的交互效应是稳健参数设计的关键。因此，使用包括可控因子和噪声因子及其交互效应的响应模型是合理的。为了说明这一点，下面看一个简单的例子。

例5.16

设一个稳健参数设计问题中，有两个可控因子x_1和x_2，一个噪声因子z_1。若希望使用包含可控因子的一阶模型，则合理的模型假设是

$$y = \beta_0 + \beta_1 x_1 + \beta_2 x_2 + \beta_{12} x_1 x_2 + \gamma_1 z_1 + \delta_{11} x_1 z_1 + \delta_{21} x_2 z_1 + \varepsilon \tag{5.19}$$

该模型包含可控因子的主效应及其交互效应、噪声因子的主效应、可控因子与噪声因子的两个交互效应。这类同时包含可控因子和噪声因子的模型通常称为**响应模型**。注意，如果回归系数$\delta_{11} = \delta_{21} = 0$，则这不是一个稳健参数设计问题。

尽管试验时噪声因子是可控的，但在分析试验数据时需将它们视作随机变量。并假定噪声因子的期望为零，方差为σ_z^2；如果噪声因子不止一个，则假设它们之间的协方差为零。在这些假定下，对式（5.19）求y的期望就得到响应的位置模型：

$$E_{z_1,\varepsilon}(y) = \beta_0 + \beta_1 x_1 + \beta_2 x_2 + \beta_{12} x_1 x_2 \tag{5.20}$$

其中，期望算子的下标表示是对式（5.19）中的两个随机变量z_1和ε同时求期望。为了求模型中响应y的方差，用误差传递法。首先，将式（5.19）中的响应模型在$z_1=0$处以一阶泰勒级数方法展开，得

$$y \approx y_{z_1=0} + \left.\frac{\mathrm{d}y}{\mathrm{d}z_1}\right|_{z_1=0}(z_1 - 0) + \varepsilon$$

$$\approx \beta_0 + \beta_1 x_1 + \beta_2 x_2 + \beta_{12} x_1 x_2 + (\gamma_1 + \delta_{11} x_1 + \delta_{21} x_2) z_1 + \varepsilon$$

y 的方差可以通过对最后一个表达式取方差获得。所得的散度模型是

$$V_{z_1,\varepsilon}(y)=\sigma_z^2(\gamma_1+\delta_{11}x_1+\delta_{21}x_2)^2+\sigma^2 \tag{5.21}$$

在方差算子上又用了下标表示z_1和 ε 二者都是随机变量。

式 (5.20) 和式 (5.21) 是响应变量的位置和散度的简单模型，它们中仅包含可控因子，表明可以采用 5.3.1 节中的多重响应优化方法，通过设置可控因子达到目标值，同时最小化由噪声因子传递的变异性。尽管散度模型只包含可控因子，但它也包含可控因子与噪声因子交互效应的回归系数，这体现了噪声因子是如何影响响应的。散度模型是可控因子的二次函数，除σ^2外，恰好是所拟合的响应模型在噪声因子方向上斜率的平方。

例 5.16 中的结果可推广到一般的情况。假定有 k 个可控因子和 r 个噪声因子。包含这些因子的一般模型可以写成

$$y(\boldsymbol{x},\boldsymbol{z})=f(\boldsymbol{x})+h(\boldsymbol{x},\boldsymbol{z})+\varepsilon$$

其中$f(\boldsymbol{x})$ 是模型中仅包含可控因子的部分，$h(\boldsymbol{x},\boldsymbol{z})$ 包括了噪声因子的主效应和可控因子与噪声因子的交互效应。$h(\boldsymbol{x},\boldsymbol{z})$ 的典型结构是

$$h(\boldsymbol{x},\boldsymbol{z}) = \sum_{i=1}^{r}\gamma_i z_i + \sum_{i=1}^{k}\sum_{j=1}^{r}\delta_{ij}x_i z_j$$

$f(\boldsymbol{x})$ 的结构可由试验者根据经验和先验知识确定，如选择带有交互效应的一阶模型和二阶模型。如果假定噪声因子的均值为零，方差为$\sigma_{z_i}^2$，协方差为零，且噪声因子与随机误差 ε 的协方差也是零，则响应的位置模型是

$$E_{z,\varepsilon}[y(\boldsymbol{x},\boldsymbol{z})]=f(\boldsymbol{x}) \tag{5.22}$$

散度模型是

$$V_{z,\varepsilon}[y(\boldsymbol{x},\boldsymbol{z})] = \sum_{i=1}^{r}\left[\left.\frac{\partial y(\boldsymbol{x},\boldsymbol{z})}{\partial z_i}\right|_{z=0}\right]^2\sigma_{z_i}^2+\sigma^2 \tag{5.23}$$

注意，为了使得噪声因子的均值为零，有时需要采用编码变换。

为了利用响应模型法，首先需要进行试验，拟合一个适当的响应模型，用响应模型中系数的最小二乘估计取代位置模型和散度模型中的未知回归系数，用拟合响应模型中的残差均方取代散度模型中的σ^2。

响应模型法的一个重要优势是，试验设计时可同时考虑可控因子和噪声因子，避免使用田口玄一方法的内表和外表结构。称同时包含可控因子和噪声因子的设计为**组合表设计**(combined array design)。可以采用前面介绍的因子设计、部分因子设计、正交回归设计、最优回归设计、中心复合设计等方法来构建合适的组合表设计，也可以采用第6章中将介绍的空间填充设计来构建，这里不再赘述。

习　题

一、判断题

1. 正交回归设计中，回归平方和可分解为各变量平方和之和。（　　）
2. 正交回归设计使得诸回归系数的估计不相关，且各回归系数估计的标准差相等。（　　）
3. 一阶模型的正交回归设计在添加中心点重复试验后就不是正交回归设计了。（　　）
4. 最优回归设计中，任意设计的信息矩阵都是正定的。（　　）

5. 如果试验次数小于线性模型中参数的个数，则信息矩阵不可逆。 （ ）

6. 给定线性模型和试验次数，则最优回归设计是唯一的。 （ ）

7. G-最优设计使得模型的最大预测方差达到最小。 （ ）

8. 响应曲面法是一种边试验边分析的序贯方法。 （ ）

二、填空题

1. 线性回归模型 $y=\beta_0+\beta_1 x+\varepsilon$ 中，精确设计$\xi_n=\{x_1,x_2,\cdots,x_n\}$ 的信息矩阵为________。

2. 设拟合的一阶模型为$\hat{y}=1.5+0.7x_1+2.1x_2$，则最速下降方向为________，最速上升方向为________。

3. 设拟合的二阶模型为$\hat{y}=\hat{\beta}_0+\boldsymbol{x}^{\mathrm{T}}\boldsymbol{b}+\boldsymbol{x}^{\mathrm{T}}\boldsymbol{B}\boldsymbol{x}$：稳定点$\boldsymbol{x}_s=$________；如果$\boldsymbol{B}$的特征值均大于0，则$\boldsymbol{x}_s$是二阶模型的________；如果$\boldsymbol{B}$的特征值均小于0，则$\boldsymbol{x}_s$是二阶模型的________；如果$\boldsymbol{B}$的特征值有正有负，则$\boldsymbol{x}_s$是二阶模型的________。

4. 响应曲面分析法中，如果一阶拟合模型为$\hat{y}=0.5+0.6x_1+1.2x_2+2.1x_3$，则最速上升方向为________。

5. 中心复合设计包括三类试验点：超立方体的顶点、________和________。

6. 响应曲面法存在两种类型的误差：一是拟合多项式模型的________，二是利用多项式模型近似响应曲面的________。

7. 对于二阶线性回归模型 $y\sim N(\beta_0+\beta_1 x+\beta_2 x^2,\sigma^2)$，设计

$$\xi=\begin{Bmatrix}-1 & -0.5 & 0.5 & 1\\ 1/4 & 1/4 & 1/4 & 1/4\end{Bmatrix}$$

的D-最优准则为________。

8. 设二因子试验中拟合得到的二阶模型为 $\hat{y}=3+2x_1+3x_2+2x_1x_2+3x_1^2+4x_2^2$，则在原点处的最速上升方向为________，稳定点为________，它是二阶模型的________点。

三、简答题

1. 例5.1中的设计对于二阶回归模型

$$y=\beta_0+\sum_{i=1}^{3}\beta_i x_i+\sum_{i\leqslant j}\beta_{ij}x_i x_j+\varepsilon$$

还是一个正交设计吗？此时，该设计存在什么问题？

2. 4.2节给出了利用t检验逐个检验回归系数显著性的方法，5.1.2节给出了正交回归设计中利用F检验逐个检验回归系数显著性的方法。在正交回归设计中，这两种方法都可以使用，它们得出的结论一致吗？

3. 我们知道，因子设计中的固定效应模型也是一种线性回归模型。那么，因子设计中的正交设计是正交回归设计吗？为什么？

4. 在正交回归设计中，回归的平方和可分解为各变量平方和之和；在因子设计中，处理的平方和可分解为正交对照的平方和之和。这两种分解之间是否存在联系？

四、综合题

1. 考虑一元线性回归模型 $y=\beta_0+\beta_1 x+\varepsilon$，$x\in[-1,1]$ 的三个不同的设计，如表5-18所示。

表5-18 一元一阶线性回归模型的三个设计

	x_1	x_2	x_3
Ⅰ	-1	0	+1
Ⅱ	-1	-1	+1
Ⅲ	-1	+1	+1

计算这三个设计的信息矩阵，并分别利用最优设计的 D-准则和 G-准则比较这三个设计的优劣。

2. 对于一元二次线性回归模型 $y=\beta_0+\beta_1 x+\beta_2 x^2+\varepsilon$，考虑设计

$$\xi(a)=\begin{Bmatrix} -1 & -a & a & 1 \\ 1/4 & 1/4 & 1/4 & 1/4 \end{Bmatrix}$$

求该设计的信息矩阵；求a^*使得设计 $\xi(a^*)$ 在一切 $\xi(a)$ 中是 D 最优的；求a^*使得设计 $\xi(a^*)$ 在一切 $\xi(a)$ 中是 G-最优的。

3. 给定一元二次回归模型

$$y=\beta_0+\beta_1 x+\beta_2 x^2+\varepsilon$$

的两个设计

$$\xi_1=\begin{Bmatrix} -1 & 0 & 1 \\ \frac{1}{3} & \frac{1}{3} & \frac{1}{3} \end{Bmatrix},\quad \xi_2=\begin{Bmatrix} -1 & 0 & 1 \\ \frac{1}{4} & \frac{1}{2} & \frac{1}{4} \end{Bmatrix}$$

分别利用 D-最优准则和 G-最优准则比较这两个设计。

4. 某化工产品的产量 y 受反应时间z_1和反应温度z_2的影响，现有条件$z_1=35\text{min}$，$z_2=155℃$。为寻找最优生产条件，在现有试验范围：$z_1\in[30,40]$，$z_2\in[150,160]$ 内设计一个试验。先通过编码变换把原始变量z_1和z_2变换为

$$x_1=\frac{z_1-35}{5}\in[-1,1],\quad x_2=\frac{z_2-155}{5}\in[-1,1]$$

已知$F_{0.95}(1,1)=161.6$，$F_{0.95}(2,1)=199.5$，$F_{0.99}(2,4)=18.0$，$t_{0.975}(1)=12.7$，$t_{0.975}(2)=4.2$。采用表 $L_4(2^3)$ 设计试验方案，得到试验数据如表 5-19 所示。

表 5-19　初始试验数据

试验号	x_0	x_1	x_2	y
1	1	−1	−1	39.3
2	1	−1	1	40.0
3	1	1	−1	40.9
4	1	1	1	41.5

（1）针对关于编码变量的一阶模型 $y=\beta_0+\beta_1 x_1+\beta_2 x_2+\varepsilon$，其中 $\varepsilon\sim N(0,\sigma^2)$ 是随机误差：求回归系数 $\boldsymbol{\beta}=[\beta_0,\beta_1,\beta_2]^{\mathrm{T}}$和误差方差$\sigma^2$的无偏估计；

（2）判断两个试验因子对产量的影响是否显著，并判断回归方程是否显著。

添加 5 次中心点试验，试验方案和结果如表 5-20 所示。

表 5-20　添加中心点试验后的数据

试验号	x_0	x_1	x_2	y
1	1	−1	−1	39.3
2	1	−1	1	40.0
3	1	1	−1	40.9
4	1	1	1	41.5
5	1	0	0	40.3
6	1	0	0	40.5
7	1	0	0	40.7
8	1	0	0	40.2
9	1	0	0	40.6

（3）利用数据拟合关于编码变量的新的一阶模型 $y=\beta_0+\beta_1x_1+\beta_2x_2+\varepsilon$，并判断一阶模型是否恰当；

（4）针对回归模型 $y=\beta_0+\beta_1x_1+\beta_2x_2+\beta_{12}x_1x_2+\varepsilon$，判断新的设计方案是否为正交回归设计，并给出理由；计算新的试验方案的 D-最优准则和 G-最优准则；求回归系数的最小二乘估计，并给出此时的最速上升方向；

（5）利用前四次试验的数据计算二因子交互效应的估计及其平方和；利用后五次试验的数据估计误差的方差；并判断二因子交互效应的显著性；

（6）判断模型 $y=\beta_0+\beta_1x_1+\beta_2x_2+\beta_{12}x_1x_2+\varepsilon$ 中β_{12}的显著性，并解释该结果与第（5）问中交互效应的显著性一致或不一致的理由。

5. 证明在混料试验中，$\{p, m\}$ 单纯形格子点设计包含的试验点数目为

$$N=\frac{(p+m-1)!}{m!(p-1)!}$$

6. 设例 5.14 中，试验目的是拉开力越大越好，试利用田口玄一两步法分析数据。

第6章 计算机试验设计

农业试验和工业试验都是实物试验（physical experiments），在田地、实验室、工厂等现实世界中进行。随着科技的发展，需要研究输入输出关系十分复杂的系统。例如，物理学或气象学中很多问题需要用一组复杂的微分方程来表达。高保真数学建模和高精度计算技术的快速发展，使得能够使用计算机模拟来研究真实世界的现象。计算机试验已被证明对分子物理学、产品设计、电子与通信、汽车、航空、工程力学等领域的各种应用都是必不可少的。

计算机试验贯穿整个计算机历史，最早采用计算机试验的是物理学家。1955年，美国洛斯阿拉莫斯国家实验室（Los Alamos National Laboratory，LANL）的 Enrico Fermi 及其同事利用计算机模拟了晶体中原子的非线性相互作用。20世纪70年代中期，美国核管理委员会资助了 LANL 的统计科学小组与核反应堆安全代码的开发者合作，以了解核电站的各种事故场景和潜在后果。这一合作代表了一种转变，即从传统的将抽样技术作为计算机模型的内置模块（如蒙特卡罗法），向利用计算机仿真样本获得对不同事故场景后果风险的理解转变。为了实现良好的数值计算，每次代码执行都需要一定的计算资源，这使得可用于研究的实际运行次数是有限的。因此，试验设计成为安全研究和风险评估中利用计算机模型评估事故后果进而研究敏感性和不确定性的焦点问题之一。从此，为复杂的计算机试验开发统计抽样、试验设计和分析方法的丰富的统计研究领域出现了。

本章简要介绍计算机试验的设计与分析方法，6.1节介绍计算机试验与传统实物试验的区别；6.2节介绍计算机试验中常用的代理模型技术；6.3节简单介绍常见的计算机试验设计方法。由于作者时间和能力所限，本章仅简单介绍计算机试验设计与分析的基本方法，读者如果对本章的理论细节感兴趣，可参考文献［5］；而如对本章方法的具体实现感兴趣，则可参考文献［84］；这两本专著中均列举了大量的软件包和案例。

6.1 仿真试验简介

仿真是指根据研究目的，建立系统模型，并在模型上进行试验，从而更深入地认识系统并发现系统运行规律的过程。可见仿真的目的是对系统进行试验。

6.1.1 系统的不同试验类型

试验既是探求未知系统或过程、获取知识或规律的重要方法，也是开发研制新系统、改进生产过程、鉴定和评估产品不可或缺的手段。随着科学技术的发展，我们所面临的试验对象日益复杂，相应地使试验的对象层级、方式和场地都得到了大大的拓展。

➢ 从试验对象的层级上可分为部件、分系统、系统以及体系等层级的试验；

➢ 从试验方式的角度可分为数字仿真、半实物仿真、实物仿真和实物试验四类；

➢ 从试验的场地来分类，可分成内场试验、外场试验和内外场联合试验三种类型。

当然，具体系统或过程的试验还有其特定的分类方法。

计算机试验（computer experiments）是通过在计算机上运行程序代码而进行的仿真试验，也称为**数字仿真试验**。随着计算机的飞速发展，计算机试验已经成了一种经济而有效的试验方式。它的缺陷一是前期仿真建模难度大，尤其是复杂系统的建模；二是仿真试验结果的可信度难以保证，缺乏令人信服的 VV&A 手段。**半实物仿真试验**中，系统的关键部位以及难以建立可信仿真模型的部位为实物，而其他组分则为数字仿真模型，这类试验又称虚实结合试验。**实物仿真试验**是指利用系统的实物模型进行的试验，如爆炸试验中的缩比试验、空气动力学中的风洞试验、飞行器的地面火箭撬试验以及战斗部毁伤试验（靶标为替代模型）等。**实物试验**是指直接通过可控的实物试验进行的等比例试验，包括田间试验、临床试验和工业试验等在试验设计发展历程中有着重要地位的试验。这四类试验的可信度和资源消耗依次增加，而可控性和可重复性依次降低。在试验设计领域，主要研究实物试验和计算机试验两类。一些复杂、费钱又费时的试验通常都先在计算机上做充分的探索，然后以少量的实物试验来验证，如导弹、飞机等各种新型武器系统的性能试验，装备成体系的作战试验等；还有的被试对象受环境、政治等条件约束，无法开展实物试验，如核试验、两国之间的作战试验等。实物试验和实物仿真试验之间不存在严格的区分，任何实物试验中都或多或少存在一些替代模型。因此也可以把系统的试验方式简单分为数字仿真、半实物仿真和实物试验三类。

复杂系统的试验，需要以系统工程的思想，根据使命、能力、性能指标体系，自顶向下将试验进行分解，开展计算机仿真、半实物仿真、实物仿真和实物试验等不同类型的部件级、分系统级试验，最后再自底向上聚合，开展不同类型的系统级、体系级的验证试验。不同层级试验的试验方式有所不同：例如部件级试验主要采用实物试验，而系统级和体系级试验往往只能进行少量的实物试验，需要大量采用计算机仿真。下面看一个案例。

例6.1

导弹武器抗干扰试验是以检测和考核导弹武器抗干扰指标为目的的试验。根据国内外试验靶场的成熟经验，可以归纳出五种常用试验方式，即数字仿真和半实物仿真两种内场仿真试验，地面静态模拟、挂飞试验和飞行试验三种外场试验。

1）数字仿真试验：在内场条件下，针对被试导弹、导引头的性能和目标、干扰及其环境特性参数，建立数学模型，形成虚拟对抗条件。其优点是试验消耗低，可大量重复试验；其缺点是建模难度大，置信度受到限制。

2）半实物仿真试验：在内场条件下，导弹（主要是导引头单机）以飞行转台为平台，通过弹道仿真工作站建立导弹运动环境，在暗室条件下模拟形成目标、干扰和环境信号。其优点是为导引头提供了较好的导弹飞行环境，试验消耗低，重复性好；缺点是难于建立高置信度的目标、干扰和环境模型。

3）地面静态模拟：在外场地面条件下，导弹（主要是导引头单机）以角转台为平台，采用实装或模拟实装方法形成目标与干扰环境，在关键对抗点上进行试验。其优点是为导弹

（导引头）提供较好的角运动环境，试验消耗低，重复性好；缺点是不能直接得到导弹命中概率，逼真度依赖试验设计。

4）导弹挂飞试验：整个导弹武器系统（或导引头）以飞机或其他飞行器为运动平台，采用实装或模拟实装方法形成目标与干扰环境。其优点是为导弹武器系统（或导引头）提供了较为真实的环境，试验消耗较低，重复性较好；其缺点是不能直接得到导弹命中概率，逼真度依赖平台特性。

5）导弹飞行试验：整个导弹武器系统参加的全尺度试验，采用模拟实装方法形成目标与干扰环境。其优点是为导弹武器系统（或导引头）提供了真实工作环境，可直接得到导弹命中概率；其缺点是形成的目标与干扰环境较为单一，不宜设置复杂条件，试验消耗巨大，重复性最差。

其中，地面静态模拟和挂飞试验都是实物仿真试验，导弹飞行试验是实物试验。

本章后续重点介绍计算机试验的设计与建模方法。计算机试验已成为系统工程的重要研究方法，学术界的研究非常活跃，这里简单列一些文献作为参考［5，13，85-96］，读者可顺着这些文献查到大量相关资料。

6.1.2 试验设计与分析在仿真中的地位

从以下三个角度来理解试验设计与分析在仿真中的地位。

试验设计与分析是仿真开发的重要环节之一。图6-1给出了仿真开发的基本过程，从图中可以看出，试验设计与结果分析是仿真中的重要环节。尽管计算机试验大大降低了试验成本，使得大量试验成为可能，是一种高效的试验手段，但它还是需要消耗时间和计算资源。通过科学试验设计与分析技术能够有效提高计算机试验的效率。

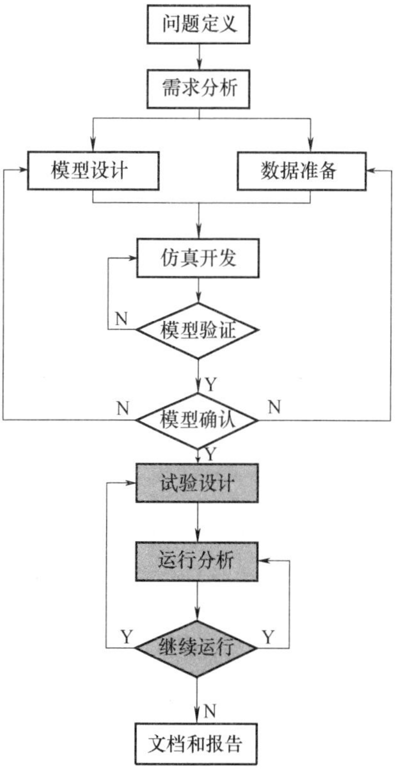

图6-1 仿真开发过程

例6.2

有一种观点认为，随着计算机硬件技术的发展，可以遍历所有的试验场景，因而对于计算机试验来说，试验设计并没有那么重要。让我们仔细分析一下这种遍历方法的实用性。对于只包含少量几个因子的试验来说，这种遍历的方法是可行的。但计算机仿真的对象往往十分复杂，其包含的因子个数一般多达几十个，甚至上百个。假定一个仿真模型有100个因子，每个因子有两个水平。全面实施需要运行$2^{100}\approx10^{30}$次，这可行吗？按照今天的计算技术，在一台峰值计算速度达到每秒10亿亿次的超级计算机上运行一个只需一次计算的仿真，运行一次重复也将需10^{13}s≈31万年以上。

这本质上是一个维数灾难的问题。利用试验设计方法可以有效地打破这种维数灾难。上述问题如果采用分辨度Ⅴ的2_{V}^{100-85}设计，则只需32768次试验便可得到所有的主效应和二因子交互效应。如果在一台计算机运行一次需要1s，则运行该设计的一次重复只需9.5h；即便运行一次需要1min，利用一台8核的台式机也可以在一个周末完成这项试验。

试验设计与分析是解决模型验证问题的有效手段。2016年3月14日，美军作战试验鉴定局局长迈克尔·吉尔莫向陆军试验鉴定司令部司令、海军作战试验鉴定部队司令、空军作战试验鉴定中心主任、海军陆战队作战试验鉴定部主任和联合互操作能力试验司令部司令，签发了一份题为《作战试验与实弹射击评估所用建模与仿真的验证指导》的备忘录，强调对于仿真数据和真实数据，不能仅靠视觉上的对比就确定两者"足够接近"，应该引入严谨的统计学和分析原理。具体地讲，就是将试验设计与分析的方法作为确定模型验证所需的数据、确定模型反映现实世界真实程度的手段和依据，对子系统、全系统、环境等每一个要素的建模与仿真进行充分的验证和统计分析，确保利用模型能完整呈现真实世界中的系统。

试验设计与分析是统筹数字仿真、半实物仿真、实物仿真和实物试验的方法。四类试验的可重复性依次降低，资源消耗逐次增加，试验结果的可信度依次增加。它们既需要互相验证，也需要信息融合。这就要求采用试验设计的方法，建立一体化的试验优化模型，统筹不同类型试验的占比，统筹不同类型试验的试验方案。

6.1.3 计算机试验与实物试验的区别

本节从响应变量、试验因子、试验单元、试验目标、响应模型以及试验设计的原则等不同角度来探讨计算机试验和实物试验的异同。

从响应变量来看，由于仿真模型能够记录的数据更多，因此相较于实物试验，计算机试验的响应变量往往更多。文献［5］将计算机试验中出现多响应的现象归纳为以下三种情况。

1）高低精度试验并存。例如，采用有限元分析时，网格划分的密度不同会产生不同精度的$y_i()$，低精度试验所需的运行时间较少。试验设计需要统筹高低精度试验以达到更好的效率。

2）相关信息。例如，$y_1(\cdot)$是关心的响应变量，$(y_2, y_3, \cdots, y_m)$是$y_1(\cdot)$的一阶偏导数。

3）制约信息。即$y_1(\cdot)$与$(y_2, y_3, \cdots, y_m)$之间是鱼和熊掌的关系，这种情况下一般将y_1作为响应变量，而$(y_2, y_3, \cdots, y_m)$作为约束条件，从而转化为单响应的情形。

当然，很多实物试验也是多响应的，因此单从响应变量的个数来看计算机试验和实物试验并无本质区别。不过，实物试验中响应变量必须采取一定的手段测量得到，在试验实施时如何保证以较高的精度测量试验结果可能会面临一些现实问题。而对于计算机试验来说，响应变量的测量不存在任何问题，仿真系统不但能够准确无误地记录最终结果，还能够输出很多中间数据。

从试验因子来看。此前我们从研究的角度出发，把影响响应变量的因子分为试验因子和干扰因子两类，而在稳健参数设计中把试验因子又进一步划分为可控因子和噪声因子。在仿真领域中习惯把因子称为变量或参数，并称试验设计为参数规划。为了全书的一致性，我们还是将影响系统输出的变量称为因子。仿真程序是经过需求分析、模型设计、仿真开发等一系列规范程序得到的，因而一般不存在研究者没有意识到的或不可控的干扰因子。可见，需要重新梳理和划分计算机试验中的因子。采用文献［5］的方法，把计算机试验中的因子划分为如下三类。

1）**控制因子**（control variables），指可以由研究者设定的、用来控制系统或过程的变量，也称为工程变量（engineering variables）或工厂变量（manufacturing variables），是可控因子的一种。以$\boldsymbol{x}_c$表示由控制因子组成的向量。

2）**环境因子**（environmental variables），指由被试系统所处的环境决定的因子，以$\boldsymbol{x}_e$表示环境因子组成的向量。实物试验中追求环境因子的可控制性和可重复性，以研究系统在特定环境下的性能。而在计算机试验中，环境因子也可以人为设置，此时采用随机变量对环境因子建模，并分析其随机性对响应造成的影响。

3）**模型因子**（model variables），指用于刻画数学模型不确定性的参数，也称为调节参数（turning parameters）或校正参数（calibration parameter）。例如，以 Poisson 分布对顾客到达时刻建模，Poisson 分布的参数就是模型因子。模型因子一般需要通过实物试验获得的数据来估计，因而在统计学中它就是模型参数（model parameter）。

控制因子、环境因子和模型因子共同构成计算机试验的输入，我们统以 $\boldsymbol{x}$ 表示之。当然，一个仿真系统中可能只包含这三类因子中的一类或者两类。

除了因子类型与实物试验有别外，因子的数目在两类试验之间也存在显著差异。一方面，由于仿真系统一般针对的是比较复杂的对象，需要考虑更多的因子；另一方面由于计算机试验成本相对较低，可以考虑更多的因子数目。

从试验单元来看。实物试验中的试验单元可能是不同生产批次的试验材料、操作试验的不同人员、不同的试验田地、不同批次的受体（如小白鼠）等，需要根据具体问题来辨别。为了降低试验单元之间差异带来的影响，实物试验中产生了区组、重复和随机化的原则。计算机试验中的试验单元是不同开发人员开发的不同精度的程序，比较清晰。因此重复、区组和随机化的原则在计算机试验设计中并没有那么重要。

从试验目的来看。除了与实物试验相同的五类目标（处理比较、因子筛选、系统辨识、系统优化、问题发现）外，还有一些新的目标。例如：

1）当只存在环境因子时，研究环境因子的随机性如何传递到响应变量的随机性，此类问题被称为不确定性分析（uncertainty analysis）或不确定性量化（uncertainty quantification）。

2）当存在模型因子时，通过计算机试验确认最佳的模型参数，使仿真系统的输入输出行为与真实系统相似。这个过程称为模型校正（model calibration），它需要实物试验数据的支撑。

3）如果同时包含控制因子和环境因子，则给定$\boldsymbol{x}_c$，$y(\boldsymbol{x}_c,\boldsymbol{x}_e)$ 为一个随机变量，试验目的可能是估计随机过程 $y(\boldsymbol{x}_c,\boldsymbol{x}_e)$ 的均值函数，即

$$\bar{y}(\boldsymbol{x}_c) \overset{\text{def}}{=\!=} E[y(\boldsymbol{x}_c,\boldsymbol{x}_e)]$$

其中，期望是对环境因子$\boldsymbol{x}_e$取的，或分位数函数

$$y^{\alpha}(\boldsymbol{x}_c)\text{ s. t. }P\{y(\boldsymbol{x}_c,\boldsymbol{x}_e)\geqslant y^{\alpha}(\boldsymbol{x}_c)\}=\alpha$$

其中，概率是对随机变量$\boldsymbol{x}_e$求的。不论是均值函数还是分位数函数，都要求$\boldsymbol{x}_e$的分布已知，这可通过仿真开发中的输入建模步骤来解决。

从响应模型来看。仿真系统虽然可以以很高的精度计算给定输入的输出，但可能需要较长的时间。而在产品设计和优化中通常需获得大量输入点处的输出值，全部利用仿真系统来完成在很多情况下几乎是不可能的。通常采用少量的数据训练一个**代理模型**（surrogate），并利用它来实现试验的目标。代理模型也称为**元模型**（metamodel），是仿真系统的逼近，是y与$\boldsymbol{x}$之间关系的显式表达或便于计算的表达，可以利用它来更方便地获得未仿真的输入点处的响应值。图6-2给出了仿真系统、代理模型以及实物试验之间的关系[37]。代理模型与仿真系统之间的两个方向不同的箭头表示试验和拟合代理模型二者可迭代地进行。实物试验的观测数据也可以引入图中，一方面可将实物观测和仿真结果同时用于训练代理模型；另一方面可利用实物试验的数据来校正仿真模型中的模型参数[97]。图6-2顶部的方框表示试验目标，它们既可基于计算机仿真系统来实现，也可基于代理模型来实现。代理模型的构建可使用各种建模技术，包括神经网络、样条表示、多项式拟合、高斯过程等。高斯过程模型也称作Kriging模型，它是使用最广泛的一种代理模型。

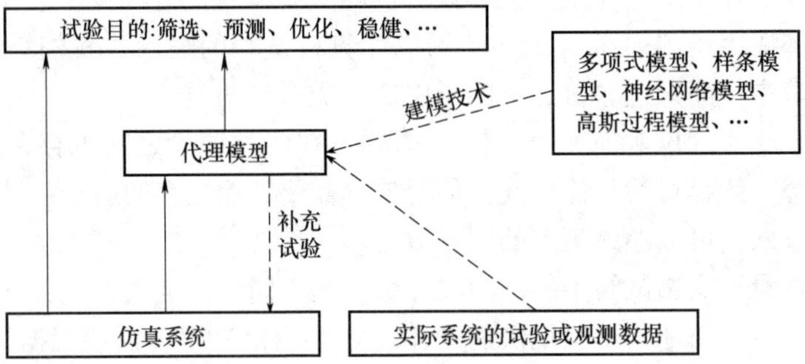

图6-2　计算机试验的代理模型

代理模型即响应模型，与实物试验相比，其差异体现在三个方面：首先，仿真系统的输入与输出之间的关系一般无法通过一个解析形式来刻画，因为如果存在解析形式则无须进行计算机仿真，因此很难从机理上建立具有物理意义的模型，这也是为什么称其为“代理”模型的原因之一；其次，如果仿真中不考虑存在随机性的环境因子，则代理模型应该是确定性的，它应该是对试验数据的插值，而如果仿真中考虑了随机的环境因子，则响应模型仍带有随机性，而实物试验的响应模型总是包含随机性的；第三，计算机试验可能存在多个相关的响应模型，例如精度不同的计算机程序，其响应模型有一定的相关性，它们是真实系统响应关系的不同程度的近似。

从试验设计的原则来看。农业试验中强调重复、随机化和区组三个原则，在部分因子试验中，为了减少试验次数产生了效应有序原则、效应稀疏原则和效应遗传原则。前面已经提到，由于计算机试验中试验单元的差异并不大，且不存在不可控的干扰因子，重复、随机化和区组已经不再是试验设计的原则了。由于计算机试验中响应模型非常复杂，因而除效应稀疏原则外，效应有序和效应遗传这两个原则由于过于简单也一般不再适用。文献［37］指出，制定可用于指导计算机试验设计的新的原则是一个重大挑战，并提供基于代理模型中参数估计误差、数值误差（numeric error）和模型误差（nominal error）三类误差来源构建计算机试验设计原则的思路。

综上所述，与实物试验相比，计算机试验具有以下几个新的特点：

➢ 因子数量相对较多，可达到几十个甚至上百个，这也是科学研究中定量化逐步加强带来的后果；

➢ 响应模型的复杂性使得我们不能用简单的固定效应模型和回归分析模型对其建模，转而采用样条表示、高斯过程、神经网络等不具物理含义的代理模型；

➢ 由于仿真的可控性，计算机试验中一般不考虑重复、区组和随机化的技术。

这些特点，决定了计算机试验设计采用**空间填充设计**（space-filling design）和**序贯设计**（sequential design），试验数据建模时采用代理模型。6.2 节将介绍一种适用最广泛的代理模型，6.3 节将介绍空间填充设计。

6.2　空间相关性与高斯过程模型

Kriging 方法最早由南非地理学家 D. G. Krige 在其硕士学位论文中建立［98］，随后得到其他学者的发展。其中，Matheron 建立高斯 Kriging 方法［99］，用来分析空间数据；Sacks 首次将 Kriging 方法引入计算机试验［95］。文献［100］详细介绍了 Kriging 方法的起源，本节简单介绍 Kriging 模型的参数估计和预测。

6.2.1　高斯过程简介

设 T 为任意非空集合，$(\Omega, \mathcal{A}, P)$ 为某一概率空间。称 $\{y(t,\omega): t\in T\}$ 为定义在指标集 T 上的**随机过程**（stochastic process），如果对任意 $t\in T$，$y(t,.)$ 都是一个随机变量；称

$$m(t)\overset{\text{def}}{=\!=}E[y(t,\omega)]$$

为随机过程 $\{y(t,\omega): t\in T\}$ 的**均值函数**（mean function）；称

$$C(t_1,t_2)\overset{\text{def}}{=\!=}\text{Cov}(y(t_1,\omega),y(t_2,\omega))$$

为随机过程 $\{y(t,\omega): t\in T\}$ 的**方差核**（covariance kernel）；给定 $\omega\in\Omega$，称定义在 T 上的函数 $y(.,\omega)$ 为随机过程 $\{y(t,\omega): t\in T\}$ 的**样本轨道**（sample path）。

随机过程的定义中，对指标集 T 的要求仅仅是非空。因此，如果指标集中只有一个值，则随机过程退化为随机变量；而如果指标集中只有有限个值，则随机过程退化为随机向量。一般我们还要求 T 为某一赋范线性空间的子集，即其上定义有线性运算和范数。一条样本轨道就是随机过程的一个样本，由于每条样本轨道都是定义在 T 上的一个函数，因此也称随机过程为**随机函数**（random function）。为简单起见，当指标集和概率空间都很明确时，我们直接记随机过程为 $y(t)$。

称随机过程 $y(t)$ 为**强平稳的**，如果对任意 $t\in T$，$n\geqslant 1$，以及 T 中的 n 个点 $t_1, t_2, \cdots, t_n$，随机向量 $[y(t_1+\tau), y(t_2+\tau), \cdots, y(t_n+\tau)]^{\mathrm{T}}$ 与 $[y(t_1), y(t_2), \cdots, y(t_n)]^{\mathrm{T}}$ 同分布，此处要求 $(t_i+\tau)\in T$。称随机过程为**二阶平稳过程**，如果它的方差核 $C(t_1,t_2)$ 可表示为 t_1-t_2 的函数。强平稳过程的均值函数为常数，且必为二阶平稳过程。方差核对于随机过程的性质有着重要的影响，只有对任意 $t\in T$，$y(t,.)$ 均存在有限二阶矩时，随机过程的方差核才存在。

定义 6.1 称 $Z(t)$ 为**高斯过程**（Gaussian Process），如果对任意 $n>0$ 以及 T 中的 n 个点 $\{t_1, t_2, \cdots, t_n\}$，$[Z(t_1), Z(t_2), \cdots, Z(t_n)]^{\mathrm{T}}$ 为 n 维高斯随机向量。

高斯过程由其均值函数和方差核唯一确定，方差核控制着样本轨道的光滑程度。利用高斯过程对噪声进行建模时，通常假定其均值函数为 0，只需选择合适的方差核。

例6.3

高斯随机向量是高斯随机过程。事实上，设 $[\varepsilon_1, \varepsilon_2, \cdots, \varepsilon_n]^{\mathrm{T}}$ 是 n 维高斯随机向量。注意到指标集 T 的任意性，取 $T=\{1,2,\cdots,n\}$，则 $\{\varepsilon(i)=\varepsilon_i:\ i\in T\}$ 是一个高斯随机过程，其方差核为 $C(i,j)=\mathrm{Cov}(\varepsilon_i,\varepsilon_j)$。

例6.4

设 $\omega\in[0,\pi]$ 为常数，给定两个独立同分布、均值为 0、方差为 $\lambda<\infty$ 的随机变量 A 和 B，定义三角级数过程

$$Z(t)\overset{\text{def}}{=}A\cos(\omega t)+B\sin(\omega t)$$

则 $Z(t)$ 是一个均值为 0，方差核 $C(t_1,t_2)=\lambda\cos(\omega(t_1-t_2))$ 的二阶平稳过程。特别地，如果 A 和 B 均为高斯随机变量，则 $Z(t)$ 为二阶平稳高斯过程。

考虑 n 个频率 $\omega_k\in[0,\pi]$ 以及 n 对独立同分布、零均值、方差为 λ_k 的随机变量 A_k 和 B_k，定义过程

$$Z(t)=\sum_{k=1}^{n}(A_k\cos(\omega_k t)+B_k\sin(\omega_k t))$$

则该过程的均值函数为 0，方差核为

$$C(t_1,t_2)=\sum_{k=1}^{n}\lambda_k\cos(\omega_k(t_1-t_2))$$

可见，它还是二阶平稳过程。

平稳高斯过程 $Z(t)$ 的均值函数为常数，方差核为 $\tau\overset{\text{def}}{=}t_1-t_2$ 的函数。一般地，如果高斯过程 $Z(t)$ 的方差核 $C(t_1,t_2)$ 可表示为 t_1-t_2 的函数，则 $Z(t)-E[Z(t)]$ 是 0 均值的平稳高斯过程，其方差核为 $C(t_1,t_2)$。以下是满足平稳性条件的最简单的方差核：

$$C(t_1,t_2)=\begin{cases}\sigma^2, & t_1=t_2;\\ 0, & t_1\neq t_2.\end{cases}$$

由此可见，n 个独立同分布的高斯随机变量 $\{\varepsilon_i: i=1,2,\cdots,n\}$ 是一个平稳高斯过程。

由于平稳高斯过程 $Z(t)$ 的方差核 $C(t_1,t_2)$ 可表示为 $C(t_1-t_2)$ 的形式，因此 $Z(t)$ 在任意点 t 处的方差均为

$$\mathrm{Cov}(Z(t),Z(t))=C(t,t)=C(0)=\sigma^2$$

因此可将 $C(t_1,t_2)$ 分解为 $\sigma^2R(t_1,t_2)$ 的形式，其中

$$R(t_1,t_2)\overset{\text{def}}{=}\frac{\mathrm{Cov}(Z(t_1),Z(t_2))}{\sqrt{\mathrm{Var}[Z(t_1)]}\sqrt{\mathrm{Var}[Z(t_2)]}} \tag{6.1}$$

为 $Z(t)$ 的**相关函数**（correlation function），它表示 $Z(t_1)$ 与 $Z(t_2)$ 之间的相关系数。一般要求当t_1与t_2之间的距离趋于无穷时，两点之间的相关系数 $R(t_1,t_2)\to 0$，这一性质是利用离散数据对高斯过程进行统计推断的基础。

如果 $T=\mathcal{X}$ 为欧氏空间 $\mathbb{R}^p$的子集，则随机过程也称为**随机场**（stochastic field）。以下所称的高斯随机过程都指的是高斯随机场。对于高斯随机场，Matérn 核是一类常见的相关函数族，它们的一般表达式为

$$R(\boldsymbol{x}_1,\boldsymbol{x}_2)=\frac{2^{1-\nu}}{\Gamma(\nu)}\left(\frac{\sqrt{2\nu}\|\boldsymbol{x}_1-\boldsymbol{x}_2\|}{\theta}\right)^{\nu}K_{\nu}\left(\frac{\sqrt{2\nu}\|\boldsymbol{x}_1-\boldsymbol{x}_2\|}{\theta}\right) \tag{6.2}$$

其中 $\Gamma(\cdot)$ 表示 Gamma 函数，K_ν表示 ν 阶第二类 Bessel 函数，θ 称为尺度参数。参数 ν 控制着样本轨道的光滑性：**相关函数为 Matérn 核的高斯过程的几乎所有样本轨道存在 $\lceil \nu-1/2\rceil$ 阶连续导数**。这里 $\lceil\cdot\rceil$表示上取整函数，即 $\lceil x\rceil$表示不小于 x 的最小整数。特别地，

- 如果取 $\nu=1/2$，则 Matérn 核为指数核

$$R(\boldsymbol{x}_1,\boldsymbol{x}_2)=\exp\left(-\frac{\|\boldsymbol{x}_1-\boldsymbol{x}_2\|}{\theta}\right)$$

  以它为相关函数的高斯过程的几乎所有样本轨道都连续；
- 如果取 $\nu=3/2$，则 Matérn 核为

$$R(\boldsymbol{x}_1,\boldsymbol{x}_2)=\left(1+\frac{\sqrt{3}\|\boldsymbol{x}_1-\boldsymbol{x}_2\|}{\theta}\right)\exp\left(-\frac{\sqrt{3}\|\boldsymbol{x}_1-\boldsymbol{x}_2\|}{\theta}\right)$$

  以它为相关函数的高斯过程的几乎所有样本轨道都一阶连续可微；
- 如果取 $\nu=5/2$，则 Matérn 核为

$$R(\boldsymbol{x}_1,\boldsymbol{x}_2)=\left(1+\frac{\sqrt{5}\|\boldsymbol{x}_1-\boldsymbol{x}_2\|}{\theta}+\frac{5\ \|\boldsymbol{x}_1-\boldsymbol{x}_2\|^2}{3\ \theta^2}\right)\exp\left(-\frac{\sqrt{5}\|\boldsymbol{x}_1-\boldsymbol{x}_2\|}{\theta}\right)$$

  以它为相关函数的高斯过程的几乎所有的样本轨道都二阶连续可微；
- 如果取 $\nu\to\infty$，则 Matérn 核为高斯相关函数

$$R(\boldsymbol{x}_1,\boldsymbol{x}_2)=\exp\left(-\frac{\|\boldsymbol{x}_1-\boldsymbol{x}_2\|^2}{\theta^2}\right)$$

  以它为相关函数的高斯过程的几乎所有的样本轨道都无穷次可微。

图 6-3 给出的是均值函数为 $11x+2x^2$、方差$\sigma^2=25$、相关函数为 $\nu=5/2$ 的 Matérn 核的一维高斯过程的五条样本轨道，黑色的虚线表示均值函数。从图中可以看出，该过程的样本轨道是比较光滑的。

称平稳高斯过程为**各向同性的**（isotropic），如果它的相关函数 $R(\boldsymbol{x}_1,\boldsymbol{x}_2)$ 仅与点$\boldsymbol{x}_1$和$\boldsymbol{x}_2$之间的距离$\|\boldsymbol{x}_1-\boldsymbol{x}_2\|$有关，否则称为**各向异性的**（anisotropic）。Matérn 核是一类各向同性的相关函数族。各向同性的高斯过程的样本轨道在不同维上光滑程度相同。对于不同方向上光滑程度不同的输入输出关系，通常假定相关函数具有形式

$$R(\boldsymbol{x}_1,\boldsymbol{x}_2)=\prod_{i=1}^{p}R_i(x_{1i},x_{2i})$$

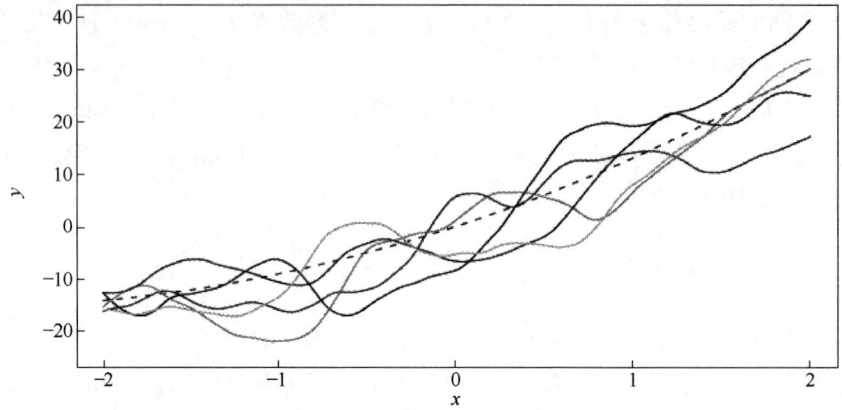

图 6-3　一维高斯过程的样本轨道

如幂指数相关函数

$$R(\boldsymbol{x}_1,\boldsymbol{x}_2) = \prod_{i=1}^{p} \exp\left\{-\left|\frac{x_{1i}-x_{2i}}{\theta_i}\right|^{\alpha_i}\right\},\quad \alpha_i \in (0,2]$$

其中，尺度参数θ_i控制着相关性随距离衰减的速度，光滑参数α_i控制着过程的几何性质。当$\alpha_i \equiv 2$时，称幂指数相关函数为高斯相关函数。

6.2.2　Kriging 模型的参数估计

为简单起见，本节仅考虑单响应的 Kriging 模型，这些方法可推广至多响应的情形，参考文献［5］。设 p 维试验因子 $\boldsymbol{x}$ 与一维响应 y 之间的关系为

$$y(\boldsymbol{x}) = \boldsymbol{f}^{\mathrm{T}}(\boldsymbol{x})\boldsymbol{\beta} + \varepsilon(\boldsymbol{x},\boldsymbol{\theta}) \tag{6.3}$$

其中$\boldsymbol{f}(x)$是由已知的线性无关函数组成的向量，$\boldsymbol{\beta}$为未知的参数向量，$\varepsilon(\boldsymbol{x},\boldsymbol{\theta})$为零均值高斯过程，$\boldsymbol{\theta}$表示它的方差核中未知的参数向量。称模型（6.3）为**全局 Kriging 模型**（universal Kriging model）。

全局 Kriging 模型包含两个部分；$\boldsymbol{f}^{\mathrm{T}}(\boldsymbol{x})\boldsymbol{\beta}$是高斯过程$y(\boldsymbol{x})$的均值函数，表示响应函数的整体趋势，$\varepsilon(\boldsymbol{x},\boldsymbol{\theta})$刻画不同点处响应值之间的相关性。一般地，如果先验信息比较充分，则均值函数与响应函数比较接近，均值函数比较复杂而$\varepsilon(\boldsymbol{x},\boldsymbol{\theta})$的分布比较简单；如果先验信息不够，则可采用简单的均值函数和较复杂的$\varepsilon(\boldsymbol{x},\boldsymbol{\theta})$来建模。根据这种整体趋势和不同点处的相关性，可以利用已试验的数据来预测未试验点处的响应值。如果高斯过程$\varepsilon(\boldsymbol{x},\boldsymbol{\theta})$的方差核为

$$C(\boldsymbol{x}_1,\boldsymbol{x}_2) = \begin{cases}\sigma^2, & \boldsymbol{x}_1 = \boldsymbol{x}_2\\ 0, & \boldsymbol{x}_1 \neq \boldsymbol{x}_2\end{cases}$$

即不同试验点处的响应值没有相关性，则全局 Kriging 模型退化为第 4 章中的线性回归模型，因此本节的理论和方法可视作线性回归分析的推广。

为简单起见，进一步假定$\varepsilon(\boldsymbol{x},\boldsymbol{\theta})$为平稳高斯过程，其方差为$\sigma^2$，相关函数 R 为已知的，即模型中的未知参数仅包括$\boldsymbol{\beta}$和σ^2。有 n 组试验数据 $\{(\boldsymbol{x}_k, y(\boldsymbol{x}_k)): k=1,2,\cdots,n\}$：

$$\begin{cases} y(\boldsymbol{x}_1)=\boldsymbol{f}^{\mathrm{T}}(\boldsymbol{x}_1)\boldsymbol{\beta}+\varepsilon(\boldsymbol{x}_1) \\ y(\boldsymbol{x}_2)=\boldsymbol{f}^{\mathrm{T}}(\boldsymbol{x}_2)\boldsymbol{\beta}+\varepsilon(\boldsymbol{x}_2) \\ \qquad\vdots \\ y(\boldsymbol{x}_n)=\boldsymbol{f}^{\mathrm{T}}(\boldsymbol{x}_n)\boldsymbol{\beta}+\varepsilon(\boldsymbol{x}_n) \end{cases}$$

记 $\boldsymbol{y}=[y(\boldsymbol{x}_1),y(\boldsymbol{x}_2),\cdots,y(\boldsymbol{x}_n)]^{\mathrm{T}},\boldsymbol{\varepsilon}=[\varepsilon(\boldsymbol{x}_1),\varepsilon(\boldsymbol{x}_2),\cdots,\varepsilon(\boldsymbol{x}_n)]^{\mathrm{T}}$

$$\boldsymbol{X}=\begin{bmatrix} f_1(\boldsymbol{x}_1) & f_2(\boldsymbol{x}_1) & \cdots & f_m(\boldsymbol{x}_1) \\ f_1(\boldsymbol{x}_2) & f_2(\boldsymbol{x}_2) & \cdots & f_m(\boldsymbol{x}_2) \\ \vdots & \vdots & & \vdots \\ f_1(\boldsymbol{x}_n) & f_2(\boldsymbol{x}_n) & \cdots & f_m(\boldsymbol{x}_n) \end{bmatrix}$$

则 $\boldsymbol{y}=\boldsymbol{X\beta}+\boldsymbol{\varepsilon}$。设

$$\boldsymbol{R}\overset{\mathrm{def}}{=\!=}\begin{bmatrix} R(\boldsymbol{x}_1,\boldsymbol{x}_1) & R(\boldsymbol{x}_1,\boldsymbol{x}_2) & \cdots & R(\boldsymbol{x}_1,\boldsymbol{x}_n) \\ R(\boldsymbol{x}_2,\boldsymbol{x}_1) & R(\boldsymbol{x}_2,\boldsymbol{x}_2) & \cdots & R(\boldsymbol{x}_2,\boldsymbol{x}_n) \\ \vdots & \vdots & & \vdots \\ R(\boldsymbol{x}_n,\boldsymbol{x}_1) & R(\boldsymbol{x}_n,\boldsymbol{x}_2) & \cdots & R(\boldsymbol{x}_n,\boldsymbol{x}_n) \end{bmatrix}$$

为可逆矩阵，则 $\boldsymbol{y}\sim N(\boldsymbol{X\beta},\sigma^2\boldsymbol{R})$。仿照4.1节中的方法，参数 $(\boldsymbol{\beta},\sigma^2)$ 的似然函数为

$$L(\boldsymbol{\beta},\sigma^2)=\frac{1}{(2\pi\sigma^2)^{\frac{n}{2}}\det(\boldsymbol{R})^{\frac{1}{2}}}\exp\left\{-\frac{1}{2\sigma^2}(\boldsymbol{y}-\boldsymbol{X\beta})^{\mathrm{T}}\boldsymbol{R}^{-1}(\boldsymbol{y}-\boldsymbol{X\beta})\right\}$$

对数似然函数为

$$\ell(\boldsymbol{\beta},\sigma^2)=-\frac{n}{2}\ln(2\pi)-\frac{n}{2}\ln(\sigma^2)-\frac{1}{2}\ln\det(\boldsymbol{R})-\frac{1}{2\sigma^2}(\boldsymbol{y}-\boldsymbol{X\beta})^{\mathrm{T}}\boldsymbol{R}^{-1}(\boldsymbol{y}-\boldsymbol{X\beta})$$

对上式求偏导，并令导数等于0，得到

$$\begin{cases} \dfrac{\partial\ell(\boldsymbol{\beta},\sigma^2)}{\partial\sigma^2}=-\dfrac{n}{2\sigma^2}+\dfrac{1}{2\sigma^4}(\boldsymbol{y}-\boldsymbol{X\beta})^{\mathrm{T}}\boldsymbol{R}^{-1}(\boldsymbol{y}-\boldsymbol{X\beta})=0 \\ \dfrac{\partial\ell(\boldsymbol{\beta},\sigma^2)}{\partial\boldsymbol{\beta}}=\dfrac{1}{\sigma^2}\boldsymbol{X}^{\mathrm{T}}\boldsymbol{R}^{-1}(\boldsymbol{y}-\boldsymbol{X\beta})=\boldsymbol{0} \end{cases}$$

由上述方程组的第二个方程，可解得

$$\hat{\boldsymbol{\beta}}_{\mathrm{ML}}=(\boldsymbol{X}^{\mathrm{T}}\boldsymbol{R}^{-1}\boldsymbol{X})^{-1}\boldsymbol{X}^{\mathrm{T}}\boldsymbol{R}^{-1}\boldsymbol{y} \tag{6.4}$$

代入方程组中的第一个方程，得到

$$\hat{\sigma}^2_{\mathrm{ML}}=\frac{1}{n}(\boldsymbol{y}-\boldsymbol{X}\hat{\boldsymbol{\beta}})^{\mathrm{T}}\boldsymbol{R}^{-1}(\boldsymbol{y}-\boldsymbol{X}\hat{\boldsymbol{\beta}}) \tag{6.5}$$

其实，令

$$\tilde{\boldsymbol{y}}=\boldsymbol{R}^{-\frac{1}{2}}\boldsymbol{y},\ \tilde{\boldsymbol{X}}=\boldsymbol{R}^{-\frac{1}{2}}\boldsymbol{X}$$

则 $\tilde{\boldsymbol{y}}\sim N(\tilde{\boldsymbol{X}}\boldsymbol{\beta},\sigma^2\boldsymbol{I})$，可直接利用4.1节中的结论得到此处的结论。

6.2.3 最佳线性无偏预测

给定 n 组试验数据 $\{(\boldsymbol{x}_k,y(\boldsymbol{x}_k)):k=1,2,\cdots,n\}$，考虑未试验的点$\boldsymbol{x}_0$处响应值的预测。记 $\boldsymbol{y}=[y(\boldsymbol{x}_1),y(\boldsymbol{x}_2),\cdots,y(\boldsymbol{x}_n)]^{\mathrm{T}},\hat{y}_0=\hat{y}(\boldsymbol{x}_0)$ 表示$y_0=y(\boldsymbol{x}_0)$ 的一个预测。首先给出最佳线

性无偏预测的定义。

定义 6.2 给定（y_0，$\boldsymbol{y}$）的某一分布族 $\mathcal{F}$，称

$$\{\hat{y}_0 = a_0 + \boldsymbol{a}^{\mathrm{T}}\boldsymbol{y} : E[\hat{y}_0] = E[y_0],\ a_0 \in \mathbb{R},\ \boldsymbol{a} \in \mathbb{R}^n,\ \forall F \in \mathcal{F}\}$$

为y_0的**线性无偏预测类**（linear unbiased predictors），其中 $E[\cdot]$ 表示分布 $F(\cdot)$ 的期望算子。预测$\hat{y}_0$在 F 处的**均方预测误差**（mean squared prediction error，MSPE）定义为

$$\mathrm{MSPE}(\hat{y}_0, F) \overset{\mathrm{def}}{=\!=} E[(\hat{y}_0 - y_0)^2]$$

称$\hat{y}_0 = a_0 + \boldsymbol{a}^{\mathrm{T}}\boldsymbol{y}$ 为相对于分布族 $\mathcal{F}$ 的**最佳线性无偏预测**（the best linear unbiased predictor，BLUP），如果

$$\mathrm{MSPE}(\hat{y}_0, F) \leqslant \mathrm{MSPE}(y_0^*, F), \quad \forall F \in \mathcal{F}$$

对任意线性无偏预测y_0^*均成立。

注意，线性无偏预测和最佳线性无偏预测均与分布族 $\mathcal{F}$ 有关，为说明 $\mathcal{F}$ 的选择是如何影响线性预测的无偏性的，下面看一个例子。

例6.5

设 $\mathcal{F}$ 对应的模型假设为

$$y_i = \mu + \varepsilon_i, \quad 0 \leqslant i \leqslant n$$

其中 $\mu \neq 0$ 为给定的常数，$\{\varepsilon_i\}_{i=0}^n$为独立的零均值、方差为$\sigma^2 > 0$ 的随机变量。该模型给出了（y_0，$\boldsymbol{y}$）的一阶和二阶矩。

令 $\boldsymbol{a} = [a_1, a_2, \cdots, a_n]^{\mathrm{T}}$。根据定义，线性预测$\hat{y}_0 = a_0 + \boldsymbol{a}^{\mathrm{T}}\boldsymbol{y}$ 相对于 $\mathcal{F}$ 是无偏的，如果

$$E[\hat{y}_0] = E\left[a_0 + \sum_{i=1}^n a_i y_i\right] = a_0 + \mu \sum_{i=1}^n a_i = E[y_0] = \mu$$

对任意$\sigma^2 > 0$ 都成立。可见，如果（a_0，$\boldsymbol{a}$）满足

$$a_0 + \mu \sum_{i=1}^n a_i = \mu$$

则$\hat{y}_0$是无偏预测。满足上式的（a_0，$\boldsymbol{a}$）有多种选择，例如取$a_0 = \mu$ 以及$a_1 = \cdots = a_n = 0$，得到与数据无关的无偏预测$\hat{y}_0 = \mu$；还可选择$a_0 = 0$ 以及任意满足 $\sum_{i=1}^n a_i = 1$ 的 $\boldsymbol{a}$。例如，y_1，y_2，…，y_n的样本均值是y_0的线性无偏预测，对应$a_1 = a_2 = \cdots = a_n = 1/n$。

下面求y_0的最佳线性无偏预测，注意到线性无偏预测$\hat{y}_0 = a_0 + \boldsymbol{a}^{\mathrm{T}}\boldsymbol{y}$ 的均方预测误差为

$$E\left[\left(a_0 + \sum_{i=1}^n a_i y_i - y_0\right)^2\right] = E\left[\left(a_0 + \sum_{i=1}^n a_i(\mu + \varepsilon_i) - \mu - \varepsilon_0\right)^2\right]$$

$$= \left(a_0 + \mu \sum_{i=1}^n a_i - \mu\right)^2 + \sigma^2 \sum_{i=1}^n a_i^2 + \sigma^2 = \sigma^2\left(1 + \sum_{i=1}^n a_i^2\right) \geqslant \sigma^2$$

上式取等号当且仅当$a_0 = \mu$，$a_1 = a_2 = \cdots = a_n = 0$，表明对于 $\mathcal{F}$ 而言，$\hat{y}_0 = \mu$ 是唯一的最佳线性无偏预测。

例6.5中，最佳线性无偏预测随着μ的变化而变化，可见最佳线性无偏预测严重依赖分布假设。

定理6.1 假设全局Kriging模型（6.3）中，相关函数$R(\cdot,\cdot)$是已知的，则$y_0=y(\boldsymbol{x}_0)$的基于数据$\{(\boldsymbol{x}_k,y(\boldsymbol{x}_k)):k=1,2,\cdots,n\}$的最佳线性无偏预测为

$$\hat{y}(\boldsymbol{x}_0)=\boldsymbol{f}_0^{\mathrm{T}}\hat{\boldsymbol{\beta}}+\boldsymbol{r}_0^{\mathrm{T}}\boldsymbol{R}^{-1}(\boldsymbol{y}-\boldsymbol{X}\hat{\boldsymbol{\beta}}) \tag{6.6}$$

其中

$$\boldsymbol{R}=\begin{bmatrix} R(\boldsymbol{x}_1,\boldsymbol{x}_1) & R(\boldsymbol{x}_1,\boldsymbol{x}_2) & \cdots & R(\boldsymbol{x}_1,\boldsymbol{x}_n) \\ R(\boldsymbol{x}_2,\boldsymbol{x}_1) & R(\boldsymbol{x}_2,\boldsymbol{x}_2) & \cdots & R(\boldsymbol{x}_2,\boldsymbol{x}_n) \\ \vdots & \vdots & & \vdots \\ R(\boldsymbol{x}_n,\boldsymbol{x}_1) & R(\boldsymbol{x}_n,\boldsymbol{x}_2) & \cdots & R(\boldsymbol{x}_n,\boldsymbol{x}_n) \end{bmatrix}$$

表示试验点处的相关矩阵，

$$\boldsymbol{X}=\begin{bmatrix} f_1(\boldsymbol{x}_1) & f_2(\boldsymbol{x}_1) & \cdots & f_m(\boldsymbol{x}_1) \\ f_1(\boldsymbol{x}_2) & f_2(\boldsymbol{x}_2) & \cdots & f_m(\boldsymbol{x}_2) \\ \vdots & \vdots & & \vdots \\ f_1(\boldsymbol{x}_n) & f_2(\boldsymbol{x}_n) & \cdots & f_m(\boldsymbol{x}_n) \end{bmatrix}$$

为广义设计矩阵，$\hat{\boldsymbol{\beta}}=(\boldsymbol{X}^{\mathrm{T}}\boldsymbol{R}^{-1}\boldsymbol{X})^{-1}\boldsymbol{X}^{\mathrm{T}}\boldsymbol{R}^{-1}\boldsymbol{y}$为回归系数$\boldsymbol{\beta}$的广义最小二乘估计，$\boldsymbol{f}_0^{\mathrm{T}}=[f_1(\boldsymbol{x}_0),f_2(\boldsymbol{x}_0),\cdots,f_m(\boldsymbol{x}_0)]$为回归函数向量在预测点处的取值，$\boldsymbol{r}_0^{\mathrm{T}}=[R(\boldsymbol{x}_0,\boldsymbol{x}_1),R(\boldsymbol{x}_0,\boldsymbol{x}_2),\cdots,R(\boldsymbol{x}_0,\boldsymbol{x}_n)]$是$y(\boldsymbol{x}_0)$与$y(\boldsymbol{x}_i)$的$1\times n$相关系数矩阵。

证明： 根据模型假设

$$\begin{bmatrix} y_0 \\ \boldsymbol{y} \end{bmatrix}\sim N_{1+n}\left(\begin{bmatrix} \boldsymbol{f}_0^{\mathrm{T}} \\ \boldsymbol{X} \end{bmatrix}\boldsymbol{\beta},\ \sigma^2\begin{bmatrix} 1 & \boldsymbol{r}_0^{\mathrm{T}} \\ r_0 & \boldsymbol{R} \end{bmatrix}\right)$$

其中，相关矩阵$\boldsymbol{R}$和向量$\boldsymbol{r}_0$都是已知的。

给定线性预测$\hat{y}(\boldsymbol{x}_0)=a_0+\boldsymbol{a}^{\mathrm{T}}\boldsymbol{y}$，根据无偏性，

$$a_0+\boldsymbol{a}^{\mathrm{T}}\boldsymbol{X}\boldsymbol{\beta}=\boldsymbol{f}_0^{\mathrm{T}}\boldsymbol{\beta}$$

对所有$\boldsymbol{\beta}$均成立。因此，$\hat{y}(\boldsymbol{x}_0)=a_0+\boldsymbol{a}^{\mathrm{T}}\boldsymbol{y}$是$y(\boldsymbol{x}_0)$的无偏预测，当且仅当$a_0=0$且$\boldsymbol{X}^{\mathrm{T}}\boldsymbol{a}=\boldsymbol{f}_0$。对任意$y(\boldsymbol{x}_0)$的线性无偏预测$\boldsymbol{a}^{\mathrm{T}}\boldsymbol{y}$，令$e\overset{\text{def}}{=}\boldsymbol{y}-\boldsymbol{X}\boldsymbol{\beta}$与$e_0\overset{\text{def}}{=}y_0-\boldsymbol{f}_0^{\mathrm{T}}\boldsymbol{\beta}$表示试验点与预测点处中心高斯过程的值。则$\boldsymbol{a}^{\mathrm{T}}\boldsymbol{y}$的均方预测误差为

$$E[(\boldsymbol{a}^{\mathrm{T}}\boldsymbol{y}-y_0)^2]=E[(\boldsymbol{a}^{\mathrm{T}}(\boldsymbol{X}\boldsymbol{\beta}+\boldsymbol{e})-(\boldsymbol{f}_0^{\mathrm{T}}\boldsymbol{\beta}+e_0))^2]=E[((\boldsymbol{a}^{\mathrm{T}}\boldsymbol{X}-\boldsymbol{f}_0^{\mathrm{T}})\boldsymbol{\beta}+\boldsymbol{a}^{\mathrm{T}}\boldsymbol{e}-e_0)^2]$$

将无偏性要求$\boldsymbol{X}^{\mathrm{T}}\boldsymbol{a}=\boldsymbol{f}_0$代入，可得

$$\begin{aligned} E[(\boldsymbol{a}^{\mathrm{T}}\boldsymbol{y}-y_0)^2] &= E[\boldsymbol{a}^{\mathrm{T}}\boldsymbol{e}\boldsymbol{e}^{\mathrm{T}}\boldsymbol{a}-2\boldsymbol{a}^{\mathrm{T}}\boldsymbol{e}e_0+e_0^2]=\sigma^2\boldsymbol{a}^{\mathrm{T}}\boldsymbol{R}\boldsymbol{a}-2\sigma^2\boldsymbol{a}^{\mathrm{T}}\boldsymbol{r}_0+\sigma^2 \\ &= \sigma^2(\boldsymbol{a}^{\mathrm{T}}\boldsymbol{R}\boldsymbol{a}-2\boldsymbol{a}^{\mathrm{T}}\boldsymbol{r}_0+1) \end{aligned}$$

因此，最佳的线性无偏预测要求选择$\boldsymbol{a}$最小化

$$\min\{\boldsymbol{a}^{\mathrm{T}}\boldsymbol{R}\boldsymbol{a}-2\boldsymbol{a}^{\mathrm{T}}\boldsymbol{r}_0\},\ \text{s. t.}\ \boldsymbol{X}^{\mathrm{T}}\boldsymbol{a}=\boldsymbol{f}_0$$

采用Lagrange乘子法来求解上述约束优化问题。求$(\boldsymbol{a},\boldsymbol{\lambda})\in\mathbb{R}^{n+m}$极小化目标函数

$$\boldsymbol{a}^{\mathrm{T}}\boldsymbol{R}\boldsymbol{a}-2\boldsymbol{a}^{\mathrm{T}}\boldsymbol{r}_0+2\boldsymbol{\lambda}^{\mathrm{T}}(\boldsymbol{X}^{\mathrm{T}}\boldsymbol{a}-\boldsymbol{f}_0)$$

计算上式相对于$(\boldsymbol{a},\boldsymbol{\lambda})$的梯度，并令其等于$\boldsymbol{0}$，得到方程组

$$\begin{bmatrix} \mathbf{0} & \boldsymbol{X}^{\mathrm{T}} \\ \boldsymbol{X} & \boldsymbol{R} \end{bmatrix} \begin{bmatrix} \boldsymbol{\lambda} \\ \boldsymbol{a} \end{bmatrix} = \begin{bmatrix} \boldsymbol{f}_0 \\ \boldsymbol{r}_0 \end{bmatrix}$$

利用分块矩阵的求逆公式[㊀]，得

$$\begin{bmatrix} \mathbf{0} & \boldsymbol{X}^{\mathrm{T}} \\ \boldsymbol{X} & \boldsymbol{R} \end{bmatrix}^{-1} = \begin{bmatrix} -\boldsymbol{Q}^{-1} & \boldsymbol{Q}^{-1}\boldsymbol{X}^{\mathrm{T}}\boldsymbol{R}^{-1} \\ \boldsymbol{R}^{-1}\boldsymbol{X}\boldsymbol{Q}^{-1} & \boldsymbol{R}^{-1} - \boldsymbol{R}^{-1}\boldsymbol{X}\boldsymbol{Q}^{-1}\boldsymbol{X}^{\mathrm{T}}\boldsymbol{R}^{-1} \end{bmatrix}$$

得到

$$\begin{bmatrix} \boldsymbol{\lambda} \\ \boldsymbol{a} \end{bmatrix} = \begin{bmatrix} -\boldsymbol{Q}^{-1} & \boldsymbol{Q}^{-1}\boldsymbol{X}^{\mathrm{T}}\boldsymbol{R}^{-1} \\ \boldsymbol{R}^{-1}\boldsymbol{X}\boldsymbol{Q}^{-1} & \boldsymbol{R}^{-1} - \boldsymbol{R}^{-1}\boldsymbol{X}\boldsymbol{Q}^{-1}\boldsymbol{X}^{\mathrm{T}}\boldsymbol{R}^{-1} \end{bmatrix} \begin{bmatrix} \boldsymbol{f}_0 \\ \boldsymbol{r}_0 \end{bmatrix}$$

其中 $\boldsymbol{Q} = \boldsymbol{X}^{\mathrm{T}}\boldsymbol{R}^{-1}\boldsymbol{X}$。简单计算可得到

$$\boldsymbol{a}^{\mathrm{T}} = [\boldsymbol{f}_0(\boldsymbol{X}^{\mathrm{T}}\boldsymbol{R}^{-1}\boldsymbol{X})^{-1}\boldsymbol{X}^{\mathrm{T}}\boldsymbol{R}^{-1} + \boldsymbol{r}_0^{\mathrm{T}}\boldsymbol{R}^{-1}(\boldsymbol{I}_n - \boldsymbol{X}(\boldsymbol{X}^{\mathrm{T}}\boldsymbol{R}^{-1}\boldsymbol{X})^{-1}\boldsymbol{X}^{\mathrm{T}})\boldsymbol{R}^{-1}]$$

于是，最佳线性无偏预测为

$$\begin{aligned} \hat{y}(\boldsymbol{x}_0) &= [\boldsymbol{f}_0(\boldsymbol{X}^{\mathrm{T}}\boldsymbol{R}^{-1}\boldsymbol{X})^{-1}\boldsymbol{X}^{\mathrm{T}}\boldsymbol{R}^{-1} + \boldsymbol{r}_0^{\mathrm{T}}\boldsymbol{R}^{-1}(\boldsymbol{I}_n - \boldsymbol{X}(\boldsymbol{X}^{\mathrm{T}}\boldsymbol{R}^{-1}\boldsymbol{X})^{-1}\boldsymbol{X}^{\mathrm{T}})\boldsymbol{R}^{-1}]\boldsymbol{y} \\ &= \boldsymbol{f}_0^{\mathrm{T}}\hat{\boldsymbol{\beta}} + \boldsymbol{r}_0^{\mathrm{T}}\boldsymbol{R}^{-1}(\boldsymbol{y} - \boldsymbol{X}\hat{\boldsymbol{\beta}}) \end{aligned}$$

将 $\boldsymbol{\beta}$ 的最小二乘估计代入上式即可。

预测 $\hat{y}(\boldsymbol{x}_0)$ 的不确定性可利用它的均方预测误差来表达，即

$$\mathrm{MSPE} = s^2(\boldsymbol{x}_0) = E[(y(\boldsymbol{x}_0) - \hat{y}(\boldsymbol{x}_0))^2]$$

注意上式中预测 $\hat{y}(\boldsymbol{x}_0)$ 是 $\boldsymbol{y}$ 的函数，期望是相对于（$y(\boldsymbol{x}_0)$，$\boldsymbol{y}$）的联合分布而言的。利用高斯随机向量的性质，可以求得 $\hat{y}(\boldsymbol{x}_0)$ 的均方预测误差为

$$s^2(\boldsymbol{x}_0) = \sigma^2\left\{1 - (\boldsymbol{f}_0^{\mathrm{T}}, \boldsymbol{r}_0^{\mathrm{T}})\begin{pmatrix} \mathbf{0} & \boldsymbol{X}^{\mathrm{T}} \\ \boldsymbol{X} & \boldsymbol{R} \end{pmatrix}^{-1}\begin{pmatrix} \boldsymbol{f}_0 \\ \boldsymbol{r}_0 \end{pmatrix}\right\} = \sigma^2\{1 - \boldsymbol{r}_0^{\mathrm{T}}\boldsymbol{R}^{-1}\boldsymbol{r}_0 + \boldsymbol{h}^{\mathrm{T}}\boldsymbol{Q}^{-1}\boldsymbol{h}\} \tag{6.7}$$

其中 $\boldsymbol{h} = \boldsymbol{f}_0 - \boldsymbol{X}^{\mathrm{T}}\boldsymbol{R}^{-1}\boldsymbol{r}_0$，$\boldsymbol{Q} = \boldsymbol{X}^{\mathrm{T}}\boldsymbol{R}^{-1}\boldsymbol{X}$。上式中仅 σ^2 是未知的。可见 Kriging 模型不但能给出任意点预测值的显式表达，还能给出度量预测值不确定性的均方误差的显式表达。

最佳线性无偏预测是对数据 $\{(\boldsymbol{x}_k, y(\boldsymbol{x}_k)): k = 1, 2, \cdots, n\}$ 的插值。首先，注意到 $\hat{y}_0$ 可视作回归预测 $\boldsymbol{f}_0^{\mathrm{T}}\hat{\boldsymbol{\beta}}$ 加上修正项 $\boldsymbol{r}_0^{\mathrm{T}}\boldsymbol{R}^{-1}(\boldsymbol{y} - \boldsymbol{X}\hat{\boldsymbol{\beta}})$。假设存在某个 i，使得 $\boldsymbol{x}_0 = \boldsymbol{x}_i$，则 $\boldsymbol{f}_0^{\mathrm{T}} = \boldsymbol{f}^{\mathrm{T}}(\boldsymbol{x}_i)$，

$$\boldsymbol{r}_0^{\mathrm{T}} = [R(\boldsymbol{x}_i, \boldsymbol{x}_1), R(\boldsymbol{x}_i, \boldsymbol{x}_2), \cdots, R(\boldsymbol{x}_i, \boldsymbol{x}_n)]$$

是矩阵 $\boldsymbol{R}$ 的第 i 行。因此 $\boldsymbol{r}_0^{\mathrm{T}}\boldsymbol{R}^{-1} = [0, \cdots, 0, 1, 0, \cdots, 0] = \boldsymbol{e}_i$。因此

$$\boldsymbol{r}_0^{\mathrm{T}}\boldsymbol{R}^{-1}(\boldsymbol{y} - \boldsymbol{X}\hat{\boldsymbol{\beta}}) = \boldsymbol{e}_i(\boldsymbol{y} - \boldsymbol{X}\hat{\boldsymbol{\beta}}) = y(\boldsymbol{x}_i) - \boldsymbol{f}^{\mathrm{T}}(\boldsymbol{x}_i)\hat{\boldsymbol{\beta}}$$

$$\hat{y}(\boldsymbol{x}_i) = \boldsymbol{f}^{\mathrm{T}}(\boldsymbol{x}_i)\hat{\boldsymbol{\beta}} + (y(\boldsymbol{x}_i) - \boldsymbol{f}^{\mathrm{T}}(\boldsymbol{x}_i)\hat{\boldsymbol{\beta}}) = y(\boldsymbol{x}_i)$$

作为 $\boldsymbol{x}_0$ 的函数，最佳线性无偏预测是“基函数” $\{R(\boldsymbol{x}_i, \boldsymbol{x}_0)\}_{i=1}^{n}$ 与回归函数 $\{f_j(\boldsymbol{x}_0): j = 1, 2, \cdots, p\}$ 的线性组合

$$\hat{y}(\boldsymbol{x}_0) = \sum_{j=1}^{p} \hat{\beta}_j f_j(\boldsymbol{x}_0) + \sum_{i=1}^{n} d_i R(\boldsymbol{x}_i, \boldsymbol{x}_0)$$

㊀ 关于分块矩阵的逆可参考 https://en.wikipedia.org/wiki/Block_matrix#Block_matrix_inversion。

其中$[d_1,d_2,\cdots,d_n]^{\mathrm{T}}=\boldsymbol{R}^{-1}(\boldsymbol{y}-\boldsymbol{X}\hat{\boldsymbol{\beta}})$。对于$y(\boldsymbol{x})=\beta_0+\varepsilon(\boldsymbol{x})$的特殊情况，$\hat{y}(\boldsymbol{x}_0)$仅通过$\{R(\boldsymbol{x}_i,\boldsymbol{x}_0)\}_{i=1}^{n}$依赖$\boldsymbol{x}_0$，预测$\hat{y}(\boldsymbol{x}_0)$的光滑性完全来自$R(\cdot,\cdot)$，而对于接近任意试验点$\boldsymbol{x}_i$的测试点$\boldsymbol{x}_0$，$\hat{y}(\boldsymbol{x}_0)$的行为依赖$R(x, x)$的性质。

例6.6

称均值函数$\mu(\boldsymbol{x})$已知的 Kriging 模型

$$y(\boldsymbol{x})=\mu(\boldsymbol{x})+\varepsilon(\boldsymbol{x})$$

为简单 Kriging 模型。简单 Kriging 模型中广义设计矩阵为空，$\boldsymbol{x}$处的预测值为

$$\hat{y}(\boldsymbol{x})=\mu(\boldsymbol{x})+\boldsymbol{r}^{\mathrm{T}}(\boldsymbol{x})\boldsymbol{R}^{-1}(\boldsymbol{y}-\boldsymbol{\mu})$$

其中$\boldsymbol{\mu}=[\mu(\boldsymbol{x}_1),\mu(\boldsymbol{x}_2),\cdots,\mu(\boldsymbol{x}_n)]^{\mathrm{T}}$。预测均方误差退化为

$$\mathrm{MSE}(\hat{y}(\boldsymbol{x}))=\sigma^2\{1-\boldsymbol{r}^{\mathrm{T}}(\boldsymbol{x})\boldsymbol{R}^{-1}\boldsymbol{r}(\boldsymbol{x})\}$$

注意，Kriging 模型的预测值与σ^2无关，而预测均方误差则正比于σ^2。

考虑只有一个试验因子的简单 Kriging 模型。设共有五组试验数据：

$$(-1.0,-9.0),(-0.5,-5.0),(0.0,-1.0),(0.5,9.0),(1.0,11.0)$$

图6-4给出的是利用均值函数$\mu(x)=11x-2x^2$，方差$\sigma^2=3$，相关函数为$\nu=5/2$的 Matérn 核，尺度参数$\theta=0.4$，得到的预测结果，图中黑色的实线表示响应预测的均值，两条虚线共同构成了预测值的95%置信带。

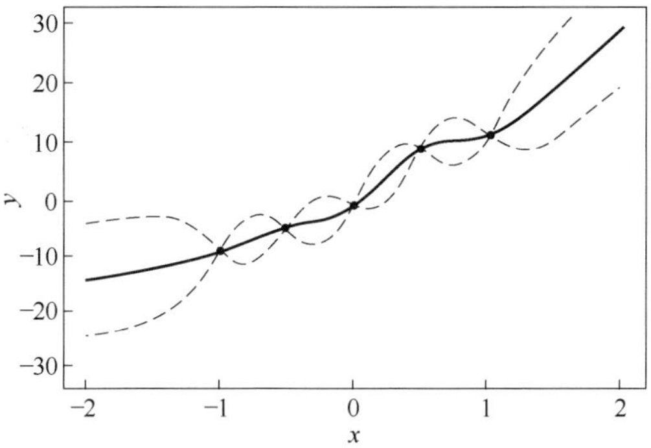

图6-4 一维简单 Kriging 模型的预测结果

图6-5是利用不同的均值函数给出的结果。从这些图中可以清晰地看出，Kriging 模型是对试验数据的插值，且在试验点处的预测值的均方误差为0。

下面从利用最小化均方预测误差的原理来说明预测式（6.6）的最优性。极小均方预测误差允许预测具有任意形式，但对随机过程的约束更多。

定义6.3 称y_0的预测$\hat{y}_0$为在分布F处的**最佳预测**，如果

$$\mathrm{MSPE}(\hat{y}_0,F)\leqslant\mathrm{MSPE}(y_0^*,F)$$

对任意预测y_0^*均成立。

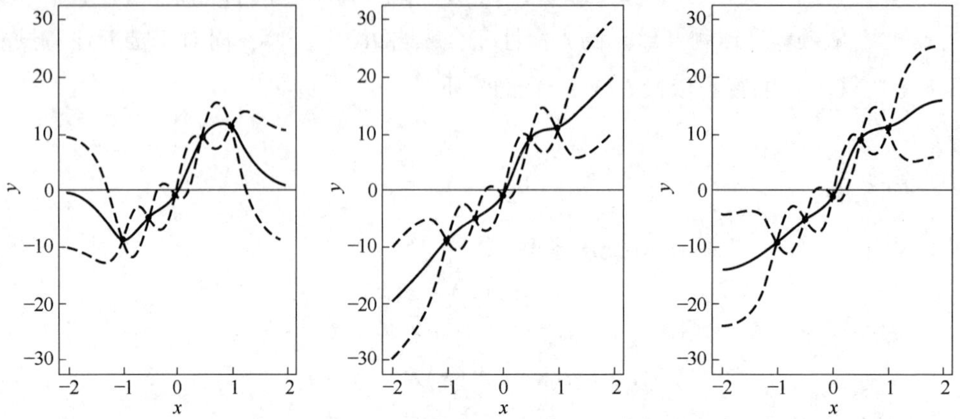

图 6-5　均值函数分别为 0，10x 和 $1+15\sin\left(\frac{\pi}{4}x\right)$时一维简单 Kriging 模型的预测结果

注意，上述定义中的“最佳”是在均方预测误差最小的意义下的。有实际意义的预测应对某一类分布 F 同时极小化 MSPE。定理 6.2 是预测的基本定理；它表明给定 $\boldsymbol{y}$，y_0的条件均值是y_0的基于数据 $\boldsymbol{y}$ 的最小 MSPE 预测。其中期望为相对于（y_0，$\boldsymbol{y}$）的联合分布的期望。

定理 6.2　设（y_0，$\boldsymbol{y}$）的联合分布为 F，则$\hat{y}_0=E[y_0\mid\boldsymbol{y}]$ 为y_0的最佳预测。

证明：设$y_0^*=y_0^*(\boldsymbol{y})$ 为y_0的任意预测，则

$$\begin{aligned}\mathrm{MSPE}(y_0^*,F)&=E[(y_0^*-y_0)^2]\\&=E[(y_0^*-\hat{y}_0+\hat{y}_0-y_0)^2]\\&=E[(y_0^*-\hat{y}_0)^2]+\mathrm{MSPE}(\hat{y}_0,F)+2E[(y_0^*-\hat{y}_0)(\hat{y}_0-y_0)]\\&\geqslant\mathrm{MSPE}(\hat{y}_0,F)+2E[(y_0^*-\hat{y}_0)(\hat{y}_0-y_0)]=\mathrm{MSPE}(\hat{y}_0,F)\end{aligned}$$

最后一个等号成立是由于根据条件期望的性质

$$\begin{aligned}E[(y_0^*-\hat{y}_0)(\hat{y}_0-y_0)]&=E[(y_0^*-\hat{y}_0)E[(\hat{y}_0-y_0)\mid\boldsymbol{y}]]=E[(y_0^*-\hat{y}_0)(\hat{y}_0-E[y_0\mid\boldsymbol{y}])]\\&=E[(y_0^*-\hat{y}_0)\times 0]=0\end{aligned}$$

由此可知，定理成立。

最佳预测应同时满足无偏性，对于条件均值来说，无偏性总能得到满足：

$$E[\hat{y}_0]=E[E[y_0\mid\boldsymbol{y}]]=E[y_0]$$

由于最佳预测不要求预测是线性的，因此它的均方预测误差比最佳线性无偏预测的均方预测误差更小。下一个例子表明在大的预测类中考虑，能够提高预测的精度。

例6.7

设两个随机变量（Y_0，Y_1）的联合概率密度函数为

$$f(y_0,y_1)=\begin{cases}1/y_1^2, & 0<y_1<1,0<y_0<y_1^2\\ 0, & \text{其他}\end{cases}$$

直接计算可知，给定$Y_1 = y_1$，Y_0的条件分布为区间（0，y_1^2）上的均匀分布。因此，Y_0的最佳预测为

$$\hat{Y}_0 = E[Y_0 \mid Y_1] = Y_1^2/2$$

它是Y_1的非线性函数。$\hat{Y}_0$的均方预测误差为

$$E[(Y_0 - Y_1^2/2)^2] = E[E[(Y_0 - Y_1^2/2)^2 \mid Y_1]] = E[\mathrm{Var}[Y_0 \mid Y_1]] = E[Y_1^4/12] = 1/60 \approx 0.01667$$

上式中的$Y_1^4/12$是区间（0，y_1^2）上均匀分布的方差。

在相同的模型假设下，Y_0的最佳线性无偏估计为使得均方预测误差$E[(a_0 + a_1 Y_1 - Y_0)^2]$达到最小的无偏线性预测$a_0 + a_1 Y_1$。无偏性要求$E[a_0 + a_1 Y_1] = E[Y_0]$，即

$$a_0 + a_1 \frac{1}{2} = \frac{1}{6} \quad \text{或} \quad a_0 = \frac{1}{6} - a_1 \frac{1}{2}$$

通过计算积分

$$E\left[\left(\left(\frac{1}{6} - a_1 \frac{1}{2}\right) + a_1 Y_1 - Y_0\right)^2\right]$$

可知，$a_1 = 1/2$，即$\overline{Y}_0^L = -\frac{1}{12} + \frac{1}{2} Y_1$是$Y_0$的最佳线性无偏预测。它的均方预测误差为

$$E[(\hat{Y}_0^L - Y_0)^2] = 0.01806 > 0.01667$$

可见在更大的预测类中确定最佳预测能够降低预测误差。

例6.8

回到相关函数已知的高斯过程，假设$\boldsymbol{\beta}$为已知的。则$y_0 = y(\boldsymbol{x}_0)$和$\boldsymbol{y} = [y(\boldsymbol{x}_1), y(\boldsymbol{x}_2), \cdots, y(\boldsymbol{x}_n)]^{\mathrm{T}}$的联合分布为多元正态分布：

$$\begin{pmatrix} y_0 \\ \boldsymbol{y} \end{pmatrix} \sim N_{1+n}\left(\begin{pmatrix} \boldsymbol{f}_0^{\mathrm{T}} \\ \boldsymbol{X} \end{pmatrix} \boldsymbol{\beta}, \sigma^2 \begin{pmatrix} 1 & \boldsymbol{r}_0^{\mathrm{T}} \\ \boldsymbol{r}_0 & \boldsymbol{R} \end{pmatrix} \right)$$

假定设计矩阵$\boldsymbol{X}$为列满秩的，相关矩阵$\boldsymbol{R}$为正定的，利用定理6.2以及高斯随机向量的性质可知

$$\hat{y}_0 = E[y_0 \mid \boldsymbol{y}] = \boldsymbol{f}_0^{\mathrm{T}} \boldsymbol{\beta} + \boldsymbol{r}_0^{\mathrm{T}} \boldsymbol{R}^{-1} (\boldsymbol{y} - \boldsymbol{X}\boldsymbol{\beta})$$

是$y(\boldsymbol{x}_0)$的最小均方预测误差预测。此处关于$\mathcal{F}$的假定过于强烈，$\boldsymbol{\beta}$或$R(\cdot,\cdot)$的改变都会导致最佳预测的改变，但$\sigma^2 > 0$的变化不会导致$\hat{y}_0$发生变化。如果$\boldsymbol{\beta}$未知，以$\boldsymbol{\beta}$的广义最小二乘估计代入上式，则得到$\hat{y}_0$最佳线性无偏预测。

6.2.4 经验最佳线性无偏预测

本节考虑全局Kriging模型（6.3）中，平稳高斯过程模型$\varepsilon(\boldsymbol{x})$的相关函数存在未知参数的情形，即$R(\cdot,\cdot) = R(\cdot,\cdot \mid \boldsymbol{\theta})$，其中$\boldsymbol{\theta}$表示未知的参数向量。同时假定回归系数$\boldsymbol{\beta}$和过程$\varepsilon(\boldsymbol{x})$的方差也是未知的。例如，幂指数相关函数

$$R(\boldsymbol{h}) = \exp\left\{-\sum_{j=1}^{p} \xi_j \left|h_j\right|^{\theta_j}\right\}$$

包含 p 个尺度参数ξ_1，ξ_2，…，ξ_p和 p 个未知的幂指数θ_1，θ_2，…，θ_p。此时 $\boldsymbol{\theta}=[\xi_1,\xi_2,\cdots,\xi_p,\theta_1,\theta_2,\cdots,\theta_p]$ 由 $2p$ 个未知参数组成。

假设需要基于试验数据 $\{(\boldsymbol{x}_k, y(\boldsymbol{x}_k)): k=1,2,\cdots,n\}$，预测点$\boldsymbol{x}_0$处的响应值，$y(\boldsymbol{x}_0)$ 的**经验最佳线性无偏预测**是将估计的相关参数插入线性无偏预测式（6.6）中得到的，即

$$\hat{y}(\boldsymbol{x}_0) = \boldsymbol{f}_0^{\mathrm{T}}\hat{\boldsymbol{\beta}} + \hat{\boldsymbol{r}}_0^{\mathrm{T}}\hat{\boldsymbol{R}}^{-1}(\boldsymbol{y}-\boldsymbol{X}\hat{\boldsymbol{\beta}})$$

其中$\hat{\boldsymbol{r}}$和$\hat{\boldsymbol{R}}$分别将相关函数 R 中的参数 $\boldsymbol{\theta}$ 的估计$\hat{\boldsymbol{\theta}}$代入得到，问题转化为如何估计 $\boldsymbol{\theta}$。需要指出的是，由于$\hat{\boldsymbol{\theta}}$通常不是 $\boldsymbol{y}$ 的线性函数，$\hat{\boldsymbol{r}}$和$\hat{\boldsymbol{R}}$均不是线性的，因此经验最佳线性无偏预测不是试验数据 $\boldsymbol{y}$ 的线性函数，$\hat{y}(\boldsymbol{x}_0)$ 也不一定是 $y(\boldsymbol{x}_0)$ 的无偏预测。

$\boldsymbol{\theta}$ 的每种估计方法都导出一种经验最佳线性无偏预测，常用的估计方法包括极大似然估计、极大后验估计、交叉验证法等，其中极大似然法是最流行的一种方法。下面介绍 $\boldsymbol{\theta}$ 的极大似然估计。此时，未知参数包括σ^2，$\boldsymbol{\beta}$ 和 $\boldsymbol{\theta}$。记

$$\boldsymbol{R}(\boldsymbol{\theta}) = \begin{pmatrix} R(\boldsymbol{x}_1,\boldsymbol{x}_1;\boldsymbol{\theta}) & R(\boldsymbol{x}_1,\boldsymbol{x}_2;\boldsymbol{\theta}) & \cdots & R(\boldsymbol{x}_1,\boldsymbol{x}_n;\boldsymbol{\theta}) \\ R(\boldsymbol{x}_2,\boldsymbol{x}_1;\boldsymbol{\theta}) & R(\boldsymbol{x}_2,\boldsymbol{x}_2;\boldsymbol{\theta}) & \cdots & R(\boldsymbol{x}_2,\boldsymbol{x}_n;\boldsymbol{\theta}) \\ \vdots & \vdots & & \vdots \\ R(\boldsymbol{x}_n,\boldsymbol{x}_1;\boldsymbol{\theta}) & R(\boldsymbol{x}_n,\boldsymbol{x}_2;\boldsymbol{\theta}) & \cdots & R(\boldsymbol{x}_n,\boldsymbol{x}_n;\boldsymbol{\theta}) \end{pmatrix}$$

则 $\boldsymbol{y}\sim N(\boldsymbol{X\beta},\ \sigma^2\boldsymbol{R}(\boldsymbol{\theta}))$。参数（$\boldsymbol{\beta}$，$\sigma^2$，$\boldsymbol{\theta}$）的似然函数为

$$L(\boldsymbol{\beta},\sigma^2,\boldsymbol{\theta}) = (2\pi\sigma^2)^{-n/2}\left|\boldsymbol{R}(\boldsymbol{\theta})\right|^{-1/2}\exp\left\{-\frac{1}{2\sigma^2}(\boldsymbol{y}-\boldsymbol{X\beta})^{\mathrm{T}}\boldsymbol{R}^{-1}(\boldsymbol{\theta})(\boldsymbol{y}-\boldsymbol{X\beta})\right\}$$

于是对数似然函数为

$$\ell(\boldsymbol{\beta},\sigma^2,\theta) \propto -\frac{n}{2}\log(\sigma^2) - \frac{1}{2}\log\left|\boldsymbol{R}(\boldsymbol{\theta})\right| - \frac{1}{2\sigma^2}(\boldsymbol{y}-\boldsymbol{X\beta})^{\mathrm{T}}\boldsymbol{R}^{-1}(\boldsymbol{\theta})(\boldsymbol{y}-\boldsymbol{X\beta})$$

使 $\ell(\boldsymbol{\beta},\ \boldsymbol{\sigma}^2,\ \boldsymbol{\theta})$ 极大，得到参数（$\boldsymbol{\beta}$，$\boldsymbol{\sigma}^2$，$\boldsymbol{\theta}$）的极大似然估计。遗憾的是，此时极大似然估计没有解析解，必须采用数值算法迭代求解。

参数 $\boldsymbol{\beta}$ 和 $\boldsymbol{\theta}$ 在模型中扮演着不同的角色，我们希望能够分别估计它们。注意到

$$\frac{\partial\ell(\boldsymbol{\beta},\sigma^2,\boldsymbol{\theta})}{\partial\boldsymbol{\beta}\partial\sigma^2} = -\frac{1}{\sigma^4}\boldsymbol{X}^{\mathrm{T}}\boldsymbol{R}^{-1}(\boldsymbol{\theta})(\boldsymbol{y}-\boldsymbol{X\beta})$$

$$\frac{\partial\ell(\boldsymbol{\beta},\sigma^2,\boldsymbol{\theta})}{\partial\boldsymbol{\beta}\partial\boldsymbol{\theta}} = \frac{1}{\sigma^2}\boldsymbol{X}^{\mathrm{T}}\frac{\partial\boldsymbol{R}^{-1}(\boldsymbol{\theta})}{\partial\boldsymbol{\theta}}(\boldsymbol{y}-\boldsymbol{X\beta})$$

利用 $E[\boldsymbol{y}]=\boldsymbol{X\beta}$，可知

$$E\left\{\frac{\partial\ell(\boldsymbol{\beta},\sigma^2,\boldsymbol{\theta})}{\partial\boldsymbol{\beta}\partial\sigma^2}\right\}=\boldsymbol{0},\ E\left\{\frac{\partial\ell(\boldsymbol{\beta},\sigma^2,\boldsymbol{\theta})}{\partial\boldsymbol{\beta}\partial\boldsymbol{\theta}}\right\}=\boldsymbol{0}$$

表明信息矩阵

$$E\left\{\frac{\partial^2\ell(\boldsymbol{\beta},\sigma^2,\boldsymbol{\theta})}{\partial\boldsymbol{\beta}\partial(\sigma^2,\boldsymbol{\theta})}\right\}$$

是分块对角矩阵，因而$\boldsymbol{\beta}$与（σ^2，$\boldsymbol{\theta}$）的极大似然估计渐近无关。这使得我们可以采用迭代算法分别估计$\boldsymbol{\beta}$和（σ^2，$\boldsymbol{\theta}$），步骤如下：

第一步： 将$\boldsymbol{\beta}$的初值设定为普通最小二乘估计$\hat{\boldsymbol{\beta}}_0=(\boldsymbol{X}^{\mathrm{T}}\boldsymbol{X})^{-1}\boldsymbol{X}\boldsymbol{y}$；

第二步： 给定$\hat{\boldsymbol{\beta}}_k$，将

$$\hat{\sigma}_k^2=\frac{1}{n}(\boldsymbol{y}-\boldsymbol{X}\hat{\boldsymbol{\beta}}_k)^{\mathrm{T}}\boldsymbol{R}^{-1}(\boldsymbol{\theta})(\boldsymbol{y}-\boldsymbol{X}\hat{\boldsymbol{\beta}}_k)$$

代入方程

$$\frac{\partial\ell(\hat{\boldsymbol{\beta}}_k,\hat{\sigma}_k^2,\boldsymbol{\theta})}{\partial\boldsymbol{\theta}}=\mathbf{0}$$

中，利用数值算法迭代求解得到$\hat{\boldsymbol{\theta}}_k$，进而得到$\hat{\sigma}_k^2$；

第三步： 给定$\hat{\boldsymbol{\theta}}_k$，计算$\hat{\boldsymbol{\beta}}_{k+1}=[\boldsymbol{X}^{\mathrm{T}}\boldsymbol{R}^{-1}(\hat{\boldsymbol{\theta}}_k)\boldsymbol{X}]^{-1}\boldsymbol{X}^{\mathrm{T}}\boldsymbol{R}^{-1}(\hat{\boldsymbol{\theta}}_k)\boldsymbol{y}$；

第四步： 迭代第二步和第三步，直到收敛。

常用的统计软件都提供了高斯过程模型经验最佳线性无偏预测的计算函数，如R软件包DiceKriging和GPfit，MATLAB程序DACE和GPMfit，JMP软件，等等。

最后需要指出的是，Kriging方法的一个潜在挑战是计算$n\times n$维的逆矩阵$\boldsymbol{R}^{-1}$。当样本量或输入空间的维数较大时，矩阵$\boldsymbol{R}$可能会近似奇异。$\boldsymbol{R}^{-1}$的数值计算可能会导致预测$\hat{y}$性能的极度不稳定。这种限制阻碍了Kriging法在大型和/或复杂问题中的实际应用。如何实现数值稳定性和获得高预测精度之间的平衡是Kriging方法的难点。

6.3 空间填充设计

第3章和第5章中假定响应模型的形式已知，通过试验来估计模型中的一些未知参数。响应模型形式已知的情况下，最优回归设计是效率最高的，而计算机试验中对响应模型一般没有先验认识，要求试验设计对模型具备一定的稳健性，使获得的数据能够拟合多种模型。提高稳健性的一种简单直接的方法是使用空间填充设计，即使得试验点尽可能均匀地布满整个试验空间。

设试验中考察p个定量因子$\boldsymbol{x}=[x_1,x_2,\cdots,x_p]^{\mathrm{T}}$对响应$y$的影响；以$\mathcal{X}$表示试验空间，为简单起见，假定$\mathcal{X}=[0,1]^p$为一标准的立方体；以$\xi_n=\{x_1,x_2,\cdots,x_n\}$ 表示包含n个点的试验设计，以

$$\boldsymbol{D}_{\xi_n}=\begin{pmatrix}x_{11}&x_{12}&\cdots&x_{1p}\\x_{21}&x_{22}&\cdots&x_{2p}\\\vdots&\vdots&&\vdots\\x_{n1}&x_{n2}&\cdots&x_{np}\end{pmatrix}$$

表示它的设计矩阵。按对$\boldsymbol{x}$的看法，可将空间填充设计分为**基于抽样的设计**和**基于准则的最优设计**两大类。

➢ 基于抽样的设计把$\boldsymbol{x}$看作服从某一目标分布（一般为均匀分布）的随机向量，从目

标分布中抽取 n 个样本作为试验点。前面提到，环境因子是随机变量，计算机试验的目的之一是不确定性分析。要获得响应 y 的准确分布是很难的，但可通过一些试验获得 y 的某些特征的估计，这就是基于抽样的设计的内在逻辑。超拉丁方抽样是计算机试验中最具代表性、使用最广泛的基于抽样的设计。

➢ 基于准则的最优设计通过优化得到某种准则下的最优设计，可归纳为以下三类：

1）基于试验点之间距离的准则，通过控制试验点之间的距离达到填满空间的目的，主要包括最小最大距离准则和最大最小距离准则；

2）基于分布之间距离的准则，通过极小化设计的经验分布与目标分布之间的距离得到最优的设计，均匀设计就属于这一类设计；

3）基于代理模型的准则，例如使模型的最大预测均方误差最小，或使预测均方误差在试验空间上的积分最小，或使模型在某些感兴趣的点处的预测方差最小。注意，此处的模型是代理模型，与 5.3 节中的模型不同。

一般来说，基于抽样的设计容易获得，但由于带有随机性，其性质不太稳定。而基于准则的设计需要在一个 $n\times p$ 维的解空间中求最优解，一般只能采用进化类算法。人们通常将基于抽样的设计与基于准则的设计相结合，或者先依据某种准则选择一个确定性的设计，然后对该设计进行一定程度的随机化；或者限制在某一类抽样中寻找某一准则下的最优设计。如在超拉丁方设计中寻找最小最大设计，等等。下面简单介绍几类空间填充设计。

6.3.1 基于抽样的设计

基于抽样的设计把 $\boldsymbol{x}$ 看作 $\mathcal{X}$ 上的均匀分布随机向量。希望构造一个设计 $\xi_n=\{\boldsymbol{x}_1,\boldsymbol{x}_2,\cdots,\boldsymbol{x}_n\}$，使得样本均值

$$\hat{\mu}\overset{\text{def}}{=}\frac{1}{n}\sum_{i=1}^{n}y(\boldsymbol{x}_i) \tag{6.8}$$

是模型输出的期望

$$\mu=\int_{\mathcal{X}}y(\boldsymbol{x})\mathrm{d}\boldsymbol{x} \tag{6.9}$$

的无偏估计或渐近无偏估计，且其方差越小越好。式（6.9）可推广到关于一般函数的数值积分，数值积分可认为是统计学家涉足的最早、最简单的计算机试验，其设计方法可分为**简单随机设计**（simple random design）和**分层随机设计**（stratified random design）两类。简单随机设计直接从均匀分布中抽取试验点，大数定律保证了由此得到的 $\hat{\mu}$ 是 μ 的无偏估计。该方法简单易行，但表现不够稳定，即抽取的试验点在 $\mathcal{X}$ 上的分布并不十分均匀，使得 $\hat{\mu}$ 的方差不够小。为了减少估计方差，统计学家们提出了一些改进方法，如超拉丁方设计、随机化正交阵列、正交或近正交超拉丁方设计等。

1. 超拉丁方设计

超拉丁方抽样是一种多维的分层随机抽样方法，其基本假设是随机向量 $\boldsymbol{x}$ 的各分量互相独立，联合分布 $F(\boldsymbol{x})$ 可表示为边缘分布的乘积的形式

$$F(\boldsymbol{x})=\prod_{i=1}^{k}F_i(x_i)$$

从而可以对每个分量独立地抽样。超拉丁方抽样包含如下两步：

第一步：	对于第 i 个分量，将x_i的取值范围划分为 n 个不相交的等概率区间，每个在分布F_i下的概率为 $1/n$，独立地从这 n 个区间中各随机取一个点，得到每个分量的 n 个不同样本；
第二步：	利用第一步得到的各分量的不同样本，组成随机向量 $\boldsymbol{x}$ 的不同样本，从中等概率地随机抽取 n 个 p 维向量作为试验点。

文献［101］将上述抽样方法用于计算机试验设计。注意，在计算机试验中，试验因子组成的向量的目标分布一般为均匀分布。给定试验次数 n 和因子个数 p，目标分布为均匀分布的超拉丁方抽样也分为两步：

第一步： 取 $\{1, 2, \cdots, n\}$ 的 p 个独立随机置换$\pi_j(1)$，$\pi_j(2)$，…，$\pi_j(n)$，$j=1, 2, \cdots, p$，将它们作为列向量组成一个 $n\times p$ 矩阵，记为 $\mathrm{LHD}(n, p)$，它的第 i 行第 j 列的元素记为 $\pi_j(i)$；

第二步： 取［0, 1］上的 np 个均匀分布的独立抽样，$u_{ij}\sim U(0, 1)$，$i=1, 2, \cdots, n$，$j=1, 2, \cdots, p$。令$\boldsymbol{x}_i=[x_{i1}, x_{i2}, \cdots, x_{ip}]$，其中

$$x_{ij}=\frac{\pi_j(i)-u_{ij}}{n},\ i=1,2,\cdots,n,\ j=1,2,\cdots,p$$

则 $\xi_n=\{\boldsymbol{x}_1, \boldsymbol{x}_2, \cdots, \boldsymbol{x}_n\}$ 为一个超拉丁方设计。

第一步是为了保证在n^p个方格中随机选取 n 个方格，使得任意一行和任一列都仅有一个方格被选中，此即超拉丁方抽样一维投影均匀的性质；第二步中取随机数的目的是使得超拉丁方抽样能够取遍整个试验空间，即每一个处理都有可能被抽中为试验点。

例6.9

表 6-1 所示是按照上述步骤得到的一个三因子、5 次试验的超拉丁方设计。

表 6-1　三因子 5 次试验的超拉丁方设计

拉丁方				超拉丁方设计		
5	3	1		0.9253	0.5117	0.1610
4	1	2	⇒	0.7652	0.1117	0.3081
1	5	3		0.1241	0.9878	0.4473
3	2	5		0.5744	0.3719	0.8270
2	4	4		0.3181	0.7514	0.6916

利用 R 语言添加包“lhs”中的函数 randomLHS( ) 可生成任意试验次数和因子数的超拉丁方设计。调用一次 randomLHS(10, 3)，得到设计矩阵

$$
\boldsymbol{X}=\begin{pmatrix}
0.65901011 & 0.47982879 & 0.16599702\\
0.15482490 & 0.56434918 & 0.54773072\\
0.70343818 & 0.63539988 & 0.44134507\\
0.58888565 & 0.89369354 & 0.08756892\\
0.06202947 & 0.39266261 & 0.66796990\\
0.25783573 & 0.78349160 & 0.93848565\\
0.80003671 & 0.90896652 & 0.25850652\\
0.41465707 & 0.17267797 & 0.39970647\\
0.36252409 & 0.24268917 & 0.78165971\\
0.93253030 & 0.09484736 & 0.86777310
\end{pmatrix}
$$

调用函数 pairs( )，得到该设计的散点图如图 6-6 所示。

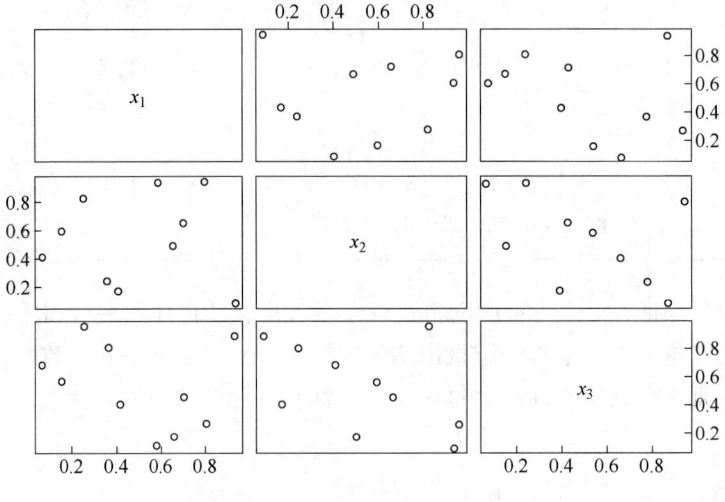

图 6-6　三个因子 10 次试验的超拉丁方设计

为了降低计算复杂度，一些学者建议取消超拉丁方抽样的第二步中u_{ij}的随机性，将所有的u_{ij}均设定为 0.5：

$$
x_{ij}=\frac{\pi_j(i)-0.5}{n},\ i=1,2,\cdots,n,\ j=1,2,\cdots,p
$$

即把试验点$\boldsymbol{x}_i$取到小方块的中心。这样得到的设计称为**中点超拉丁方设计**。

超拉丁方设计中，如果 p 太大而 n 太小，则试验点在整个试验空间内过于稀疏，导致由所得试验数据建立的代理模型无法准确刻画响应关系，因此有学者提出一些经验法则，如 $n=10p$，参见文献 [17]。更准确的样本量确定方法应该结合具体的仿真系统，根据代理模型逼近仿真系统的程度来判断样本量是否足够[102]。

根据超拉丁方抽样得到的样本均值的方差比简单随机抽样小。以$\hat{\mu}_{\mathrm{srs}}$和$\hat{\mu}_{\mathrm{lhs}}$分别表示利用简单随机抽样和超拉丁方抽样得到的模型输出的期望的估计。文献 [101] 指出，如果 $y=f(\boldsymbol{x})$ 对于每一个输入因子都是单调的，则

$$\mathrm{Var}(\hat{\mu}_{\mathrm{lhs}}) \leqslant \mathrm{Var}(\hat{\mu}_{\mathrm{srs}})$$

文献［103］给出了简单随机抽样和超拉丁方抽样得到的样本均值的方差的渐近表达：

$$\mathrm{Var}(\hat{\mu}_{\mathrm{srs}}) = \frac{1}{n}\mathrm{Var}[f(\boldsymbol{x})]$$

$$\mathrm{Var}(\hat{\mu}_{\mathrm{lhs}}) = \frac{1}{n}\mathrm{Var}[f(\boldsymbol{x})] - \frac{1}{n}\sum_{j=1}^{p}\mathrm{Var}[f_j(x_j)] + o\left(\frac{1}{n}\right)$$

其中x_j表示$\boldsymbol{x}$的第j个分量，$f_j(x_j)=E[f(\boldsymbol{x})\mid x_j]-\mu$表示第$j$个因子的主效应，$o(\cdot)$表示高阶无穷小。可见相较于简单随机抽样，超拉丁方抽样下的样本均值的方差减少了主效应的方差，下降程度取决于函数f对输入变量的可加程度。文献[103]和文献[104]还分别给出了超拉丁方抽样的渐近正态性和中心极限定理。

2. 基于正交阵列的超拉丁方设计

尽管超拉丁方抽样可以避免简单随机抽样最坏的情形，但随机产生的超拉丁方抽样依然会出现比较极端的情形，如所有试验点都在对角线上。此外，超拉丁方抽样无法保证其高维投影的空间填充性。

为进一步提升超拉丁方抽样的空间填充性，文献［105］提出基于正交阵列的超拉丁方设计，该类设计可以有效地减少估计方差。一个试验次数为n、因子个数为p、水平数为q的部分因子设计称为强度为r的**正交阵列**（orthogonal array），如果任意$m(\leqslant r)$列都构成完全因子设计，记作$\mathrm{OA}(n, q^p, r)$。根据定义，第3章中介绍的正交设计是强度为2的正交阵列，而k个因子n次试验的超拉丁方抽样是强度为1的$\mathrm{OA}(n, n^k, 1)$。注意，正交阵列里的正交与线性代数中的正交不是同一个概念。

从一个正交阵列$\mathrm{OA}(n, q^p, r)$出发，构造超拉丁方设计的步骤如下：

第一步： 选择合适的正交阵列$\mathrm{OA}(n, q^p, r)$，记为$\boldsymbol{A}$，并设$\lambda = n/q$；

第二步： 对$\boldsymbol{A}$的每一列的λ个水平为$k(k=1, 2, \cdots, q-1)$的元素，用$\{k\lambda+1, k\lambda+2, \cdots, k\lambda+\lambda\}$的一个随机置换替代，得到一个基于正交阵列的超拉丁方设计，记作$\mathrm{OH}(n, n^p)$。

基于强度为r的正交阵列$\mathrm{OA}(n, q^p, r)$得到的超拉丁方设计具有r维投影性质：投影到任意r维子空间中，正好有n/p^r个试验点在p^r个方格$\mathcal{P}^r$中，其中$\mathcal{P}=\{[0,1/p], [1/p,2/p], \cdots, [1-1/p,1]\}$。正交阵列也可直接用于计算机试验，但当投影到低维空间时，正交阵列有重复，因此基于正交阵列的超拉丁方设计更适用于计算机试验。

例6.10

从正交阵列$\mathrm{OA}(8, 2^4, 3)$出发构造$\mathrm{OH}(8, 8^4)$。可以验证，表6-2左边的设计是强度为3的正交阵列。在正交阵列$\mathrm{OA}(8, 2^4, 3)$的第一列中，4个水平为0的位置替换为$\{1, 2, 3, 4\}$的随机置换$\{2, 1, 3, 4\}$，4个水平为1的位置替换为$\{5, 6, 7, 8\}$的随机置换$\{6, 5, 7, 8\}$；在正交阵列的第二列中，4个水平为0的位置替换为$\{1, 2, 3, 4\}$的随机置换$\{4, 1, 3, 2\}$，4个水平为1的位置替换为$\{5, 6, 7, 8\}$的随机置换$\{7, 5, 6, 8\}$；类似地，替换正交阵列的第三列和第四列，得到表6-2右边所示的随机化正交阵列$\mathrm{OH}(8, 8^4)$。

表 6-2　基于正交阵列 OA(8, 2^4, 3) 的超拉丁方

序号	OA(8, 2^4, 3)				OH(8, 8^4)			
1	0	0	0	0	2	4	3	3
2	0	0	1	1	1	1	6	7
3	0	1	0	1	3	7	4	8
4	0	1	1	0	4	5	8	4
5	1	0	0	1	6	3	1	5
6	1	0	1	0	5	2	7	1
7	1	1	0	0	7	6	2	2
8	1	1	1	1	8	8	5	6

例6.11

表 6-3 的左侧是正交阵列 OA(9, 3^4, 2)，右侧是基于它得到的超拉丁方设计 OH(9, 9^4)，图 6-7 所示是这个 OH(9, 9^4) 在二维空间投影的散点图。每幅子图中，仅有一个试验点落入虚线组成的网格中。

表 6-3　基于正交阵列 OA(9, 3^4, 2) 的 OH(9, 9^4)

OA(9, 3^4, 2)					OH(9, 9^4)			
0	0	0	0		3	3	1	3
0	1	1	2		1	5	6	7
0	2	2	1		2	9	7	6
1	0	1	1		4	1	4	4
1	1	2	0	⇒	6	4	9	2
1	2	0	2		5	7	2	9
2	0	2	2		8	2	8	8
2	1	0	1		7	6	3	5
2	2	1	0		9	8	5	1

回到输出 $y=f(\boldsymbol{x})$ 的均值 μ 的估计问题。前面已经指出，超拉丁方设计相较于简单随机抽样得到的样本均值方差更小，文献［105］表明基于正交阵列的超拉丁方设计得到的样本均值的方差更小。设 f 是定义在 $[0,1]^p$ 上的连续函数。令 $\hat{\mu}_{\text{oalhs}}$ 表示由基于 n 个试验点的随机化正交阵列的超拉丁方设计得到的 μ 的估计。则

$$\mathrm{Var}(\hat{\mu}_{\text{oalhs}}) = \frac{1}{n}\mathrm{Var}[f(\boldsymbol{x})] - \frac{1}{n}\sum_{j=1}^{p}\mathrm{Var}[f_j(x_j)] - \frac{1}{n}\sum_{i<j}^{p}\mathrm{Var}[f_{ij}(x_i,x_j)] + o\left(\frac{1}{n}\right)$$

其中，x_j 表示 $\boldsymbol{x}$ 的第 j 个分量，$f_j(x_j)=E\ [f(\boldsymbol{x})\mid x_j]-\mu$，且

$$f_{ij}(x_i,x_j)=E[f(x)\mid x_i,x_j]-\mu-f_i(x_i)-f_j(x_j)$$

为更好地理解上述结果，将响应函数展开成互不相关的部分：

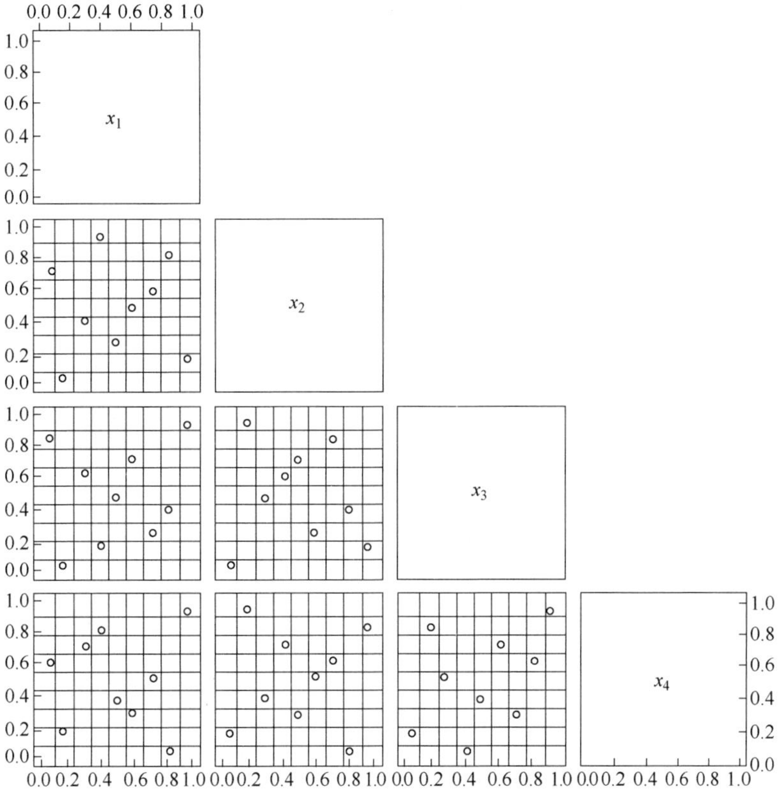

图6-7 正交阵列 OA(9, 3^4, 2) 的超拉丁方的散点图

$$f(\boldsymbol{x}) = \mu + \sum_{j=1}^{p} f_j(x_j) + \sum_{i<j}^{p} f_{ij}(x_i,x_j) + r(\boldsymbol{x})$$

因此，f 的方差可表示为

$$\mathrm{Var}[f(\boldsymbol{x})] = \sum_{j=1}^{p} \mathrm{Var}[f_j(x_j)] + \sum_{i<j}^{p} \mathrm{Var}[f_{ij}(x_i,x_j)] + \mathrm{Var}[r(\boldsymbol{x})]$$

前面已经指出，超拉丁方设计消除了主效应$f_j(x_j)$ 的方差从而使得方差更低，基于正交阵列的超拉丁方设计进一步将交互效应$f_{ij}(x_i, x_j)$ 的方差移除了。

构造基于正交阵列的超拉丁方设计依赖是否存在合适的正交阵列。关于正交阵列的存在性，可参考文献［41，106］以及其中引用的其他相关文献。需要指出的是，一方面，只有部分特殊的 n，p，q 才存在强度为 $r(\geqslant 2)$ 的正交阵列，因此这种方法不能构造任意试验次数 n 和任意因子个数 p 的超拉丁方设计。另一方面，给定试验次数和因子数，可能存在多个水平数和强度不同的正交阵列。例如，OA(16, 4^5, 2)、OA(16, 2^5, 4) 以及 OA(16, 2^5, 2) 都可生成一个 16 次试验 5 个因子的超拉丁方设计。此时应选择由水平数更多、强度更大的正交阵列得到的超拉丁方设计，它们的低维投影性质更好。

3. 正交与近正交超拉丁方设计

给定一个正交阵列，根据前面给出的构造方法，可以生成很多个超拉丁方设计。需要进一步研究如何从中选择一个较好的超拉丁方设计的问题。设计矩阵列向量的正交性是选择超拉丁方设计的重要准则之一。

给定一个 $n\times p$ 阶的设计矩阵 $\boldsymbol{D}=(x_{ij})$，它的相关矩阵是一个 $p\times p$ 阶的矩阵 $\boldsymbol{R}(\boldsymbol{D})=(r_{ij})$，其中

$$r_{ij}=\frac{\sum_{m=1}^{n}(x_{mi}-\bar{x}_{\cdot i})(x_{mj}-\bar{x}_{\cdot j})}{\sqrt{\sum_{m}(x_{mi}-\bar{x}_{\cdot i})^2\sum_{m}(x_{mj}-\bar{x}_{\cdot j})^2}}$$

表示第 i 列和第 j 列的相关系数，这里

$$\bar{x}_{\cdot i}=\frac{1}{n}\sum_{m=1}^{n}x_{mi},\bar{x}_{\cdot j}=\frac{1}{n}\sum_{m=1}^{n}x_{mj}$$

称一个矩阵 $\boldsymbol{D}$ 为列正交的，如果它的相关矩阵 $\boldsymbol{R}(\boldsymbol{D})$ 是单位矩阵。称一个设计是正交的，如果其设计矩阵是列正交的，且各列都是平衡（称 $\boldsymbol{a}=[a_1,a_2,\cdots,a_n]^{\mathrm{T}}$ 为平衡的，如果它不同的元素出现的频率相同）。

为衡量设计 $\boldsymbol{D}$ 的近正交性，文献［107］引入了最大相关系数

$$\rho_M(\boldsymbol{D})=\max_{i<j}|r_{ij}|$$

和平均平方相关系数

$$\rho_{\text{ave}}^2(\boldsymbol{D})=\sum_{i<j}\frac{r_{ij}^2}{(k(k-1))/2}$$

它们越小表明设计越接近于正交，如果 $\rho_M(\boldsymbol{D})=0$ 或 $\rho_{\text{ave}}^2(\boldsymbol{D})=0$，则得到一个正交设计。

称一个超拉丁方设计为**正交超拉丁方设计**，如果它是正交的。图 6-8 所示是 2^4 因子设计

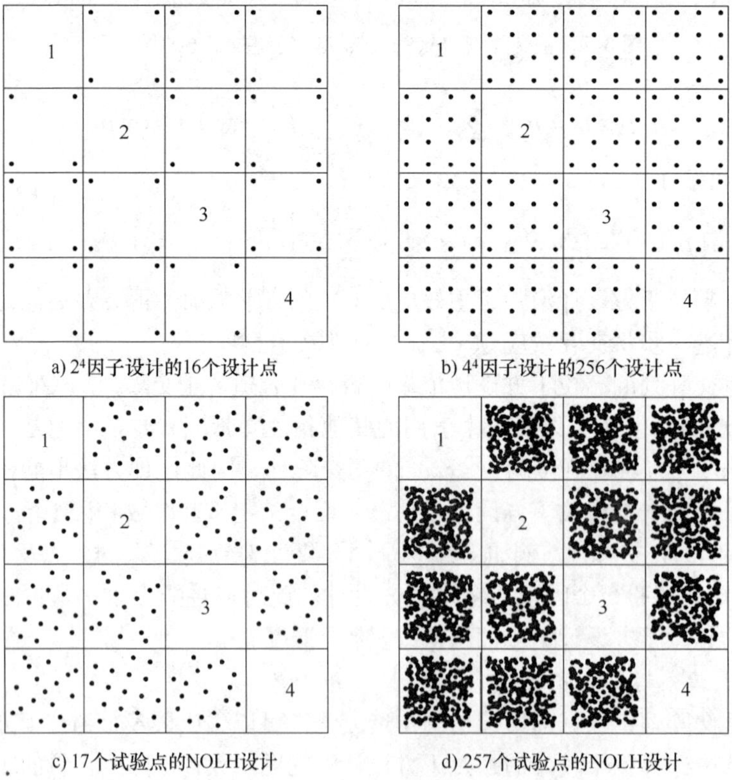

a) 2^4 因子设计的16个设计点　　b) 4^4 因子设计的256个设计点

c) 17个试验点的NOLH设计　　d) 257个试验点的NOLH设计

图 6-8　几个因子设计与近正交超拉丁方设计的散点图

的16个设计点、4^4因子设计的256个设计点、包含17个点的近正交超拉丁方设计，以及一个包含257个点的近正交超拉丁方设计的散点图。每幅子图表示相应设计在二维空间中的投影，即设计中因子x_i和x_j的水平组合。尽管2^4因子设计有16个设计点，但其所有二维投影均只有四个水平组合。从二维空间上的投影来看，包含257个试验点的近正交超拉丁方设计所包含的试验点是4^4因子设计的试验点的约16倍，因此从空间填充设计的角度来说，257个试验点的近正交超拉丁方设计要远优于256个试验点的4^4因子设计。

以OLH(n, k)表示n次试验k个因子的正交超拉丁方设计。文献［92］给出了一个关于正交超拉丁方设计存在性的定理：**试验次数$n \geqslant 4$因子数大于1的正交超拉丁方设计存在，当且仅当$n \neq 4m+2$，这里m表示整数**。由此可知，试验次数为2、6、10、14、…的超拉丁方设计是不可能正交的。如果正交超拉丁方设计存在，则从试验设计的角度来说其列数越多越好，这样可以多安排一些因子。Ye最早研究了试验次数$n=2^m$、因子个数$p=2m-2$的正交超拉丁方设计的构造［108］，其中$m \geqslant 2$。文献［109］拓展了Ye的工作，在相同的试验次数下增加了更多的因子。文献［110］通过旋转2^{2m}次试验的二水平部分因子设计给出了试验次数$n=2^{2m}$的正交超拉丁方设计的构造方法，文献［111］将这一思想推广，给出了通过旋转一般的正规部分因子设计构造正交超拉丁方设计的方法。下面简单介绍几种构造正交超拉丁方设计的方法。

给定一个$n_1 \times k_1$阶矩阵$\boldsymbol{A}$和一个$n_2 \times k_2$阶矩阵$\boldsymbol{B}$，它们的Kronecker积$\boldsymbol{A} \otimes \boldsymbol{B}$是$(n_1 n_2) \times (k_1 k_2)$阶矩阵：

$$\boldsymbol{A} \otimes \boldsymbol{B} = \begin{bmatrix} a_{11}\boldsymbol{B} & a_{12}\boldsymbol{B} & \cdots & a_{1k_1}\boldsymbol{B} \\ a_{21}\boldsymbol{B} & a_{22}\boldsymbol{B} & \cdots & a_{2k_1}\boldsymbol{B} \\ \vdots & \vdots & & \vdots \\ a_{n_1 1}\boldsymbol{B} & a_{n_1 2}\boldsymbol{B} & \cdots & a_{n_1 k_1}\boldsymbol{B} \end{bmatrix}$$

其中$a_{ij}\boldsymbol{B}$是一个$n_2 \times k_2$阶矩阵。

文献［112］给出了一种利用正交阵列和一个较小的正交超拉丁方设计构造较大正交超拉丁放设计的方法。令$\boldsymbol{B}$表示一个$n \times q$阶的超拉丁方，其水平为$-(n-1)/2$、$-(n-3)/2$、…、$(n-3)/2$、$(n-1)/2$。由于矩阵$\boldsymbol{B}$的每一列元素之和均为0，平方和为$n(n^2-1)/12$。因此，其相关矩阵为

$$\boldsymbol{R}(\boldsymbol{B}) = \left[\frac{1}{12}n(n^2-1)\right]^{-1} \boldsymbol{B}^{\mathrm{T}}\boldsymbol{B}$$

令$\boldsymbol{A}$表示一个正交阵列OA$(n^2, n^{2f}, 2)$。文献［112］的构造方法如下。

第一步： 令b_{ij}表示矩阵$\boldsymbol{B}$的第(i, j)个元素，对$1 \leqslant j \leqslant q$，将矩阵$\boldsymbol{A}$中的符号1，2，…，$n$替换成$b_{1j}$，$b_{2j}$，…，$b_{nj}$得到一个$n^2 \times (2f)$矩阵$\boldsymbol{A}_j$，然后将$\boldsymbol{A}_j$表示为$\boldsymbol{A}_j = [\boldsymbol{A}_{j1}, \boldsymbol{A}_{j2}, \cdots, \boldsymbol{A}_{jf}]$，其中每一个$A_{j1}$，$A_{j2}$，…，$A_{jf}$有两列。

第二步： 对$1 \leqslant j \leqslant q$，获得一个$n^2 \times (2f)$阶矩阵$\boldsymbol{L}_j = [\boldsymbol{A}_{j1}\boldsymbol{V}, \boldsymbol{A}_{j2}\boldsymbol{V}, \cdots, \boldsymbol{A}_{jf}\boldsymbol{V}]$，这里

$$\boldsymbol{V} = \begin{bmatrix} 1 & -n \\ n & 1 \end{bmatrix}$$

第三步： 得到一个$N \times k$阶矩阵$\boldsymbol{L} = [\boldsymbol{L}_1, \boldsymbol{L}_2, \cdots, \boldsymbol{L}_q]$，其中$N=n^2$，$k=2qf$。

文献［112］表明，利用上述步骤构造的 $\boldsymbol{L}$ 是一个超拉丁方，且其相关矩阵为

$$\boldsymbol{R}(\boldsymbol{L})=\boldsymbol{R}(\boldsymbol{B})\otimes\boldsymbol{I}_{2f}$$

其中 $\boldsymbol{R}(\boldsymbol{B})$ 是超拉丁方 $\boldsymbol{B}$ 的相关矩阵，$\boldsymbol{I}_{2f}$ 是 $2f$ 阶单位矩阵，$\otimes$ 表示 Kronecker 积。特别地，

$$\rho_M(\boldsymbol{L})=\rho_M(\boldsymbol{B}),\ \rho_{\mathrm{ave}}^2(\boldsymbol{L})=\frac{q-1}{2qf-1}\rho_{\mathrm{ave}}^2(\boldsymbol{B})$$

因此，如果 $\boldsymbol{B}$ 是正交超拉丁方，则 $\boldsymbol{L}$ 也是正交超拉丁方。上述过程将获得一个更大的正交超拉丁方设计的问题转移到获得较小的正交超拉丁方，这降低了问题求解的维度。

例6.12

令 n 表示一个素数或素数幂，如 $n=5,7,8,9,11$。根据文献［106］，存在正交阵列 $\mathrm{OA}(n^2,\ n^{n+1},\ 2)$。如果取 $\boldsymbol{B}$ 为

$$\mathrm{OLH}(5,2)=\begin{bmatrix}1&-2\\2&1\\0&0\\-1&2\\-2&-1\end{bmatrix},\ \mathrm{OLH}(7,3)=\begin{bmatrix}-3&3&2\\-2&0&-3\\-1&-2&-1\\0&-3&1\\1&-1&3\\2&1&-2\\3&2&0\end{bmatrix}$$

$$\mathrm{OLH}(8,4)=\begin{bmatrix}0.5&-1.5&3.5&2.5\\1.5&0.5&2.5&-3.5\\2.5&-3.5&-1.5&-0.5\\3.5&2.5&-0.5&1.5\\-3.5&-2.5&0.5&-1.5\\-2.5&3.5&1.5&0.5\\-1.5&-0.5&-2.5&3.5\\-0.5&1.5&-3.5&-2.5\end{bmatrix},\ \mathrm{OLH}(9,5)=\begin{bmatrix}-4&-2&0&-3&3\\-3&4&2&1&-2\\-2&-3&-4&-1&-3\\-1&3&-2&3&4\\0&-4&4&4&0\\1&2&-1&0&-4\\2&0&3&-2&-1\\3&1&1&-4&2\\4&-1&-3&2&1\end{bmatrix}$$

$$\mathrm{OLH}(11,7)=\begin{bmatrix}-5&-4&-5&-5&-3&0&0\\-4&2&-1&3&4&5&4\\-3&-2&4&5&-4&-2&-1\\-2&3&-3&4&1&-4&-2\\-1&4&2&-4&3&2&-4\\0&-5&5&-2&5&-3&2\\1&5&3&-3&-5&-1&5\\2&-1&1&1&-2&3&-5\\3&0&0&-1&0&1&-3\\4&1&-4&0&2&-5&1\\5&-3&-2&2&-1&4&3\end{bmatrix}$$

并分别取 $\boldsymbol{A}$ 为 OA(25, 5^6, 2)、OA(49, 7^8, 2)、OA(64, 8^8, 2)、OA(81, 9^{10}, 2)、OA(121, 11^{12}, 2)，则利用前面的构造方法可分别得到 OLH(25, 12)、OLH(49, 24)、OLH(64, 32)、OLH(81, 50) 以及 OLH(121, 84)。

例6.13

利用计算机搜索，文献 [112] 得到一个 13 行 12 列的近正交超拉丁方设计：

$$\begin{bmatrix} -6 & -6 & -5 & -4 & -5 & -2 & 2 & 1 & -3 & -2 & -1 & -2 \\ -5 & 5 & 3 & -5 & 3 & 4 & -6 & 0 & -4 & 1 & -3 & -1 \\ -4 & 2 & -4 & 1 & 2 & 6 & 5 & -5 & 6 & 0 & 1 & 1 \\ -3 & 1 & 2 & 4 & -6 & 1 & -2 & 6 & 2 & 3 & 2 & 6 \\ -2 & -2 & 6 & -3 & 6 & -5 & 3 & 4 & 4 & -3 & 3 & 0 \\ -1 & -5 & 4 & 6 & 1 & -1 & 0 & -4 & 0 & 6 & -5 & -3 \\ 0 & 6 & 0 & 3 & -4 & -6 & -3 & -3 & 3 & -5 & 0 & -4 \\ 1 & 0 & -3 & 5 & 5 & 0 & 1 & 2 & -5 & -6 & -4 & 5 \\ 2 & -1 & -6 & 0 & 4 & -4 & -5 & -2 & -1 & 5 & 6 & 2 \\ 3 & 4 & 1 & 2 & -1 & 2 & 6 & 3 & -6 & 2 & 5 & -6 \\ 4 & -4 & 5 & -2 & -3 & 3 & -1 & -6 & -2 & -4 & 4 & 3 \\ 5 & 3 & -1 & -6 & -2 & -3 & 4 & -1 & 1 & 4 & -6 & 4 \\ 6 & -3 & -2 & -1 & 0 & 5 & -4 & 5 & 5 & -1 & -2 & -5 \end{bmatrix}$$

该超拉丁方设计的$\rho_{\text{ave}} = 0.0222$、$\rho_M = 0.0495$。结合正交阵列 OA($13^2$, 13^{14}, 2)，利用前面的算法可得到一个 169 次试验 168 个因子的近正交超拉丁方设计，$\rho_{\text{ave}} = 0.0057$，$\rho_M = 0.0495$。

根据 5.1 节的知识可知，正交超拉丁方设计是一阶多项式回归模型的正交回归设计，因此利用它可以获得回归系数的独立的估计。文献 [113] 将这一思想推广到二阶多项式模型的正交超拉丁方设计。给定一个列向量为d_1, d_2, …, d_k的设计 $\boldsymbol{D}$，令$\tilde{\boldsymbol{D}}$表示由 $\boldsymbol{D}$ 的列向量所有可能的两两组合$d_i \odot d_j$得到的 $n \times [k(k+1)/2]$ 阶矩阵，这里$\odot$表示逐个元素相乘。定义 $\boldsymbol{D}$ 与$\tilde{\boldsymbol{D}}$的相关矩阵为

$$\boldsymbol{R}(\boldsymbol{D},\tilde{\boldsymbol{D}}) = \begin{bmatrix} r_{11} & r_{12} & \cdots & r_{1q} \\ r_{21} & r_{22} & \cdots & r_{2q} \\ \vdots & \vdots & & \vdots \\ r_{k1} & r_{k2} & \cdots & r_{kq} \end{bmatrix}$$

其中 $q = k(k+1)/2$，r_{ij}是矩阵 $\boldsymbol{D}$ 的第 i 列和矩阵$\tilde{\boldsymbol{D}}$的第 j 列的相关系数。二阶正交超拉丁方设计 $\boldsymbol{D}$ 具有如下性质：$\boldsymbol{R}(\boldsymbol{D})$ 是单位矩阵且 $\boldsymbol{R}(\boldsymbol{D}, \tilde{\boldsymbol{D}})$ 是零矩阵。

给定整数 $c \geqslant 1$，文献 [113] 给出了构造包含$2^{c+1}+1$ 次试验和2^c个因子的二阶正交超拉

丁方设计的方法。令X^*表示将矩阵X的上半部分元素符号反转后得到的矩阵。

第一步：　对于$c=1$，令

$$S_1=\begin{bmatrix}1 & 1\\1 & -1\end{bmatrix},\ T_1=\begin{bmatrix}1 & 2\\2 & -1\end{bmatrix}$$

第二步：　对于$c\geqslant 2$，定义

$$S_c=\begin{bmatrix}S_{c-1} & -S_{c-1}^*\\S_{c-1} & S_{c-1}^*\end{bmatrix},\ T_c=\begin{bmatrix}T_{c-1} & -(T_{c-1}^*+2^{c-1}S_{c-1}^*)\\T_{c-1}+2^{c-1}S_{c-1} & T_{c-1}^*\end{bmatrix}$$

第三步：　令$\mathbf{0}_{2^c}$表示一个长度为2^c的零向量，则

$$L_c=\begin{bmatrix}T_c\\ \mathbf{0}_{2^c}\\ -T_c\end{bmatrix}$$

是一个$(2^{c+1}+1)\times 2^c$阶超拉丁方设计。令$H_c=T_c-S_c/2$，则

$$L_c=\begin{bmatrix}H_c\\ -H_c\end{bmatrix}$$

是一个2^{c+1}次试验2^c个因子的二阶正交超拉丁方设计。

例6.14

利用上述过程，可得到一个17次试验8个因子的超拉丁方设计如下：

$$\begin{bmatrix}
1 & 2 & 3 & 4 & 5 & 6 & 7 & 8\\
2 & -1 & -4 & 3 & 6 & -5 & -8 & 7\\
3 & 4 & -1 & -2 & -7 & -8 & 5 & 6\\
4 & -3 & 2 & -1 & -8 & 7 & -6 & 5\\
5 & 6 & 7 & 8 & -1 & -2 & -3 & -4\\
6 & -5 & -8 & 7 & -2 & 1 & 4 & -3\\
7 & 8 & -5 & -6 & 3 & 4 & -1 & -2\\
8 & -7 & 6 & -5 & 4 & -3 & 2 & -1\\
0 & 0 & 0 & 0 & 0 & 0 & 0 & 0\\
-1 & -2 & -3 & -4 & -5 & -6 & -7 & -8\\
-2 & 1 & 4 & -3 & -6 & 5 & 8 & -7\\
-3 & -4 & 1 & 2 & 7 & 8 & -5 & -6\\
-4 & 3 & -2 & 1 & 8 & -7 & 6 & -5\\
-5 & -6 & -7 & -8 & 1 & 2 & 3 & 4\\
-6 & 5 & 8 & -7 & 2 & -1 & -4 & 3\\
-7 & -8 & 5 & 6 & -3 & -4 & 1 & 2\\
-8 & 7 & -6 & 5 & -4 & 3 & -2 & 1
\end{bmatrix}$$

近年来，研究者们提出了很多构造试验次数和因子数更灵活的正交超拉丁方设计的方

法，这里不再介绍。感兴趣的读者可参考文献［92，112，114-116］及其中引用的其他相关文献。

6.3.2 基于试验点之间距离的准则

设试验空间 $\mathcal{X}$ 上定义有某种距离 d，如定义欧氏距离为

$$d(\boldsymbol{x}_1,\boldsymbol{x}_2) = \left(\sum_{i=1}^{p}(x_{1i}-x_{2i})^2\right)^{1/2}$$

或更一般地，定义ℓ_q距离为

$$d(\boldsymbol{x}_1,\boldsymbol{x}_2) = \left(\sum_{i=1}^{p}(x_{1i}-x_{2i})^q\right)^{1/q}$$

这里 $q\geqslant 1$。定义试验空间内任意一点 $\boldsymbol{x}$ 与设计$\xi_n=\{\boldsymbol{x}_1,\boldsymbol{x}_2,\cdots,\boldsymbol{x}_n\}$ 之间的距离为

$$d(\boldsymbol{x},\xi_n) = \min_{x'\in\xi_n} d(\boldsymbol{x},\boldsymbol{x}') \tag{6.10}$$

即与设计的支撑点之间距离的最小值。注意，在第 5 章中，点与设计之间的距离定义为 $d(\boldsymbol{x},\xi)\overset{\text{def}}{=}\boldsymbol{f}^{\mathrm{T}}(\boldsymbol{x})\boldsymbol{M}^{-1}(\xi)\boldsymbol{f}(\boldsymbol{x})$。由于这里模型是未知的，无法计算标准化方差，因此通过点与集合之间的距离来定义点与设计之间的距离。下面介绍四类常见的基于距离的空间填充性准则。

1）最大最小距离设计。包含 n 个设计点的最大最小距离设计ξ_{Mm}定义为使得设计点之间最小距离达到最大的设计：

$$\min_{\boldsymbol{x}_1,\boldsymbol{x}_2\in\xi_{\mathrm{Mm}}} d(\boldsymbol{x}_1,\boldsymbol{x}_2) = \max_{\xi_n\subset\mathcal{X}}\min_{\boldsymbol{x}_1,\boldsymbol{x}_2\in\xi_n} d(\boldsymbol{x}_1,\boldsymbol{x}_2) \tag{6.11}$$

最大最小距离设计可理解为：置 n 个半径相等的球，满足球心均在试验空间内且球与球之间无重叠的条件下，使球的半径最大的布置方法对应的球心位置分布的设计。这里，p 维空间中球心为$\boldsymbol{x}_0$、半径为 r 的球理解为集合 $\{\boldsymbol{x}\in\mathcal{X}: d(\boldsymbol{x}_0,\boldsymbol{x})\leqslant r\}$。

2）最小最大距离设计。包含 n 个点的最小最大距离设计ξ_{mM}定义为使得试验空间内任意点与设计之间最大距离达到最小的设计：

$$\max_{\boldsymbol{x}\in\mathcal{X}} d(\boldsymbol{x},\xi_{\mathrm{mM}}) = \min_{\xi_n\subset\mathcal{X}}\max_{\boldsymbol{x}\in\mathcal{X}} d(\boldsymbol{x},\xi_n) \tag{6.12}$$

最小最大设计可理解为：置 n 个半径相等的球，满足球心均在试验空间内且所有球的并集能够覆盖整个试验空间的要求下，使球的半径最小的布置方法对应的球心位置分布的设计。

图 6-9 给出了 2 维空间中试验次数为 7 的最小最大设计和最大最小设计。可以看到，最大最小距离设计在试验空间的边界上有较多的试验点。

3）最小势能设计。苏联统计学家 Audze 和 Eglajs 于 1977 年提出一种基于距离的空间填充性准则，被称作**势能准则**（potential energy criterion）：

$$PE(\xi_n) = \sum_{k=1}^{n}\sum_{j=k+1}^{n}\frac{1}{d^2(\boldsymbol{x}_j,\boldsymbol{x}_k)}$$

最小化势能准则可以获得一个均匀分布的设计。

4）ϕ_p准则。文献［117］提出ϕ_p准则对势能准则进行了推广：

$$\phi_p(\xi_n) = \left[\sum_{k=1}^{n-1}\sum_{j=k+1}^{n}(d(\boldsymbol{x}_j,\boldsymbol{x}_k))^{-p}\right]^{\frac{1}{p}}$$

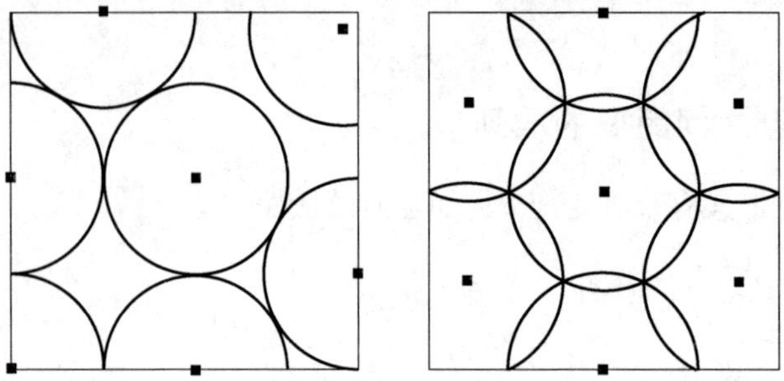

图 6-9　两因子试验次数为 7 的最大最小设计和最小最大设计

极小化ϕ_p使得设计点之间距离最大化。

从所有设计中求解基于准则的最优设计解空间太大，可限制在某些特殊设计中找最优设计。例如，限制在超拉丁方设计中求解最大最小设计、最小最大设计、最小势能设计，等等。图 6-10 给出的是两因子试验中，限制在超拉丁方设计中找到的试验点数为 7 的最大最小设计和最小最大设计。对比图 6-10 和图 6-9 可发现，此时最大最小设计中球的半径变小了，而最小最大设计中球的半径变大了，这是优化空间变小了的缘故。

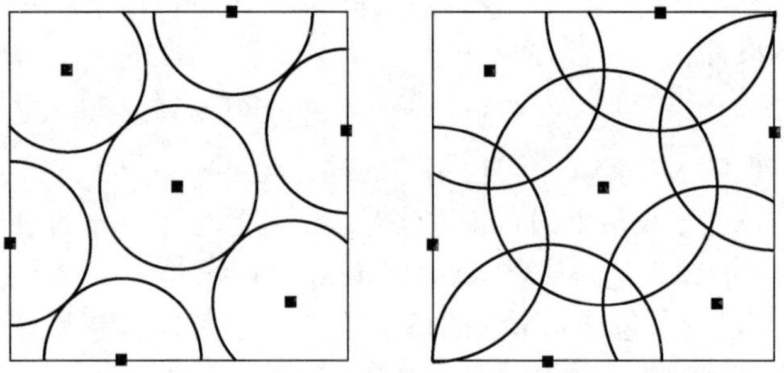

图 6-10　两因子试验次数为 7 的最大最小超拉丁方设计和最小最大超拉丁方设计

网址 https://spacefillingdesigns.nl/ 给出了很多的最优超拉丁方设计。图 6-11 所示是从该网址获得的 20 个试验点的最大最小超拉丁方最优设计和 20 个试验点的最小最大超拉丁方最优设计。注意，一个最优超拉丁方设计删除一个因子后仍为超拉丁方设计，但一般不再具有最优性。

6.3.3　基于代理模型的准则

这一类准则的基本思想是试验设计应当尽可能降低代理模型的不确定性。以 Kriging 模型为例，式（6.7）给出了 Kriging 模型的预测均方误差，它由广义设计矩阵 $\boldsymbol{X}$、相关函数 $\boldsymbol{R}$ 以及预测点 $\boldsymbol{x}$ 决定。

➢ 一种思路是使得加权的积分均方误差最小。即使得

$$\mathrm{IMSE} = \sigma^2\int_{\mathcal{X}}\left\{1 - [\boldsymbol{f}^{\mathrm{T}}(\boldsymbol{x}), \boldsymbol{r}^{\mathrm{T}}(\boldsymbol{x})]\begin{bmatrix}\boldsymbol{0} & \boldsymbol{X}^{\mathrm{T}}\\ \boldsymbol{X} & \boldsymbol{R}\end{bmatrix}^{-1}\begin{bmatrix}\boldsymbol{f}(\boldsymbol{x})\\ \boldsymbol{r}(\boldsymbol{x})\end{bmatrix}\right\}w(\boldsymbol{x})\,\mathrm{d}\boldsymbol{x}$$

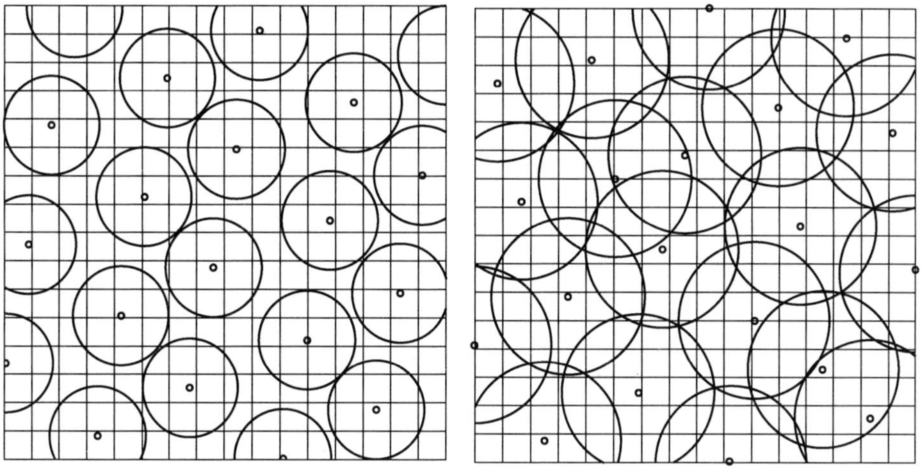

图 6-11 两因子试验次数为 20 的最大最小超拉丁方设计和最小最大超拉丁方设计

最小，其中 $w(\boldsymbol{x})$ 为权函数，通过它可以突出实际工作中重点关注的一些试验点。使上式最小，等价于使得

$$\mathrm{tr}\left(\begin{bmatrix}\boldsymbol{0} & \boldsymbol{X}^{\mathrm{T}}\\ \boldsymbol{X} & \boldsymbol{R}\end{bmatrix}^{-1}\int_{\mathcal{X}}\begin{bmatrix}\boldsymbol{f}(\boldsymbol{x})\boldsymbol{f}^{\mathrm{T}}(\boldsymbol{x}) & \boldsymbol{f}(\boldsymbol{x})\boldsymbol{r}^{\mathrm{T}}(\boldsymbol{x})\\ \boldsymbol{r}(\boldsymbol{x})\boldsymbol{f}^{\mathrm{T}}(\boldsymbol{x}) & \boldsymbol{r}(\boldsymbol{x})\boldsymbol{r}^{\mathrm{T}}(\boldsymbol{x})\end{bmatrix}w(\boldsymbol{x})\mathrm{d}\boldsymbol{x}\right)$$

最大。注意，上式中 $\boldsymbol{X}$、$\boldsymbol{R}$、$\boldsymbol{r}(\boldsymbol{x})$ 均与设计 ξ_n 有关。可以想见，基于这种准则的最优设计是极难求解的。

➢ 另一种思路是使得 $\mathcal{X}$ 上的最大预测均方误差最小，这对应于最优回归设计中的 G-最优准则，即

$$\min_{\xi_n}\max_{\boldsymbol{x}\in\mathcal{X}}\mathrm{MSE}(\hat{y}(\boldsymbol{x}))$$

➢ 还可利用最优回归设计中 D-最优准则的思想，此处，D-最优指在 $\mathcal{X}$ 中任意有限个点处的预测的协方差矩阵的行列式最小。

遗憾的是，上述三个准则均依赖相关函数中的参数，只有当相关函数已知时才便于计算。例如，文献［118］考虑了相关函数为

$$C(\boldsymbol{x}_1,\boldsymbol{x}_2)=\sigma^2\mathrm{e}^{-\theta d(\boldsymbol{x}_1,\boldsymbol{x}_2)}$$

的 Kriging 模型的设计问题，参数 θ 确定不同试验点之间响应相关性随着距离衰减的速度。为了消除参数 θ 对设计的影响，文献［118］证明了当 θ 趋于无穷，即所有相关性都十分弱时，D-最优设计等价于最大最小设计，而 G-最优设计等价于最小最大设计。

6.3.4 基于分布之间距离的准则

这一类准则中最具代表性的是由我国数学家王元和统计学家方开泰提出的均匀性准则。本节介绍均匀设计的基本概念和思想。

考虑总均值模型，即响应函数均值的估计问题。给定设计 $\xi_n=\{\boldsymbol{x}_1,\cdots,\boldsymbol{x}_n\}$，根据拟蒙特卡罗理论中的 Koksma-Hlawka 不等式[119]

$$\left|E[f(\boldsymbol{x})]-\frac{1}{n}\sum_{i=1}^{n}y(\boldsymbol{x}_i)\right|\leqslant V(f)\,\Phi^*(\xi_n) \tag{6.13}$$

其中，$V(f)$ 表示f在$\mathcal{X}$上的总变差，是一个仅与f有关的常数；$\Phi^*(\xi_n)$ 表示设计ξ_n的星偏差，它的定义见式（6.14），它刻画了设计ξ_n的均匀性。从估计均值的角度来看，应当使$\Phi^*(\xi_n)$ 最小，这就是均匀设计思想的起源。

一般地，称ξ_n的均匀性度量为ξ_n的**偏差**（discrepancy），记作 $\Phi(\xi_n)$ 或 $\Phi(\boldsymbol{D}_{\xi_n})$，这里$\boldsymbol{D}_{\xi_n}$表示$\xi_n$的设计矩阵。与正交设计类似，偏差 $\Phi(\xi_n)$ 或 $\Phi(\boldsymbol{D}_{\xi_n})$ 应该满足以下条件。

1）**置换不变**：$\Phi(\xi_n)$ 在矩阵$\boldsymbol{D}_{\xi_n}$的行置换和列置换下不变，即改变试验点的编号，或改变因子的编号，不影响偏差 $\Phi(\xi_n)$ 的值。

2）**对中心 1/2 反射不变**：将$\boldsymbol{D}_{\xi_n}$关于平面$x_j=1/2$ 反射，即将$\boldsymbol{D}_{\xi_n}$的任一列$[x_{1j},\cdots,x_{nj}]^{\mathrm{T}}$变为$[1-x_{1j},\cdots,1-x_{nj}]^{\mathrm{T}}$，不改变其偏差。

3）$\Phi(\xi_n)$ 不仅能度量$\boldsymbol{D}_{\xi_n}$的均匀性，也能度量$\boldsymbol{D}_{\xi_n}$投影到 $\mathbb{R}^p$的任意子空间的均匀性。

此外，如果 $\Phi(\xi_n)$ 还满足 Koksma-Hlawka 不等式、易于计算、有明确的统计意义则更好。

给定试验空间 $\mathcal{X}$、试验次数 n 以及偏差 Φ 后，就可以定义均匀设计了。若一个支撑点数为 n 的设计ξ_n^*在一切支撑点数为 n 的设计中具有最小的偏差值，即

$$\Phi(\xi_n^*)=\min_{\xi_n}\Phi(\xi_n)$$

则称ξ_n^*为在设计问题（n, $\mathcal{X}$, Φ）下的均匀设计，简称**均匀设计**（uniform design）。显然，均匀设计依赖偏差的选择，一种偏差下的均匀设计一般不是另一种偏差下的均匀设计。均匀设计与试验空间 $\mathcal{X}$有关，实际问题中 $\mathcal{X}$一般不规则。均匀设计不唯一。如果ξ_n为均匀设计，则将它的设计矩阵$\boldsymbol{D}_{\xi_n}$作行列变换获得的设计也是均匀设计。称行列变换得到的均匀设计互为**等价**的。等价的均匀设计至少有 $n!p!$ 个，它们有相同的偏差值，在实际应用中只需找到其中一个即可。

最普遍采用的偏差是L_q-偏差。令$F_u(\boldsymbol{x})=x_1\cdots x_p$为 $\mathcal{X}$上均匀分布的分布函数，其中$\boldsymbol{x}=[x_1,\cdots,x_p]^{\mathrm{T}}$。以

$$F_{\xi_n}(\boldsymbol{x})=\frac{1}{n}\sum_{k=1}^{n}\mathbf{1}_{[x_k,\infty)}(\boldsymbol{x})$$

表示设计$\xi_n=\{\boldsymbol{x}_1,\cdots,\boldsymbol{x}_n\}$ 的经验分布函数，式中$\infty=[\infty,\cdots,\infty]$，

$$\mathbf{1}_A(\boldsymbol{x})=\begin{cases}1, & \boldsymbol{x}\in A\\ 0, & \boldsymbol{x}\notin A\end{cases}$$

表示集合 A 的示性函数。ξ_n的**L_q-偏差**（L_q discrepancy）定义为$F_u(\boldsymbol{x})$ 与$F_{\xi_n}(\boldsymbol{x})$ 之差的L_q范数：

$$\Phi_q^*(\xi_n)=\begin{cases}\left(\int_{\mathcal{X}}|F_{\xi_n}(\boldsymbol{x})-F_u(\boldsymbol{x})|^q\mathrm{d}\boldsymbol{x}\right)^{\frac{1}{q}}, & 1\leqslant q<\infty\\ \sup_{\boldsymbol{x}\in\mathcal{X}}|F_u(\boldsymbol{x})-F_{\xi_n}(\boldsymbol{x})|, & q=\infty\end{cases}\tag{6.14}$$

式（6.13）中的$\Phi^*(\xi_n)$ 是 $q=\infty$时的L_q-偏差，简称星偏差，它等价于分布拟合检验中著名的 Kormokorov-Smirnov 统计量。L_2-偏差等价于 Cramer-Von Mises 统计量，计算L_2-偏差的简单表达式：

$$\Phi_2^*(\xi_n)=\left\{\frac{1}{3^p}-\frac{2}{n}\sum_{i=1}^{n}\prod_{j=1}^{p}\frac{1-x_{ij}^2}{2}+\frac{1}{n^2}\sum_{i,l=1}^{n}\prod_{j=1}^{p}[1-\max(x_{ij},x_{lj})]\right\}^{\frac{1}{2}}$$

当试验因子的个数 p 给定时，上式的计算量为 $O(n^2)$，大大少于星偏差的计算量。

L_q-偏差（$q\neq\infty$）没有考虑低维投影的均匀性，即$\Phi_q^*(\xi_n)$ 在一个低于 p 维的投影空间上的值对计算$\Phi_q^*(\xi_n)$ 并不产生任何影响，因为它在低于 p 维的投影空间上的积分为0。忽略低维投影空间的均匀性有时会给出不合理的结果。此外，L_q偏差不具旋转不变性，计算复杂，且衡量均匀性不够灵敏。

L_q-星偏差是设计ξ_n的经验分布与均匀分布之间的L_p距离。自然地，可以把偏差推广到设计ξ_n的经验分布与任意目标分布之间的距离。为此，需要定义由分布构成的空间。设 $K(\cdot,\cdot)$ 为试验空间 $\mathcal{X}$ 上的核，即正定对称函数，令

$$\mathcal{M}=\left\{\mu:\mathcal{X}\text{上满足}\int_{\mathcal{X}^2}K(\boldsymbol{x},\boldsymbol{z})\mu(\mathrm{d}\boldsymbol{x})\mu(\mathrm{d}z)<\infty\text{的符号测度}\right\}$$

定义 $\mathcal{M}$ 上的内积为

$$\langle\mu,\nu\rangle_{\mathcal{M}}=\int_{\mathcal{X}^2}K(\boldsymbol{x},\boldsymbol{z})\mu(\mathrm{d}\boldsymbol{x})\nu(\mathrm{d}z),\ \forall\mu,\nu\in\mathcal{M}$$

则 $\mathcal{M}$ 是以 K 为再生核的再生核 Hilbert 空间。相应地，定义 $\mu\in\mathcal{M}$ 的范数

$$\|\mu\|_{\mathcal{M}}=[\langle\mu,\mu\rangle_{\mathcal{M}}]^{\frac{1}{2}}$$

给定试验空间 $\mathcal{X}$，$\mathcal{X}$ 上的核 K 以及目标分布μ_0，设计ξ_n的偏差定义为

$$\Phi(\xi_n,K)=\|\mu_0-\mu_{\xi_n}\|_{\mathcal{M}}$$

将上式展开，可得到偏差的具体计算公式

$$\Phi(\xi_n,K)=\left\{\int_{\mathcal{X}^2}K(\boldsymbol{x},\boldsymbol{z})\,\mu_0(\mathrm{d}\boldsymbol{x})\,\mu_0(\mathrm{d}z)-\frac{2}{n}\sum_{i=1}^{n}\int_{\mathcal{X}}K(\boldsymbol{x}_i,\boldsymbol{z})\,\mu_0(\mathrm{d}z)+\frac{1}{n^2}\sum_{i,k=1}^{n}K(\boldsymbol{x}_i,\boldsymbol{x}_k)\right\}^{\frac{1}{2}}$$

由此可见，偏差完全由试验空间 $\mathcal{X}$、核 K 以及目标分布μ_0确定。如果取目标分布为均匀分布 F_u，偏差的计算公式为

$$\Phi(\xi_n,K)=\left\{\int_{\mathcal{X}^2}K(\boldsymbol{x},\boldsymbol{z})\,F_u(\mathrm{d}\boldsymbol{x})\,F_u(\mathrm{d}z)-\frac{2}{n}\sum_{i=1}^{n}\int_{\mathcal{X}}K(\boldsymbol{x}_i,\boldsymbol{z})\,F_u(\mathrm{d}z)+\frac{1}{n^2}\sum_{i,k=1}^{n}K(\boldsymbol{x}_i,\boldsymbol{x}_k)\right\}^{\frac{1}{2}}$$

为了计算简便，通常取 K 为 $\mathcal{X}$ 上的可分核，即具有形式

$$K(\boldsymbol{x},\boldsymbol{z})=\prod_{i=1}^{p}K_i(x_i,z_i)$$

下面给出几种常见偏差的可分核及其计算公式.

1）中心化偏差取核如下：

$$K_c(\boldsymbol{x},\boldsymbol{z})=2^{-p}\prod_{i=1}^{p}\left(2+\left|x_i-\frac{1}{2}\right|+\left|z_i-\frac{1}{2}\right|-|x_i-z_i|\right)$$

可得到中心化偏差的计算公式：

$$\Phi_c(\xi_n)=\left\{\left(\frac{13}{12}\right)^p-\frac{2}{n}\sum_{i=1}^{n}\prod_{j=1}^{p}\left(1+\frac{1}{2}\left|x_{ij}-\frac{1}{2}\right|-\frac{1}{2}\left|x_{ij}-\frac{1}{2}\right|^2\right)+\right.$$
$$\left.\frac{1}{n^2}\sum_{i=1}^{n}\sum_{k=1}^{n}\prod_{j=1}^{p}\left(1+\frac{1}{2}\left|x_{ij}-\frac{1}{2}\right|+\frac{1}{2}\left|x_{kj}-\frac{1}{2}\right|-\frac{1}{2}|x_{ij}-x_{kj}|\right)\right\}^{\frac{1}{2}}$$

2）可卷偏差取核如下：

$$K_w(\boldsymbol{x},\boldsymbol{z})=\prod_{i=1}^{p}\left(\frac{3}{2}-|x_i-z_i|+|x_i-z_i|^2\right)$$

可得到可卷偏差的计算公式

$$\Phi_w(\xi_n) = \left\{-\left(\frac{4}{3}\right)^p + \frac{1}{n}\left(\frac{3}{2}\right)^p + \frac{2}{n^2}\sum_{i=1}^{n-1}\sum_{k=i+1}^{n}\prod_{j=1}^{p}\left(\frac{3}{2} - |x_{ij} - x_{kj}| + |x_{ij} - x_{kj}|^2\right)\right\}^{\frac{1}{2}}$$

3）离散偏差。如果试验因子只能离散取值，则前面的各种偏差无法适用。假定共有 p 个因子，第 j 个因子有 q_j 个水平，记 $\mathcal{X}_j = \{1,2,\cdots,q_j\}$，则试验空间 $\mathcal{X} = \mathcal{X}_1 \times \cdots \times \mathcal{X}_p$。取核函数

$$K_d(\boldsymbol{x},\boldsymbol{z}) = \prod_{j=1}^{p} K_j(x_j,z_j)$$

其中

$$K_j(x_j,z_j) = \begin{cases} a, x_j = z_j \\ b, x_j \neq z_j \end{cases},\ \{x_j,z_j\} \subset \mathcal{X}_j,\ a > b > 0$$

可得到离散偏差的计算公式：

$$\Phi_d(\xi_n) = \left\{-\prod_{j=1}^{p}\left[\frac{a + (q_j - 1)b}{q_j}\right] + \frac{1}{n^2}\sum_{i,k=1}^{n}\prod_{j=1}^{p}\left[a^{\delta_{x_{ij}x_{kj}}} b^{1-\delta_{x_{ij}x_{kj}}}\right]\right\}^{\frac{1}{2}}$$

其中，当 $x_{ij} = x_{kj}$ 时 $\delta_{x_{ij}x_{kj}} = 1$，否则为 0。

4）Lee 偏差。仍考虑离散的情形，设共有 p 个因子，第 j 个因子有 q_j 个水平，记 $\mathcal{X}_j = \{1, 2,\cdots,q_j\}$，则试验空间 $\mathcal{X} = \mathcal{X}_1 \times \cdots \times \mathcal{X}_p$。一般地，假设水平数 q_1，…，q_t 是奇数，而 q_{t+1}，…，q_p 是偶数，$0 \leqslant t \leqslant p$。当 $t = 0$ 时，表示所有因子的水平数都是偶数，而当 $t = p$ 时，所有因子的水平数都是奇数。对各因素的水平做变换

$$k \rightarrow \frac{2k-1}{2q_j},\ k = 1,\ \cdots,\ q_j,\ j = 1,\cdots,p$$

使得水平值都在区间［0，1］上，从而使试验空间 $\mathcal{X}$ 变换为 $[0,\ 1]^p$ 中的格子点 $\mathcal{X}'$，设计 ξ_n 也变换为 $\xi_n^* = (x_{ij})$，并以 ξ_n^* 的偏差作为 ξ_n 的偏差。取核函数

$$K_l(\boldsymbol{x},\boldsymbol{z}) = \prod_{j=1}^{p}(1 - \min\{|x_j - z_j|, 1 - |x_j - z_j|\})$$

可得到 Lee 偏差的计算公式：

$$\Phi_l(\xi_n) = \frac{1}{n} - \left(\frac{3}{4}\right)^{p-t}\prod_{i=1}^{t}\left(\frac{3}{4} + \frac{1}{4q_i^2}\right) + \frac{2}{n^2}\sum_{i=1}^{n-1}\sum_{j=i+1}^{n}\prod_{k=1}^{p}(1 - \min\{|x_{ik} - x_{jk}|, 1 - |x_{ik} - x_{jk}|\})$$

均匀设计的求解十分困难，统计学家把一些均匀设计编制成表，以便工程技术人员查用。以记号 $U_n(q^p)$ 或 $U_n^*(q^p)$ 表示均匀设计表，其中 U 表示均匀设计，n 表示试验次数，q 表示每个因子有 q 个水平，p 表示该表有 p 列。通常加 * 的均匀设计表有更好的均匀性，应优先选用。当试验数 n 给定时，U_n 表比 U_n^* 表能安排更多的因子。故当因子个数较多且超过 U_n^* 的使用范围时可考虑使用 U_n 表。每个均匀设计表都附有一个使用表，它指示如何从设计表中选用适当的列，以及由这些列所组成的试验方案的偏差。

例如，表 6-4 表示 $U_6^*(6^4)$ 要做 6 次试验，每个因子有 6 个水平，该表有 4 列。表 6-5 是 $U_6^*(6^4)$ 的使用表。它表示若有 2 个因子，应选用（1，3）两列来安排试验；而若有 3 个因子，应选用（1，2，3）三列。最后一列 Φ 表示偏差。注意，从均匀设计表中任意挑选出

若干列多个试验方案一般不等价，因此，每个均匀设计表必须有一个附加的使用表。

表 6-4　均匀设计表$U_6^*(6^4)$

试验号	1	2	3	4
1	1	2	3	6
2	2	4	6	5
3	3	6	2	4
4	4	1	5	3
5	5	3	1	2
6	6	5	4	1

表 6-5　$U_6^*(6^4)$ 的使用表

因子数	列号				Φ
2	1	3			0.1875
3	1	2	3		0.2656
4	1	2	3	4	0.2990

使用均匀设计表安排计算机试验时，需要先把表变换到试验空间$[0,1]^p$上来，变换方法这里不再叙述。关于均匀设计的更多理论与方法，感兴趣的读者可参考文献［120］。

习　　题

一、判断题

1. 计算机试验比实物试验代价小、可信度高、可考察的因子数量更多。（　　）
2. 确定性的计算机试验不需要重复、区组和随机化。（　　）
3. 在模型未知的情况下，空间填充设计比最优回归设计更稳健；而在模型已知的情况下，空间填充设计比最优回归设计效率更高。（　　）
4. 正交表是强度为3的正交阵列。（　　）
5. 数字仿真、半实物仿真、实物仿真、实物试验这几种试验方式的可重复性依次降低，资源消耗和可信度依次增加。（　　）
6. Kriging 模型是对试验数据的插值，且任意点处的预测均方误差为0。（　　）
7. 用均匀设计表安排试验时，每个因子的每个水平都只试验一次。（　　）

二、简答题

1. 简述试验设计与分析在仿真中的地位。
2. 简述实物试验与计算机试验之间的异同。
3. 均匀设计与最优回归设计都是基于准则的最优设计，它们之间有何区别？
4. 试构造一个包含3个因子10次试验的中点超拉丁方设计。

三、综合题

1. 设试验空间为$\mathcal{X}$，给定一个设计$\xi_n=\{\boldsymbol{x}_1,\cdots,\boldsymbol{x}_n\}$，取$r=\min\{d(\boldsymbol{x}_i,\boldsymbol{x}_j):i\neq j\}$，定义$\xi_n$对$\mathcal{X}$的覆盖率为

$$\mathrm{cover}(\xi_n,\mathcal{X})\overset{\mathrm{def}}{=\!=}\frac{\mathrm{Vol}(\mathcal{X})-\mathrm{Vol}\left(\bigcup_{i=1}^{n}B(\boldsymbol{x}_i,r)\right)}{\mathrm{Vol}(\mathcal{X})}$$

其中，Vol(·) 表示与距离 d 对应的求体积运算，$B(\boldsymbol{x}_i, r)$ 表示 $\mathcal{X}$ 中以$\boldsymbol{x}_i$为球心，以 r 为半径的球体。显然，$\mathrm{cover}(\xi_n, \mathcal{X})$ 越小表明样本方案ξ_n的覆盖性越好。给定 n，证明

$$\arg\max_{\xi_n} \mathrm{cover}(\xi_n, \mathcal{X})$$

是最小最大设计。

2. 定义$\xi_n = \{\boldsymbol{x}_1, \boldsymbol{x}_2, \cdots, \boldsymbol{x}_n\} \subset \mathcal{X}$覆盖 $\mathcal{X}$ 的最小半径为

$$\mathrm{minr}(\xi_n, \mathcal{X}) \stackrel{\mathrm{def}}{=} \inf\left\{ r > 0 : \mathcal{X} \subset \bigcup_{i=1}^{n} B(\boldsymbol{x}_i, r) \right\}$$

显然 r 越小表明ξ_n的覆盖性越好。**证明**

$$\arg\min_{\xi_n} \mathrm{minr}(\xi_n, \mathcal{X})$$

为最大最小设计。

3. 如果将正交表中的水平用数字 1、2、3、…来表示，正交表是列正交的吗？并证明你的结论。

参考文献

[1] MONTGOMERY D C. Design and Analysis of Experiments [M]. 9th ed. New York: John Wiley & Sons, Inc., 2017.

[2] 方开泰, 刘民千, 周永道. 试验设计与建模 [M]. 北京: 高等教育出版社, 2011.

[3] 王万中, 茆诗松, 曾林蕊. 试验的设计与分析 [M]. 北京: 高等教育出版社, 2004.

[4] WU C F J, HAMADA M S. Experiments: planning, analysis, and optimization [M]. New York: John Wiley & Sons, Inc., 2009.

[5] SANTNER T J, WILLIAMS B J, NOTZ W I. The Design and Analysis of Computer Experiments [M/OL]. New York: Springer, 2018. http://link.springer.com/10.1007/978-1-4939-8847-1.

[6] BOX G E P, WILSON K B. On the Experimental Attainment of Optimum Conditions [J/OL]. Journal of the Royal Statistical Society: Series B (Methodological), 1951, 13 (1): 1-38. http://doi.wiley.com/10.1111/j.2517-6161.1951.tb00067.x.

[7] KIEFER J. Optimum Experimental Designs [J/OL]. Journal of the Royal Statistical Society: Series B (Methodological), 1959, 21 (2): 272-304. http://doi.wiley.com/10.1111/j.2517-6161.1959.tb00338.x.

[8] KIEFER J, WOLFOWITZ J. Optimum Designs in Regression Problems [J/OL]. The Annals of Mathematical Statistics, 1959, 30 (2): 271-294. http://projecteuclid.org/euclid.aop/1176996548.

[9] FREEMAN L J, RYAN A G, KENSLER J L K, et al. A tutorial on the planning of experiments [J]. Quality Engineering, 2013, 25 (4): 315-332.

[10] COLEMAN D E, MONTGOMERY D C, et al. A systematic approach to planning for a designed industrial experiment [J/OL]. Technometrics, 1993, 35 (1): 1-12. DOI: 10.1080/00401706.1993.10484984.

[11] JOHNSON R T, HUTTO G T, SIMPSON J R, et al. Designed experiments for the defense community [J/OL]. Quality Engineering, 2012, 24 (1): 60-79. DOI: 10.1080/08982112.2012.627288.

[12] VILES E, TANCO M, ILZARBE L, et al. Planning experiments, the first real task in reaching a goal [J/OL]. Quality Engineering, 2009, 21 (1). 44-51. http://www.tandfonline.com/doi/abs/10.1080/08982110802425183.

[13] MORRIS M D. Gaussian surrogates for computer models with time-varying inputs and outputs [J/OL]. Technometrics, 2012, 54 (1): 42-50. https://doi.org/10.1080/00401706.2012.648870.

[14] MORRIS M D. Maximin distance optimal designs for computer experiments with time-varying inputs and outputs [J/OL]. Journal of Statistical Planning and Inference, 2014, 144 (1): 63-68. http://www.sciencedirect.com/science/article/pii/S0378375812002996.

[15] CAO J, LEE J J, ALBER S. Comparison of Bayesian sample size criteria: ACC, ALC, and WOC [J/OL]. Journal of Statistical Planning and Inference, 2009, 139 (12): 4111-4122. http://dx.doi.org/10.1016/j.jspi.2009.05.041.

[16] INOUE L Y T, BERRY D A, PARMIGIANI G. Relationship between bayesian and frequentist sample size determination [J/OL]. American Statistician, 2005, 59 (1): 79-87. http://www.tandfonline.com/doi/abs/10.1198/000313005X21069.

[17] LOEPPKY J L, SACKS J, WELCH W J. Choosing the sample size of a computer experiment: A practical guide [J/OL]. Technometrics, 2009, 51 (4): 366-376. DOI: 10.1198/TECH. 2009.08040.

[18] NASSAR M M, KHAMIS S M, RADWAN S S. On Bayesian sample size determination [J/OL]. Journal of Applied Statistics, 2011, 38 (5): 1045-1054. http://www.tandfonline.com/doi/abs/10.1080/02664761003758992.

[19] SAHU S K, SMITH T M F. A Bayesian method of sample size determination with practical applications [J/OL]. Journal of the Royal Statistical Society. Series A: Statistics in Society, 2006, 169 (2): 235-253. http://doi.wiley.com/10.1111/j.1467-985X.2006.00408.x.

[20] DE SANTIS F. Using historical data for Bayesian sample size determination [J/OL]. Journal of the Royal Statistical Society. Series A: Statistics in Society, 2007, 170 (1): 95-113. DOI: 10.1111/j.1467-985X.2006.00438.x.

[21] YOUNG D S, GORDON C M, ZHU S, et al. Sample size determination strategies for normal tolerance intervals using historical data [J/OL]. Quality Engineering, 2016, 28 (3): 337-351. http://www.tandfonline.com/doi/full/10.1080/08982112.2015.1124279.

[22] YATES F. Complex Experiments [J/OL]. Supplement to the Journal of the Royal Statistical Society, 1935, 2 (2): 181. https://www.jstor.org/stable/10.2307/2983638? origin = crossref.

[23] FISHER R A. The Arrangement of Field Experiments [J]. Journal of the Ministry of Agriculture of Great Britain, 1926, 33: 503-513.

[24] FISHER R A. The Design of Experiments [M]. Oliver and Boyd. Edinbergh: Tweeddale Court, 1935.

[25] COCHRAN W G, AUTREY K M, CANNON C Y. A Double Change-Over Design for Dairy Cattle Feeding Experiments [J/OL]. Journal of Dairy Science, 1941, 24 (11): 937-951. https://linkinghub.elsevier.com/retrieve/pii/S0022030241954802.

[26] WILLIAMS E. Experimental Designs Balanced for the Estimation of Residual Effects of Treatments [J/OL]. Australian Journal of Chemistry, 1949, 2 (2): 149. http://www.publish.csiro.au/? paper = CH9490149.

[27] YATES F. INCOMPLETE RANDOMIZED BLOCKS [J/OL]. Annals of Eugenics, 1936, 7 (2): 121-140. http://doi.wiley.com/10.1111/j.1469-1809.1936.tb02134.x.

[28] HINKELMANN K, KEMPTHORNE O. Design and Analysis of Experiments, Volume 1: Introduction to Experimental Design. [M]. 2nd ed. New York: John Wiley & Sons, Inc., 2008.

[29] BOSE R C, NAIR K R. Partially Balanced Incomplete Block Designs [J]. Sankhyā: The Indian Journal of Statistics (1933-1960), 1939, 4 (3): 337-372.

[30] YATES F. The design and analysis of factorial experiments [J]. Imp. Bur. Soil Sci. Technol. Commun., 1937, 35: 1-95.

[31] FINNEY D J. THE FRACTIONAL REPLICATION OF FACTORIAL ARRANGEMENTS [J/OL]. Annals of Eugenics, 1943, 12 (1): 291-301. http://doi.wiley.com/10.1111/j.1469-1809.1943.tb02333.x.

[32] KEMPTHORNE O. A SIMPLE APPROACH TO CONFOUNDING AND FRACTIONAL REPLICATION IN FACTORIAL EXPERIMENTS [J/OL]. Biometrika, 1947, 34 (3-4): 255-272. https://academic.oup.com/biomet/article-lookup/doi/10.1093/biomet/34.3-4.255.

[33] BOX G E P, HUNTER J S. The 2 k-p Fractional Factorial Designs Part I [J/OL]. Technometrics, 1961, 3 (3): 311. https://www.jstor.org/stable/1266725? origin = crossref.

[34] BOX G E P, HUNTER J S. The 2 k-p Fractional Factorial Designs Part II [J/OL]. Technometrics, 1961, 3 (4): 449. https://www.jstor.org/stable/1266553? origin = crossref.

[35] FRIES A, HUNTER W G. Minimum Aberration 2 k - p Designs [J/OL]. Technometrics, 1980, 22 (4): 601-608. http://www.tandfonline.com/doi/abs/10.1080/00401706.1980.10486210.

[36] BOX G E P, MEYER R D. An Analysis for Unreplicated Fractional Factorials [J/OL]. Technometrics, 1986, 28 (1): 11. https://www.jstor.org/stable/1269599? origin = crossref.

[37] WU C F J. Post-Fisherian Experimentation: From Physical to Virtual [J/OL]. Journal of the American Statistical Association, 2015, 110 (510): 612-620. https://doi.org/10.1080/01621459.2014.914441.

[38] HAMADA M, WU C F J. Analysis of Designed Experiments with Complex Aliasing [J/OL]. Journal of Quality Technology, 1992, 24 (3): 130-137. https://www.tandfonline.com/doi/full/10.1080/00224065.

1992. 11979383.

[39] CHIPMAN H. Bayesian variable selection with related predictors [J/OL]. Canadian Journal of Statistics, 1996, 24 (1): 17-36. http://doi. wiley. com/10. 2307/3315687.

[40] CHEN H H, CHENG C-S. Minimum Aberration and Related Criteria for Fractional Factorial Designs [M/OL] //Design and Analysis of Experiments: Special Designs and Applications Volume 3. New York: John Wiley & Sons, Inc., 2012: 299-329. http://doi. wiley. com/10. 1002/9781118147634. ch9.

[41] MUKERJEE R, WU C F J. A Modern Theory of Factorial Designs [M/OL]. New York: Springer, 2006. http://link. springer. com/10. 1007/0-387-37344-6.

[42] 陈希孺, 王松桂. 近代回归分析: 原理方法及应用 [M]. 合肥: 安徽教育出版社, 1987.

[43] 唐年胜, 李会琼. 应用回归分析 [M]. 北京: 科学出版社, 2014.

[44] FARAWAY J J. Linear Models with R [M]. 2nd ed. Boca Raton: CRC Press, 2015.

[45] MONTGOMERY D C, PECK E A, VINING G G. Introduction to Linear Regression Analysis [M]. 5th ed. New York: John Wiley & Sons, Inc., 2012.

[46] BISGAARD S. INDUSTRIAL USE OF STATISTICALLY DESIGNED EXPERIMENTS: CASE STUDY REFERENCES AND SOME HISTORICAL ANECDOTES [J/OL]. Quality Engineering, 1992, 4 (4): 547-562. http://www. tandfonline. com/doi/abs/10. 1080/08982119208918936.

[47] DEAN A, VOSS D, DRAGULJIĆ D. Design and Analysis of Experiments [M/OL]. 2nd ed. New York: Springer International Publishing, 2017. http://link. springer. com/10. 1007/978-3-319-52250-0. DOI:10. 1007/978-3-319-52250-0.

[48] BOX G E P. Statistics for Experimenters [M]. 2nd ed. New York: John Wiley & Sons, Inc., 2005.

[49] SMITH K. On the Standard Deviations of Adjusted and Interpolated Values of an Observed Polynomial Function and its Constants and the Guidance they give Towards a Proper Choice of the Distribution of Observations [J/OL]. Biometrika, 1918, 12 (1/2): 1. https://www. jstor. org/stable/2331929? origin = crossref.

[50] WALD A. On the Efficient Design of Statistical Investigations [J/OL]. The Annals of Mathematical Statistics, 1943, 14 (2): 134-140. http://projecteuclid. org/euclid. aoms/1177731454.

[51] EHRENFELD S. On the Efficiency of Experimental Designs [J/OL]. The Annals of Mathematical Statistics, 1955, 26 (2): 247-255. http://projecteuclid. org/euclid. aoms/1177728541.

[52] KIEFER J. On the Nonrandomized Optimality and Randomized Nonoptimality of Symmetrical Designs [J/OL]. The Annals of Mathematical Statistics, 1958, 29 (3): 675-699. http://projecteuclid. org/euclid. aoms/1177706530.

[53] KIEFER J. Balanced Block Designs and Generalized Youden Designs, I. Construction (Patchwork) [J/OL]. The Annals of Statistics, 1975, 3 (1): 109-118. http://projecteuclid. org/euclid. aos/1176343002.

[54] DETTE H, MELAS V B. A note on the De La Garza Phenomenon for Locally Optimal Designs [J/OL]. The Annals of Statistics, 2011, 39 (2): 1266-1281. http://projecteuclid. org/euclid. aos/1304947050.

[55] YANG M. On the de La Garza Phenomenon [J/OL]. Annals of Statistics, 2010, 38 (4): 2499-2524. https://projecteuclid. org:443/euclid. aos/1278861255.

[56] FEDOROV V V. Theory of Optimal Experiments [M]. New York: Academic Press, 1972.

[57] FEDOROV V V., LEONOV S L. Optimal Design for Nonlinear Response Models [M/OL]. Boca Raton: CRC Press, 2014. https://www. taylorfrancis. com/books/9781439821527. DOI:10. 1201/b15054.

[58] GOOS P, JONES B. Optimal Design of Experiments: A Case Study Approach [M]. Chichester: John Wiley & Sons, Ltd, 2012.

[59] GUEST P G. The Spacing of Observations in Polynomial Regression [J/OL]. The Annals of Mathematical

Statistics, 1958, 29 (1): 294-299. http://projecteuclid.org/euclid.aoms/1177706730.

[60] DE CASTRO Y, GAMBOA F, HENRION D, et al. Approximate optimal designs for multivariate polynomial regression [J/OL]. The Annals of Statistics, 2019, 47 (1): 127-155. https://projecteuclid.org/euclid.aos/1543568584.

[61] HEILIGERS B. Admissible experimental designs in multiple polynomial regression [J/OL]. Journal of Statistical Planning and Inference, 1992, 31 (2): 219-233. https://linkinghub.elsevier.com/retrieve/pii/037837589290031M.

[62] DETTE H, GRIGORIEV Y. E-Optimal Designs for Second-Order Response Surface Models [J/OL]. Annals of Statistics, 2014, 42 (4): 1635-1656. https://projecteuclid.org:443/euclid.aos/1407420011.

[63] BIEDERMANN S, DETTE H, WOODS D C. Optimal design for additive partially nonlinear models [J/OL]. Biometrika, 2011, 98 (2): 449-458. https://academic.oup.com/biomet/article-lookup/doi/10.1093/biomet/asr001.

[64] DETTE H, MELAS V B, PEPELYSHEV A. Optimal designs for a class of nonlinear regression models [J/OL]. Annals of Statistics, 2004, 32 (5): 2142-2167. http://projecteuclid.org/euclid.aos/1098883785.

[65] BIEDERMANN S, DETTE H, HOFFMANN P. Constrained optimal discrimination designs for Fourier regression models [J/OL]. Annals of the Institute of Statistical Mathematics, 2009, 61 (1): 143-157. http://link.springer.com/10.1007/s10463-007-0133-5.

[66] BIEDERMANN S, DETTE H, ZHU W. Optimal designs for dose-response models with restricted design spaces [J/OL]. Journal of the American Statistical Association, 2006, 101 (474): 747-759. https://www.tandfonline.com/doi/full/10.1198/016214505000001087.

[67] KERNIGHAN B W, LIN S. An Efficient Heuristic Procedure for Partitioning Graphs [J/OL]. Bell System Technical Journal, 1970, 49 (2): 291-307. https://ieeexplore.ieee.org/document/6771089.

[68] WYNN H P. The Sequential Generation of D-Optimum Experimental Designs [J/OL]. The Annals of Mathematical Statistics, 1970, 41 (5): 1655-1664. http://projecteuclid.org/euclid.aoms/1177696809.

[69] YANG M, BIEDERMANN S, TANG E. On optimal designs for nonlinear models: A general and efficient algorithm [J/OL]. Journal of the American Statistical Association, 2013, 108 (504): 1411-1420. https://doi.org/10.1080/01621459.2013.806268.

[70] YU Y. MOnotonic Convergence of a General Algorithm for Computing Optimal Designs [J/OL]. Annals of Statistics, 2010, 38 (3): 1593-1606. http://projecteuclid.org/euclid.aos/1269452648.

[71] YU Y. D-optimal designs via a cocktail algorithm [J/OL]. Statistics and Computing, 2011, 21 (4): 475-481. https://doi.org/10.1007/s11222-010-9183-2.

[72] BOX G E P, DRAPER N R. Response Surfaces, Mixtures, and Ridge Analyses [M]. 2nd ed. New York: John Wiley & Sons, Inc., 2007.

[73] DERRINGER G, SUICH R. Simultaneous Optimization of Several Response Variables [J/OL]. Journal of Quality Technology, 1980, 12 (4): 214-219. https://www.tandfonline.com/doi/full/10.1080/00224065.1980.11980968.

[74] BOX G E P, HUNTER J S. Multi-Factor Experimental Designs for Exploring Response Surfaces [J/OL]. The Annals of Mathematical Statistics, 1957, 28 (1): 195-241. http://projecteuclid.org/euclid.aoms/1177707047、

[75] SCHEFFÉ H. Experiments with Mixtures [J/OL]. Journal of the Royal Statistical Society: Series B (Methodological), 1958, 20 (2): 344-360. http://doi.wiley.com/10.1111/j.2517-6161.1958.tb00299.x.

[76] SCHEFFÉ H. The Simplex-Centroid Design for Experiments with Mixtures [J/OL]. Journal of the Royal Statistical Society: Series B (Methodological), 1963, 25 (2): 235-251. http://doi.wiley.com/10.1111/

j.2517-6161.1963.tb00506.x.

[77] CORNELL J A. Experiments with Mixtures: Designs, Models, and the Analysis of Mixture Data [M]. 3rd ed. New York: John Wiley & Sons, Inc., 2002.

[78] PIEPEL G F, COOLEY S K. Automated Method for Reducing Scheffé Linear Mixture Experiment Models [J/OL]. Quality Technology & Quantitative Management, 2009, 6 (3): 255-270. http://www.tandfonline.com/doi/full/10.1080/16843703.2009.11673198.

[79] SINHA B K, MANDAL N K, PAL M, et al. Optimal Mixture Experiments [M/OL] //2014. New Delhi: Springer India, 2014. http://link.springer.com/10.1007/978-81-322-1786-2_3.

[80] MYERS R H, MONTGOMERY D C, ANDERSON-COOK C M. Response Surface Methodology: Process and Product Optimization Using Designed Experiments [M]. 4th ed. New York: John Wiley & Sons, Inc., 2016.

[81] PIGNATIELLO J J, RAMBERG J S. TOP TEN TRIUMPHS AND TRAGEDIES OF GENICHI TAGUCHI [J/OL]. Quality Engineering, 1991, 4 (2): 211-225. http://www.tandfonline.com/doi/abs/10.1080/08982119108918907.

[82] TAGUCHI G. Introduction to Quality Engineering: Designing Quality Into Products and Processes [M/OL]. Tokyo: Asian Productivity Organization, 1986. https://books.google.co.jp/books?id=1NtTAAAAMAAJ.

[83] TAGUCHI G. System of Experimental Design: Engineering Methods to Optimize Quality and Minimize Costs [M/OL]. New York: UNIPUB/Kraus International Publications, 1987. https://books.google.co.jp/books?id=fA8unQAACAAJ.

[84] GRAMACY R B. Surrogates: Gaussian Process Modeling, Design, and Optimizaiton for the Applied Sciences [M]. Boca Raton: CRC Press, 2020.

[85] TUO R, JEFF WU C F, YU D. Surrogate modeling of computer experiments with different mesh densities [J/OL]. Technometrics, 2014, 56 (3): 372-380. https://doi.org/10.1080/00401706.2013.842935.

[86] TUO R, JEFF WU C F. Efficient calibration for imperfect computer models [J/OL]. Annals of Statistics, 2015, 43 (6): 2331-2352. http://projecteuclid.org/euclid.aos/1444222077.

[87] ZHANG Y, TAO S, CHEN W, et al. A Latent Variable Approach to Gaussian Process Modeling with Qualitative and Quantitative Factors [J/OL]. Technometrics, 2020, 62 (3): 291-302. http://arxiv.org/abs/1806.07504.

[88] BERGER J O, SMITH L A. On the statistical formalism of uncertainty quantification [J/OL]. Annual Review of Statistics and Its Application, 2019, 6 (1): 433-460. https://www.annualreviews.org/doi/10.1146/annurev-statistics-030718-105232.

[89] FANG K-T, LI R, SUDJIANTO A. Design and Modeling for Computer Experiments [M]. Boca Raton: Chapman & Hall/CRC, 2006.

[90] DENG X, HUNG Y, LIN C D. Design for computer experiments with qualitative and quantitative factors [J/OL]. Statistica Sinica, 2015, 25 (4): 1567-1581. http://www3.stat.sinica.edu.tw/statistica/J25N4/J25N414/J25N414.html.

[91] DENG X, LIN C D, LIU K W, et al. Additive Gaussian Process for Computer Models With Qualitative and Quantitative Factors [J/OL]. Technometrics, 2017, 59 (3): 283-292. https://doi.org/10.1080/00401706.2016.1211554.

[92] LIN C D, BINGHAM D, SITTER R R, et al. A New and Flexible Method for Constructing Designs for Computer Experiments [J/OL]. Annals of Statistics, 2010, 38 (3): 1460-1477. https://projecteuclid.org:443/euclid.aos/1268056623.

[93] PLUMLEE M. Bayesian Calibration of Inexact Computer Models [J/OL]. Journal of the American Statistical Association, 2017, 112 (519): 1274-1285. https://doi.org/10.1080/01621459.2016.1211016.

[94] QIAN P Z G, WU H, WU C F J. Gaussian process models for computer experiments with qualitative and quantitative factors [J]. Technometrics, 2008, 50 (3): 383-396.

[95] SACKS J, WELCH W J, MITCHELL T J, et al. Design and Analysis of Computer Experiments [J/OL]. Statistical Science, 1989, 4 (4): 409-423. http://projecteuclid.org/euclid.ss/1177012413.

[96] SUN F, LIU M Q, QIAN P Z G. On the Construction of Nested Space-Filling Designs [J/OL]. Annals of Statistics, 2014, 42 (4): 162-193. https://projecteuclid.org:443/euclid.aos/1250515399.

[97] KENNEDY M C, O'HAGAN A. Bayesian calibration of computer models [J/OL]. Journal of the Royal Statistical Society. Series B: Statistical Methodology, 2001, 63 (3): 425-464. http://doi.wiley.com/10.1111/1467-9868.00294.

[98] KRIGE D. A Statistical Approaches to Some Basic Mine Valuation Problems on the Witwatersrand [J]. Journal of the Chemical, Metallurgical and Mining Society of South Africa, 1951, 52: 119-139.

[99] MATHERON G. Principles of geostatistics [J/OL]. Economic Geology, 1963, 58 (8): 1246-1266. http://pubs.geoscienceworld.org/economicgeology/article/58/8/1246/17275/Principles-of-geostatistics.

[100] CRESSIE N. The origins of kriging [J/OL]. Mathematical Geology, 1990, 22 (3): 239-252. http://link.springer.com/10.1007/BF00889887.

[101] MCKAY M D, BECKMAN R J, CONOVER W J. Comparison of three methods for selecting values of input variables in the analysis of output from a computer code [J]. Technometrics, 1979, 21 (2): 239-245.

[102] HARARI O, BINGHAM D, DEAN A, et al. Computer experiments: Prediction accuracy, sample size and model complexity revisited [J/OL]. Statistica Sinica, 2018, 28 (2): 899-919. DOI: 10.5705/ss.202016.0217.

[103] STEIN M. Large Sample Properties of Simulations Using Latin Hypercube Sampling [J/OL]. Technometrics, 1987, 29 (2): 143-151. http://www.tandfonline.com/doi/abs/10.1080/00401706.1987.10488205.

[104] OWEN A B. A Central Limit Theorem for Latin Hypercube Sampling [J/OL]. Journal of the Royal Statistical Society: Series B (Methodological), 1992, 54 (2): 541-551. http://doi.wiley.com/10.1111/j.2517-6161.1992.tb01895.x.

[105] TANG B. Orthogonal Array-Based Latin Hypercubes [J/OL]. Journal of the American Statistical Association, 1993, 88 (424): 1392-1397. http://www.tandfonline.com/doi/abs/10.1080/01621459.1993.10476423.

[106] HEDAYAT A S, SLOANE N J A, STUFKEN J. Orthogonal Arrays [M/OL]. New York: Springer, 1999. http://link.springer.com/10.1007/978-1-4612-1478-6.

[107] BINGHAM D, SITTER R R, TANG B. Orthogonal and nearly orthogonal designs for computer experiments [J/OL]. Biometrika, 2009, 96 (1): 51-65. https://academic.oup.com/biomet/article-lookup/doi/10.1093/biomet/asn057.

[108] YE K Q. Orthogonal Column Latin Hypercubes and Their Application in Computer Experiments [J/OL]. Journal of the American Statistical Association, 1998, 93 (444): 1430-1439. http://www.tandfonline.com/doi/abs/10.1080/01621459.1998.10473803.

[109] CIOPPA T M, LUCAS T W. Efficient Nearly Orthogonal and Space-Filling Latin Hypercubes [J/OL]. Technometrics, 2007, 49 (1): 45-55. http://www.tandfonline.com/doi/abs/10.1198/004017006000000453.

[110] STEINBERG D M, LIN D K J. A construction method for orthogonal Latin hypercube designs [J/OL]. Biometrika, 2006, 93 (2): 279-288. http://academic.oup.com/biomet/article/93/2/279/220875/A-construction-method-for-orthogonal-Latin.

[111] PANG F, LIU M Q, LIN D K J. A construction method for orthogonal latin hypercube designs with prime power levels [J]. Statistica Sinica, 2009, 19 (4): 1721-1728.

[112] LIN C D, MUKERJEE R, TANG B. Construction of orthogonal and nearly orthogonal Latin hypercubes [J/OL]. Biometrika, 2009, 96 (1): 243-247. http://www.jstor.org/stable/27798817.

[113] SUN F, LIU M-Q, LIN D K J. Construction of orthogonal Latin hypercube designs [J/OL]. Biometrika, 2009, 96 (4): 971-974. https://academic.oup.com/biomet/article-lookup/doi/10.1093/biomet/asp058.

[114] SUN F, LIU M-Q, LIN D K J. Construction of orthogonal Latin hypercube designs with flexible run sizes [J/OL]. Journal of Statistical Planning and Inference, 2010, 140 (11): 3236-3242. https://linkinghub.elsevier.com/retrieve/pii/S037837581000203X.

[115] YANG J, LIU M-Q. Construction of orthogonal and nearly orthogonal latin hypercube designs from orthogonal designs [J/OL]. Statistica Sinica, 2012, 22 (1): 45-57. http://www3.stat.sinica.edu.tw/statistica/J22N1/J22N120/J22N120.html.

[116] EVANGELARAS H, KOUTRAS M V. On second order orthogonal Latin hypercube designs [J/OL]. Journal of Complexity, 2017, 39: 111-121. https://linkinghub.elsevier.com/retrieve/pii/S0885064X16300929.

[117] MORRIS M D, MITCHELL T J. Exploratory designs for computational experiments [J/OL]. Journal of Statistical Planning and Inference, 1995, 43 (3): 381-402. https://linkinghub.elsevier.com/retrieve/pii/037837589400035T.

[118] JOHNSON M E, MOORE L M, YLVISAKER D. Minimax and maximin distance designs [J/OL]. Journal of Statistical Planning and Inference, 1990, 26 (2): 131-148. https://linkinghub.elsevier.com/retrieve/pii/037837589090122B.

[119] NIEDERREITER H. Quasi-Monte Carlo methods and pseudo-random numbers [J/OL]. Bulletin of the American Mathematical Society, 1978, 84 (6): 957-1042. http://www.ams.org/journal-getitem?pii=S0002-9904-1978-14532-7.

[120] 方开泰，刘民千，覃红，等. 均匀试验设计的理论与应用 [M]. 北京：科学出版社，2019.